Access 2021 数据库应用技术

李向群 高　娟 王　娟◎主　编
王　新 赵玉钧 袁　力◎副主编

清华大学出版社
北　京

内容简介

本书以 Access 2021 为基本环境，理论与实践相结合，以师生们都熟知的数据库应用系统——教学管理系统的开发为讲解的主线，由浅入深，系统地介绍了数据库的基础知识和 Access 2021 的使用方法。全书共 9 章，内容包括数据库基础知识与 Access 2021、表的建立和操作、数据查询、模块和 VBA 程序设计、创建窗体、创建报表、宏的创建和使用、数据库的安全与管理、数据库应用系统开发实例。书中配有丰富的例题、课后习题和实验题目。

本书内容紧扣全国计算机等级考试大纲，在多年的教学实践中不断升级和完善。与本书配套的还有教学课件、教材例题数据库、实验数据库等教学资源。

本书可以作为高等院校、职业院校和各类社会培训机构的教材，也可供从事数据库软件开发的读者参考。

图书在版编目(CIP)数据

Access 2021 数据库应用技术/李向群，高娟，王娟主编. —北京：清华大学出版社，2023.1
ISBN 978-7-302-62314-4

Ⅰ. ①A… Ⅱ. ①李… ②高… ③王… Ⅲ. ①关系数据库系统－教材 Ⅳ. ①TP311.132.3

中国国家版本馆 CIP 数据核字(2023)第 004741 号

责任编辑：刘向威　张爱华
封面设计：文　静
责任校对：焦丽丽
责任印制：曹婉颖

出版发行：清华大学出版社
网　　址：http://www.tup.com.cn，http://www.wqbook.com
地　　址：北京清华大学学研大厦 A 座　　**邮　　编**：100084
社 总 机：010-83470000　　**邮　　购**：010-62786544
投稿与读者服务：010-62776969，c-service@tup.tsinghua.edu.cn
质量反馈：010-62772015，zhiliang@tup.tsinghua.edu.cn
课件下载：http://www.tup.com.cn，010-83470236
印 装 者：北京嘉实印刷有限公司
经　　销：全国新华书店
开　　本：185mm×260mm　　**印　　张**：21.25　　**字　　数**：516 千字
版　　次：2023 年 3 月第 1 版　　**印　　次**：2023 年 3 月第1 次印刷
印　　数：1～1500
定　　价：59.80 元

产品编号：095320-01

前言
Preface

随着互联网技术、人工智能和大数据技术的飞速发展，人们已经步入了一个全新的数字生活时代。在这样的时代背景下，无论是衣食住行，还是各行各业的决策与发展，都离不开数据库技术这样一门大众学科。Access 作为一个小型的关系数据库管理系统，简单易学，可以轻松开发出实用的、功能丰富的小型数据库应用系统，因此，Access 已成为各大高校计算机基础课程中的重要内容，同时也成为管理人员和数据库开发人员学习和应用的数据库软件。

本书的编写以 Access 2021 为基本环境，根据教育部关于高等学校非计算机专业的大学计算机教学的基本要求，并结合全国计算机等级考试二级 Access 数据库程序设计考试大纲(2021 年版)要求制定了编写大纲。编者坚持由浅入深、循序渐进、理论紧密结合实践的编写原则，将一个典型的数据库应用系统——教学管理系统作为主线贯穿于各个章节，努力做到图文并茂、实例丰富、通俗易懂。首先从数据库的基础知识和 Access 2021 的新特性讲起，其次是表、查询、VBA 编程、窗体、报表、宏的使用和数据库的安全问题，最后以“教学管理系统”为例，描述了一个完整的数据库应用系统的开发全过程。本书内容翔实、全面，无论是课堂学习还是自学，都是值得一读的好书。

本书的作者团队是从事数据库技术教学工作多年的资深教师，有丰富的教学和项目开发经验，本书的编写工作主要由李向群、高娟和王娟完成，其中李向群负责第 1～3、5 章，高娟负责第 4、6～9 章，王新参与编写第 7 章，赵玉钧参与编写第 5 章，袁力参与编写第 8 章，李向群、高娟和王娟共同负责本书的统稿和审校。

虽然作者对本书的内容进行了精心审订，力求精益求精，但也难免存在疏漏之处，恳请同行和广大读者批评指正。

本书配有教学课件、教材例题数据库、实验数据库等教学必备的教学资源，可以在清华大学出版社官方网站下载。

作　者

2022 年 8 月

目录 Contents

第 1 章　数据库基础知识与 Access 2021 …… 1

1.1　数据库系统概述 …… 2

1.1.1　数据管理技术的发展 …… 2

1.1.2　数据库系统组成 …… 2

1.2　数据模型概述 …… 4

1.2.1　数据模型的概念 …… 4

1.2.2　概念模型 …… 4

1.2.3　数据模型 …… 5

1.3　关系模型 …… 6

1.3.1　关系模型的相关术语 …… 6

1.3.2　关系的基本性质 …… 7

1.3.3　关系的完整性 …… 8

1.3.4　E-R 模型转换为关系模型 …… 8

1.3.5　关系的基本运算 …… 9

1.4　Access 2021 概述 …… 12

1.4.1　Access 2021 的特点 …… 12

1.4.2　创建 Access 2021 数据库 …… 13

1.4.3　Access 2021 的工作界面 …… 15

1.4.4　Access 2021 的对象 …… 19

习题 1 …… 22

实验 1 …… 23

第 2 章　表的建立和操作 …… 24

2.1　表概述 …… 25

2.2　表结构的创建和修改 …… 25

2.2.1　表结构的创建 …… 25

2.2.2　表结构的修改 …… 37

2.3　建立表之间的关系 …… 38

2.3.1　表之间关系的类型 …… 38

2.3.2 建立表之间的关系 …… 39
2.4 表的操作 …… 42
2.4.1 表记录的输入和操作 …… 43
2.4.2 表的复制、重命名与删除 …… 45
2.4.3 表的格式化 …… 46
2.4.4 查找与替换数据 …… 49
2.4.5 记录的筛选和排序 …… 49
习题2 …… 51
实验2 …… 52

第3章 数据查询 …… 54

3.1 查询概述 …… 55
3.1.1 查询的类型 …… 55
3.1.2 创建查询的方法 …… 56
3.1.3 查询条件 …… 65
3.2 选择查询 …… 67
3.2.1 简单条件查询 …… 67
3.2.2 使用通配符设计查询 …… 70
3.2.3 查询的有序输出 …… 72
3.2.4 查询的统计与分组 …… 74
3.3 参数查询 …… 78
3.3.1 单参数查询 …… 78
3.3.2 多参数查询 …… 79
3.4 交叉表查询 …… 80
3.4.1 利用向导创建交叉表查询 …… 80
3.4.2 利用设计视图修改交叉表查询 …… 87
3.4.3 利用设计视图创建交叉表查询 …… 88
3.5 操作查询 …… 89
3.5.1 生成表查询 …… 89
3.5.2 更新查询 …… 91
3.5.3 追加查询 …… 92
3.5.4 删除查询 …… 93
3.6 SQL查询 …… 94
3.6.1 SQL概述 …… 95
3.6.2 SQL数据定义功能 …… 96
3.6.3 SQL数据操纵功能 …… 97
3.6.4 SQL数据查询功能 …… 98
习题3 …… 103
实验3 …… 105

第 4 章 模块和 VBA 程序设计 …… 107

4.1 模块概述 …… 108
4.1.1 模块的分类 …… 108
4.1.2 创建模块 …… 108
4.1.3 VBA 的编程环境 …… 110
4.2 VBA 程序设计基础 …… 111
4.2.1 数据类型 …… 111
4.2.2 标识符 …… 112
4.2.3 常量 …… 112
4.2.4 变量 …… 113
4.2.5 内部函数 …… 116
4.2.6 运算符和表达式 …… 119
4.2.7 数据的输入与输出 …… 122
4.2.8 VBA 程序的书写规则 …… 125
4.3 VBA 的流程控制结构 …… 126
4.3.1 顺序结构 …… 126
4.3.2 分支结构 …… 127
4.3.3 循环结构 …… 135
4.4 数组 …… 144
4.4.1 数组的概念 …… 144
4.4.2 一维数组 …… 144
4.4.3 二维数组 …… 147
4.5 过程 …… 150
4.5.1 Sub 子过程 …… 150
4.5.2 Function 函数过程 …… 152
4.5.3 参数传递 …… 154
4.6 变量和过程的作用域 …… 156
4.6.1 变量的作用域 …… 156
4.6.2 过程的作用域 …… 157
习题 4 …… 158
实验 4 …… 161

第 5 章 创建窗体 …… 164

5.1 窗体概述 …… 165
5.2 创建窗体 …… 168
5.3 窗体和常用控件 …… 178
5.3.1 对象及其属性、事件和方法 …… 178
5.3.2 标签 …… 182

5.3.3 文本框…… 185
5.3.4 命令按钮…… 190
5.3.5 列表框和组合框…… 195
5.3.6 复选框…… 205
5.3.7 选项按钮和选项组…… 206
5.3.8 选项卡…… 210
5.4 在窗体中用 VBA 访问数据库 …… 211
5.4.1 数据库访问接口…… 212
5.4.2 用 ADO 访问数据库 …… 212
习题 5 …… 219
实验 5 …… 221

第 6 章 创建报表…… 223

6.1 报表概述 …… 224
6.2 报表的创建方法 …… 226
6.3 报表的分组和排序 …… 241
6.4 报表的打印预览 …… 245
习题 6 …… 248
实验 6 …… 249

第 7 章 宏的创建和使用…… 253

7.1 宏的基本概念 …… 254
7.2 宏的创建和运行 …… 254
7.2.1 宏的创建和编辑…… 254
7.2.2 运行宏…… 257
7.3 创建条件宏和子宏 …… 258
7.3.1 创建条件宏…… 258
7.3.2 创建子宏…… 263
7.4 常见宏操作 …… 266
习题 7 …… 267
实验 7 …… 268

第 8 章 数据库的安全与管理…… 270

8.1 数据库的保护 …… 271
8.2 数据库的压缩和修复 …… 273
8.3 数据库的备份 …… 274
8.4 数据的导入和导出 …… 277
8.4.1 数据的导入…… 278
8.4.2 数据的导出…… 286

习题 8 …… 290
实验 8 …… 291

第 9 章 数据库应用系统开发实例 …… 292

9.1 需求分析 …… 293
9.2 数据库设计 …… 294
9.2.1 概念设计 …… 294
9.2.2 逻辑设计 …… 295
9.2.3 物理设计 …… 295
9.3 数据库实现 …… 297
9.3.1 建立数据库 …… 297
9.3.2 建立表 …… 297
9.3.3 建立表间关系 …… 297
9.3.4 输入数据记录 …… 297
9.4 系统功能实现 …… 298
9.4.1 建立窗体 …… 298
9.4.2 建立报表 …… 317
9.4.3 建立宏 …… 321
9.4.4 建立"用户登录"窗体 …… 325
9.4.5 设置自动启动窗体 …… 325
9.5 系统测试、运行和维护 …… 326
习题 9 …… 327
实验 9 …… 328

第1章 数据库基础知识与Access 2021

计算机技术和互联网技术的飞速发展开启了一个全新的数字生活时代，以大学生的校园生活为例：使用校园卡就餐可以即时看到消费的金额以及卡内余额，如需充值，则使用手机银行App就可以轻松转账；去图书馆看书，校园卡又变成了门禁卡，刷卡进入、借书、还书一卡通。学生通过手机在信息门户中进行选/退课、查询课表、查询考试信息和考试成绩等，学生还可以利用超星学习通、钉钉、腾讯课堂等手机App上传作业、浏览课件，既可以参与在线课堂，又可以线下观看录播，大大提高了学生的学习效率，也丰富了学生的学习资源。如此庞大的在线数据是如何实现数据准确、更新及时、安全存储以及各个系统之间数据一致的呢？这就是数据管理技术的重要作用。

数据库技术是数据管理的技术，发展于20世纪60年代后期，为数据的存储、管理和使用提供了有效的手段。随着数据库技术的迅速发展，数据库管理系统也成为现代计算机系统的重要组成部分。目前，世界上很多计算机厂商开发了各种数据库管理系统帮助用户管理数据，Microsoft Access就是其中之一。本章主要介绍数据库系统的基本概念、数据模型、关系模型以及Microsoft Access 2021系统的基本知识。

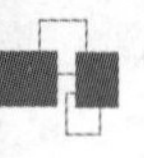

1.1 数据库系统概述

1.1.1 数据管理技术的发展

当今，人们生活在信息时代，报纸、广播、电视、网络等不断产生信息，人们每时每刻都在接收和传递各种各样的信息。信息实际上是一种有价值的知识资源，能够供人们使用，并帮助人们做出决策。信息的具体表现形式是数据，即各种各样的物理符号，如文字、数字、图形、图像、动画、声音等。数据处理就是对各种数据进行收集、管理、加工和传播，将数据加工转换为信息的过程。其中，数据管理是对数据进行分类、组织、编码、存储、检索和维护，是数据处理的核心。随着计算机技术的发展，数据管理技术的发展经历了人工管理、文件系统和数据库系统 3 个发展阶段。

1. 人工管理阶段

20 世纪 50 年代中期以前，计算机主要应用于科学计算。当时的计算机使用穿孔卡片、纸带作为外存，没有磁盘等直接存取的存储设备，数据不能长期保存。软件方面，没有操作系统，也没有统一的数据管理软件，对数据的管理完全由程序员设计和安排。应用程序中不仅要规定数据的逻辑结构，而且要设计物理结构，数据和处理数据的程序紧密结合，一组数据只能对应一个应用程序，不能共享数据。一旦数据的逻辑结构或物理结构发生变化，必须修改相应的应用程序，数据不具有独立性。

2. 文件系统阶段

20 世纪 50 年代后期至 20 世纪 60 年代中期，计算机开始广泛应用于数据处理领域，出现了专门管理数据的文件系统。数据被组织成相互独立的数据文件，存放于外存储器上，由文件系统统一管理。虽然数据文件与程序分离，可长期保存，但是数据的组织仍然面向应用程序，数据与程序之间缺乏独立性。另外，数据文件间相互独立，缺乏联系，数据共享性差。

3. 数据库系统阶段

20 世纪 60 年代后期，计算机的应用领域更加广泛，要处理的数据量急速增长，数据之间的联系也更加复杂，以数据为中心组织数据的数据库系统应运而生。数据库系统将数据按一定的数据模型组织起来，实现了数据共享，减少了数据冗余，并且提供了统一的数据管理和控制软件，使数据独立于应用程序，极大地提高了数据处理的效率。

1.1.2 数据库系统组成

数据库系统（database system，DBS）是引入了数据库技术的计算机系统，是一个具有管

理数据库功能的计算机软硬件综合系统。数据库系统由数据库、数据库管理系统、数据库应用系统3部分组成，如图1-1所示。

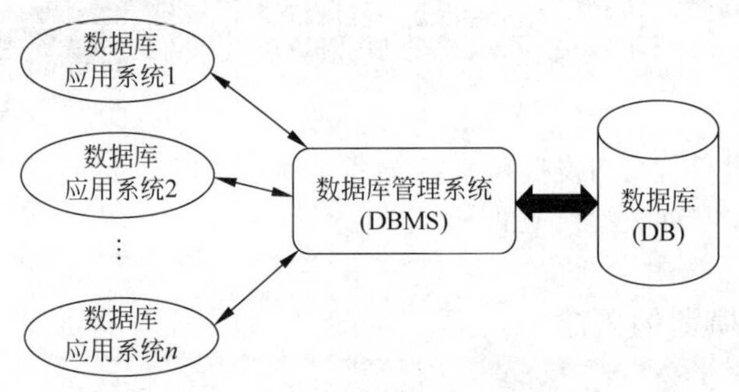

图1-1 数据库系统的组成

1. 数据库

数据库(database，DB)是以一定的组织形式存放在计算机存储介质上的相互关联的数据的集合。例如，把学校的学生、教师、课程等数据有序地组织起来存储在计算机硬盘上，可以构成一个与教学有关的数据库。数据库中的数据之间有着紧密的联系，能够面向多个应用程序，被多个用户共享。

2. 数据库管理系统

数据库只是存放数据的"仓库"，要能够有效地利用其中的数据，就必须对数据库中的数据进行组织、整理、检索，以获取对人们有用的信息，实现对各种数据进行管理的核心软件就是数据库管理系统(database management system，DBMS)。

数据库管理系统是安装在操作系统之上，用于建立、使用和维护数据库的系统软件，一般具有以下功能。

1）数据定义功能

DBMS提供数据定义语言(data definition language，DDL)，用于定义数据库的数据对象。例如，通过CREATE TABLE命令定义表结构。

2）数据操纵功能

DBMS提供数据操纵语言(data manipulation language，DML)，用于实现对数据库的基本操作。例如，对数据库表中数据的查询、插入、修改和删除。

3）数据管理和控制功能

DBMS提供数据控制语言(data control language，DCL)，用于保证数据库的安全性、完整性、多用户对数据的并发操作以及发生故障时的系统恢复。例如，对数据库表实施参照完整性、为数据库设置密码和定期对数据库进行备份。

3. 数据库应用系统

数据库应用系统(database application system，DBAS)是系统开发人员利用数据库系统资源和数据库系统开发工具开发出来的、面向某一类实际应用的软件系统。例如，教务管理系统、图书管理系统、超市销售系统等。这些系统都是以数据库为基础，通过DBMS访问的计算机应用系统。

1.2 数据模型概述

模型是对现实世界特征的模拟和抽象,数据模型是对现实世界数据特征的抽象,现有的数据库系统都是基于某种数据模型的。

1.2.1 数据模型的概念

数据模型是客观事物及其联系的数据描述。为了将复杂的现实世界中事物和事物之间的联系反映到计算机世界中,转换为数据库所能识别的形式,通常需要经过抽象和转换两个过程,如图1-2所示。首先将现实世界中客观事物及其联系抽象为信息世界的概念模型,然后将信息世界的概念模型转换为计算机世界的数据模型。

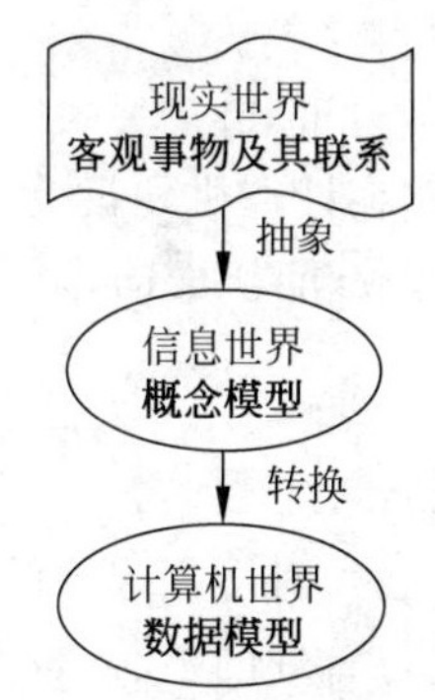

图1-2 现实世界中客观事物的抽象过程

概念模型是面向客观世界及用户的模型,不依赖于具体的计算机系统,着重于描述客观世界事物的结构和事物之间的联系,主要用于数据库设计。常见的概念模型有E-R模型、扩充E-R模型、面向对象模型及谓词模型等,1.2.2节将重点介绍E-R模型。

数据模型是面向计算机世界的为某一数据库管理系统所支持的模型,用于刻画事物在数据库中的存储形式及事物之间的联系,主要用于数据库的实现。常见的数据模型有层次模型、网状模型、关系模型及面向对象模型,1.3节将重点介绍关系模型。

1.2.2 概念模型

1. E-R模型

概念模型的表示方法中,最常用、最著名的是由P. P. Chen于1976年首先提出的实体-联系方法(entity relationship approach,E-R方法)。该方法用E-R图来描述现实世界的概念模型,称为实体-联系模型(entity relationship model,E-R模型)。

E-R模型是对现实世界的一种抽象,该模型将现实世界的客观事物及其联系转换为实体、属性和联系。

1) 实体

客观存在的可以相互区别的事物称为实体(entity)。实体既可以是具体的事物也可以是抽象的概念。例如,一个教室、一张桌子、一门课程都称作实体。

2) 属性

实体所具有的特征称为属性(attribute),它用来描述一个实体。例如,一个学生的学号、姓名、年龄、性别、民族等。

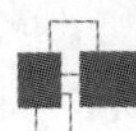

3）实体集

具有相同属性的实体的集合称为实体集(entity set)。例如,所有学生的集合、所有课程的集合等。

4）联系

现实世界中事物之间是有联系(relationship)的,这些联系抽象到信息世界中反映为实体内部及实体之间的各种联系。实体内部的联系通常指组成实体的各属性之间的联系,实体之间的联系指不同实体集之间的联系。两个实体集之间的联系方式有一对一、一对多、多对多3种类型。

(1) 一对一联系。如果对于实体集A中的每一个实体,实体集B中只有一个实体与之联系,反之亦然,则称实体集A与实体集B具有一对一联系,记为1∶1。例如,一个班级有一个班长,而每个班长只能在一个班级任职,则班级与班长之间的联系是一对一的。

(2) 一对多联系。如果对于实体集A中的每一个实体,实体集B中有$N(N\geqslant 0)$个实体与之联系,反之,对于实体集B中的每一个实体,实体集A中至多只有一个实体与之联系,则称实体集A与实体集B具有一对多联系,记为$1:N$。例如,学院和教师之间存在一对多联系,即每个学院可以有多个教师,而一个教师只能属于一个学院。

(3) 多对多联系。如果对于实体集A中的每一个实体,实体集B中有$N(N\geqslant 0)$个实体与之联系,反之,对于实体集B中的每一个实体,实体集A中有$M(M\geqslant 0)$个实体与之联系,则称实体集A与实体集B具有多对多联系,记为$M:N$。例如,学生和课程之间存在多对多的联系,即一个学生可以选修多门课程,而每门课程也可以有多个学生来选修。

2. E-R图

E-R模型可以用E-R图来表示。其中,实体用矩形表示;属性用椭圆形表示;联系用菱形表示;实体和属性之间、联系和属性之间、联系和实体之间用直线连接,并在联系与实体之间的连线旁注明联系的类型。例如,学校的教学管理系统中存在“学生”实体和“课程”实体,用E-R图来描述这两个实体及它们之间的联系,如图1-3所示。其中,“成绩”是“选课”联系具有的属性。

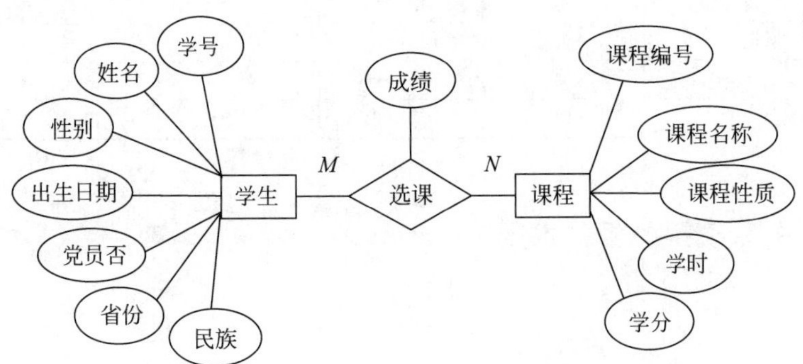

图1-3　学生实体和课程实体及其联系的E-R图

1.2.3　数据模型

概念模型是现实世界转化为信息世界的第一次抽象,概念模型只有转换为数据模型后才能在数据库中表示。选择适当的数据模型是建立数据库的前提和基础,每一个数据库管理系统都是基于某种数据模型的。

早期的数据模型有层次模型和网状模型。层次模型用树形结构表示实体及实体之间的联系,类似于 Windows 操作系统中的文件夹,可以形象直观地表示一对多联系,但是无法直接描述事物之间复杂的多对多联系。网状模型用网状结构表示实体之间的联系。与层次模型相比,网状模型对于层次和非层次结构的事物都能直观地描述,但是网状结构的复杂性使用户不易掌握,且数据库的扩充和维护都比较复杂。

1970 年 IBM 公司的 San Jose 研究试验室的研究员 Edgar F. Codd 发表了题为 *A Relational Model of Data for Large Shared Data Banks*(《大型共享数据库的关系模型》)的论文,文中首次提出了数据库关系模型的概念,奠定了关系模型的理论基础。关系模型采用二维表格结构来表示实体之间的联系,可以描述一对一、一对多和多对多的联系。在关系模型中,无论是从客观事物中抽象出的实体,还是实体之间的联系,都用单一的结构类型——关系来表示。在对关系进行各种处理之后,得到的仍然是一个关系。关系模型概念清晰、结构简单,用户比较容易理解。关系模型已经成为目前最流行的数据模型。

1.3 关系模型

关系模型中数据的逻辑结构是一张二维表,由行和列组成。下面以表 1-1 所示的“学生”关系为例,介绍关系模型的基础知识。

表 1-1 “学生”关系

学号	姓名	性别	出生日期	党员否	省份	民族
10010001	王萌	女	2001/9/21	TRUE	河北	汉族
10010002	董兆芳	女	2001/8/16	FALSE	江苏	汉族
10010003	郝利涛	男	2003/1/27	FALSE	河北	汉族
10010004	胡元飞	男	2003/6/3	TRUE	江苏	汉族
10010005	黄东启	男	2004/5/26	TRUE	河南	汉族
10010006	李楠	男	2004/4/25	FALSE	山西	汉族

1.3.1 关系模型的相关术语

1. 关系

一个关系就是一张二维表,表 1-1 所示的描述学生基本信息的二维表就是一个“学生”关系。

2. 元组

表中的一行称为一个元组(不包括第一行的表头),在关系数据库中通常称为记录。例

如，表 1-1 中第二行描述了姓名为“王萌”的学生的基本信息，是一条记录。

3. 属性

表中的一列称为一个属性，在关系数据库中通常称为字段。例如，表 1-1 的第 4 列描述了每个学生的出生日期，其中第一行的“出生日期”是属性名，其余各行是具体的属性值。

4. 域

一个属性的取值范围称为该属性的域。例如，表 1-1 中的“性别”属性的域是“男”或“女”。

5. 关键字

能唯一标识关系中任何元组的一个或多个属性的组合称为关键字。若一个关系有多个关键字，选定其中一个作为主关键字，简称主键或主码。例如，表 1-1 中的“学号”属性就可以作为“学生”关系的主键。

6. 关系模式

一个关系的关系名及其全部属性名的集合称为关系模式。一般表示为：关系名(属性名 1，属性名 2，…，属性名 n)。表 1-1 的关系模式如下。

学生(学号，姓名，性别，出生日期，党员否，省份，民族)

1.3.2 关系的基本性质

(1) 关系必须规范化。

关系模型要求关系必须是规范化的，即要求关系模式必须满足一定的规范条件。规范条件中最基本的要求是：关系的每一个属性都是不可再分的最小数据项。如表 1-2 所示的“学院”关系中的“办公电话”属性包含多个数据项是不符合关系规范化要求的，可以进行适当的修改，如表 1-3 所示。

表 1-2 不符合关系规范化要求的“学院”关系

学院编号	学院名称	办公电话
01	经济管理学院	83591234、83591235
02	人文与艺术学院	83591236、83591237
03	外文学院	83591238

表 1-3 修改后的“学院”关系

学院编号	学院名称	办公电话 1	办公电话 2
01	经济管理学院	83591234	83591235
02	人文与艺术学院	83591236	83591237
03	外文学院	83591238	

(2) 同一关系中不允许出现相同的属性名。

一个关系中每一列的属性名必须是唯一的,不能重复。

(3) 关系中任意两个元组不能完全相同。

一个关系中每个元组都是唯一的,不能有两个完全相同的元组。即一个关系至少要有一个主关键字来保证元组的唯一性。

(4) 关系中元组的前后次序可以任意交换。

(5) 关系中属性的前后次序可以任意交换。

1.3.3　关系的完整性

关系的完整性是为了保证数据库中数据的正确性和一致性,对关系模型提出的某种约束条件或规则,通常包括实体完整性、参照完整性和域完整性。

1. 实体完整性

实体完整性是指关系的主键不能重复也不能取空值,用来保证关系中每个元组都是唯一的。如表 1-1 中"学生"关系将"学号"属性作为主关键字,则所有"学号"值不得重复也不能取空值,以保证每个学生都是可以相互区分的实体。

2. 参照完整性

参照完整性用于约定两个关系之间的联系。当关系(如关系 B)中的属性不是关系 B 的主键,而是另一个关系(如关系 A)的主键时,该属性就称为关系 B 的外部关键字,简称外键或外码。参照完整性规则规定外键的值必须是空值或是对应关系中某个元组的主键值。

例如,有以下两个关系:

学院(学院编号,学院名称)
学生(学号,姓名,性别,出生日期,省份,民族,学院编号)

其中,"学院编号"是"学院"关系的主键,是"学生"关系的外键,"学生"关系中的"学院编号"或者为空,或者是"学院"关系中已有的值,可以重复。

3. 域完整性

域完整性又称为用户自定义完整性,是指根据应用环境的要求和实际需要将某些属性的值限制在合理的范围内,超出限定范围的数据不允许输入数据库。例如,"性别"属性取值只能是"男"或"女",不允许有其他值。

1.3.4　E-R 模型转换为关系模型

将 E-R 模型转换为关系模型,实际上就是将实体集、实体的属性和实体集之间的联系转换为关系、关系的属性和关系。下面将图 1-3 所示的 E-R 图转换为学生、课程和选课 3 个关系。

学生(学号,姓名,性别,出生日期,党员否,省份,民族)
课程(课程编号,课程名称,课程性质,学时,学分)
选课(学号,课程编号,成绩)

其中,"学号"是"学生"关系的主键,"课程编号"是"课程"关系的主键,"学号"和"课程编号"组合在一起是"选课"关系的主键。

1.3.5　关系的基本运算

关系模型的数据操作可以通过关系运算来实现。关系的基本运算有两类:一类是传统的集合运算,如并、交、差;另一类是专门的关系运算,如选择、投影、联接。

1. 传统的集合运算

进行传统的并、交、差等集合运算时,两个关系必须具有相同的结构。设有两个描述学生基本信息的关系 A 和关系 B,如表 1-4 和表 1-5 所示,下面以关系 A 和关系 B 为例介绍传统的集合运算。

表 1-4　关系 A

学号	姓名	性别	出生日期	党员否	省份	民族
10010001	王萌	女	2001/9/21	TRUE	河北	汉族
10010002	董兆芳	女	2001/8/16	FALSE	江苏	汉族
10010003	郝利涛	男	2003/1/27	FALSE	河北	汉族
10010004	胡元飞	男	2003/6/3	TRUE	江苏	汉族
10010005	黄东启	男	2004/5/26	TRUE	河南	汉族
10010006	李楠	男	2004/4/25	FALSE	山西	汉族

表 1-5　关系 B

学号	姓名	性别	出生日期	党员否	省份	民族
10010005	黄东启	男	2004/5/26	TRUE	河南	汉族
10010006	李楠	男	2004/4/25	FALSE	山西	汉族
10010007	刘宝生	男	2003/8/21	FALSE	山西	汉族
10010008	刘军伟	男	2003/7/6	FALSE	山东	汉族
10010009	马勇	男	2003/12/31	FALSE	重庆	土家族

1) 并

两个结构相同的关系进行并运算的结果是由属于这两个关系的所有元组组成的集合。

【例 1-1】 关系 A 和关系 B 进行并运算,结果如表 1-6 所示。A 和 B 的并是由属于 A 或属于 B 的元组组成的集合,运算符为∪,记为 A∪B。

表 1-6　A∪B 运算结果

学号	姓名	性别	出生日期	党员否	省份	民族
10010001	王萌	女	2001/9/21	TRUE	河北	汉族
10010002	董兆芳	女	2001/8/16	FALSE	江苏	汉族

续表

学号	姓名	性别	出生日期	党员否	省份	民族
10010003	郝利涛	男	2003/1/27	FALSE	河北	汉族
10010004	胡元飞	男	2003/6/3	TRUE	江苏	汉族
10010005	黄东启	男	2004/5/26	TRUE	河南	汉族
10010006	李楠	男	2004/4/25	FALSE	山西	汉族
10010007	刘宝生	男	2003/8/21	FALSE	山西	汉族
10010008	刘军伟	男	2003/7/6	FALSE	山东	汉族
10010009	马勇	男	2003/12/31	FALSE	重庆	土家族

2）交

两个结构相同的关系进行交运算是由共同属于两个关系的元组组成的集合。

【例 1-2】 关系 A 和关系 B 进行交运算，结果如表 1-7 所示。A 和 B 的交是由既属于 A 又属于 B 的元组组成的集合，运算符为∩，记为 A∩B。

表 1-7　A∩B 运算结果

学号	姓名	性别	出生日期	党员否	省份	民族
10010005	黄东启	男	2004/5/26	TRUE	河南	汉族
10010006	李楠	男	2004/4/25	FALSE	山西	汉族

3）差

两个结构相同的关系进行差运算是由属于前一关系但不属于后一关系的元组组成的集合。

【例 1-3】 关系 A 和关系 B 进行差运算，结果如表 1-8 所示。A 和 B 的差是由属于 A 但不属于 B 的元组组成的集合，运算符为－，记为 A－B。

表 1-8　A－B 运算结果

学号	姓名	性别	出生日期	党员否	省份	民族
10010001	王萌	女	2001/9/21	TRUE	河北	汉族
10010002	董兆芳	女	2001/8/16	FALSE	江苏	汉族
10010003	郝利涛	男	2003/1/27	FALSE	河北	汉族
10010004	胡元飞	男	2003/6/3	TRUE	江苏	汉族

2. 专门的关系运算

专门的关系运算中，有选择、投影和联接 3 种基本的运算。

1）选择

选择运算是从关系中挑选出满足给定条件的若干元组，其运算结果是一个新的关系。

【例 1-4】 从表 1-4 所示的关系 A 中选择省份为“江苏”的元组，结果如表 1-9 所示。

表 1-9　选择运算的结果

学号	姓名	性别	出生日期	党员否	省份	民族
10010002	董兆芳	女	2001/8/16	FALSE	江苏	汉族
10010004	胡元飞	男	2003/6/3	TRUE	江苏	汉族

2）投影

投影运算是从关系中挑选出指定的若干属性，其运算结果是一个新的关系。

【例 1-5】 从表 1-4 所示的关系 A 中选择学号、姓名、出生日期和党员否 4 个属性列，结果如表 1-10 所示。

表 1-10 投影运算的结果

学号	姓名	出生日期	党员否
10010001	王萌	2001/9/21	TRUE
10010002	董兆芳	2001/8/16	FALSE
10010003	郝利涛	2003/1/27	FALSE
10010004	胡元飞	2003/6/3	TRUE
10010005	黄东启	2004/5/26	TRUE
10010006	李楠	2004/4/25	FAUSE

3）联接

设有两个关系 R 和 S，其属性个数分别是 m 和 n，元组的个数分别是 p 和 q。R 和 S 的广义笛卡儿积是一个 $m+n$ 个属性列，$p\times q$ 个元组的集合，每个元组的前 m 个分量来自 R，后 n 个分量来自 S，笛卡儿积记为 R×S。联接运算是从两个关系的笛卡儿积中选择属性值满足一定条件的元组。常见的联接运算有等值联接和自然联接。

（1）等值联接。在联接运算中，按照属性值对应相等为条件的联接操作称为等值联接。

【例 1-6】 从表 1-11 所示的记录学生基本信息的关系 R 和表 1-12 所示的记录课程成绩的关系 S 中，按学号对两个关系进行等值联接运算，结果如表 1-13 所示。

表 1-11 关系 R

学号	姓名	出生日期	党员否
10010001	王萌	2001/9/21	TRUE
10010002	董兆芳	2001/8/16	FALSE
10010003	郝利涛	2003/1/27	FALSE
10010004	胡元飞	2003/6/3	TRUE
10010005	黄东启	2004/5/26	TRUE

表 1-12 关系 S

学号	课程名称	成绩
10010001	Access 数据库应用技术	88
10010002	Access 数据库应用技术	79
10010003	Python 程序设计基础	75
10010004	Python 程序设计基础	86

表 1-13 等值联接运算的结果

学号	姓名	出生日期	党员否	学号	课程名称	成绩
10010001	王萌	2001/9/21	TRUE	10010001	Access 数据库应用技术	88
10010002	董兆芳	2001/8/16	FALSE	10010002	Access 数据库应用技术	79

续表

学号	姓名	出生日期	党员否	学号	课程名称	成绩
10010003	郝利涛	2003/1/27	FALSE	10010003	Python 程序设计基础	75
10010004	胡元飞	2003/6/3	TRUE	10010004	Python 程序设计基础	86

（2）自然联接。自然联接是去掉重复属性的等值联接。自然联接是实际应用中最常用的连接。

【例 1-7】 对关系 R 和关系 S 进行自然联接运算，即去掉表 1-13 中重复的“学号”属性列，结果如表 1-14 所示。

表 1-14 自然联接运算的结果

学号	姓名	出生日期	党员否	课程名称	成绩
10010001	王萌	2001/9/21	TRUE	Access 数据库应用技术	88
10010002	董兆芳	2001/8/16	FALSE	Access 数据库应用技术	79
10010003	郝利涛	2003/1/27	FALSE	Python 程序设计基础	75
10010004	胡元飞	2003/6/3	TRUE	Python 程序设计基础	86

1.4 Access 2021 概述

Access 2021 是微软公司推出的 Office 2021 办公套件中的一个重要组件，是一个非常实用的关系数据库管理系统，具有操作灵活、运行环境简单等优点，适用于中小企业管理和办公自动化。使用 Access 2021，可在数秒内生成和共享数据库，只需要用户提供信息，Access 执行其余操作，即可轻松创建和构建数据，用户将报表和查询数据放入所需格式，就可以使应用程序始终保持界面的美观。

1.4.1 Access 2021 的特点

如果用户是从 Access 2019 升级到 Access 2021，则除了拥有习惯使用的功能外，Access 2021 还有以下几个新功能。

（1）只需几次单击即可添加表。

使用保持打开状态的“添加表”任务窗格可以将表添加到关系和查询中去。

（2）密切关注数据库对象。

可以清楚地看到活动选项卡、轻松拖动选项卡以重新排列，并且只需单击即可关闭数据库对象。默认情况下，Access 2021 可以显示和处理多个打开的对象，如表、查询、窗体和报表等。若要在打开的对象之间移动，可以使用选项卡，选项卡使打开的对象保持可见且可访问。如果用户更喜欢传统方法，仍然可以在重叠窗口中显示对象。

（3）管理链接的表格。

链接到外部数据源并基于不同的数据集来创建解决方案是 Access 的优势。链接表管

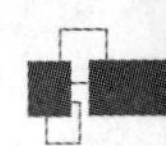

理器是一个中心位置,用于查看和管理数据库中的所有数据源和链接表。

(4)"日期/时间已延长"数据类型具有更好的精度。

为了增强与 SQL 的语法兼容性以提高包含日期和时间的记录的准确性和详细程度,在 Access 2021 中实现了 DateTime2 数据类型,即"日期/时间已延长"数据类型。DateTime2 数据类型包含更大的日期范围(0001-01-01～9999-12-31),具有更高的指定时间精度(纳秒,而不是秒)。"日期/时间已延长"数据类型存储日期和时间信息,与"日期/时间"数据类型类似,但提供了更大的日期范围、更高的小数精度并且与 SQL Server dateTime2 日期类型兼容。当用户将 Access 数据导入或链接到 SQL Server 时,可以一致地将 Access"日期/时间已延长"字段映射到 SQL Server DateTime2 列中。

(5)对 SQL 视图的改进。

在 SQL 视图中使用"查找和替换"对话框搜索和替换 SQL 语句中的文本,这对于长语句特别有用。

1.4.2 创建 Access 2021 数据库

下面通过一个简单的例子,了解 Access 2021 的启动、使用和退出。

【例 1-8】 在 D:盘下的 Access2021 文件夹中创建一个名称为"教学管理系统"的数据库。

操作步骤如下。

(1)启动 Access 2021。Access 2021 的启动同 Office 2021 中的其他办公软件相同,在安装了 Microsoft Office 2021 的操作系统中,选择"开始"→"所有程序"→Access 命令,即可打开 Access 2021 的启动窗口,如图 1-4 所示。

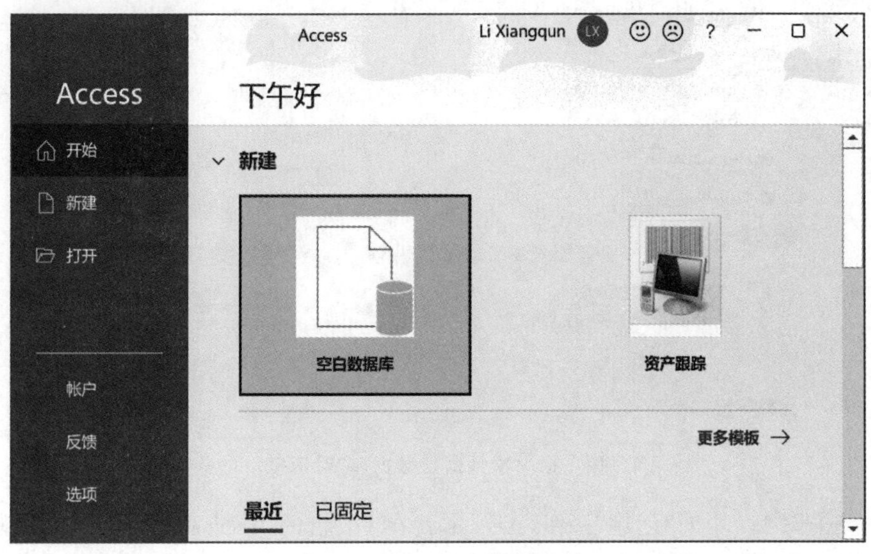

图 1-4 Access 2021 的启动窗口

(2)单击"空白数据库",弹出"空白数据库"对话框,如图 1-5 所示,"文件名"文本框中给出一个默认的文件名 Database1。

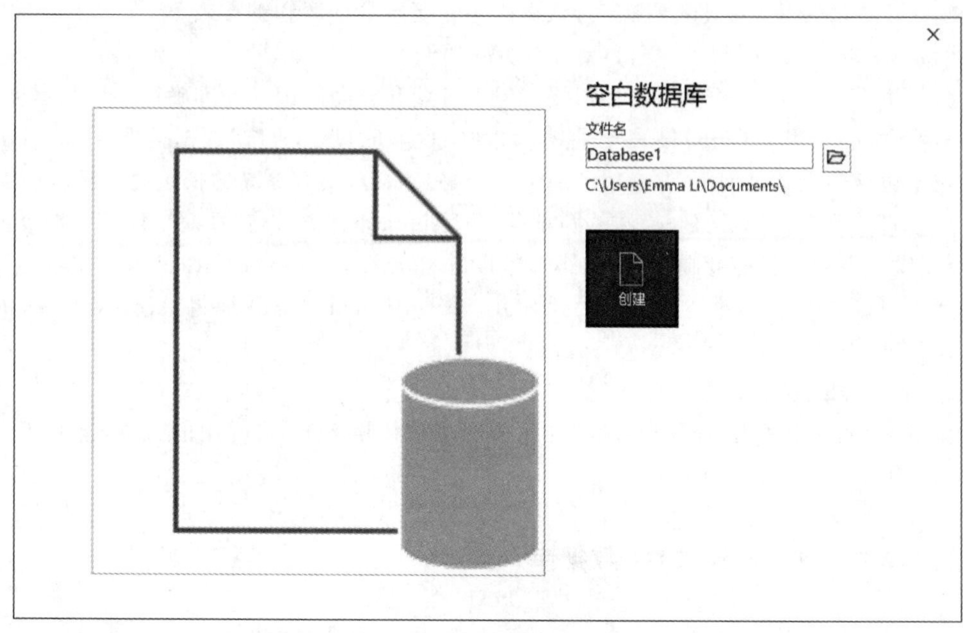

图 1-5 “空白数据库”对话框

(3) 重命名文件并指定文件保存位置。将文件名更改为“教学管理系统”,单击“文件名”文本框右侧的图标,打开“文件新建数据库”对话框,如图 1-6 所示。选择保存位置为新加卷(D:)下的 Access2021 文件夹,单击“确定”按钮即可关闭“文件新建数据库”对话框并显示修改后的“空白数据库”对话框,如图 1-7 所示。

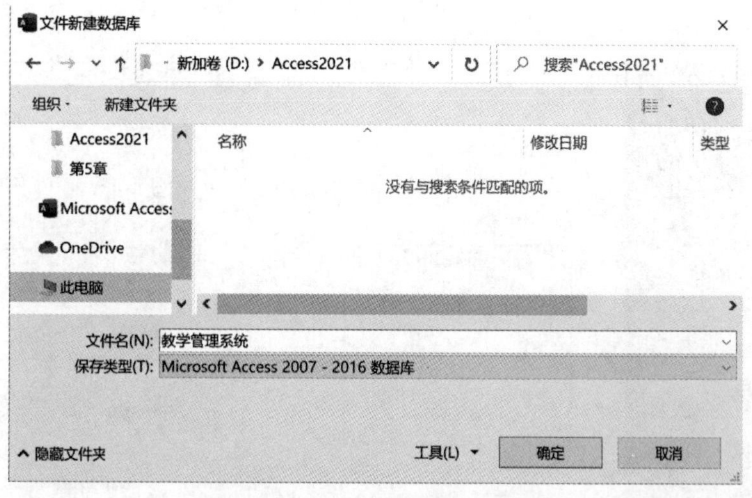

图 1-6 “文件新建数据库”对话框

(4) 单击图 1-7 中的“创建”按钮,Access 就在 D: 盘的 Access2021 文件夹下创建了一个文件名为“教学管理系统”的数据库,并自动创建了一个名称为“表 1”的表。如果不保存“表 1”,直接退出 Access2021,创建的是一个不包含任何对象的空数据库。

【说明】 退出 Access 2021 的操作同 Office 2021 中的其他套件相同,单击 Access 2021 窗口右上角的“关闭”按钮就可以退出 Access 2021。

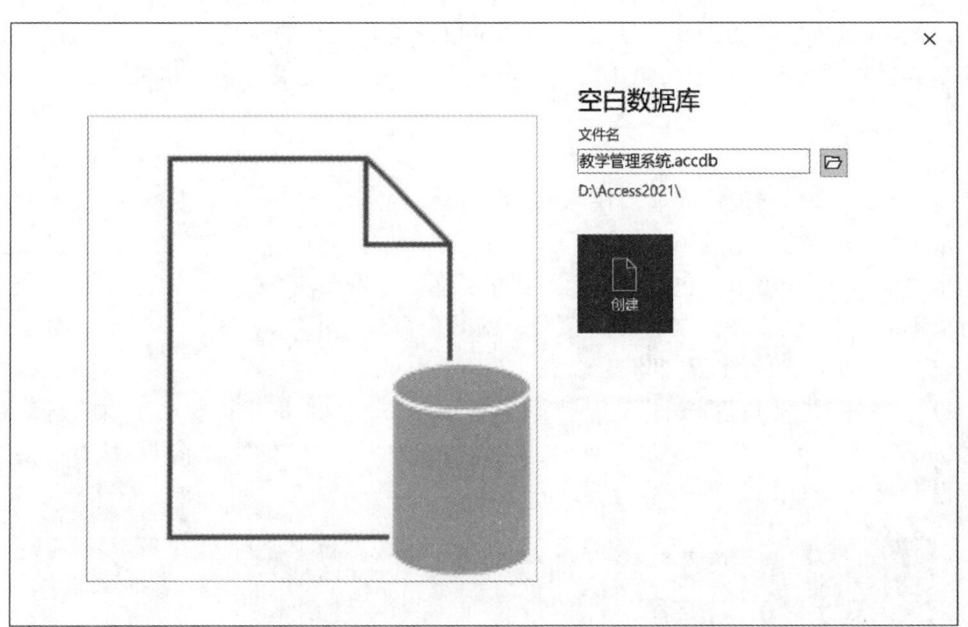

图 1-7 修改后的“空白数据库”对话框

1.4.3 Access 2021 的工作界面

Access 2021 的工作界面主要包括快速访问工具栏、功能区、导航窗格和工作区，如图 1-8 所示。

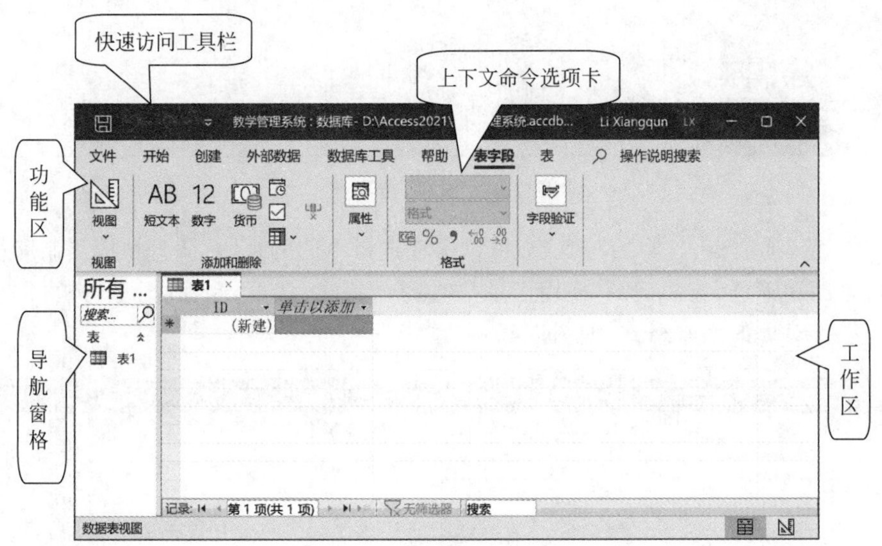

图 1-8 Access 2021 的工作界面

1. 快速访问工具栏

快速访问工具栏位于 Access 主窗口的左上角，默认包括“保存”“撤消”“恢复”3 个常用操作按钮,通过快速访问工具栏,只需单击即可执行相应的操作。用户也可以通过单击快速访问工具栏右侧的箭头自定义快速访问工具栏,将常用的其他命令包含在内。

2. 功能区

打开数据库时,功能区会显示在Access主窗口的顶部,由一系列包含命令按钮的命令选项卡组成,主要的命令选项卡包括“文件”“开始”“创建”“外部数据”“数据库工具”“帮助”等基本功能,每个选项卡都包含多组相关功能的命令。需要注意的是,随着用户创建或编辑的对象不同,功能区会增加与打开对象相关的其他命令选项卡,如图1-8所示,在数据表视图下,功能区新增了“表字段”和“表”命令选项卡。

(1)“文件”选项卡。“文件”选项卡包含适用于整个数据库文件的命令,如“新建”“打开”“保存”“另存为”“信息”等功能,可以创建新数据库、打开现有数据库以及执行很多文件和数据库的维护任务,如图1-9所示。

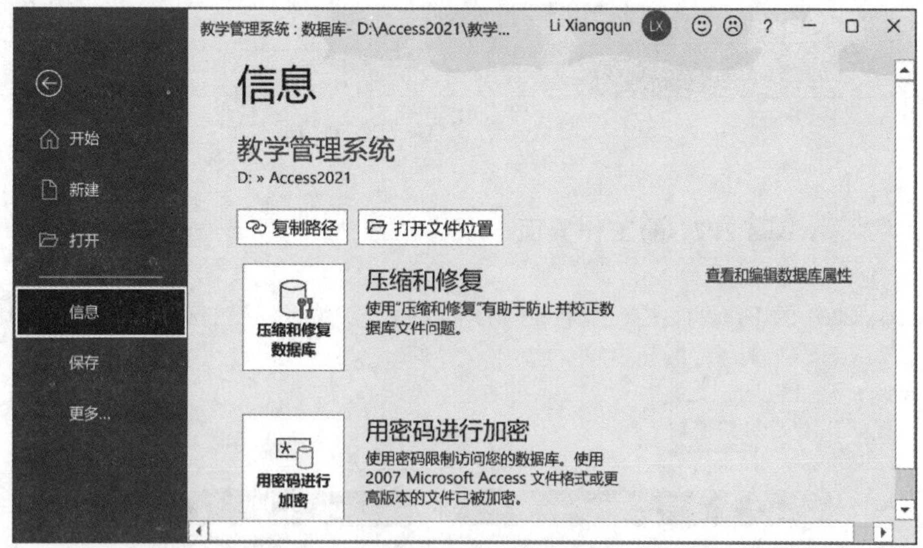

图1-9 “文件”选项卡

(2)“开始”选项卡。“开始”选项卡可以实现选择不同的视图、从剪贴板复制和粘贴、对记录进行排序和筛选、查找记录、使用记录(如刷新、新建、保存、删除、汇总、拼写检查等)和设置当前操作对象的文本格式,如图1-10所示。

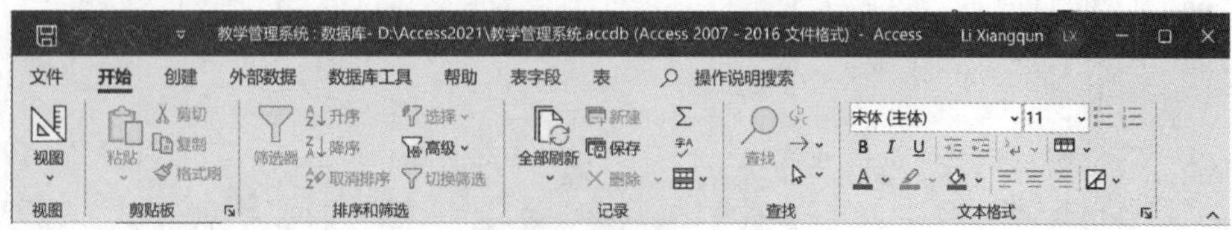

图1-10 “开始”选项卡

(3)“创建”选项卡。“创建”选项卡用于创建各种对象,可以使用应用程序部件创建对象,还可以创建“表格”“查询”“窗体”“报表”“宏”与“代码”,如图1-11所示。

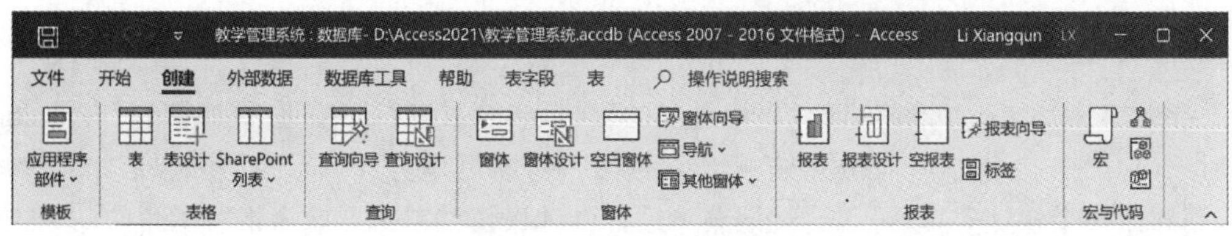

图 1-11　“创建”选项卡

（4）“外部数据”选项卡。“外部数据”选项卡用于与其他应用程序交换和共享数据，可以导入或链接到外部数据、导出数据、通过电子邮件收集和更新数据创建各种对象，如图 1-12 所示。

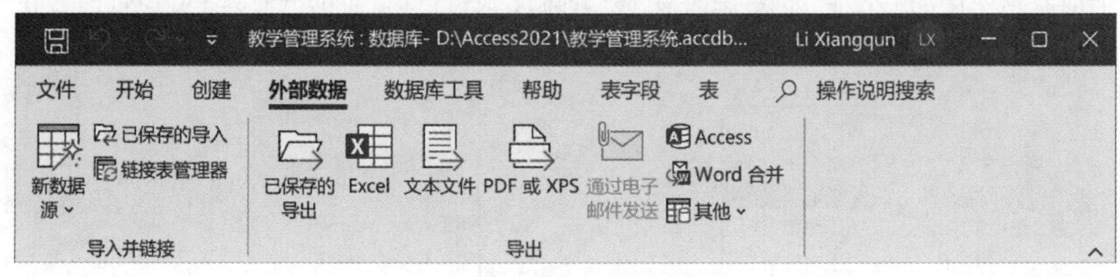

图 1-12　“外部数据”选项卡

（5）“数据库工具”选项卡。“数据库工具”选项卡用于操作数据库，包括压缩和修复数据库、启动 Visual Basic 编辑器或运行宏、创建和查看表关系、运行数据库文档或分析性能、将数据移至 Microsoft SQL Server、Access 数据库或 SharePoint 网站，还可以管理 Access 加载项，如图 1-13 所示。

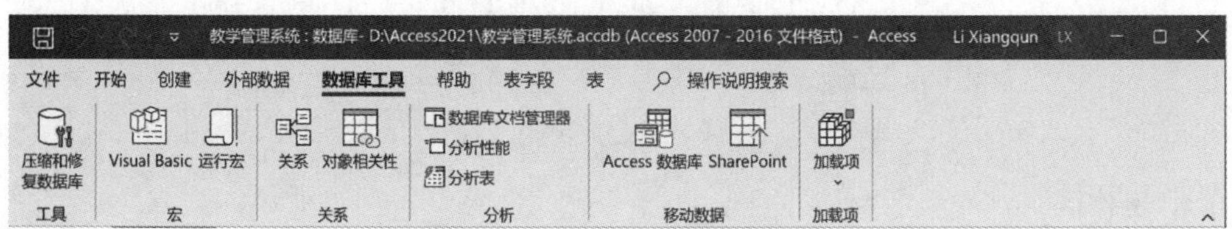

图 1-13　“数据库工具”选项卡

除上述标准命令选项卡外，Access 2021 还有上下文命令选项卡，即根据进行操作的对象以及正在执行的操作的不同，标准命令选项卡旁边可能会出现一个或多个上下文命令选项卡。如图 1-14 所示，当创建或操作一个表对象时，在“帮助”选项卡后面出现“表字段”和“表”选项卡，可以对当前表对象进行特定的操作。

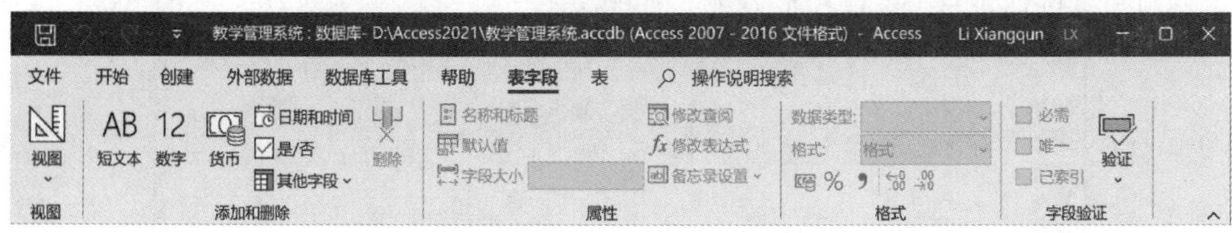

图 1-14　“表字段”选项卡

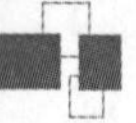

3. 导航窗格

导航窗格是位于 Access 窗口界面左侧的窗格,用户可以在其中查看和访问所有的数据库对象,如图 1-15 所示。双击导航窗格中的任一对象可以打开该对象。如果右击某个对象,则弹出一个快捷菜单,可以通过该菜单进行各种操作。单击导航窗格右上角的 « 按钮,可以隐藏导航窗格。

导航窗格将数据库中的对象组织成类别和组,使用类别可以在导航窗格中分别按自定义、对象类型、表和相关视图、创建日期和修改日期 5 个类别排列对象,使用组可以进一步筛选已归类的对象,图 1-16 中的导航窗格就是按对象类别查看所有 Access 对象。如果只查看当前数据库中的"查询"对象,只要在"按组筛选"下"查询"前单击使其呈 ✔ 状,即可在导航窗格中仅显示"查询"对象。

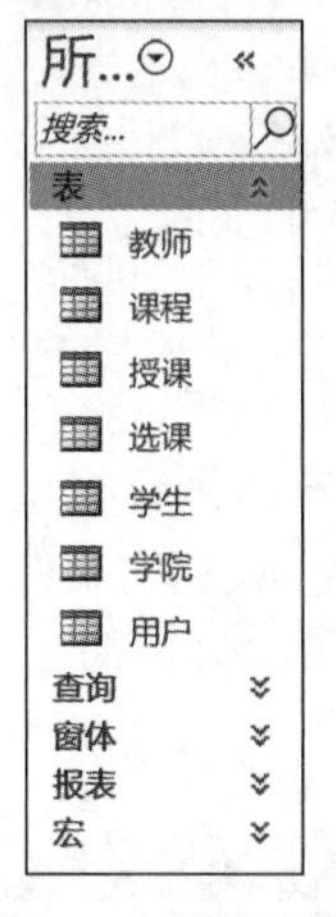

图 1-15 导航窗格

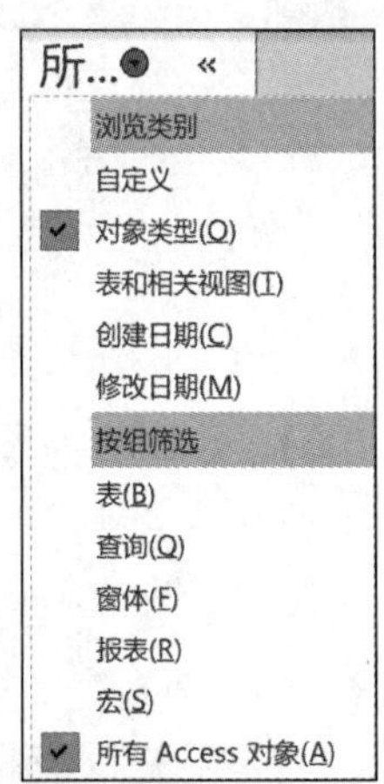

图 1-16 "浏览类别"菜单

4. 工作区

工作区位于 Access 2021 窗口界面的右下方,用来显示、编辑、修改和设计表、查询、窗体等对象。Access 2021 允许打开多个数据库对象,在工作区中显示多个对象的方式有两种:重叠窗口和选项卡式文档。重叠窗口中最后一次打开的对象显示在最上方,如需编辑其他对象,则需要关闭当前窗口或者移动当前窗口位置以选择其他目标窗口。选项卡式文档显示方式可以同时显示多个打开的表、查询、报表、窗体等数据库对象。如图 1-17 所示,单击选项卡标题即可显示要操作的对象。

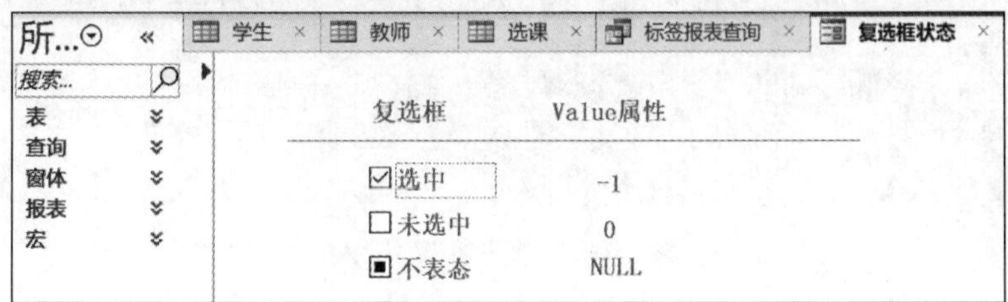

图 1-17 选项卡式文档

【说明】 Access 2021 默认采用的是"选项卡式文档"来显示多个打开的数据库对象，也可以通过"文件"选项卡中的"选项"菜单打开"Access 选项"对话框，如图 1-18 所示，在"当前数据库"中的"文档窗口选项"中更改显示方式，单击"确定"按钮后，需要关闭当前数据库，当重新打开数据库时，该设置生效。

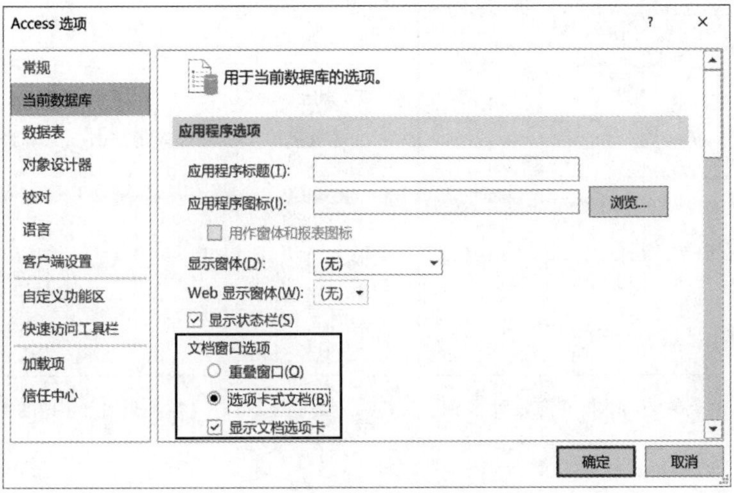

图 1-18　更改当前数据库的文档窗口显示方式

1.4.4　Access 2021 的对象

Access 数据库是一种文件型数据库，所有的数据都保存在同一个文件中，默认情况下创建的数据库文件采用的是 Access2007-2016 文件格式。Access 2021 创建了一个数据库后，所有相关的对象都存储在一个扩展名为. accdb 的数据库文件中，它包含了表、查询、窗体、报表、宏和模块 6 个对象。

1. 表

数据表简称表，是数据库中最基本的对象，其他对象使用的数据均来自表。表由行和列组成，如图 1-19 所示的"学生"表，表中的一行代表一条记录，一列代表一个字段。

学号	姓名	性别	出生日期	党员否	省份	民族
10010001	王萌	女	2001年9月21日	☑	河北	汉族
10010002	董兆芳	女	2001年8月16日	☐	江苏	汉族
10010003	郝利涛	男	2003年1月27日	☐	河北	汉族
10010004	胡元飞	男	2003年6月3日	☑	江苏	汉族
10010005	黄东启	男	2004年5月26日	☑	河南	汉族
10010006	李楠	男	2004年4月25日	☐	山西	汉族
10010007	刘宝生	男	2003年8月21日	☐	山西	汉族
10010008	刘军伟	男	2003年7月6日	☐	山东	汉族
10010009	马勇	男	2003年12月31日	☐	重庆	土家族
10010010	宋志慧	女	2000年1月28日	☑	山西	汉族

记录：第 1 项(共 1319 项)　无筛选器　搜索

图 1-19　"学生"表

2. 查询

查询是通过设置某些条件，从一个或多个表中查找和检索满足条件的数据。查询的显示结果看起来和表一样，查询也可以作为其他查询、窗体和报表的数据源。例如，从图 1-19 所示的“学生”表中查询“民族”为“满族”的学生的学号、姓名、性别、出生日期和民族字段，查询设计视图和查询结果分别如图 1-20 和图 1-21 所示。

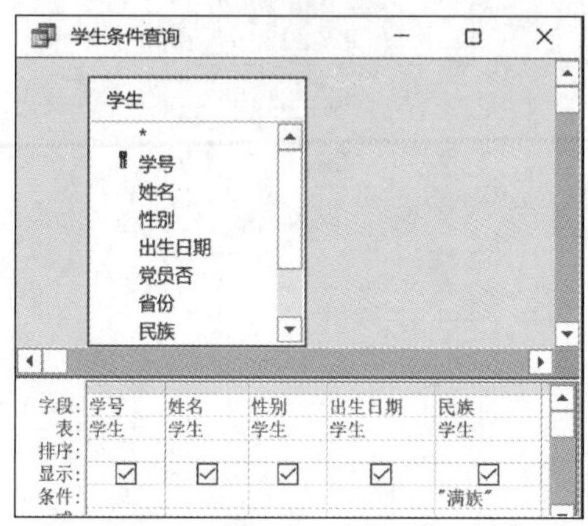

图 1-20 “学生条件查询”的查询设计视图

学生条件查询

学号	姓名	性别	出生日期	民族
10010011	王超颖	女	2002年9月6日	满族
10010131	李兴旺	男	2002年1月3日	满族
10010173	董秀荣	女	2003年4月1日	满族
10010373	赫萌萌	女	2002年1月4日	满族
10010477	张明雷	男	2003年8月17日	满族
10010492	孙亚菊	女	2002年7月14日	满族
10010511	朱双庆	男	2003年10月16日	满族
10010541	耿占明	男	2003年9月26日	满族
10030001	李长利	男	2001年11月18日	满族
10040075	肖松涛	男	2002年9月20日	满族
10040088	于金娇	女	2003年12月13日	满族
10050062	李晋军	男	2001年11月18日	满族
10050242	关思	女	2003年4月13日	满族

图 1-21 “学生条件查询”的查询结果

3. 窗体

窗体给用户提供了一个友好的操作界面，通过窗体可以显示、编辑表中的各种数据。如图 1-22 所示的窗体就显示了学生的基本信息，其设计视图如图 1-23 所示，显示了窗体的各个组成部分。

图 1-22 “学生基本信息”窗体

4. 报表

报表可以对数据进行排序、分组、统计计算，并以格式化的形式显示、打印输出数据。如图 1-24 所示的报表是以“学生”表作为数据源输出学生的基本信息，其设计视图如图 1-25 所示，显示了报表的各个组成部分。

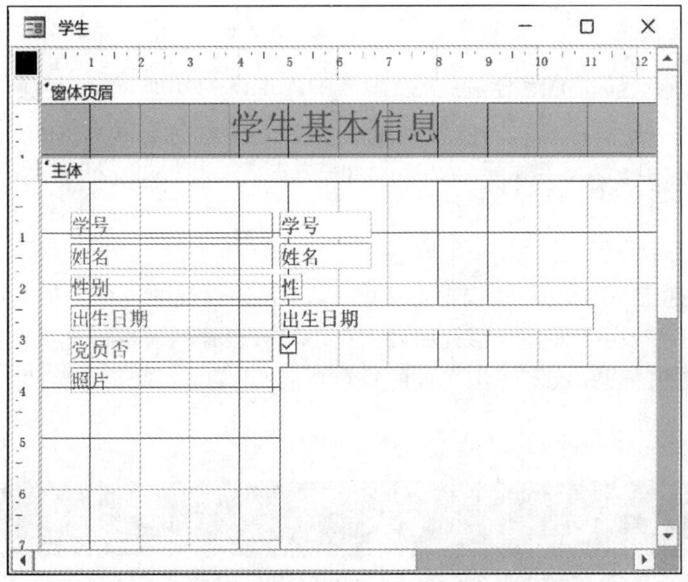

图 1-23　“学生基本信息”窗体的设计视图

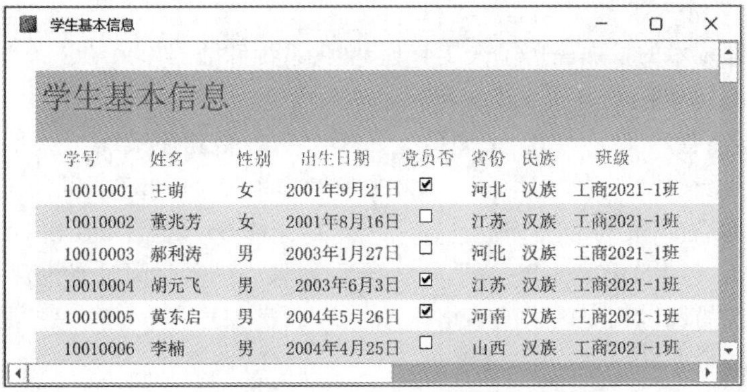

学生基本信息

学生基本信息

学号	姓名	性别	出生日期	党员否	省份	民族	班级
10010001	王萌	女	2001年9月21日	☑	河北	汉族	工商2021-1班
10010002	董兆芳	女	2001年8月16日	☐	江苏	汉族	工商2021-1班
10010003	郝利涛	男	2003年1月27日	☐	河北	汉族	工商2021-1班
10010004	胡元飞	男	2003年6月3日	☑	江苏	汉族	工商2021-1班
10010005	黄东启	男	2004年5月26日	☑	河南	汉族	工商2021-1班
10010006	李楠	男	2004年4月25日	☐	山西	汉族	工商2021-1班

图 1-24　“学生基本信息”报表

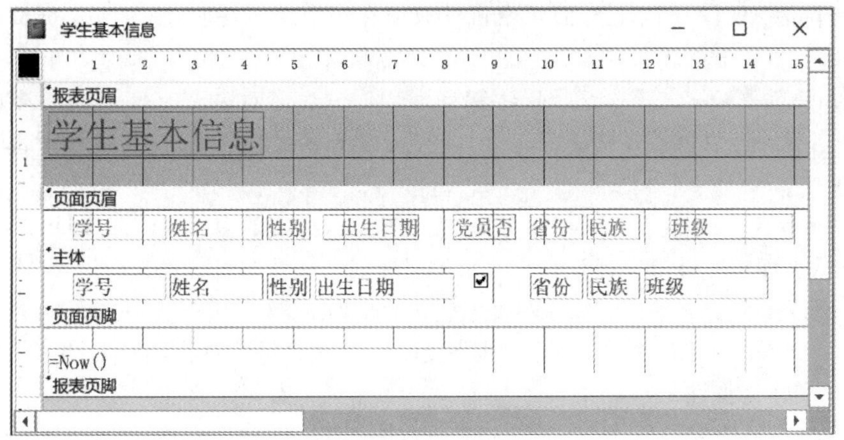

图 1-25　“学生基本信息”报表的设计视图

5. 宏

宏是一个或多个操作的组合，每个操作都实现特定的功能，如打开窗体、打印报表等。Access 2021 系统提供了大量定义好的宏操作，用户只要根据需要设置相应的参数，就可以轻松地实现各种操作。

6. 模块

模块实质上就是 VBA 程序，包含若干由 VBA 代码组成的过程。每个过程完成一个相对独立的操作，不涉及界面，是“纯”程序段。模块具有很强的通用性，窗体、报表等对象都可以调用模块内部的过程完成宏无法实现的复杂功能，开发出功能更完善的数据库应用系统。

习题 1

一、选择题

1. 数据管理技术的发展经历了人工管理、文件系统和数据库系统 3 个发展阶段，其中，实现了数据共享，可以使数据独立于应用程序的阶段是(　　)。

A. 数据项管理　　B. 文件系统　　C. 数据库系统　　D. 人工管理

2. 数据库系统(DBS)、数据库(DB)和数据库管理系统(DBMS)之间的关系是(　　)。

A. DB 包含 DBS 和 DBMS　　B. DBS 包含 DB 和 DBMS

C. DBMS 包含 DB 和 DBS　　D. 三者之间没有包含关系

3. 客观存在的可以相互区别的事物称为(　　)，例如，一个教室、一张桌子、一门课等。

A. 关系　　B. 属性　　C. 联系　　D. 实体

4. 实体所具有的特征称为(　　)，例如一个学生的学号、姓名、年龄等。

A. 关系　　B. 属性　　C. 联系　　D. 实体

5. 一个班级只有一个班长，而每个班长只能在一个班级任职，则班级与班长之间的联系是(　　)。

A. 一对一　　B. 一对多　　C. 多对多　　D. 多对一

6. 一名教师可以讲授多门课程，一门课程可以由多名教师来讲授，则教师和课程之间的联系是(　　)。

A. 一对一　　B. 一对多　　C. 多对多　　D. 多对一

7. 在数据库中能够唯一标识一个元组的属性或者属性的组合称为(　　)。

A. 记录　　B. 字段　　C. 域　　D. 关键字

8. (　　)是指关系的主键不能重复也不能取空值，用来保证关系中每个元组都是唯一的。

A. 实体完整性　　B. 参照完整性

C. 域完整性　　D. 关键字完整性

9. 在关系的完整性描述中，“性别”属性的取值只能是“男”或“女”，不允许有其他值，这属于(　　)约束。

A. 实体完整性　　B. 参照完整性

C. 域完整性　　D. 关键字完整性

10. 属于传统的集合运算的是(　　)。

A. 加、减、乘、除　　B. 并、交、差

C. 选择、投影、连接　　D. 删除、合并

11. Access 是一个(　　)软件。

A. 文字处理　　B. 表格处理　　C. 幻灯片处理　　D. 数据库管理

12. 利用 Access 2021 创建的数据库,其文件的扩展名是(　　)。

A. .dbf　　B. .pptx　　C. .mp3　　D. .accdb

二、填空题

1. ________完整性用于约定两个关系之间的联系。当关系(如关系 B)中的属性不是关系 B 的主键,而是另一个关系(如关系 A)的主键时,该属性就称为关系 B 的________关键字。

2. 有关系:选课(学号,课程编号,成绩),则"选课"关系的主键是________。

3. 专门的关系运算有选择、投影和连接,其中________运算是从关系中挑选出满足给定条件的若干元组,其运算结果是一个新的关系。________运算是从两个关系的笛卡儿积中选择属性值满足一定条件的元组,________运算是从关系中挑选出指定的若干属性。

4. Access 2021 新特性中,增加了"________"数据类型存储日期和时间信息,它与"日期/时间"数据类型类似,但提供了更大的日期范围和更高的小数精度。

5. Access 允许打开多个数据库对象,在工作区中显示多个对象的方式有两种:________窗口和________文档。

6. Access 创建了一个数据库后,所有相关的对象都存储在一个数据库文件中,它包含了________、________、________、________、________和________6 个对象。

实验 1

一、实验内容

1. 尝试在自己的计算机上安装包含 Access 2021 组件的 Office 2021。

2. 练习使用不同的方法启动和退出 Access 2021。

3. 熟悉 Access 2021 的工作界面。

4. 在 D:盘下新建一个以 Access 2021 命名的文件夹,在此文件夹中创建一个"图书借阅管理"空数据库。

二、实验要求

本实验以熟悉 Access 2021 的工作环境为主要目的,无须提交实验结果和实验体会。

第2章 表的建立和操作

表是 Access 2021 数据库中唯一存储数据的对象，对数据的所有操作最终都是在表中完成的。表是数据库的核心，也是所有对象中最重要、最基础的对象，其他对象如查询、窗体和报表等都要在表的基础上进行设计和使用。空白数据库创建之后，需要先创建表对象，然后建立表之间的关系，接下来输入表数据，这样可以保证数据库所有表之间数据的一致性和完整性。

本章主要介绍表的建立过程、表之间关系的建立和表的相关操作。

2.1 表概述

表是组织和存储数据的对象，是整个数据库的基础。Access 中，表是以记录和字段的形式组织数据的，如图 2-1 所示。一张表描述一个主题的信息，图 2-1 所示的“学生”表就描述了学生的基本信息。

学生

学号	姓名	性别	出生日期	党员否	省份	民族	班级	照片	学院编号
10010001	王萌	女	2001年9月21日	☑	河北	汉族	工商2021-1班	nap Image	01
10010002	董兆芳	女	2001年8月16日	☐	江苏	汉族	工商2021-1班	nap Image	01
10010003	郝利涛	男	2003年1月27日	☐	河北	汉族	工商2021-1班	nap Image	01
10010004	胡元飞	男	2003年6月3日	☑	江苏	汉族	工商2021-1班	nap Image	01
10010005	黄东启	男	2004年5月26日	☑	河南	汉族	工商2021-1班	nap Image	01
10010006	李楠	男	2004年4月25日	☐	山西	汉族	工商2021-1班	nap Image	01
10010007	刘宝生	男	2003年8月21日	☐	山西	汉族	工商2021-1班	nap Image	01
10010008	刘军伟	男	2003年7月6日	☐	山东	汉族	工商2021-1班	nap Image	01
10010009	马勇	男	2003年12月31日	☐	重庆	土家族	工商2021-1班	nap Image	01
10010010	宋志慧	女	2000年1月28日	☑	山西	汉族	工商2021-1班	nap Image	01
10010011	王超颖	女	2002年9月6日	☐	河北	满族	工商2021-1班	nap Image	01

记录：第 1 项(共 1319　无筛选器　搜索

图 2-1　“学生”表

Access 2021 提供了多种创建表的方法：使用数据表视图、使用设计视图、使用 SharePoint 列表和从外部数据导入。打开或新建数据库后，选择“创建”选项卡，单击“表格”组中的“表”按钮或“表设计”按钮即可打开数据表视图或设计视图创建一个表。通过数据表视图创建表直观、快捷，但是创建的表结构比较简单，只能设置字段的部分常用属性。如果要实现更详细的属性设置，通常通过设计视图来创建表，具体操作见例 2-1。

Access 2021 还提供了使用 SharePoint 列表创建表的方法。SharePoint 列表是一个协作平台，可以帮助企业或团队成员共享信息协同工作。打开或新建数据库后，选择“创建”选项卡，单击“表格”组中的“SharePoint 列表”按钮，可以使用预定义的模板，如“联系人”“任务”“问题”和“事件”，或者自定义 SharePoint 列表，还可以将 SharePoint 网站上的 SharePoint 列表导入到 Access 数据库中，或者创建链接到 SharePoint 列表中的表。

Access 2021 可以将各种外部数据如 Excel 电子表格、文本文件等导入 Access 数据库中创建表，关于外部数据的导入，8.4 节有更详细的介绍。

2.2 表结构的创建和修改

2.2.1　表结构的创建

表结构是指表中包含的字段及字段具有的属性，其创建过程包括定义字段名称、选择数据类型、设置字段属性以及定义主键。

1. 定义字段名称

字段名称是表中每一个字段的名字。为字段命名，要遵守“见名知义，不能同名”的原则，如图 2-1 所示的“学生”表中各个字段的名称就明确表达了字段包含的信息。另外，在 Access 中输入字段名称必须遵循以下命名规则。

（1）可以由字母、汉字、数字、空格和其他字符组成。

（2）不能包含以下英文标点符号：句号(.)、叹号(!)、方括号([])、先导空格及不可打印字符。

（3）命名长度最多为 64 个字符，包括空格。

2. 选择数据类型

字段的数据类型是指表中同一列数据具有的相同的数据特征，Access 2021 提供的数据类型如表 2-1 所示。

表 2-1 数据类型说明

数据类型	功　能	说　明
短文本	文本或文本与数字类型的结合，以及不需要计算的数字，如学号、电话号码等	最多 255 个字符或字段大小属性设置的长度，以两者中较短者为准。Access 不会为文本字段的未使用部分保留空间，并且在 Access 中，每一个西文字符、汉字和所有特殊字符(包括中文标点符号)都算作一个字符
长文本	长文本或文本和数字的组合，如简历、说明等	大于 255 字符，最多 63 999 个字符，可以存储多达 1GB 的文字
数字	用于数学计算的数值数据	1、2、4 或 8 字节(如果将字段大小属性设置为“同步复制 ID”，则为 16 字节)
大型页码	用于存放大数值数字型	
日期/时间	表示从 100 到 9999 年的日期与时间值	8 字节
日期/时间已延长	表示从 0001-01-01 到 9999-12-31 的日期与时间值	包含更大的日期范围，具有更高的指定时间精度(纳秒，而不是秒)
货币	货币值或用于数学计算的数值数据，这里的数学计算的对象是带有 1～4 位小数的数据。精确到小数点左边 15 位和小数点右边 4 位	8 字节
自动编号	每当一条新记录加入表中，Access 都会指定一个唯一的连续数值(其增量为 1)或随机数，自动编号字段不能更新	默认为长整型，4 字节，如果设置为“同步复制 ID”则为 16 字节，每个表只能包含一个自动编号字段
是/否	用于只有两个值的逻辑型数据(Yes/No、True/False 或 On/Off)	1 位
OLE 对象	链接或内嵌于 Access 表中的对象，可以是 Excel 电子表格、Word 文档、图形、声音或其他二进制数据	最多可用 1GB，受限于所用的磁盘空间

续表

数据类型	功　能	说　明
超级链接	用于链接数据库对象、Web 页或其他目标的字段，超链接地址可以是某个文件的路径或 URL	超链接地址最多包含 65 536 个字符
附件	将图像、电子表格文件、文档、图表等各种文件附加到数据库记录中	实际的字段类型和长度取决于数据的来源
计算	创建基于同一表中其他字段的计算的字段。可以使用表达式生成器来创建计算，并能轻松访问有关表达式值的帮助	实际的字段类型和长度取决于数据的来源
查阅向导	用于建立一个字段内容的列表，可以使用列表框或组合框从另一个表或值列表中选择一个值	实际的字段类型和长度取决于数据的来源

下面以图 2-1 所示的“学生”表为例说明如何选取合适的数据类型。

(1)“学号”字段用于唯一标识每一条学生记录，虽然其值全部由数字组成，但这些数字并不参与计算，所以其数据类型应为短文本。

(2)“姓名”“性别”“省份”“民族”“班级”和“学院编号”字段用于描述学生的基本信息，由字母、汉字和数字组成，其数据类型应为短文本。

(3)“出生日期”字段的数据类型显然应为日期/时间。

(4)“党员否”字段用于表示学生是否是党员，只有两个值：“是”与“否”，其数据类型应为是/否。

(5)“照片”字段用于显示学生的照片，可以是 BMP、JPEG 等格式的位图图像，其数据类型应为 OLE 对象。

【例 2-1】 在例 1-8 创建的“教学管理系统”数据库中使用设计视图建立“学生”表结构，如表 2-2 所示。

表 2-2 “学生”表结构

字段名称	数据类型	字段大小
学号	短文本	8
姓名	短文本	12
性别	短文本	1
出生日期	日期/时间	
党员否	是/否	
省份	短文本	3
民族	短文本	5
班级	短文本	20
照片	OLE 对象	
学院编号	短文本	2

操作步骤如下。

(1) 打开表设计视图。在 D：盘下的 Access2021 文件夹中找到“教学管理系统.accdb”文件，双击打开“教学管理系统”数据库，单击“创建”选项卡中“表格”组的“表设计”按钮，打开表设计视图,表名称默认为"表1"。表设计视图分上下两个部分,上半部分是字段输入区,下半部分是字段属性区。在字段输入区内,可以输入各字段的名称,选择各字段的数据类型,给出各字段的说明信息。在字段属性区内,可以设置各字段的属性值。

(2) 建立"学生"表结构。在字段输入区的"字段名称"栏输入字段名,在"数据类型"栏选择合适的数据类型,在"常规"选项卡中设置字段大小,如图2-2所示。

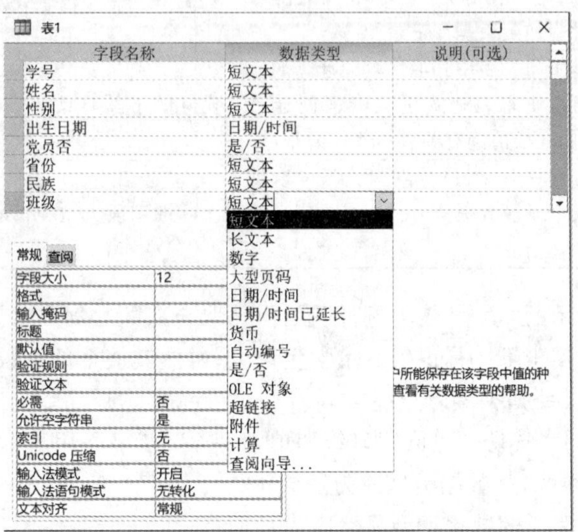

图2-2 选择数据类型

(3) 保存表。单击快速访问工具栏中的"保存"按钮,弹出"另存为"对话框,输入表名称"学生",单击"确定"按钮,弹出如图2-3所示的对话框,提示尚未定义主键,本例暂不定义主键,单击"否"按钮,返回表设计视图。如果打开了导航窗格,可以看到导航窗格中出现了名称为"学生"的表。

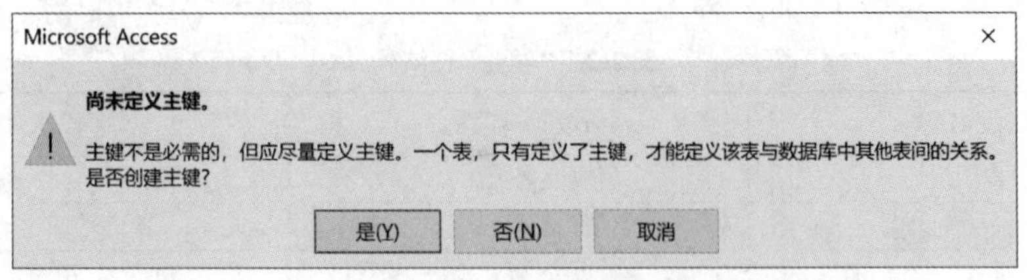

图2-3 "尚未定义主键"按钮框

【说明】 如果在图2-3所示的对话框中单击"是"按钮,系统将自动创建一个名称为ID的主键字段,其数据类型为"自动编号";单击"取消"按钮,返回设计视图。

3. 设置字段属性

确定了字段名称和数据类型后,在实际应用中,为了提高输入效率,避免输入错误,还需要设置一些特定的属性,以规定数据输入的格式及遵循的规则。Access提供了字段大小、格式、输入掩码、标题、默认值、验证规则、验证文本、必需、允许空字符串、索引等常规属性及查阅属性。

1）字段大小

字段大小指字段占用的存储空间，具体如表 2-1 所示。短文本、数字和自动编号 3 种数据类型可以设置字段大小。其中，数字类型的字段大小可以根据需要进一步设置为特定的类型，如表 2-3 所示。

表 2-3　数字类型的字段大小

字段大小	取值范围	小数位数	存储空间
字节	0～255	无	1 字节
整型	－32 768～32 767	无	2 字节
长整型	－2 147 483 648～2 147 483 647	无	4 字节
单精度型	负值：$-3.402\,823\times10^{38}\sim-1.401\,298\times10^{-45}$ 正值：$1.401\,298\times10^{-45}\sim3.402\,823\times10^{38}$	7	4 字节
双精度型	负值：$-1.797\,693\,134\,862\,31\times10^{308}\sim$ $-4.940\,656\,458\,412\,47\times10^{-324}$ 正值：$4.940\,656\,458\,412\,47\times10^{-324}\sim$ $1.797\,693\,134\,862\,31\times10^{308}$	15	8 字节
同步复制 ID	全局唯一标识符(GUID)，每条记录都是唯一不重复的值	无	16 字节
小数	$-10^{28}-1\sim10^{28}-1$ 的数字(.mdb、.accdb)	28	12 字节

2）格式

格式决定数据的显示方式。短文本、长文本、数字、货币、日期/时间、是/否类型都可以设置格式属性。文本类型可以使用如表 2-4 所示的符号来创建自定义的格式。

表 2-4　文本类型的“格式”属性

符　　号	说　　明
@	显示文本字符，字符个数不够时加前导空格
&	显示文本字符，无字符时省略
—	强制向右对齐
!	强制向左对齐
<	强制所有字符为小写
>	强制所有字符为大写

数字和货币类型可设置常规数字、货币、欧元、固定等格式，如图 2-4 所示。选择数字或货币类型后，“常规”选项卡中的“格式”属性下方出现“小数位数”属性，默认值为“自动”，除“常规数字”格式外，其余格式的小数位数均可由“小数位数”属性设定，最多可设置 15 位。

日期/时间类型可设置常规、长、中、短等日期/时间格式，如图 2-5 所示，默认值为“常规日期”。

【例 2-2】　将“学生”表的“出生日期”字段的“显示”格式设置为“长日期”。

操作步骤如下。

(1) 打开表设计视图。打开“教学管理系统”数据库，在导航窗格中，双击“学生”表，打开“学生”表的数据表视图，选择“开始”选项卡中“视图”组的“设计视图”按钮，切换至设计视图。

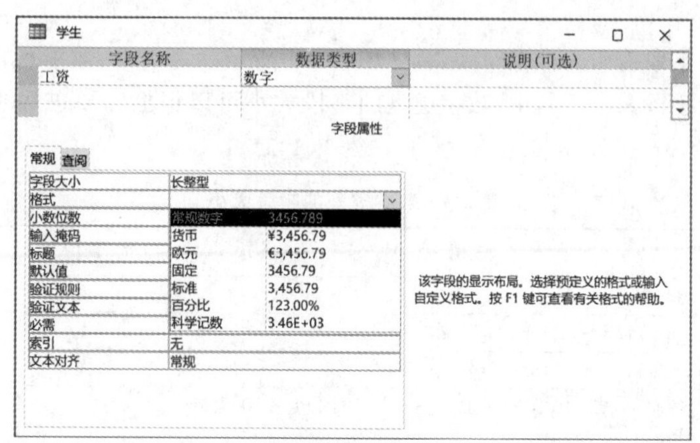

图 2-4　数字和货币类型的"格式"属性

【说明】 从导航窗格中选择"学生"表后右击,在弹出的快捷菜单中选择"设计视图"命令,即打开"学生"表设计视图。

(2) 设置字段的格式。单击"出生日期"字段,在"常规"选项卡中单击"格式"属性框,如图 2-5 所示,选择"长日期"选项。

(3) 保存。单击快速访问工具栏中的"保存"按钮,保存所做的设置。

【说明】 是/否类型也可以设置不同的显示格式,如图 2-6 所示。需要注意的是,要在数据表视图中显示是/否类型具体的取值,需要将"查阅"选项卡的"显示控件"属性设置为"文本框"。

常规 查阅
格式
输入掩码　常规日期　2015/11/12 17:34:23
标题　长日期　2015年11月12日
默认值　中日期　15-11-12
验证规则　短日期　2015/11/12
验证文本　长时间　17:34:23
必需　中时间　5:34 下午
索引　短时间　17:34

图 2-5　日期/时间类型的"格式"属性

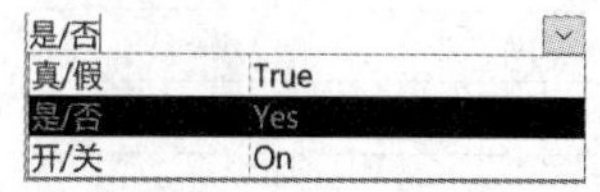

图 2-6　是/否类型的"格式"属性

3) 输入掩码

输入掩码用于控制数据的输入格式,强制数据按设置的格式输入。短文本和日期/时间类型可以通过向导设置输入掩码,数字和货币类型只能使用字符直接定义输入掩码。输入掩码符号如表 2-5 所示。

表 2-5　输入掩码符号

符号	输　　入	说　　明
0	数字(0～9)	必须输入,不允许输入加号(+)和减号(-)
9	数字(0～9)或空格	不是必须输入,不允许输入加号(+)和减号(-)
#	数字、空格、+和-	不是必须输入,如果没有输入任何数字,则显示为空格
L	字母(A～Z)	必须输入,大小写都可以
?	字母(A～Z)	不是必须输入,大小写都可以

续表

符号	输　　入	说　　明
A	字母或数字	必须输入
a	字母或数字	不是必须输入
&	字符或空格	必须输入
C	字符或空格	不是必须输入
!		使输入数据自右向左显示
＞		将其后的所有字符转换为大写
＜		将其后的所有字符转换为小写
\		其后的字符以原义字符显示(.、:、;、—、/可以直接显示,不需要在前面加\)
密码		将“输入掩码”属性设置为“密码”,以创建“密码”文本框。文本框中输入的任何字符都按字面字符保存,但显示为星号(*)

【例 2-3】 给“学生”表添加一个新字段“家庭电话”,要求数据类型为“短文本”,输入包括区号在内的电话号码,其中区号为 3 位或 4 位,电话号码为 7 位或 8 位,区号和电话号码间无空格且以“-”连接,例如,0516-83591728、025-1234567。

操作步骤如下。

(1) 添加新字段。打开“学生”表的设计视图,在最后一个字段下方输入新字段“家庭电话”,选择数据类型为“短文本”,设置字段大小为 13。

(2) 打开“输入掩码向导”对话框。单击“常规”选项卡中“输入掩码”属性右侧的文本框,出现一个⋯按钮,单击此按钮,弹出警告对话框,提示保存表,单击“是”按钮,弹出“输入掩码向导”对话框,如图 2-7 所示。

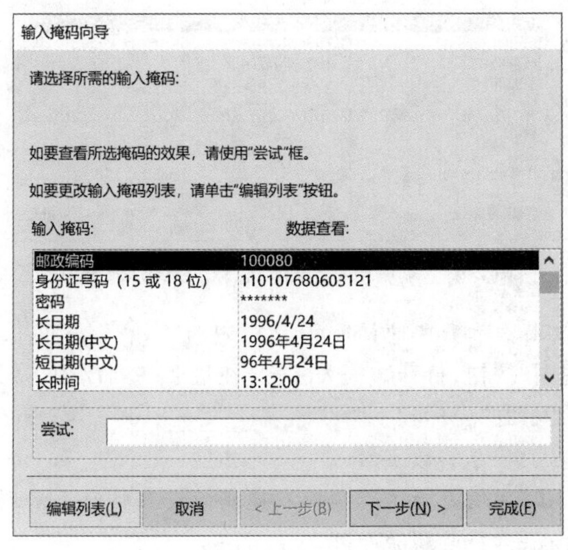

图 2-7　“输入掩码向导”对话框

(3) 设置输入掩码。单击图 2-7 中的“编辑列表”按钮,打开“自定义‘输入掩码向导’”对话框,单击该对话框底部的记录导航按钮中的▶*按钮,出现一个空白的自定义“输入掩码向导”对话框,然后按照如图 2-8 所示的内容进行设置。

单击“关闭”按钮,返回“输入掩码向导”对话框,其中增加了新建的“家庭电话”输入掩

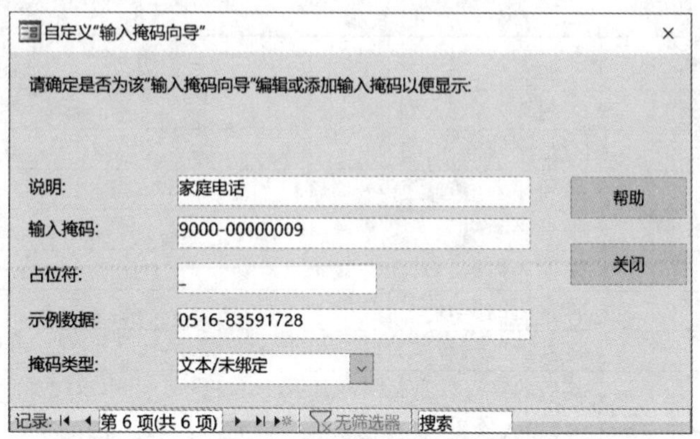

图 2-8 设置"家庭电话"字段的输入掩码

码,如图 2-9 所示。选择"家庭电话",单击"完成"按钮,返回表设计视图,在"输入掩码"属性文本框中出现自定义掩码 9000-00000009。

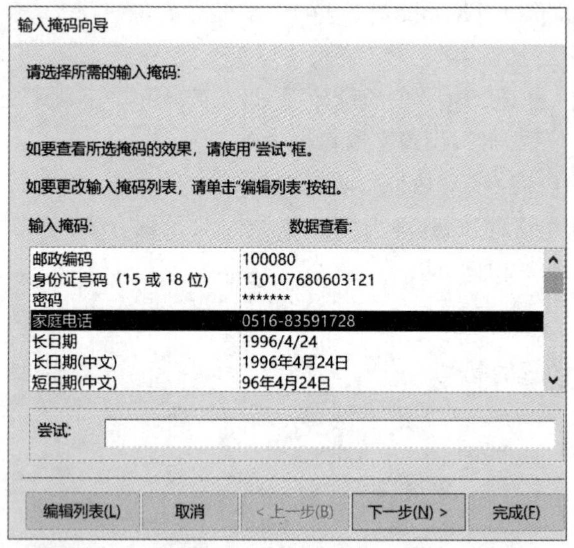

图 2-9 "家庭电话"添加到"输入掩码"列表中

(4) 保存并查看效果。单击快速访问工具栏中的"保存"按钮,保存所做的设置,单击"设计"选项卡中的"视图"按钮,打开数据表视图,在最后一列出现了"家庭电话"字段,单击其下方的单元格,显示闪动的光标和下画线▌___-_______,其中第一位和最后一位可以输入空格,其余各位必须输入 0～9 的数字。

【说明】 "家庭电话"字段是为了说明输入掩码的设置临时添加到"学生"表中的字段,设置完成后,返回设计视图,将其删除即可。

4) 标题

标题可以看作字段名意义不明确时设置的说明性名称,如果给字段设置了"标题"属性,数据表视图或控件中显示的将不是字段名称而是"标题"属性中的名称。

5) 默认值

默认值用于设置字段默认填充的值。对于一些需要重复输入的数据,可以通过设置默认值提高数据输入的效率。

【例 2-4】 将“学生”表中“民族”字段的“默认值”属性设置为“汉族”,“性别”字段的“默认值”属性设置为“男”。

操作步骤如下。

(1) 打开“学生”表的设计视图。

(2) 设置字段的默认值。单击“民族”字段,在“常规”选项卡中单击“默认值”属性框,在右侧的文本框中输入"汉族"。单击“性别”字段,在“常规”选项卡中单击“默认值”属性框,在右侧的文本框中输入"男"。

(3) 保存。单击快速访问工具栏中的“保存”按钮对设置进行保存,切换至数据表视图,最底端的添加新记录行中“民族”列出现字符“汉族”,“性别”列出现字符“男”。

6) 验证规则和验证文本

验证规则用于设置字段的取值范围,验证文本用于设置违反验证规则时弹出的提示信息。设置这两个属性可以防止非法数据的输入。

【例 2-5】 设置“学生”表中“性别”字段的验证规则和验证文本,要求其值只能是“男”或“女”,如果输入了错误的数据,弹出提示信息“性别只能为"男" 或"女"!”。

操作步骤如下。

(1) 打开“学生”表的设计视图。

(2) 设置验证规则和验证文本。单击“性别”字段,在“常规”选项卡的“验证规则”文本框输入“"男"Or"女"”;在“验证文本”文本框中输入“性别只能为"男"或"女"!”,如图 2-10 所示。

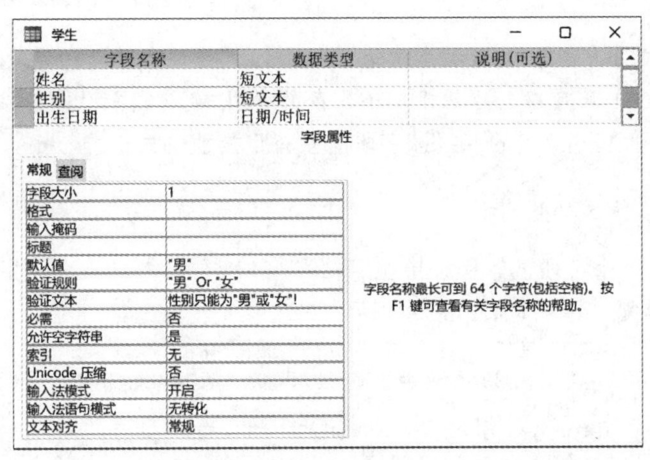

图 2-10 设置“性别”字段的验证规则和验证文本

(3) 保存并输入数据验证。单击快速访问工具栏中的“保存”按钮对设置进行保存,然后单击“视图”按钮,打开数据表视图,在“性别”字段输入一个错误的字符,按 Enter 键,将弹出如图 2-11 所示的对话框,单击“确定”按钮,返回数据表视图重新输入。

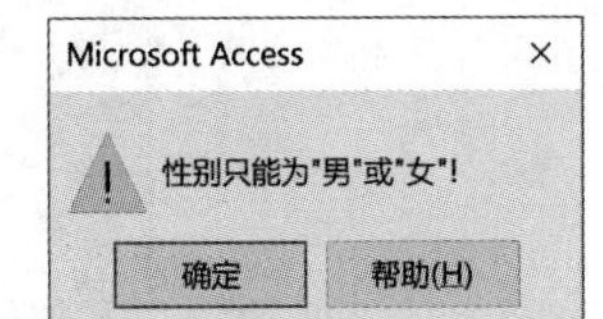

图 2-11 “验证文本”提示信息

【说明】 书写验证规则表达式的方法可以参考 3.1.3 节的相关介绍。

7）必需

必需即必填字段，默认值为“否”。如果设为“是”，则指该字段不允许出现空（Null）值。空值是缺少的、未定义的或未知的值，即什么都不输入。

8）允许空字符串

允许空字符串是短文本型字段的专有属性，默认值为“是”，表示该字段可以是空字符串；如果设为“否”，则不允许出现空字符串。空字符串是长度为零的字符串，输入时要用双引号括起来。

9）索引

索引是将记录按照某个字段或某几个字段进行逻辑排序。就像字典中的索引提供了按拼音顺序对应汉字页码的列表和按笔画顺序对应汉字页码的列表，利用它们可以很快找到需要的汉字。建立索引有助于快速查找和排序记录。在表设计视图中，“常规”选项卡的“索引”属性有 3 个选项，如表 2-6 所示。

表 2-6 “索引”属性

设　置	说　明
无	默认值，表示无索引
有（有重复）	表示有索引，且允许字段有重复值
有（无重复）	表示有索引，但不允许字段有重复值

【说明】

（1）如果表的主键为单个字段，Access 2021 将自动把该字段的“索引”属性设置为“有（无重复）”。

（2）Access 2021 不能基于数据类型为 OLE 对象、附件和计算的字段建立索引。

（3）Access 2021 既可以创建基于单个字段的索引，也可以创建基于多个字段的索引。

【例 2-6】 基于“学生”表的“省份”字段建立有重复值的索引。

操作步骤如下。

（1）打开表设计视图。

（2）设置基于单个字段的索引。单击“省份”字段，在“常规”选项卡的“索引”下拉列表框中选择“有（有重复）”选项，如图 2-12 所示。

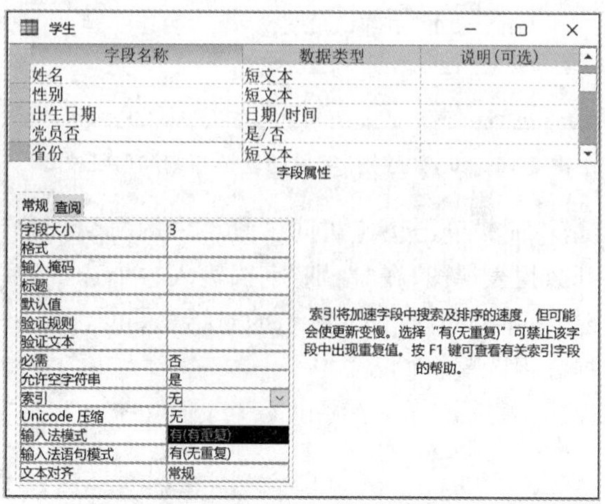

图 2-12 设置基于“省份”字段的索引

(3) 查看索引。单击“设计”选项卡“显示/隐藏”组中的“索引”按钮，打开“索引：学生”对话框，如图 2-13 所示。在该对话框中，“省份”字段默认的排序次序是“升序”，可以单击“排序次序”栏的下拉箭头修改排序次序。

(4) 保存。单击快速访问工具栏中的“保存”按钮，保存所做的设置。如果表中已经输入了学生记录，切换至数据表视图时，表中记录将按照“省份”字段值的升序排列。

【例 2-7】 基于“学生”表的“性别”和“出生日期”字段建立索引，先按“性别”的降序排列，“性别”相同者，再按“出生日期”的升序排列。

操作步骤如下。

(1) 打开表设计视图。

(2) 设置基于多个字段的索引。在“索引：学生”对话框中设置索引名称为“性别＋出生日期”，“性别”字段设置为降序，“出生日期”字段设置为升序，如图 2-14 所示。

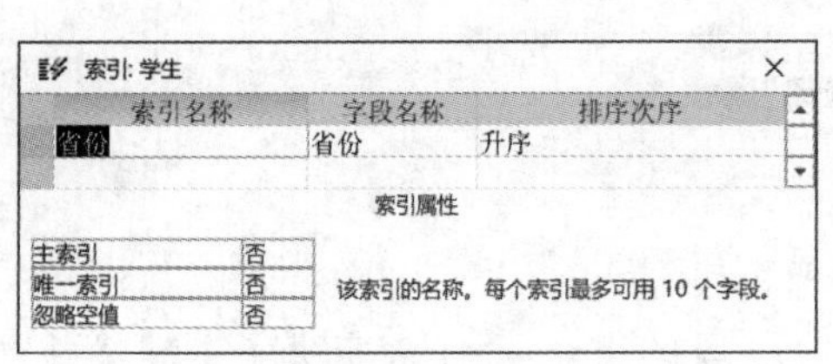

图 2-13 “索引：学生”对话框

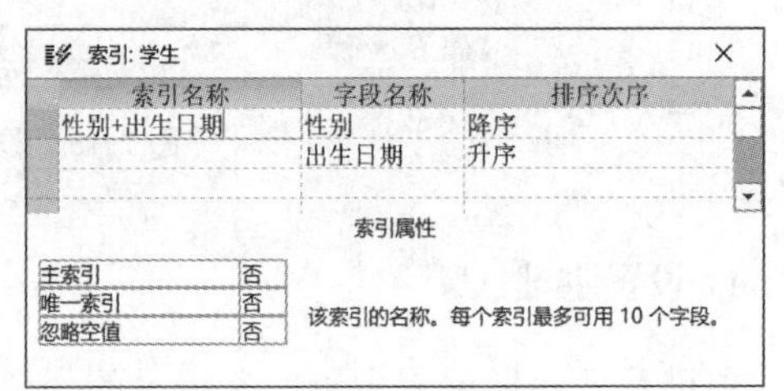

图 2-14 建立基于“性别”和“出生日期”字段的索引

(3) 保存。单击快速访问工具栏中的“保存”按钮，保存所做的设置。如果表中已经输入了学生记录，切换至数据表视图时，表中记录将先按照“性别”字段值的降序排列，女生在前，男生在后，性别相同的记录再按照出生日期的升序由小到大排列。

【说明】 虽然利用索引排序可以提高查询的效率，但是如果建立索引过多，系统要占用大量的时间和空间来维护索引，反而会降低插入、修改和删除记录的速度，所以并不是索引越多越好。

10) 查阅属性

查阅属性用于改变数据输入的方式，短文本、数字、是/否类型可以设置该属性。在表设计视图的“查阅”选项卡的“显示控件”属性下拉列表框中有文本框、列表框和组合框 3 个选项。短文本和数字类型的字段默认值为“文本框”，是/否类型为“复选框”。通过改变某些字段的查阅属性可以提高输入速度，减少输入错误。

【例 2-8】 设置“学生”表的“性别”字段的查阅属性，实现从下拉列表框中选择学生的性别。

操作步骤如下。

(1) 打开表设计视图。

(2) 设置字段的“查阅”属性。单击“性别”字段，在“查阅”选项卡的“显示控件”下拉列表框中选择“组合框”，将行来源类型设置为“值列表”，行来源设置为“男；女”，如图 2-15 所示。

(3) 保存并查看效果。单击快速访问工具栏中的“保存”按钮，保存所做的设置，然后切换到数据表视图，单击“性别”字段下的单元格，出现一下拉按钮，单击即可从下拉列表框中选择学生的性别。

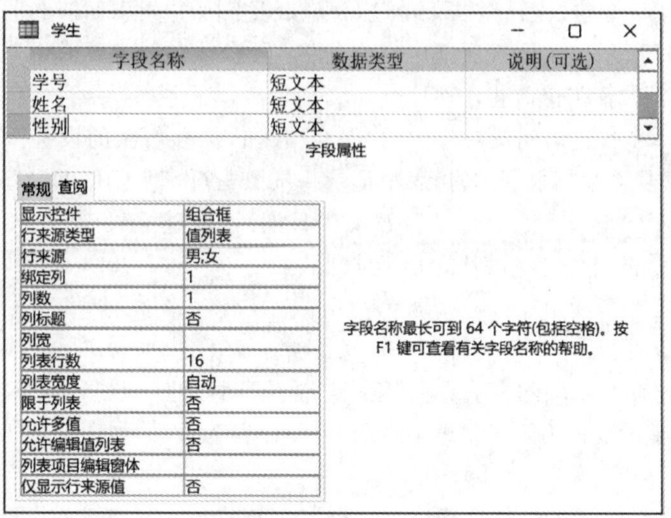

图 2-15 设置“查阅”属性

4. 设置主键

主键是唯一标识表中每一条记录的一个或多个字段的组合，一个表定义了主键就可以保证表中每一条记录都是唯一的、不重复的。只有设置了主键，才能建立与当前数据库中其他表之间的关系，使得在不同表之间进行信息的查询或修改时能够保证数据的一致性和正确性。指定了表的主键之后，向表中输入新记录时，系统会自动检查是否与当前的主键字段的内容有重复，如果有，则禁止输入。

【例 2-9】 将“学生”表的“学号”字段设置为主键。

操作步骤如下。

(1) 打开表设计视图。

(2) 设置主键。选择要设置主键的字段“学号”，单击“设计”选项卡中“工具”组的“主键”按钮，在“学号”字段前出现一个钥匙图标，如图 2-16 所示，表明“学号”是“学生”表的主键。此时，“学号”字段的“索引”属性自动设置为“有(无重复)”。

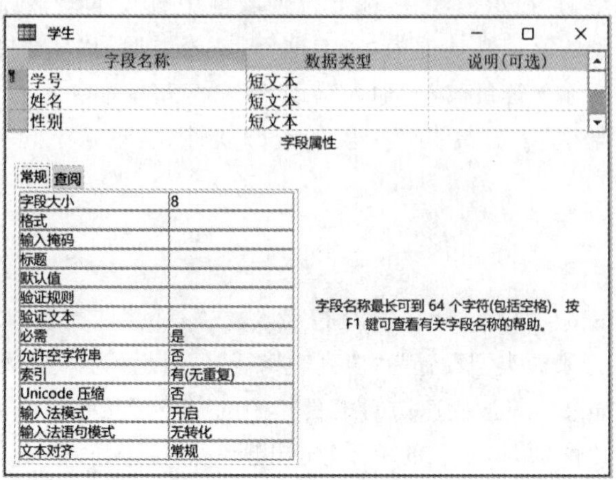

图 2-16 设置主键

2.2.2　表结构的修改

建立表结构后，如果需要添加、修改、删除某些字段或者重新设置某些字段的属性，可以打开数据表视图或设计视图进行修改。

1. 使用数据表视图修改表结构

打开待修改表的数据表视图，Access 2021 的功能区增加了“表字段”和“表”选项卡，其中，“表字段”选项卡包含了“视图”“添加和删除”“属性”“格式”“字段验证”共 5 组命令按钮，如图 2-17 所示。

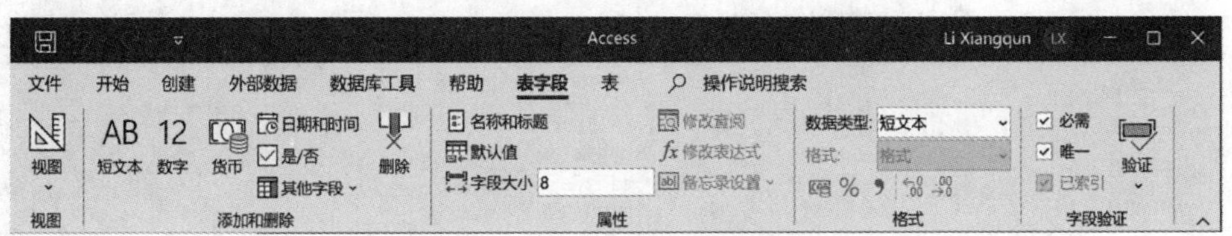

图 2-17　“表字段”选项卡

其中，除“视图”组外各个组的功能如下。

(1)“添加和删除”组提供了常用的字段类型按钮，选定要添加字段的位置，然后单击“添加和删除”组中的字段类型按钮即可添加一个新字段。还可以通过单击“删除”按钮删除选定字段。

【说明】　直接在数据表视图中通过单击“单击以添加”按钮也可以实现字段类型的选择和字段的添加操作。

(2)“属性”组提供了选定字段的常用属性设置。

(3)“格式”组可以对选定字段的数据类型和相应格式进行设置。

(4)“字段验证”组可以对选定字段设置必需、索引，还可以对字段或记录设置验证规则和验证信息，以防止输入错误数据。

2. 使用设计视图修改表结构

在数据表的设计视图中，可以实现对表结构的所有修改操作，包括字段的添加、修改、删除以及“常规”属性、“查阅”属性的设置等，如图 2-2 所示。另外，需要说明的是，打开待修改表的设计视图后，Access 2021 的功能区会增加一个“表设计”选项卡，包含了“视图”“工具”“显示/隐藏”“字段、记录和表格事件”和“关系”共 5 组命令按钮，如图 2-18 所示。

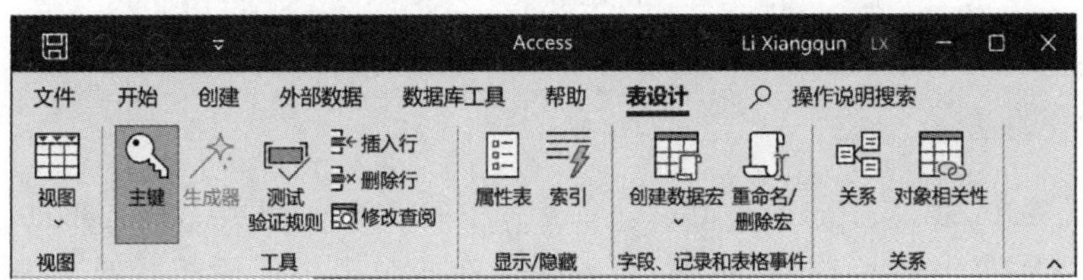

图 2-18　“表设计”选项卡

其中，与表结构设计和修改有关的“工具”组提供了设置主键、测试验证规则、插入行、删除行、修改查询等功能按钮，选定要操作的字段，单击功能按钮即可实现相应操作。“显示/隐藏”组提供了“属性表”和“索引”按钮，单击“属性表”按钮，可以打开“属性表”对话框设置验证规则和验证文本，如图 2-19 所示。对“教师”表设置了验证规则和验证文本，要求工作日期大于出生日期，当要添加或修改的记录不满足验证规则中提供的条件时显示验证文本。单击“显示/隐藏”组的“索引：学生”按钮，可以打开“索引：学生”对话框设置字段的索引属性。

属性表

所选内容的类型: 表属性

常规

断开连接时为只读	否
子数据表展开	否
子数据表高度	0cm
方向	从左到右
说明	
默认视图	数据表
验证规则	[工作日期]>[出生日期]
验证文本	工作日期要大于出生日期
筛选	
排序依据	[教师].[工号]
子数据表名称	[自动]
链接子字段	
链接主字段	
加载时的筛选器	否
加载时的排序方式	是

图 2-19 “属性表”对话框

2.3 建立表之间的关系

一个完整的数据库系统通常包含多张表，而且这些表不是孤立的，它们之间是相互联系的。所以，在数据库中建立了表之后，还要建立表之间的关系，使数据有机地组织在一起，形成一个整体，从而提高数据的一致性和有效性，减少数据的重复。

2.3.1 表之间关系的类型

通常在一个数据库中，两个表使用了共同的字段，这两个表之间就存在关系。在 Access 中，可以在两个表之间建立 3 种类型的关系：一对一、一对多和多对多。假定数据库中有 A 和 B 两张表，3 种关系如下。

1. 一对一关系

一对一关系中，表 A 中的每条记录只和表 B 中的一条记录匹配，反之亦然，但这种关系不太常见。如果两个表具有相同主题，可以通过在两个表中使用相同的主键来建立这种关系。

2. 一对多关系

一对多关系中，表 A 中的每条记录和表 B 中的多条记录匹配，反之，表 B 中的每条记录只和表 A 中的一条记录匹配，这种关系在数据库中最常见。表 A 通常被称为"一"表，表 B 被称为"多"表；"一"表的主键字段出现在"多"表中，被称为外键。具有一对多关系的"一"表也称作主表，"多"表也称作子数据表，简称子表。

3. 多对多关系

多对多关系中，表 A 中的每条记录和表 B 中的多条记录匹配，反之，表 B 中的每条记录和表 A 中的多条记录匹配。Access 中，一对一关系和一对多关系可以直接建立，而多对多关系则要通过一对多关系来实现。即表 A 和表 B 与第 3 张表都是一对多关系，第 3 张表称为表 A 和表 B 之间的纽带表，反映了两表之间的多对多关系。

【例 2-10】 分析"教学管理系统"数据库中各个表之间的关系。

建立"教学管理系统"数据库的目的是实现对教学信息的管理，包括学院信息、教师信息、学生信息、课程信息，并能够查询学生的选课情况、教师的授课情况以及对学生成绩进行录入和管理。为了实现以上功能，从实际的教学活动中抽象出 4 个实体：学院、教师、学生、课程，各个实体之间存在 1∶M 和 M∶N 的联系，其中 M∶N 的联系是选课和授课。图 2-20 描述了教学管理系统的 E-R 图，图中省略了各实体和联系的属性。

Access 数据库中分别用学院、教师、学生、课程、选课和授课 6 张表表示实体和多对多的联系。"学院"表和"教师"表、"学院"表和"学生"表、"学院"表和"课程"表之间是 1∶M 的联系，可以通过一个公共字段"学院编号"联系起来。"学院"表被称作"一"表，"教师"表、"学生"表、"课程"表被称作"多"表。"学生"表和"课程"表通过"选课"表联系在一起，"学生"表和"选课"表之间是 1∶M 的联系，通过公共字段"学号"联系起来，"课程"表和"选课"表之间也是 1∶M 的联系，通过公共字段"课程编号"联系起来，于是"选课"表成为连接"学生"表和"课程"表的纽带表。同样，"教师"表和"课程"表之间是 M∶N 的联系，通过"授课"表这个纽带表联系起来。

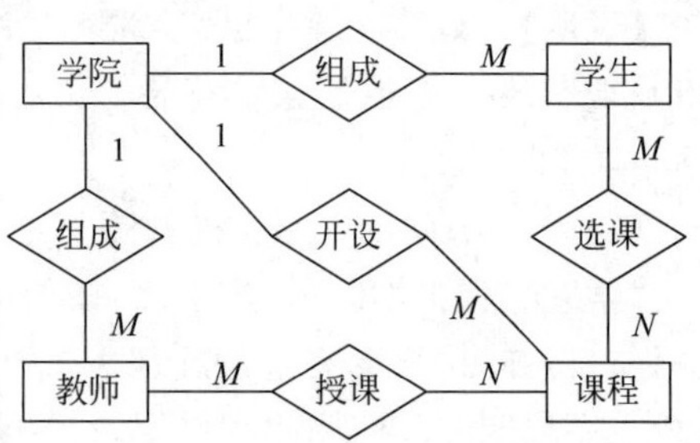

图 2-20　教学管理系统的 E-R 图

【说明】 关于"教学管理系统"数据库的设计开发过程以及数据库中各个表的结构和内容，请读者参考第 9 章的相关介绍。

2.3.2　建立表之间的关系

建立表之间的关系可以将不同表中的相关数据联系起来，在关系数据库中，利用关系可以避免数据的冗余，使在不同表中的相同字段内容保持数据的一致性。所谓关系，指的是在两个表中有一个关联字段，该字段具备相同的数据类型和字段大小，利用这个字段就可以建立两个表之间的关系。通常情况下，关联字段是表的主键或者唯一索引，该字段可以是另外一个表中的主键(一对一关系),也可以是普通字段(一对多关系)。

建立关系的第一步,必须先给各个表建立主键或者索引,并且要关闭所有打开的表,否则不能建立表之间的关系。

为了保持相关表之间的数据一致性,防止用户误删除或更改相关的数据,需要设置相应的规则,即实施参照完整性。参照完整性规则规定:“多”表中的外键值或者取空值,或者等于“一”表中主键的值,可以重复。实施参照完整性后,可以进一步设置级联更新和级联删除操作。级联更新指当“一”表的主键字段更新时,“多”表的外键字段将自动更新;级联删除指当“一”表的记录删除时,“多”表的相关记录也将自动删除。

【例 2-11】 假定“教学管理系统”数据库中已经按表 9-1 至表 9-6 所示的表结构建立好了“学院”“教师”“学生”“课程”“选课”和“授课”表,要求依据例 2-10 的分析结果创建各个表之间的关系。

操作步骤如下。

(1) 打开“关系”窗口。打开“教学管理系统”数据库,单击“数据库工具”选项卡中“关系”组的“关系”按钮,打开“关系”窗口,功能区新增“关系设计”选项卡。

(2) 添加表。如果数据库中未定义任何关系,打开“关系”窗口时,会自动弹出“添加表”对话框,如图 2-21 所示。若想添加所有的表,可以先单击“教师”表,然后按住 Shift 键后单击“学院”表,即可选中所有的表;若按住 Ctrl 键,依次单击目标对象,可以选中多个不连续的表。单击“添加所选表”按钮,则选中的表被添加到“关系”窗口中。

【说明】 如果没有弹出“添加表”对话框,单击功能区“关系设计”选项卡中“关系”组的“添加表”按钮,或者直接在“关系”窗口的右键快捷菜单中选择“显示表”命令,也可以弹出“添加表”对话框。

(3) 建立表间的关系。通过鼠标左键拖曳各个表到合适的位置,然后根据前面的分析,选定“学院”表的“学院编号”字段,按住鼠标左键拖曳到“学生”表的“学院编号”字段上,松开鼠标左键,弹出“编辑关系”对话框,如图 2-22 所示,选中“实施参照完整性”复选框,“级联更新相关字段”和“级联删除相关记录”复选框都变成可选的状态,分别选中“级联更新相关字段”复选框和“级联删除相关记录”复选框,单击“创建”按钮,返回“关系”窗口。此时,在“学

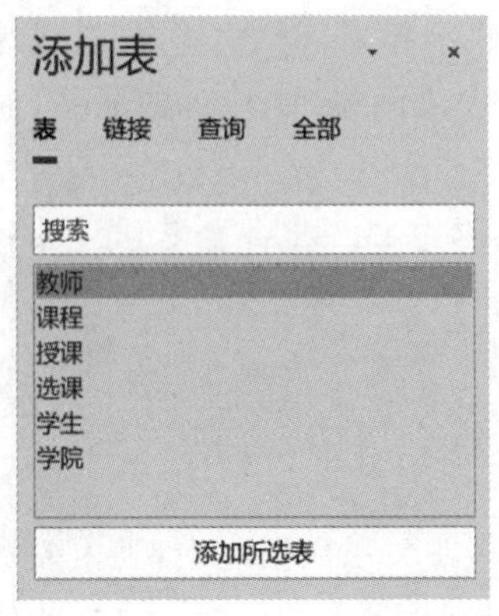

图 2-21 “添加表”对话框

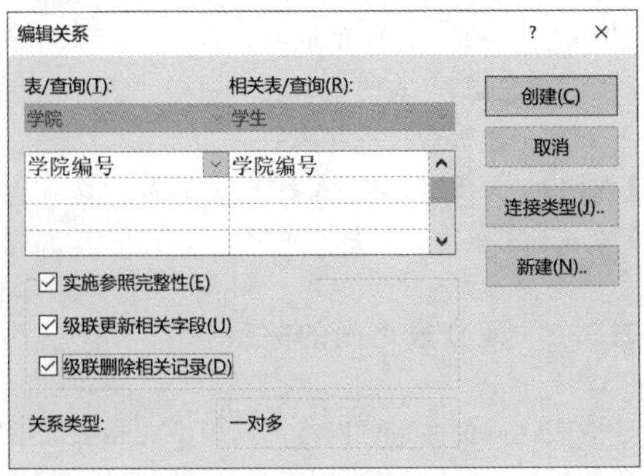

图 2-22 “编辑关系”对话框

院”表和“学生”表之间产生了一条连线，连线上出现“1”和“∞”两个字符，表明建立了两个表之间的一对多关系。

【说明】 单击“编辑关系”对话框中的“连接类型”按钮，会弹出“连接属性”对话框，如图 2-23 所示，其中的 1、2、3 对应 3 种连接类型，如表 2-7 所示。

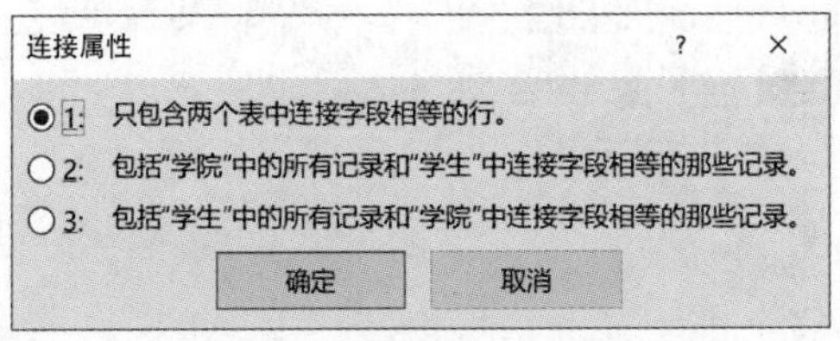

图 2-23 “连接属性”对话框

表 2-7 连接类型

序号	连接类型	说　明
1	内连接	只包括两张表中连接字段相等的记录，是系统默认的连接类型
2	左连接	包括左表中的所有记录和右表中与左表连接字段相等的记录
3	右连接	包括右表中的所有记录和左表中与右表连接字段相等的记录

(4) 采用同样的方法依次建立其他几个表之间的关系，如图 2-24 所示。单击“关系”窗口的“关闭”按钮，弹出对话框询问是否保存对“关系”布局的更改，单击“是”按钮，保存建立的关系。

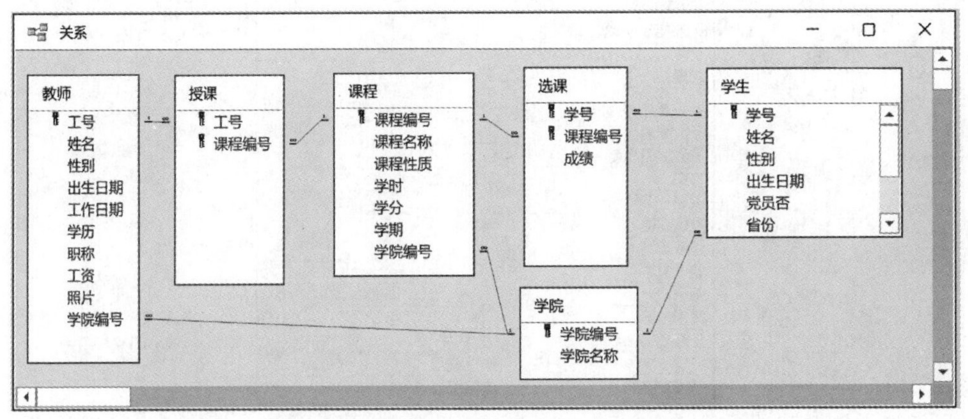

图 2-24 “教学管理系统”数据库各表间关系

【说明】 建立了数据表之间的关系之后，如果各个表中已经输入了数据，重新打开各个表的数据表视图，会发现具有一对多关系的主表中的记录前增加了一“⊞”列，单击“⊞”，可以打开对应的子表中的相关数据记录。如图 2-25 所示，“学院”表和“学生”表之间建立了一对多的关系后，打开“学院”表视图就可以直接查看各学院的相关学生记录，由于“学生”表和“选课”表之间也建立了一对多的关系，每一条学生记录也出现了一个“⊞”，单击“⊞”，可以查看该学生的课程及成绩信息。

打开“学院”表的设计视图，单击“表设计”选项卡中“显示/隐藏”组的“属性表”按钮，弹出“属性表”对话框，如图 2-26 所示。在“属性表”对话框中，通过设置“子数据表展开”指定

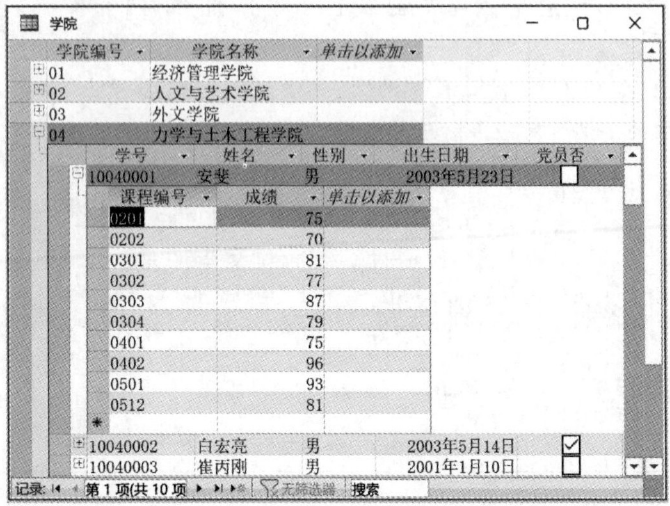

图 2-25 主表和子表

子数据表是否显示在数据表视图中；设置“子数据表高度”指定在打开子数据表时是展开以显示所有可用的子数据表行，还是设置子数据表窗口的高度；设置“子数据表名称”指定要添加的子数据表；设置“链接子字段”和“链接主字段”指定子数据表和主数据表之间的链接字段。

属性表

所选内容的类型：表属性

常规

断开连接时为只读	否
子数据表展开	是
子数据表高度	0cm
方向	从左到右
说明	
默认视图	数据表
验证规则	
验证文本	
筛选	
排序依据	
子数据表名称	表.学生
链接子字段	学院编号
链接主字段	学院编号

图 2-26 “学院”表的属性

2.4 表的操作

创建好数据库中各个表的结构和表之间的关系后，就可以向表中输入和编辑数据记录，对表进行复制、重命名和删除操作，还可以进行表的格式化、查找和替换数据、对记录进行筛选和排序。

2.4.1　表记录的输入和操作

1. 表记录的输入

【例 2-12】 例 2-1 中已经建立了“学生”表结构，请在此表的基础上完成学生记录的输入，输入记录后的数据表视图如图 2-1 所示。

操作步骤如下。

(1) 打开数据表视图。打开“教学管理系统”数据库，在导航窗格中，双击“表”对象中的“学生”表图标，打开“学生”表的数据表视图，如图 2-27 所示，光标停留在“学号”字段下方的单元格中，等待输入数据。

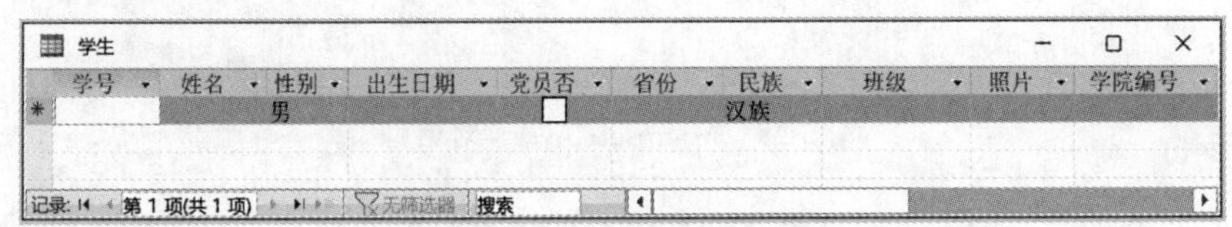

图 2-27　“学生”表的数据表视图

(2) 输入图 2-1 所示的第一条学生记录。字段的数据类型不同，输入数据的方法也不同。

① 短文本、长文本和数字型字段直接输入，按 Enter 键或者 Tab 键可以将光标移动到下一个单元格。本例中的“学号”“姓名”“省份”“班级”“学院编号”字段对应的数据可直接通过键盘录入。“性别”字段在例 2-8 中设置了查阅属性，直接从下拉列表框中选择“男”或“女”即可，“民族”字段则采用默认值“汉族”。

② 日期/时间型字段通过日历控件输入。Access 2021 中内置了一个日历控件，当光标定位到日期/时间型字段时，日历按钮自动出现在日期的右侧，单击该按钮，日历即会自动出现，可以查找和选择需要输入的日期。日期/时间型字段也可以直接以减号(—)连接年月日。本例中的“出生日期”字段输入“2001-9-21”，由于在例 2-2 中设置了长日期格式，按 Enter 键后显示为“2001 年 9 月 21 日”。

③ 货币型字段可直接输入数字，按 Enter 键，自动转换为货币格式。

④ 是/否型字段默认显示为一个矩形框，通过单击进行选择，表示真，表示假。本例中的“党员否”字段直接通过单击选中。

⑤ 自动编号型字段的值由系统自动生成，不需要输入。

⑥ OLE 对象型字段需要通过右击，在弹出的快捷菜单中选择“插入对象”命令，弹出 Microsoft Access 对话框，在该对话框中，有两个单选按钮“新建”和“由文件创建”。选中“新建”单选按钮，右侧出现“对象类型”列表框，可以在其中选择某一应用程序，新建一个对象插入表中。选中“由文件创建”单选按钮，右侧出现“文件”文本框和“浏览”按钮，在“文件”文本框中输入要插入文件的路径及其文件名，或者单击“浏览”按钮，从磁盘上选择要插入的文件，结果如图 2-28 所示，单击“确定”按钮，返回数据表视图，完成 OLE 对象字段的输入。本例中的“照片”字段选择“由文件创建”，插入一个图像文件，单击“照片”字段下的单元格，出现文字“画笔图片”，如图 2-29 所示，表明“照片”字段已经输入，双击即可打开插入的图像

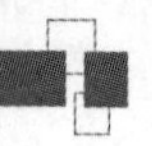

文件进行浏览和编辑。

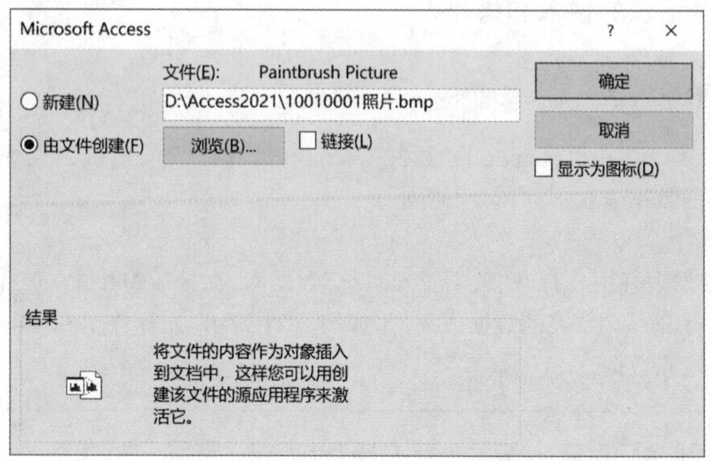

图 2-28　Microsoft Access 对话框

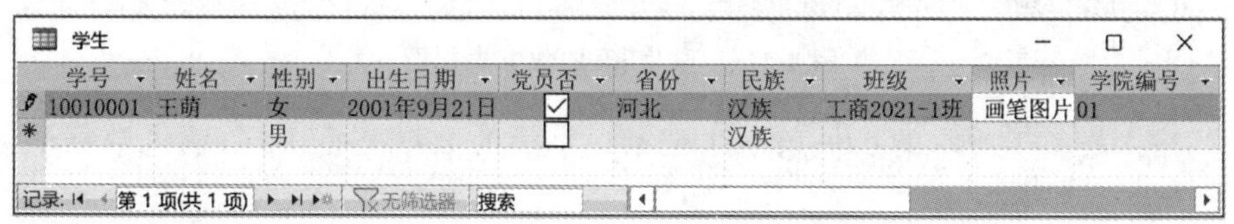

图 2-29　输入数据记录后的"学生"表数据表视图

(3) 输入下一条记录。输入第一条学生记录后，单击 10010001 下的单元格，即可输入下一条学生记录。

(4) 完成表记录的输入。输入所有的数据记录后，直接单击窗口右上角的"关闭"按钮，关闭数据表视图，输入的数据记录系统自动保存。

2. 表记录的操作

表记录的操作包括选定记录、添加新记录、修改记录和删除记录，这些操作都要在数据表视图进行。

(1) 选定记录。用户向表中输入记录时，Access 为每个记录指定了记录号，用于标识数据记录在表文件中的物理顺序。第一条输入的记录，其记录号为 1，后面的记录依次类推。要操作某条记录，首先必须对记录进行定位，使要操作的记录成为当前选定的记录。Access 2021 提供了记录选择器和记录导航按钮快速定位和选择记录。记录选择器是每一条记录左侧的灰色矩形块，单击即可选定一条记录；按住鼠标左键上下拖曳则可以选定多条记录；按住 Shift 键单击记录选择器也可以选定多条记录。记录导航按钮位于表视图窗口底部，利用它可以实现记录的定位和新记录的输入，如图 2-30 所示。当需要直接定位到某条记录时，直接在中间的文本框中输入记录号，按 Enter 键即可。

(2) 添加新记录。表中记录的物理顺序是按输入的先后顺序确定的，所以新记录只能在表视图中最后一条记录之后添加，而不能插入到某条记录之前。新记录的添加有以下几种方法。

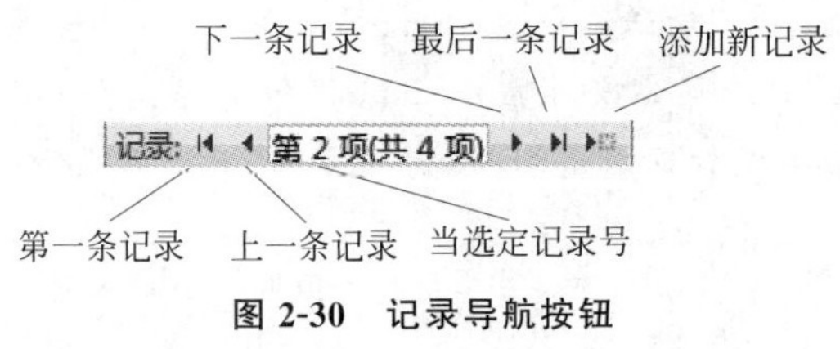

图 2-30 记录导航按钮

① 单击记录选择器上标有“*”的新记录行的第一个单元格，出现闪烁的光标即可进行数据的输入。

② 单击记录导航按钮上的▶✱按钮。

③ 右击记录选择器，在弹出的快捷菜单中选择“新记录”命令。

（3）修改记录。要修改某条数据记录，只要通过鼠标单击或使用键盘的方向键将光标移到要修改的单元格进行修改。修改数据后，移动光标到其他单元格则确认修改；移动光标前按 Esc 键，则会取消修改。

（4）删除记录。删除记录的方法是选定要删除的记录，按 Delete 键或者右击，在弹出的快捷菜单中选择“删除记录”命令。需要注意的是记录删除后将不能恢复。

2.4.2 表的复制、重命名与删除

1. 表的复制

【例 2-13】 在“教学管理系统”数据库中，将“学生”表复制一份，并将新表命名为“学生信息”。

操作步骤如下。

（1）打开“教学管理系统”数据库。

（2）复制“学生”表。在导航窗格中选择“学生”表，单击“开始”选项卡中“剪贴板”组的“复制”按钮。

（3）粘贴“学生”表。单击“开始”选项卡中“剪贴板”组的“粘贴”按钮，弹出“粘贴表方式”对话框。在“表名称”文本框中输入“学生信息”，“粘贴选项”默认为“结构和数据”，如图 2-31 所示。单击“确定”按钮，导航窗格中出现“学生信息”表。

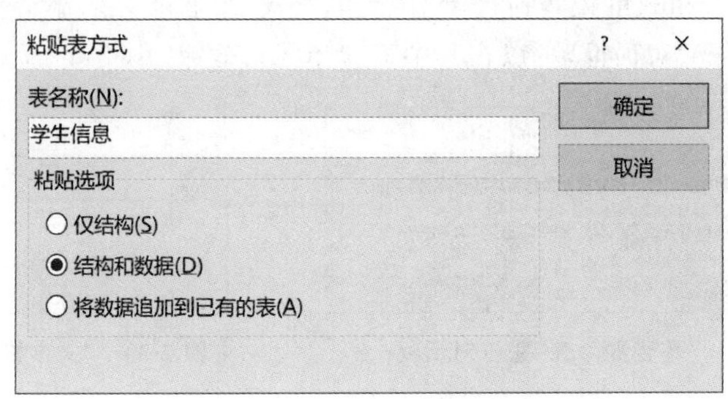

图 2-31 “粘贴表方式”对话框

【说明】 在“粘贴表方式”对话框中选中“仅结构”单选按钮会生成一个具有相同结构的空表；选中“结构和数据”单选按钮会生成一个结构和数据完全相同的表；选中“将数据追加到已有的表”单选按钮实现数据的追加，此时需要在“表名称”文本框中输入已经存在的表的名称。

2. 表的重命名

在导航窗格中选择要重命名的表，右击，在弹出的快捷菜单中选择“重命名”命令，即可对表重新命名。需要注意的是，在重命名表之前必须先关闭这个表，否则系统会提示“不能在数据库对象打开时对其重命名”。

3. 表的删除

【例 2-14】 删除“教学管理系统”数据库中的“学生信息”表。

操作步骤如下。

(1) 打开“教学管理系统”数据库。

(2) 删除“学生信息”表。在导航窗格中选择“学生信息”表。单击“开始”选项卡中“记录”组的“删除”按钮或者按 Delete 键，弹出如图 2-32 所示的对话框，单击“是”按钮即可。

【说明】 如果待删除的表与其他表建立了关系，系统将提示用户“只有删除了与其他表的关系之后才能删除表”，当然也可以选择“立即用 Microsoft Access 来删除关系”，系统会自动删除待删除表和其他表之间的关系并从“关系”窗口中移除被删除的表。

2.4.3 表的格式化

表的格式化指对表的外观进行调整和修饰，包括表中的字体设置、数据表整体格式的设置、行高和列宽的调整、列的隐藏、列的冻结以及子数据表操作。

1. 字体及数据表格式

打开任意一个表的数据表视图，“开始”选项卡中的“文本格式”组中的功能按钮会变为可用状态，此时可以对数据表中文字的字体、字形、字号、颜色、对齐方式等进行设置，如图 2-33 所示。数据表格式的设置通过单击“文本格式”组右下方的小箭头打开如图 2-34 所示的“设置数据表格式”对话框，可以在其中设置单元格效果、网格线显示方式、背景色等。

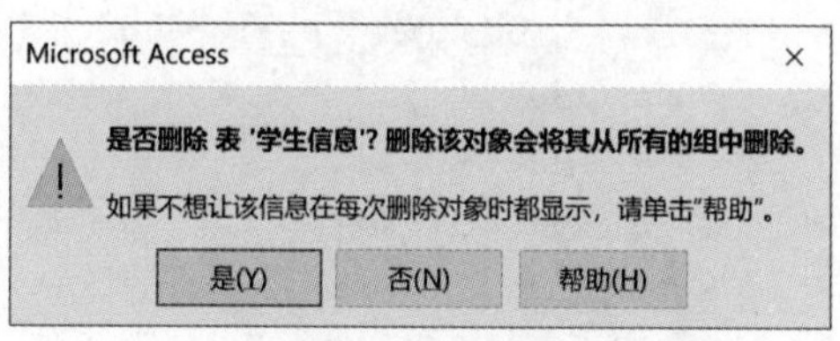

图 2-32 “是否删除表”警告对话框

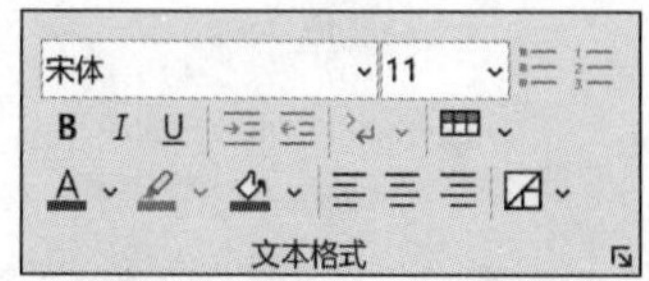

图 2-33 “文本格式”选项组

【说明】 字体和表格式的设置都是针对整个表进行的，不能将格式应用到特定的记录、字段或单元格。

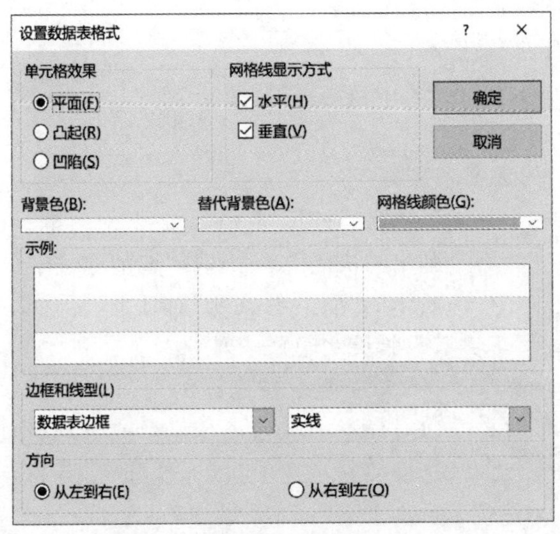

图 2-34　“设置数据表格式”对话框

2. 行高和列宽

调整行高最简单的方式是将鼠标指针移动到两个记录选择器之间,指针变成上下的双向箭头,按住鼠标左键拖曳可以改变行高。同样,将鼠标指针移动到两个字段名之间,指针变成左右的双向箭头,按住鼠标左键拖曳可以改变列宽。如果想更精确地调整行高和列宽,可以在每条记录最左侧的记录选择器区域和每一列的最上方字段名区域右击,在弹出的快捷菜单中选择“行高”和“列宽”命令,打开如图 2-35 和图 2-36 所示的对话框,在其中输入实际数值。其中,“标准高度”和“标准宽度”是系统自动设置的默认值。“列宽”对话框中还有一个“最佳匹配”按钮,单击此按钮可以自动调整列宽到刚好容纳数据内容。

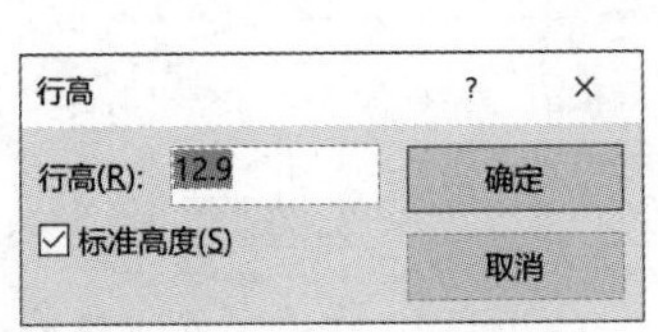

图 2-35　“行高”对话框

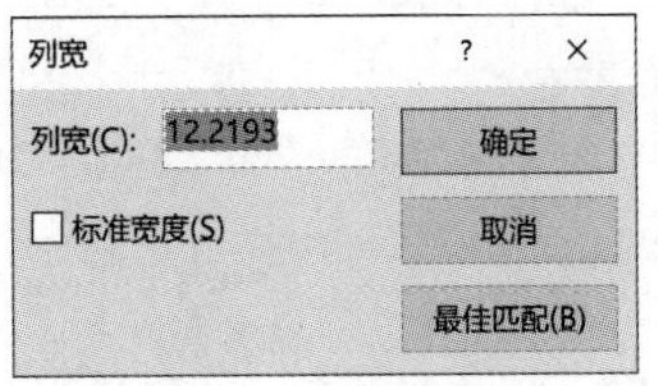

图 2-36　“列宽”对话框

【说明】　Access 2021 中所有行的行高是相同的,不能单独设置某一行记录的行高。列宽可以单独设置,设置前需要先选择要设置的列。

3. 隐藏列和取消隐藏列

在数据表视图中,可以只显示部分字段而将暂时不需要的字段隐藏起来,在需要时再通过取消隐藏列将其显示出来。

【例 2-15】　隐藏“学生”表中的“照片”列。

操作步骤如下。

(1) 打开“学生”表的数据表视图。

（2）隐藏字段列。将鼠标指针移到字段名称“照片”上右击，在弹出的快捷菜单中选择“隐藏字段”命令，“照片”列被隐藏。

【例 2-16】 重新显示“学生”表中被隐藏的“照片”列。

操作步骤如下。

（1）打开“学生”表的数据表视图。

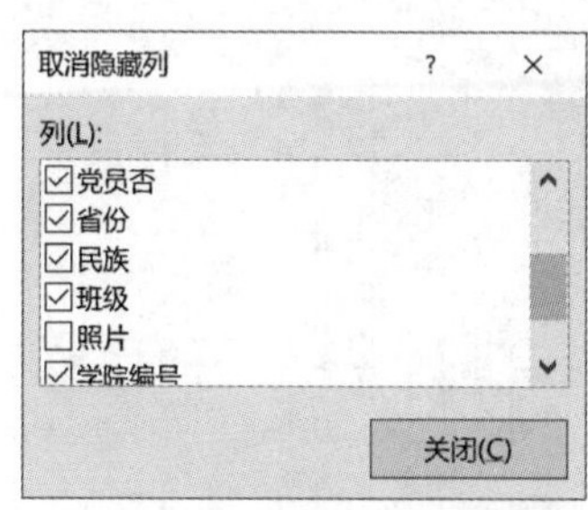

图 2-37 “取消隐藏列”对话框

（2）打开“取消隐藏列”对话框。在字段名称行右击，在弹出的快捷菜单中选择“取消隐藏字段”命令，弹出如图 2-37 所示的“取消隐藏列”对话框，复选框呈选中状态表明显示该列，反之隐藏该列。

（3）显示被隐藏的列。在图 2-37 所示的对话框中，可以对任意字段列进行显示或隐藏，本例选择“照片”前的复选框使其呈选中状态，单击“关闭”按钮，被隐藏的列重新显示出来。

4. 冻结列和取消对所有列的冻结

当一个表的列数很多或列很宽需要借助滚动条查看所有字段列，左右不能兼顾时，可以将某些列冻结使其始终显示在数据表视图窗口的左侧。

【例 2-17】 冻结“学生”表的“姓名”列和“班级”列。

操作步骤如下。

（1）打开“学生”表视图。

（2）冻结列。在字段名称“姓名”上右击，在弹出的快捷菜单中选择 “冻结字段”命令，“姓名”列自动移到第一列的位置，用同样的方法冻结“班级”列，“班级”列自动移到第二列的位置上。此时拖动水平滚动条，“姓名”列和“班级”列始终出现在窗口左侧，因为水平窗口显示不下所有的字段，因此“学号”“性别”字段被暂时隐藏，如图 2-38 所示。

学生

姓名	班级	出生日期	党员否	省份	民族	照片	学院编号
王萌	工商2021-1班	2001年9月21日	☑	河北	汉族	nap Image	01
董兆芳	工商2021-1班	2001年8月16日	☐	江苏	汉族	nap Image	01
郝利涛	工商2021-1班	2003年1月27日	☐	河北	汉族	nap Image	01
胡元飞	工商2021-1班	2003年6月3日	☑	江苏	汉族	nap Image	01
黄东启	工商2021-1班	2004年5月26日	☑	河南	汉族	nap Image	01
李楠	工商2021-1班	2004年4月25日	☐	山西	汉族	nap Image	01
刘宝生	工商2021-1班	2003年8月21日	☐	山西	汉族	nap Image	01
刘军伟	工商2021-1班	2003年7月6日	☐	山东	汉族	nap Image	01
马勇	工商2021-1班	2003年12月31日	☐	重庆	土家族	nap Image	01
宋志慧	工商2021-1班	2000年1月28日	☑	山西	汉族	nap Image	01
王超颖	工商2021-1班	2002年9月6日	☐	河北	满族	nap Image	01
王桃	工商2021-1班	2003年3月24日	☐	山东	汉族	nap Image	01

记录: 第 1 项(共 1319 无筛选器 搜索

图 2-38 冻结“姓名”列和“班级”列后

（3）取消冻结列。在字段名称行右击，在弹出的快捷菜单中选择“取消冻结所有字段”命令即可撤销对列的冻结操作，但列的位置没有恢复到冻结之前，要恢复到原来的位置，可以将鼠标指针移到要恢复列的字段名称处，当鼠标指针变成向下的箭头⬇时，单击选定该列，按住鼠标左键拖曳字段名移动该列至其原来的位置，释放鼠标左键即可。

2.4.4　查找与替换数据

表中往往存储大量的数据，要快速找到满足某些条件的数据或者批量替换某些数据，可以通过查找、替换功能实现。

【例 2-18】　查找"学生"表中"班级"字段值以"工商"开头的数据内容，将其替换为"工商管理"。

操作步骤如下。

(1) 打开"学生"表的数据表视图。

(2) 打开"查找和替换"对话框。选择"班级"字段列的任一单元格，单击"开始"选项卡中"查找"组的"替换"按钮，打开"查找和替换"对话框。

(3) 设置要查找和替换的内容。在"查找和替换"对话框中，选择"替换"选项卡，进行如图 2-39 所示的设置。

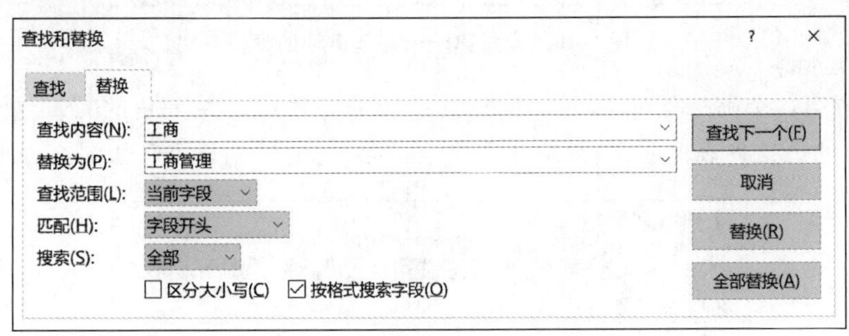

图 2-39　"查找和替换"对话框

【说明】　在"查找和替换"对话框中，查找范围还可以选择"当前文档"，以整个表作为查找范围；匹配有"字段任何部分""整个字段""字段开头"3 个选项供选择，本例也可以设置为"字段任何部分"；搜索有"向上""向下""全部"3 个选项供选择。

(4) 进行查找和替换。单击图 2-39 中的"查找下一个"按钮，找到第一个"班级"中字段开头为"工商"的记录，"工商"呈选中状态，单击"替换"按钮，替换为"工商管理"。如果不想替换当前找到的内容，则单击"查找下一个"按钮。如果要替换所有的字段内容，则单击"全部替换"按钮，此时会弹出对话框提醒不能撤销替换操作，单击"是"按钮，完成替换操作。

(5) 完成查找和替换操作。单击图 2-39 中右上角的"关闭"按钮或单击"取消"按钮，关闭"查找和替换"对话框，结束。

2.4.5　记录的筛选和排序

1. 记录的筛选

前面介绍的查找功能只是在数据表视图中定位到指定内容的记录，如果只想查看符合某些条件的记录，不符合条件的记录暂时隐藏起来，可以通过记录的筛选操作来实现。Access 2021 提供了按窗体筛选、应用筛选和高级筛选 3 种筛选记录的方法。其中，按窗体筛选可一次输入多个筛选条件进行筛选；高级筛选可以通过“筛选”窗口设置更复杂的筛选条件，并且可以对筛选结果进行排序。

【例 2-19】 筛选出“教师”表中学历为“硕士”、职称为“教授”和学历为“博士”、职称为“副教授”的教师记录。

操作步骤如下。

(1) 打开“教师”表的数据表视图。

(2) 打开“按窗体筛选”窗口。单击“开始”选项卡中“排序和筛选”组的“高级”按钮，从下拉列表中选择“按窗体筛选”命令，切换至“教师：按窗体筛选”窗口。

(3) 设置第一个筛选条件。在“学历”字段下方的下拉列表框中选择“硕士”，同样选择“职称”字段中的“教授”，如图 2-40 所示。

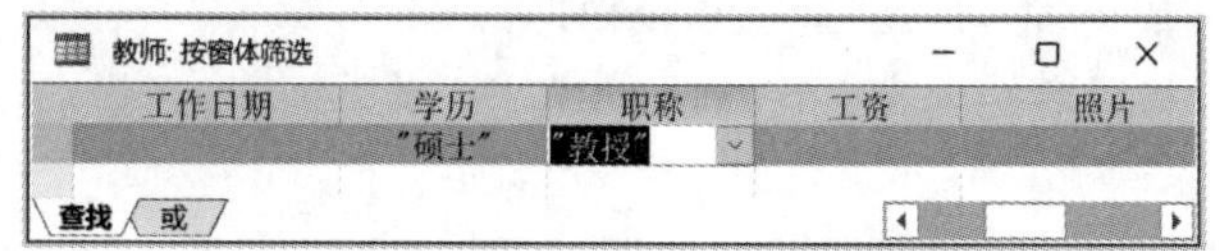

图 2-40 设置第一个筛选条件的窗口

(4) 设置第二个筛选条件。选择图 2-40 所示的筛选窗口左下角的“或”选项卡，在“学历”字段下方的下拉列表框中选择“博士”，“职称”字段选择“副教授”，如图 2-41 所示。

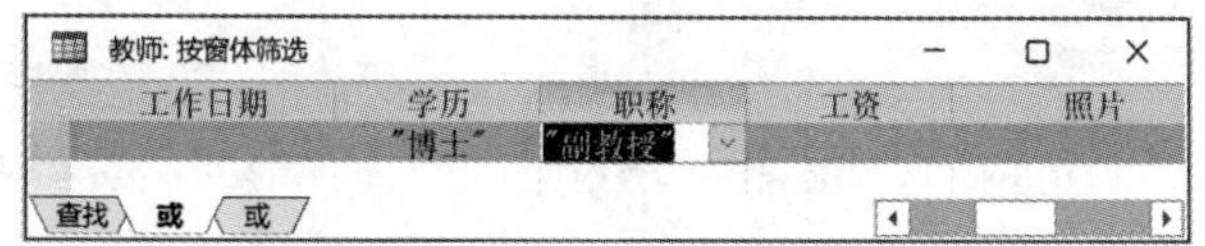

图 2-41 设置第二个筛选条件的窗口

(5) 应用筛选。单击“排序和筛选”组中的“切换筛选”按钮，得到如图 2-42 所示的筛选结果。

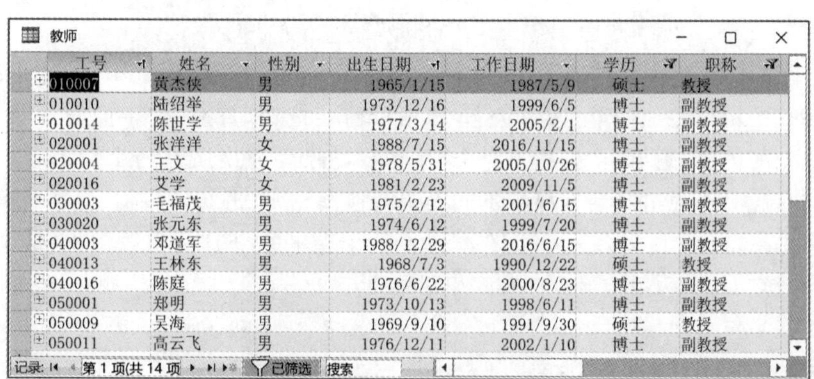

教师

工号	姓名	性别	出生日期	工作日期	学历	职称
010007	黄杰侠	男	1965/1/15	1987/5/9	硕士	教授
010010	陆绍举	男	1973/12/16	1999/6/5	博士	副教授
010014	陈世学	男	1977/3/14	2005/2/1	博士	副教授
020001	张洋洋	女	1988/7/15	2016/11/15	博士	副教授
020004	王文	女	1978/5/31	2005/10/26	博士	副教授
020016	艾学	女	1981/2/23	2009/11/5	博士	副教授
030003	毛福茂	男	1975/2/12	2001/6/15	博士	副教授
030020	张元东	男	1974/6/12	1999/7/20	博士	副教授
040003	邓道军	男	1988/12/29	2016/6/15	博士	副教授
040013	王林东	男	1968/7/3	1990/12/22	硕士	教授
040016	陈庭	男	1976/6/22	2000/8/23	博士	副教授
050001	郑明	男	1973/10/13	1998/6/11	博士	副教授
050009	吴海	男	1969/9/10	1991/9/30	硕士	教授
050011	高云飞	男	1976/12/11	2002/1/10	博士	副教授

记录: 第 1 项(共 14 项) 已筛选 搜索

图 2-42 例 2-19 的筛选结果

(6) 取消筛选。再次单击“排序和筛选”组中的“切换筛选”按钮，恢复原始的数据表视图。

2. 记录的排序

在 Access 2021 的表中，如果设置了主键，默认情况下以主键的升序显示表中的记录，

如果没有设置主键,则以原始的输入顺序显示表中的记录。若要按照某个字段或某几个相邻字段的值重新排列表中的记录,则可以通过排序实现。

基于单个字段的排序只需要在数据表视图中单击要排序字段的任一单元格,然后单击"排序和筛选"组中的"升序"或"降序"按钮即可。

基于多个相邻字段的排序需要同时选中多列要排序的字段,再执行排序操作,排序的结果以自左而右的顺序先按照第一个字段排序,第一个字段具有相同值时,再按照第二个字段排序,依次类推。

在 Access 2021 中进行排序需要注意以下三点。

(1) 如果两个字段不相邻,可以先用鼠标将两列拖到一起,再进行排序。

(2) 多个字段只能同时升序或降序。

(3) 单击"排序和筛选"组中的"取消排序"按钮即取消排序,恢复到原始的数据表视图。

习题 2

一、选择题

1. 下列字段名的命名错误的是(　　)。

   A. 学号　　B. 通信地址 2　　C. 家庭.电话　　D. 单位 电话

2. 字段的数据类型是指表中同一列数据具有的相同的数据特征,下列不属于 Access 2021 字段的数据类型的是(　　)。

   A. 文本　　B. 数字　　C. 大型页码　　D. 日期/时间

3. 如果表中有"联系电话"字段,若要确保输入的联系电话值必须为 8 位数字,应该将字段的输入掩码设置为(　　)。

   A. 00000000　　B. 99999999

   C. ########　　D. ????????

4. 在创建一个"密码"文本框时,若要实现输入密码时只显示"*",应该设置的属性是(　　)。

   A. 默认值　　B. 输入掩码　　C. 密码　　D. 验证规则

5. 在设置和编辑"关系"时,(　　)不属于可设置的选项。

   A. 级联更新　　B. 级联删除　　C. 级联追加　　D. 参照完整性

6. 以下关于表的描述,错误的是(　　)。

   A. 表是由字段和记录组成的

   B. 一张表一般包含至少 2 个主题的信息

   C. 表可以作为查询、窗体和视图的数据源

   D. 在表的设计视图中可以进行表字段的定义及其属性的设置

7. 表示任何单个字母的通配符是(　　)。

   A. !　　B. #　　C. ?　　D. []

8. 对于关系的连接类型，下列(　　)是错误的。

A. 外连接　　B. 内连接　　C. 左连接　　D. 右连接

9. 下列关于向字段中输入数据的方法中，正确的是(　　)。

A. 短文本、长文本和数字型字段直接输入，按 Alt 键可以将光标移动到下一个单元格

B. 日期/时间型字段可以通过日历控件输入

C. 货币型字段输入时必须输入货币符号

D. 是/否型字段可以选择的格式通常包括真/假、对/错和是/否

10. 下列(　　)不属于 Access 筛选记录的方法。

A. 按窗体筛选　　B. 应用筛选　　C. 常规筛选　　D. 高级筛选

二、填空题

1. Access 2021 中可以为出生日期字段选择的数据类型有________和________。

2. 字段名的命名可以由字母、汉字、________、________和其他字符组成。

3. 若要定义一个字段来表示一个分数，分数的取值为 0～100，则选择字段的数据类型为“数字”之后，在“常规”属性中字段大小应选择________。

4. 若设置“学生”表中“性别”字段的验证规则，要求其值只能是“男”或“女”，则其验证规则应该书写为________。

5. 在 Access 中，可以在两个表之间建立 3 种类型的关系，分别为：一对一、________和多对多。

6. 实施参照完整性后，可以进一步设置级联更新和________操作。

7. ________型字段的值由系统自动生成，不需要输入。

8. 在重命名表之前必须先________这个表，否则系统会提示“不能在数据库对象打开时对其重命名”。

9. 如果只想查看符合某些条件的记录，不符合条件的记录暂时隐藏起来，可以通过记录的________操作来实现。

实验 2

一、实验内容

1. “教学管理系统”数据库中已经创建了 6 个表，分别为学生、教师、课程、授课、选课和学院，请在此数据库的基础上完成以下实验内容：

(1) 根据表 9-2 创建表名称为“教师 2”的表结构，并输入 2 条记录。

(2) 为“教师”表的“职称”字段设置查阅属性，实现从下拉列表框中选择教师的职称。

(3) 为“教师”表的“学历”字段设置默认值为“博士”。

(4) 为“教师”表的“工作日期”字段设置输入掩码为短日期格式。

(5) 为“教师”表中的“职称”和“工资”字段设置索引，先按“职称”的升序排序，职称相同的再按“工资”的降序排序。

(6) 为“选课”表中的“成绩”字段设置验证规则和验证文本，要求成绩必须介于0到100分之间，自定义验证文本。

(7) 为所有表设置主键，进而分析并建立所有表之间的关系。

(8) 复制“学生”表和“选课”表到当前数据库中，表名分别为“学生表2”和“选课表2”。

(9) 建立“学生表2”和“选课表2”之间的关系，之后从“学生表2”中删除学号为“10010001”学生的记录，要求在删除这个学生的记录之后，“选课表2”中可以自动删除这名学生的所有相关记录。

2. 拓展实践：建立一个“图书借阅管理”数据库，创建3个表：借书、还书和用户，请设计每个表的表结构并录入至少5条记录，要求如下。

(1) 每个表的字段名称、数据类型以及字段长度等属性设计要合理。

(2) 分析并创建表的主键。

(3) 建立表之间的关系。

二、实验要求

1. 完成实验内容第1题和第2题，并按照题目的要求保存数据库。

2. 假设某学生的学号为10010001，姓名为王萌，则将实验内容第1题的数据库文件名更改为“实验2-1-10010001王萌”，将实验内容第2题的数据库文件名更改为“实验2-2-10010001王萌”，并将这两个数据库文件作为实验结果提交到指定的实验平台。

3. 将在实验2中遇到的问题以及解决方法、收获与体会等写入Word文档，保存文件名为“实验2分析-10010001王萌”，并将此文件作为实验结果提交到指定的实验平台。

第3章 数据查询

在 Access 中,对数据进行查询是数据库管理系统的基本功能。通过数据查询,既可以实现对数据的查询、统计和计算,也可以为其他的数据库对象提供数据来源。查询结果是基于表或者查询的一种视图,其中的记录实际上是存储在查询数据源中的数据,查询结果不会占用额外的存储空间,而仅仅是在运行查询时将数据从数据源中提取出来进行计算与汇总等操作之后重新组合而成。

本章主要介绍查询的定义、功能、分类等基本概念以及选择查询、参数查询、交叉表查询、操作查询和 SQL 查询的创建方法。

3.1 查询概述

查询(query)是 Access 数据库中的一个重要的对象,是按照给定的条件通过特定的计算从指定的数据源中查找并提取出符合条件的数据,形成一个新的数据集合。查询的数据源可以是一个表、多个相关联的表,也可以是其他查询。查询与数据库中的表、窗体、报表以及模块等对象存储在同一个数据库文件中,查询与表的不同之处在于查询仅仅是一个临时表,查询保存的只是查询的结构,即涉及的表、字段、查询条件等,而不是记录。

Access 数据库查询对象的功能非常强大,可以按照不同的方式查看、更新、统计和计算数据,也可以为结果数据生成一个新的数据表,还可以为窗体和报表提供丰富的记录源。

3.1.1 查询的类型

Access 支持 5 种不同类型的查询,即选择查询、参数查询、交叉表查询、操作查询和 SQL 查询。

1. 选择查询

选择查询是最常用的查询类型,是从单表、多表或者查询中检索数据,在一定的限制条件下筛选并显示结果。在选择查询中还可以使用分组对记录进行求和、计数、求平均值以及其他类型的合计计算。

2. 参数查询

参数查询分为单参数查询和多参数查询,是在执行时显示对话框以提示用户输入查询条件,然后按照这些条件进行查询。参数查询能为窗体和报表提供特定的数据源。例如,通过窗体的提示窗口输入学生的学号,要求从“选课”表中快速检索该学号的所有成绩信息;或者输入两个日期,在窗体中显示在这个日期段内参加工作的所有教师的基本信息等,这些操作都可以通过建立参数查询来完成。

3. 交叉表查询

交叉表查询是一种便于数据分析的特殊格式的查询,用行列电子数据表的格式显示来源于表中某个字段的汇总数据,如总和、平均值、计数等。例如,按学院名称和性别统计教师的人数。

4. 操作查询

操作查询可以完成对数据的批量处理,只需进行一次操作就可以完成对许多记录的更新、删除、追加等功能,也可以将数据源中的数据进行特定条件的筛选之后生成新的数据表。操作查询分为 4 种:更新查询、删除查询、追加查询和生成表查询。

5. SQL 查询

SQL 是结构化查询语言(structured query language)的缩写。SQL 是一种日趋流行的关系数据库标准语言,功能强大并且通用性强,能使数据的检索变得快捷、准确、方便和灵活。目前,SQL 已被确定为关系数据库系统的国际标准,被绝大多数商品化的关系数据库系统采用。SQL 查询是使用 SQL 语句创建的查询,用于查询、更新和管理关系数据库。

3.1.2 创建查询的方法

在 Access 中创建查询通常使用以下几种方法:利用查询向导创建查询、在设计视图中创建查询和使用 SQL 语句创建查询。

1. 利用查询向导创建查询

利用向导方式创建的查询只能从数据源中指定若干字段进行输出,但不能设置筛选条件限制记录的输出。

利用查询向导可以创建以下 4 种查询:简单查询向导、交叉表查询向导、查找重复项查询向导和查找不匹配项查询向导。查找重复项查询向导可以实现在单一表或者查询中查找具有重复字段值的记录;查找不匹配项查询向导可以实现在一个表中查找那些在另一个表中没有相关记录的记录。

【例 3-1】 使用简单查询向导创建查询,显示"学生"表中的学号、姓名、性别、省份和班级。

操作步骤如下。

(1) 新建查询并选择查询向导方式。打开"教学管理系统"数据库,单击"创建"选项卡中"查询"组的"查询向导"按钮,弹出"新建查询"对话框,如图 3-1 所示。

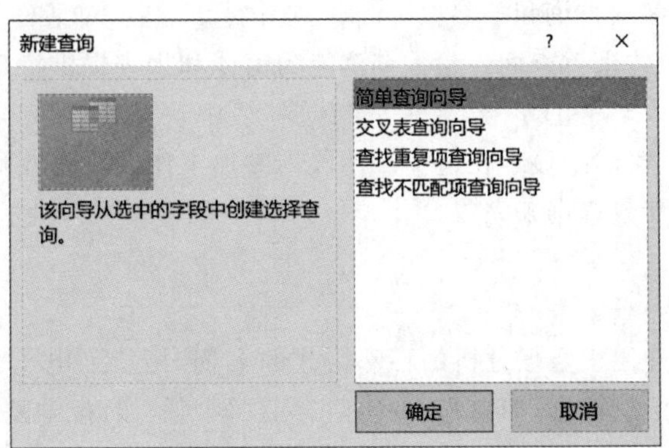

图 3-1 "新建查询"对话框

在"新建查询"对话框中选择"简单查询向导",单击"确定"按钮弹出"简单查询向导"对话框。

(2) 确定查询中使用的字段。如图 3-2 所示,在"简单查询向导"对话框中,从"表/查询"项中选择"表:学生","学生"表的全部字段将显示在"可用字段"列表框中,选择"学号"

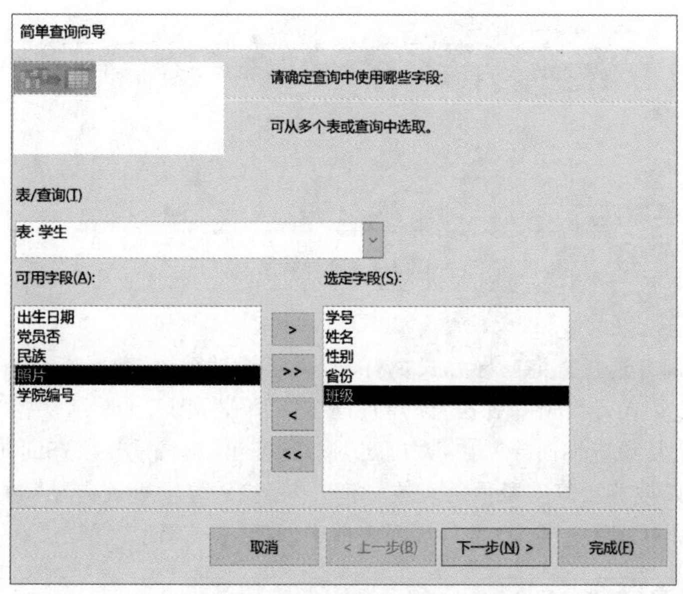

图 3-2 确定查询中使用的字段

"姓名""性别""省份"和"班级"字段到"选定字段"列表框,单击"下一步"按钮。

(3) 指定查询的标题。如图 3-3 所示,指定查询的标题为"例 3-1",在"请选择是打开查询还是修改查询设计"选项中,若想修改查询的设计内容,则可以选中"修改查询设计"单选按钮。系统默认的选项是"打开查询查看信息",此时单击"完成"按钮,则显示上述查询的结果,如图 3-4 所示。

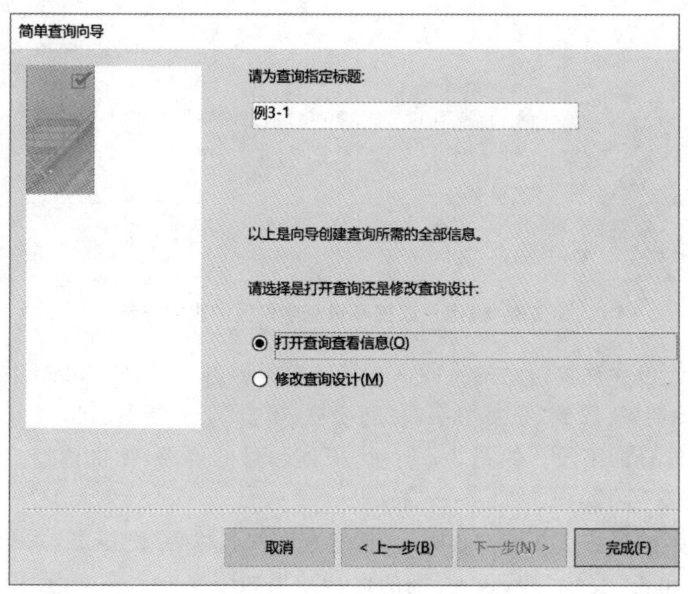

图 3-3 指定查询的标题

【例 3-2】 使用查找重复项查询向导创建查询,显示"学生"表中生日相同的学生的出生日期、学号、姓名、性别、省份和班级。

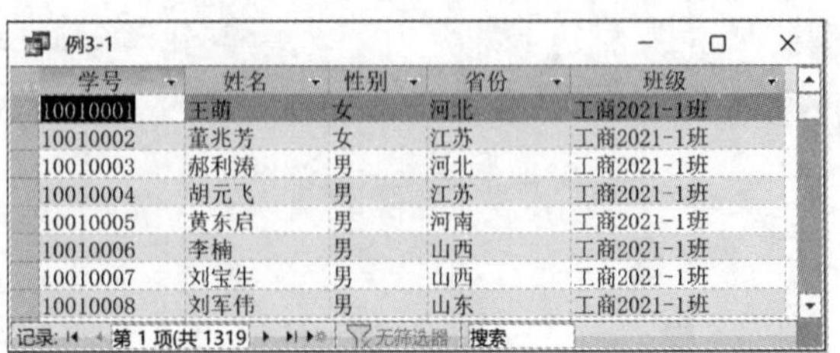
例3-1

学号	姓名	性别	省份	班级
10010001	王萌	女	河北	工商2021-1班
10010002	董兆芳	女	江苏	工商2021-1班
10010003	郝利涛	男	河北	工商2021-1班
10010004	胡元飞	男	江苏	工商2021-1班
10010005	黄东启	男	河南	工商2021-1班
10010006	李楠	男	山西	工商2021-1班
10010007	刘宝生	男	山西	工商2021-1班
10010008	刘军伟	男	山东	工商2021-1班

记录: 第 1 项(共 1319 无筛选器 搜索

图 3-4　查询结果

操作步骤如下。

(1) 新建查询并选择查询向导方式。打开“教学管理系统”数据库，单击“创建”选项卡中“查询”组的“查询向导”按钮，弹出“新建查询”对话框，如图 3-1 所示。在“新建查询”对话框中选择“查找重复项查询向导”，单击“确定”按钮，弹出“查找重复项查询向导”对话框。

(2) 确定用以搜寻重复字段值的表或查询。“查找重复项查询向导”对话框如图 3-5 所示，在“视图”选项中默认选项为“表”，从列表框中选择“表：学生”，单击“下一步”按钮。

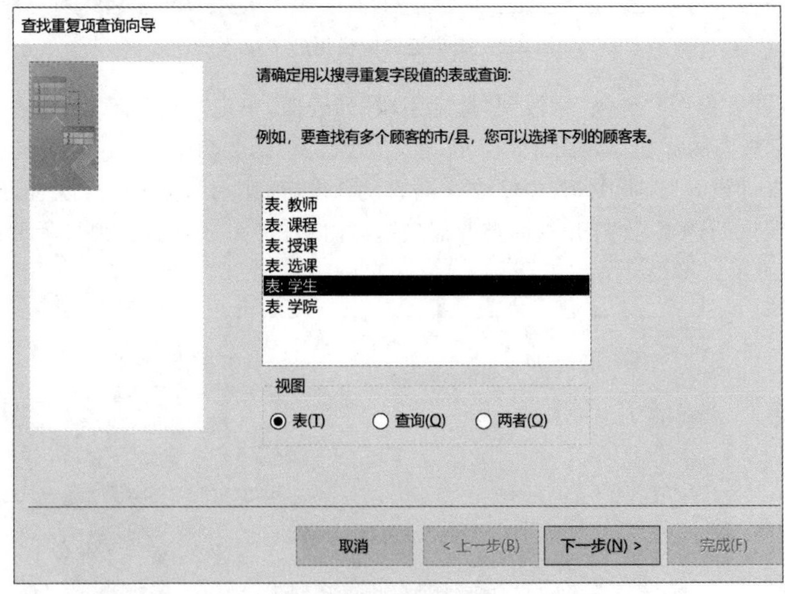

图 3-5　确定用以搜寻重复字段值的表或查询

(3) 确定可能包含重复信息的字段。如图 3-6 所示，根据例题的要求，在“可用字段”列表中选择“出生日期”字段到“重复值字段”列表框，单击“下一步”按钮。

(4) 确定其他查询字段。如图 3-7 所示，根据题目的要求，依次选择“学号”“姓名”“性别”“省份”和“班级”字段，单击“下一步”按钮。

(5) 指定查询的名称。如图 3-8 所示，指定查询的名称为“例 3-2”，系统默认选中“查看结果”单选按钮，单击“完成”按钮。查询的运行结果如图 3-9 所示，显示了生日同一天的学生的记录内容。

【例 3-3】 使用查找不匹配项查询向导创建查询，从“教师”表和“授课”表筛选出没有授课信息的教师的工号、姓名、性别、工作日期、学历和职称。

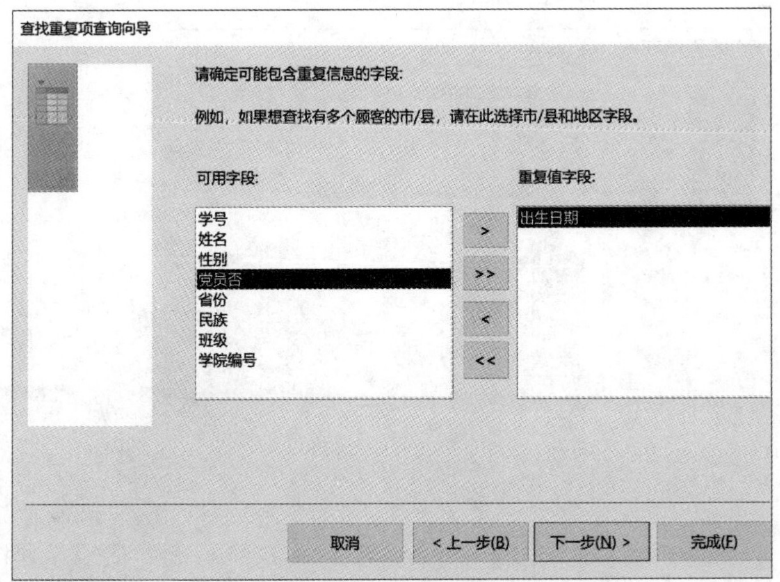

图 3-6 选择重复值字段

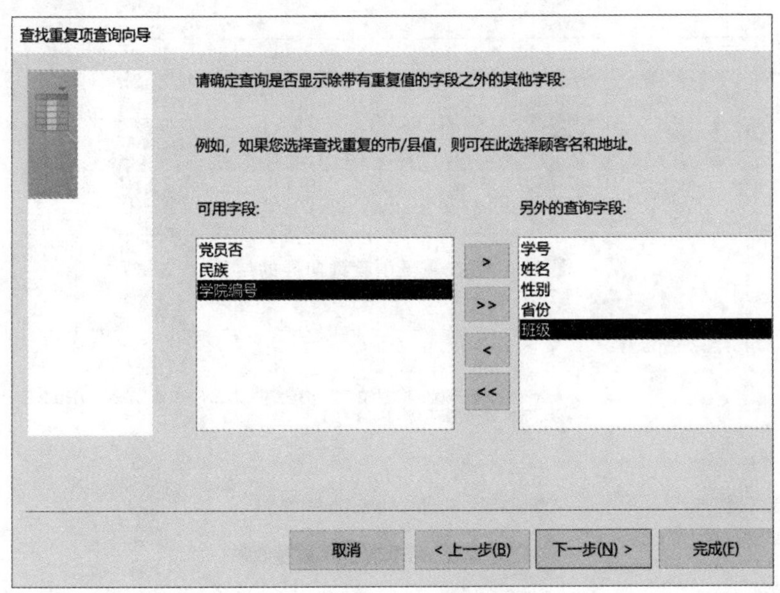

图 3-7 选择另外的查询字段

操作步骤如下。

(1) 新建查询并选择查询向导方式。打开“教学管理系统”数据库，单击“创建”选项卡中“查询”组的“查询向导”按钮，弹出“新建查询”对话框，如图 3-1 所示。在“新建查询”对话框中选择“查找不匹配项查询向导”，单击“确定”按钮，弹出“查找不匹配项查询向导”对话框。

(2) 确定在查询结果中含有哪张表或查询中的记录。“查找不匹配项查询向导”对话框如图 3-10 所示，在“视图”选项中默认选项为“表”，从列表框中选择“表：教师”，单击“下一步”按钮。

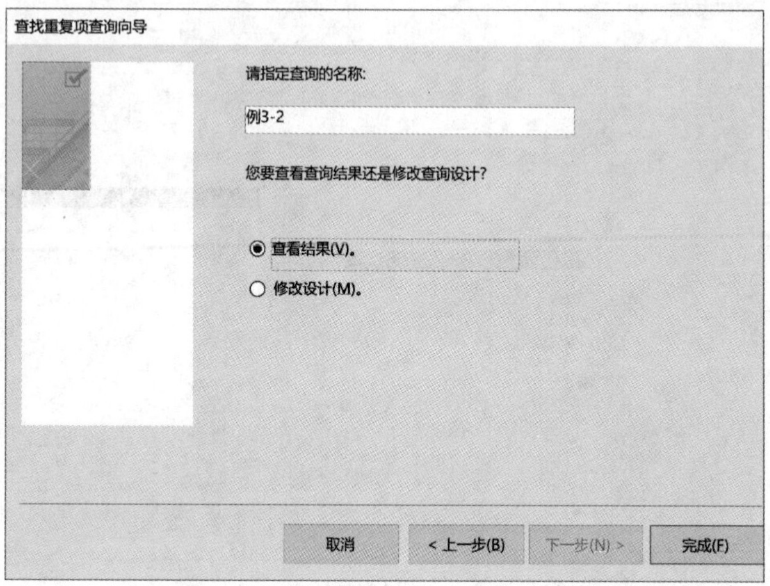

图 3-8 指定查询名称

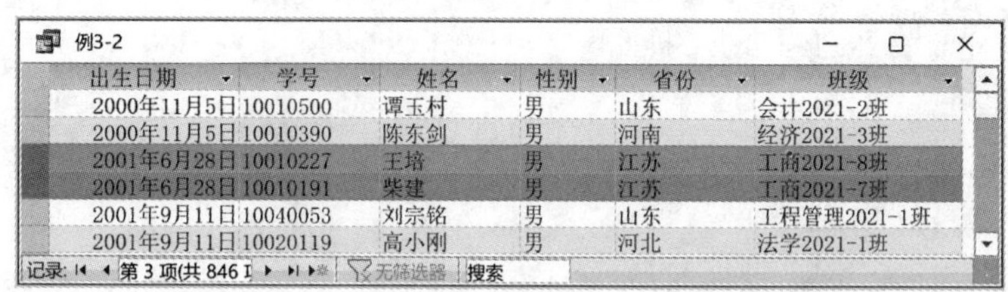
例3-2

出生日期	学号	姓名	性别	省份	班级
2000年11月5日	10010500	谭玉村	男	山东	会计2021-2班
2000年11月5日	10010390	陈东剑	男	河南	经济2021-3班
2001年6月28日	10010227	王培	男	江苏	工商2021-8班
2001年6月28日	10010191	柴建	男	江苏	工商2021-7班
2001年9月11日	10040053	刘宗铭	男	山东	工程管理2021-1班
2001年9月11日	10020119	高小刚	男	河北	法学2021-1班

记录: 第 3 项(共 846 I 无筛选器 搜索

图 3-9 查找重复项查询向导的结果

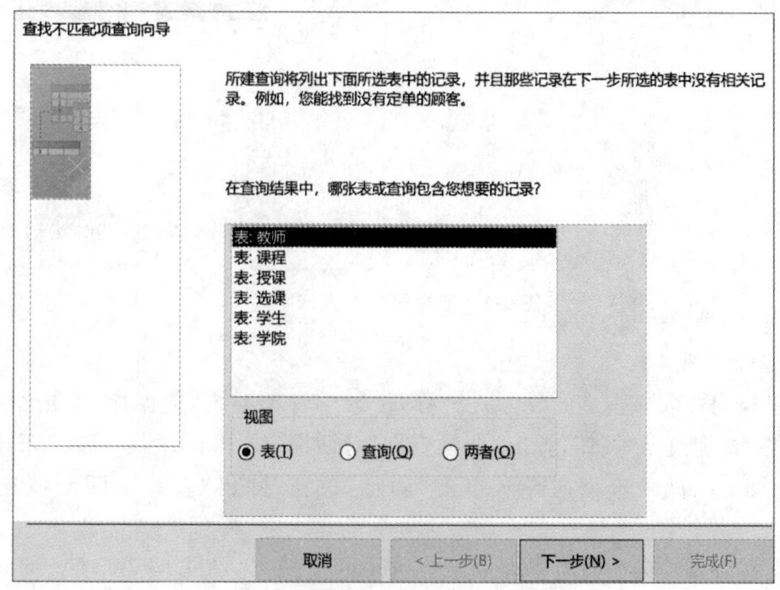

图 3-10 确定在查询结果中含有哪张表或查询中的记录

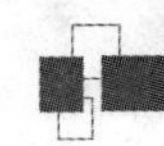

(3) 确定哪张表或查询包含相关记录。如图 3-11 所示，根据例题的要求，在列表框中选择“表：授课”，单击“下一步”按钮。

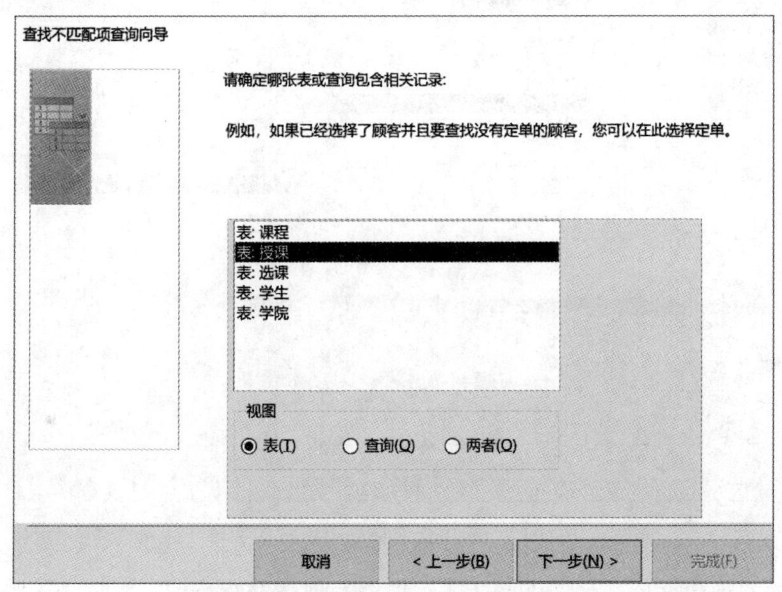

图 3-11　确定哪张表或查询包含相关记录

(4) 确定在两张表中都有的信息。如图 3-12 所示，在两张表中选择匹配字段，然后单击<=>按钮。系统默认的匹配字段是两张表中的相同字段，在本例中相同字段是“工号”字段，直接单击<=>按钮，则在“匹配字段”项中将显示匹配的结果“工号<=>工号”。单击“下一步”按钮。

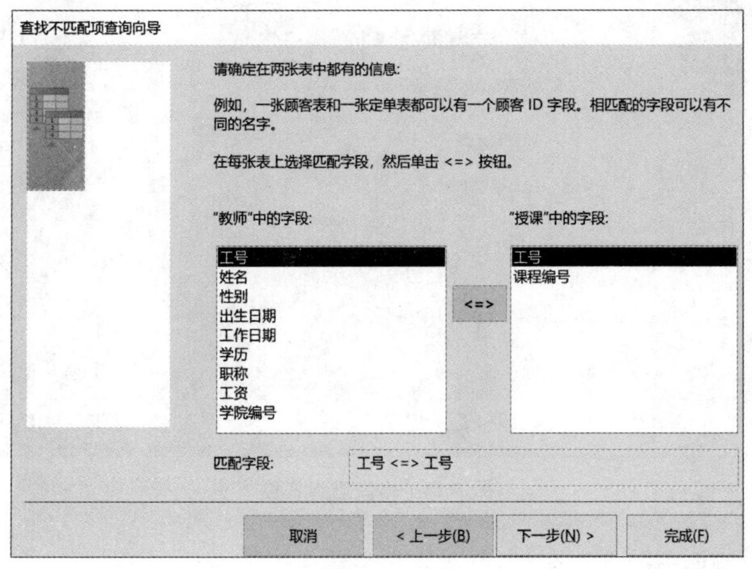

图 3-12　确定在两张表中都有的信息

(5) 选择查询结果中所需的字段。如图 3-13 所示，根据题目要求，依次选择“工号”“姓名”“性别”“出生日期”“学历”和“职称”字段，单击“下一步”按钮。

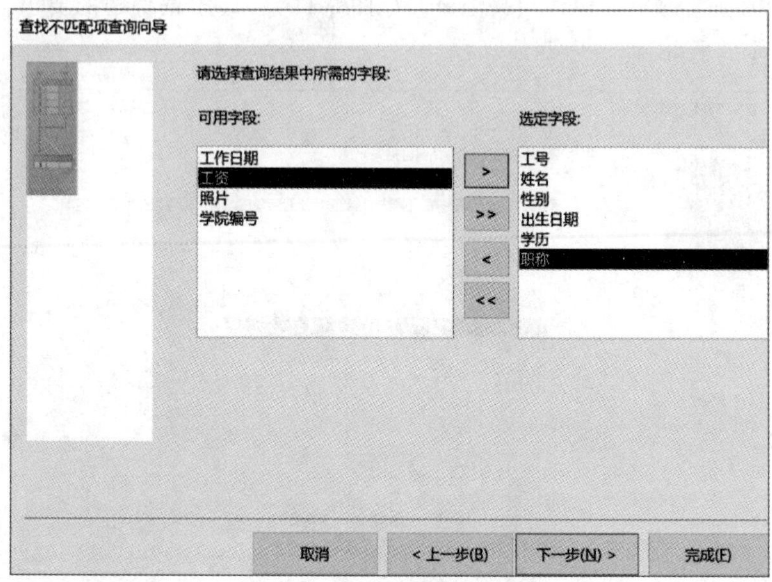

图 3-13　选择查询结果中所需的字段

(6) 指定查询的名称。如图 3-14 所示,指定查询的名称为"例 3-3",系统默认选中"查看结果"单选按钮,单击"完成"按钮。查询的运行结果如图 3-15 所示,显示了没有授课信息的教师记录。

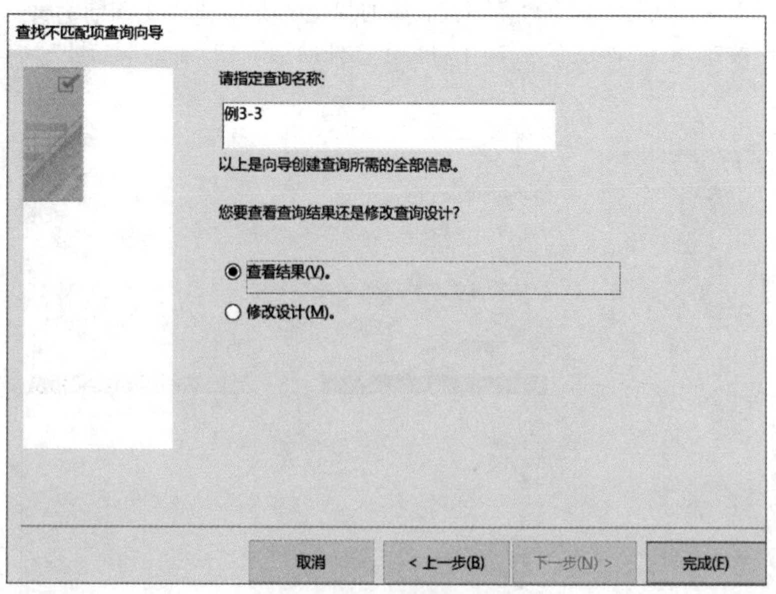

图 3-14　指定查询名称

2. 在设计视图中创建查询

利用查询向导创建的查询只能筛选部分或全部字段,而不能按照设定的条件查找特定的记录。利用查询设计视图可以完成各种特定条件的查询。

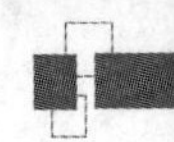

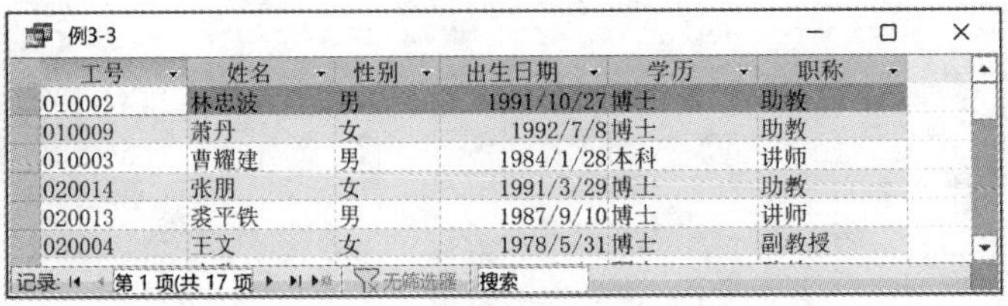

例3-3

工号	姓名	性别	出生日期	学历	职称
010002	林忠波	男	1991/10/27	博士	助教
010009	萧丹	女	1992/7/8	博士	助教
010003	曹耀建	男	1984/1/28	本科	讲师
020014	张朋	女	1991/3/29	博士	助教
020013	裘平铁	男	1987/9/10	博士	讲师
020004	王文	女	1978/5/31	博士	副教授

记录: 第1项(共17项　无筛选器　搜索

图 3-15　使用查找不匹配项查询向导的结果

【例 3-4】 利用设计视图创建一个查询，显示“学生”表中省份是“山东”的学生的学号、姓名、省份和班级。

操作步骤如下。

(1) 新建查询并添加表。打开“教学管理系统”数据库，单击“创建”选项卡中“查询”组的“查询设计”按钮，弹出“添加表”对话框，如图 3-16 所示。

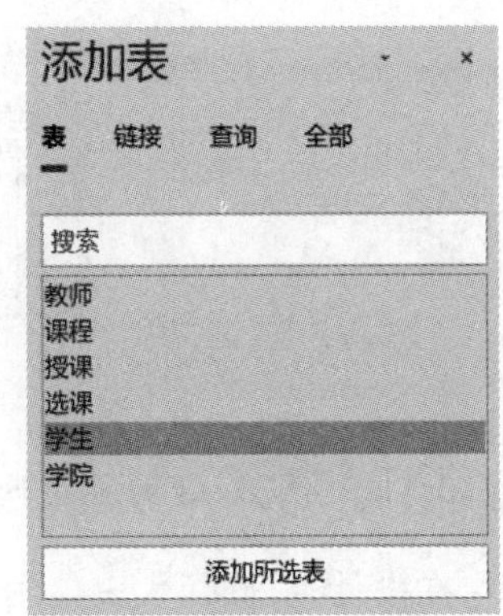

图 3-16　“添加表”对话框

在“添加表”对话框中选择“学生”，单击“添加所选表”按钮，“学生”表将被添加到“查询 1”窗口中，单击右上角的“关闭”按钮关闭“添加表”对话框。

(2) 选择字段。如图 3-17 所示，依次选择“学号”“姓名”“省份”和“班级”字段。选择字段的操作方式常用的有两种，可以在“学生”表中直接双击字段或者直接拖动字段(＊表示全部字段)到“字段”选项框，也可以在“字段”下拉列表框中选择字段，字段选择完成之后，系统自动在“显示”选项中的方框中划“√”，表示在运行查询时，显示该字段。若想取消某字段的显示，可以单击该字段下方的“√”，此时“√”便消失，方框呈空白状态。

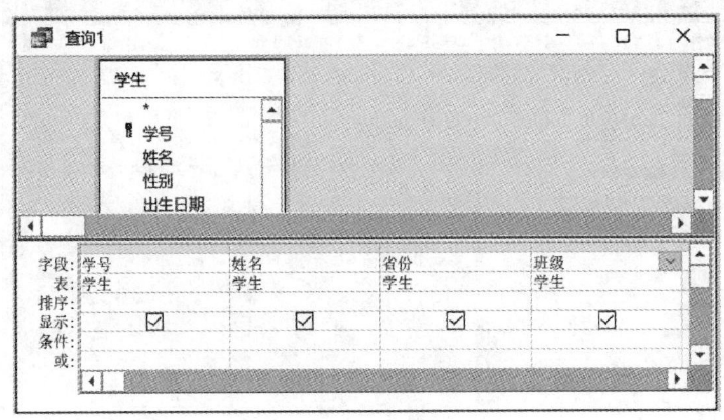

图 3-17　选择字段

(3) 设置查询条件。如图 3-18 所示，在“省份”字段下方的“条件”选项中输入“山东”，按 Enter 键之后，系统会自动在输入的文字两边加英文的双引号，双引号表示“省份”字段的数据类型是短文本型。

(4) 运行并保存查询。单击“查询设计”选项卡中“结果”组的“运行”按钮，查询将从设计视图状态切换至运行状态。选择“文件”选项卡，单击“保存”按钮，在“另存为”对话框中输

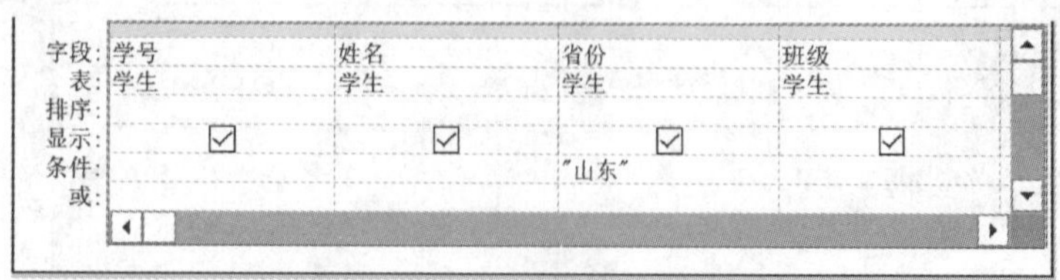

图 3-18　设置查询条件为"山东"省

入文件名为"例 3-4",单击"确定"按钮,关闭"另存为"对话框即可完成对查询的保存。查询的运行结果如图 3-19 所示。

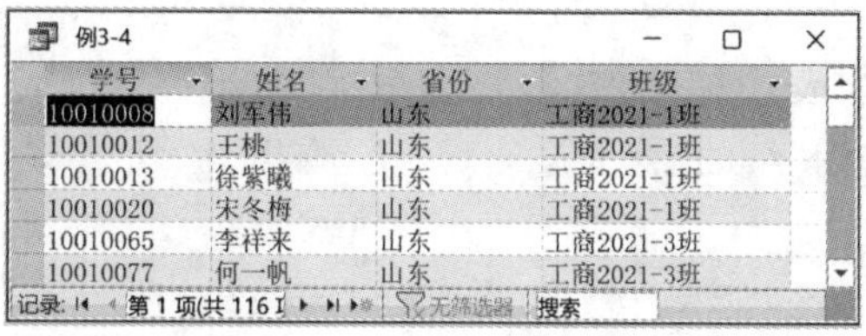

例3-4

学号	姓名	省份	班级
10010008	刘军伟	山东	工商2021-1班
10010012	王桃	山东	工商2021-1班
10010013	徐紫曦	山东	工商2021-1班
10010020	宋冬梅	山东	工商2021-1班
10010065	李祥来	山东	工商2021-3班
10010077	何一帆	山东	工商2021-3班

记录: 第 1 项(共 116 项) 无筛选器 搜索

图 3-19　省份是"山东"的学生名单

3. 使用 SQL 语句创建查询

在设计查询时,大多使用设计视图的方式创建查询并浏览查询的结果,实际上,Access 运行查询时是将设计视图中所创建的查询自动翻译成 SQL 语句。

例如在例 3-4 的设计视图下,单击"查询设计"选项卡中"结果"组的"视图"按钮,选择其中的"SQL 视图",如图 3-20 所示,将查询设计视图转换到 SQL 视图窗口中,如图 3-21 所示。关于使用 SQL 语句创建查询的语法规范,可以参考 3.6.4 节的内容。

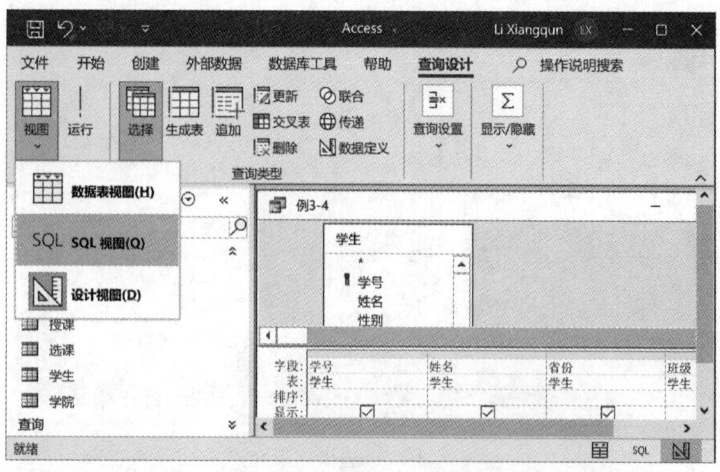

图 3-20　选择"SQL 视图"

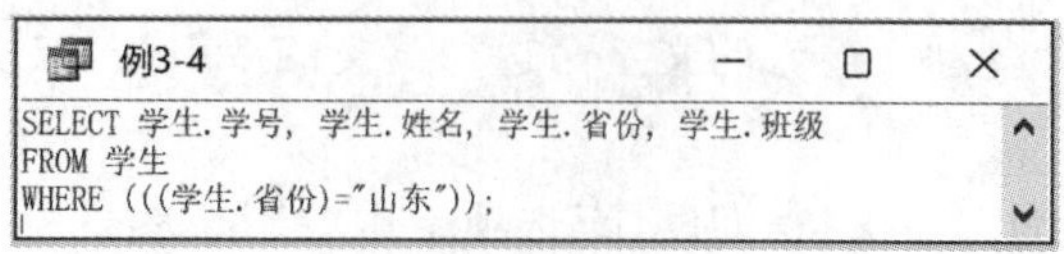

图 3-21　SQL 视图窗口

3.1.3 查询条件

创建查询一般都要经过以下几个阶段：选择数据源、指定查询类型、设置查询条件、为查询命名。其中，设置查询条件是完成查询的关键。

1. 查询条件的书写方法

查询条件通常是用运算符将常量、变量（字段）或者函数连接起来构成的表达式，如图 3-21 所示，使用“山东”常量值筛选符合条件的记录。书写查询条件时，需要注意以下几点：

(1) 查询条件是数字型常量时，直接书写。如查询“选课”表中成绩是 100 分的同学，书写时直接在成绩字段对应的条件中输入 100。

(2) 查询条件是短文本型常量时，要使用双引号""括起来。如查询“学生”表中所有女生的记录，书写时直接在“性别”字段对应的条件中输入“"女"”。通常情况下，如果用户没有在短文本型字段的条件中加上""，Access 会在条件输入结束后自动为输入的文本型常量加上""。

(3) 查询条件是日期型常量时，要使用＃＃将日期括起来。如查询出生日期是 2002 年 12 月 4 日的学生记录，书写时直接在“出生日期”字段对应的条件中输入＃2002-12-4＃。

(4) 查询条件是逻辑型常量时，直接输入 True 或者 False。

(5) 当查询条件中包含字段名时，要将字段名放在方括号[ ]内。当查询所涉及的数据源不止一个时，还应该在字段名前标明字段所在的数据源表或者查询，其格式为：

[表名]![字段名] 或者 [查询名]![字段名]

2. 查询条件中常用的运算符

1) 算术运算符

算术运算符按照优先级别由高到低的顺序包括乘方“^”、乘“*”、除“/”、整除“\”、求余数“Mod”、加“＋”、减“－”。

其中，整除“\”的运算规则是，将两个数都四舍五入为整数，然后用第一个数除以第二个数，并将结果只取整数部分，小数部分直接舍去。

2) 关系运算符

关系运算符包括大于“＞”、小于“＜”、等于“＝”、大于或等于“＞＝”、小于或等于“＜＝”和不等于“＜＞”，优先级别相同。关系运算符通常用来比较两个值，结果返回逻辑值 True 或者 False。

3) 逻辑运算符

常用的逻辑运算符按照优先级别由高到低的顺序为非“Not”、与“And”、或“Or”。其中，“And”运算只有当几个条件同时成立时，整个条件才成立，结果返回逻辑值 True；“Or”运算只要其中一个条件成立，整个条件即成立，结果返回逻辑值 True。

4) 连接运算符

常用的连接运算符有“&”和“＋”。“&”可以将任意类型的两个表达式连接起来，而

"+"仅能连接两个字符串表达式。

5) 4 个特殊的运算符

(1) In：确定某个字段值是否在一组值内。如查询"教师"表中职称是"副教授"或者"教授"的记录，则查询条件可以输入"In("教授","副教授")"。

(2) Between A and B：指定 A 到 B 的范围，包含 A 和 B。A 和 B 的类型必须相同，可以是短文本型、数字型和日期型。

(3) Like：通常使用?、*、[ ]、#、-、! 等通配符匹配字段值，通配符的使用方法如表 3-1 所示。

表 3-1 通配符的使用方法

通配符	含　义	表达式	示　例
?	任意一个字符	王?	找到"姓名"字段中姓王的两个字的名字
*	任意多个字符	王*	找到"姓名"字段中姓王的不限字数的名字
[ ]	[]范围内的任意一个字符	L[hj]Y	LhY,LjY
#	任意一个数字	10#0	1000,1030,1090 等
-	指定一个范围的字符	4[a-z]9	4a9,4r9,4i9,4z9 等
!	被排除的字符	[!a-z]	9,%,#,* 等

(4) Is Null：测试字段值是否为空，反之为 Is Not Null。

3. 查询条件中常用的函数

为了便于用户更好地构造查询条件，Access 提供了大量的标准函数，常用的函数类型有数值函数、字符函数、日期/时间函数和统计函数等，表 3-2 列出了建立查询时常用的标准函数，更多函数请参考 4.2.5 节的内容。

表 3-2 查询条件中常用的函数

函数类型	函　数	说　明
数值	Round(n1,n)	返回将数值表达式 n1 保留 n 位小数位后的值，小数部分四舍五入；若省略 n，则不保留小数部分
字符	Left(s1,n)	从字符串 s1 左边第一个字符开始截取 n 个字符
	Right(s1,n)	从字符串 s1 右边第一个字符开始截取字符串 s1 最右侧 n 个字符
	Mid(s1,n1[,n2])	从字符串 s1 左边第 n1 位置开始，截取连续 n2 个字符；若省略 n2，则从 n1 位置开始截取所有字符串
	Len(s1)	返回字符串 s1 的长度
日期/时间	Now( )	返回系统当前的日期时间
	Date( )	返回系统当前的日期
	Time( )	返回系统当期的时间
	Year(d1)	返回日期 d1 中的年份
	Month(d1)	返回日期 d1 中的月份
	Day(d1)	返回日期 d1 中的日

续表

函数类型	函　数	说　明
统计	Sum(表达式)	返回表达式值的总和
	Avg(表达式)	返回表达式值的平均值
	Count(表达式)	返回表达式值的个数
	Max(表达式)	返回表达式值中的最大值
	Min(表达式)	返回表达式值中的最小值

【说明】 统计函数中的表达式通常是一个数字类型的字段名，或者是包括数字类型字段名的表达式。

3.2 选择查询

选择查询是 Access 中最常用的一种查询，可以从单表、多表或者查询中根据特定的筛选条件提取数据，完成对数据的统计、分析和处理。

3.2.1 简单条件查询

通过简单的条件设置对记录进行进一步的筛选，只有符合条件的记录才能在查询结果中显示出来。本书在 3.1.2 节中已经讲述了创建查询的一般操作方法，对于简单条件查询的创建，查询准则的确定是关键。

1. 单表查询

单表查询是指查询的数据源只有一张表或者一个查询。

【例 3-5】 创建查询，显示“学生”表中来自山东省的男生党员，字段只显示学号、姓名、性别、出生日期、党员否和省份。

操作步骤如下。

(1) 新建查询并添加“学生”表。

(2) 选择字段。依次选择学号、姓名、性别、出生日期、党员否和省份字段。

(3) 设置条件。根据题目的要求，要查询来自山东省的男生党员，省份字段的值是“山东”，性别字段的值是“男”，党员否字段的值是 True，这三个条件要同时成立，其设定的方法如图 3-22 所示。

(4) 运行并保存查询。单击“查询设计”选项卡中“结果”组的“运行”按钮，查询将从设计视图状态切换至运行状态。选择“文件”选项卡，单击“保存”按钮，在“另存为”对话框中输入文件名为“例 3-5”，单击“确定”按钮，关闭“另存为”对话框即可完成对查询的保存。查询的运行结果如图 3-23 所示。

【说明】 如果几个条件是左右并列的，表明是 And 关系，即几个条件同时成立时整个条件才成立；如果在“或”选项中也输入条件，使得条件上下并列，则是 Or 关系，即只要上下

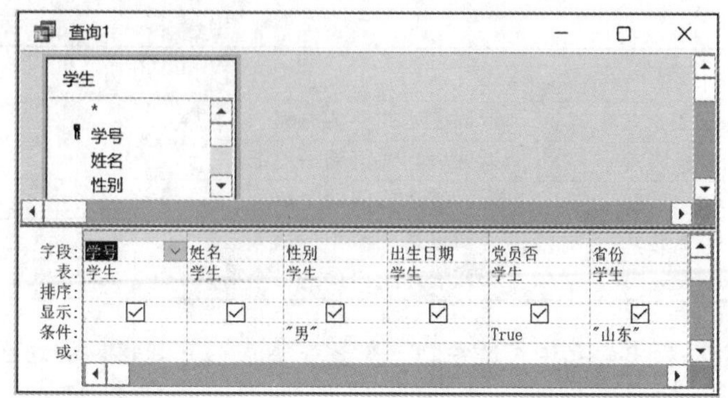

图 3-22　设置查询条件为“山东”省“男”性党员

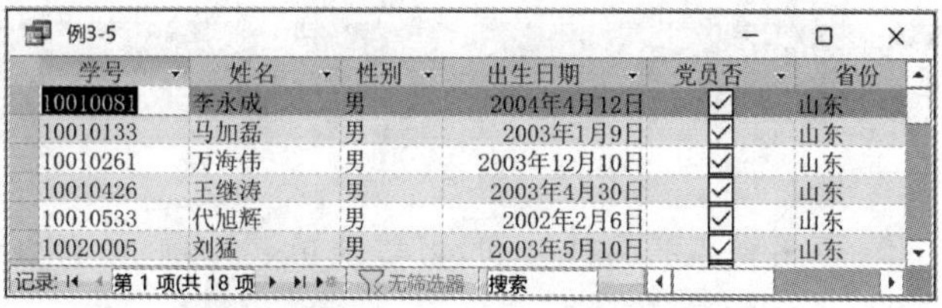

例3-5

学号	姓名	性别	出生日期	党员否	省份
10010081	李永成	男	2004年4月12日	☑	山东
10010133	马加磊	男	2003年1月9日	☑	山东
10010261	万海伟	男	2003年12月10日	☑	山东
10010426	王继涛	男	2003年4月30日	☑	山东
10010533	代旭辉	男	2002年2月6日	☑	山东
10020005	刘猛	男	2003年5月10日	☑	山东

记录: 第 1 项(共 18 项 无筛选器 搜索

图 3-23　输出山东省男性党员的名单

两个条件中有一个是成立的，则整个条件就成立。

例如，若将查询的条件改为显示“山东省的男学生”以及“山东省的学生党员”，则查询条件的设置将发生改变，如图 3-24 所示。其中的“山东”必须上下出现两次，如果删除下面的“山东”，查询的意义就会变成“山东省的男学生”以及“任何省份的学生党员”。

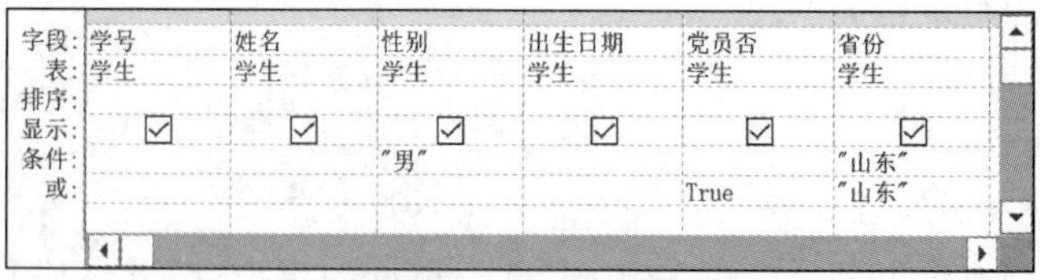

字段:	学号	姓名	性别	出生日期	党员否	省份
表:	学生	学生	学生	学生	学生	学生
排序:						
显示:	☑	☑	☑	☑	☑	☑
条件:			"男"			"山东"
或:					True	"山东"

图 3-24　查询条件更改后的设置

【例 3-6】 创建查询，仅显示“教师”表中所有 90 后工资在 15 000 元以上的教师和所有 80 后的教授，字段只显示工号、姓名、出生日期、职称和工资。

操作步骤如下。

(1) 新建查询并添加“教师”表。

(2) 选择字段。依次选择“工号”“姓名”“出生日期”“职称”和“工资”字段。

(3) 设置条件。题目要求查询 80 后和 90 后的教师，但“教师”表中仅有出生日期，没有出生年份，因此需要使用 Between 运算符指定范围，其设置的方法如图 3-25 所示。

(4) 保存并运行查询。保存查询为“例 3-6”，查询的运行结果如图 3-26 所示。

2. 多表查询

多表查询是指查询的数据源基于多个表或者查询。在创建多表查询时，最好事先建立好多表之间的关系。

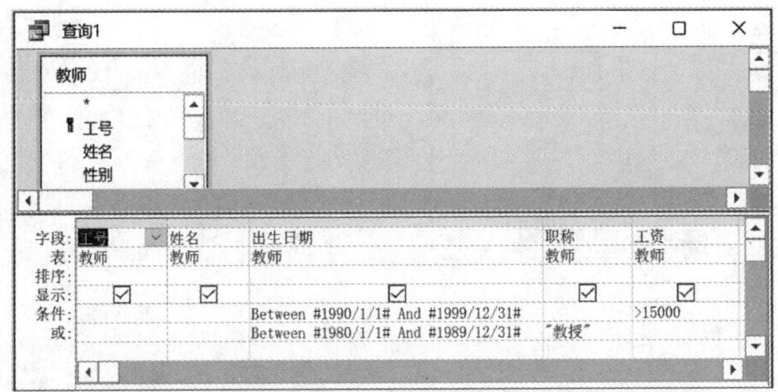

图 3-25 设置例 3-6 的查询条件

例3-6

工号	姓名	出生日期	职称	工资
010011	刘志	1981/5/26	教授	¥23,558.00
020010	黄海志	1989/11/15	教授	¥21,817.00
020018	李昌刚	1982/7/24	教授	¥27,846.00
030006	陈汝芬	1987/2/26	教授	¥27,174.00
040010	岑建成	1980/6/11	教授	¥29,825.00
040019	崔斌迅	1980/12/16	教授	¥21,553.00
040021	孙绪涛	1992/4/18	讲师	¥15,242.00
*				

记录: 第 1 项(共 7 项) 无筛选器 搜索

图 3-26 例 3-6 的查询结果

【例 3-7】 创建查询,显示“教师”表中工作超过 30 年的教师的工号、姓名、出生日期、工作日期、职称和学院名称。

数据源分析:“教师”表中只有“学院编号”字段,没有“学院名称”字段。“学院”表和“教师”表通过公共字段“学院编号”建立了一对多关系,该查询的数据源即“学院”表和“教师”表。

操作步骤如下。

(1) 新建查询并添加“学院”表和“教师”表。由于“学院”表和“教师”表已经事先建立了表之间一对多的关系,因此两个表被添加后会自动显示关系连线。

(2) 选择字段。从两个表中依次选择“工号”“姓名”“出生日期”“工作日期”“职称”和“学院名称”字段。

(3) 设置条件。根据题目的要求,要查询工作超过 30 年的教师,可以使用 Year( )函数将“工作日期”字段中的年份取出来,再与系统日期进行运算得到。其设置的方法如图 3-27 所示。

(4) 保存并运行查询。保存查询为“例 3-7”,查询的运行结果如图 3-28 所示。

【例 3-8】 创建查询,显示有不及格成绩的学生的学号、姓名、班级、课程名称、学分和成绩。

数据源分析:“学生”表中有学号、姓名和班级字段,“课程”表中有课程名称和学分字段,“选课”表中有成绩字段,“学生”表和“选课”表由“学号”作为公共字段建立了一对多关系,“课程”表和“选课”表由“课程编号”作为公共字段建立了一对多关系。由此可知,本查询的数据源是由多表组成,分别是“学生”“课程”和“选课”。

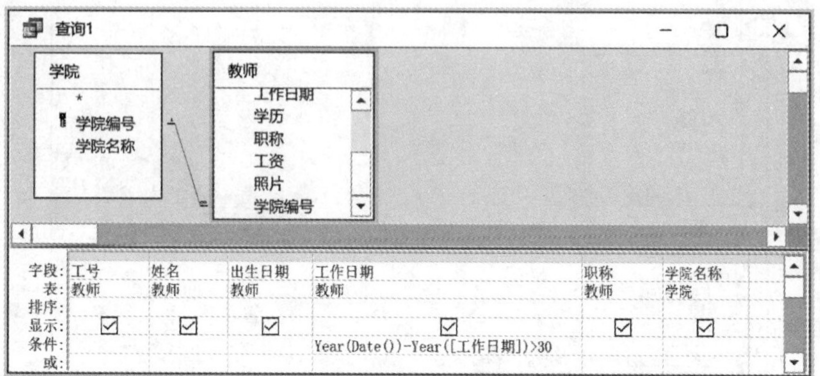

图 3-27　设置查询条件为工作超过 30 年的教师

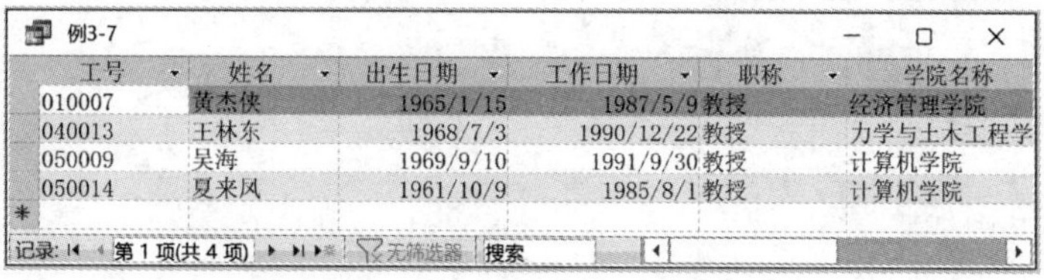

例3-7

工号	姓名	出生日期	工作日期	职称	学院名称
010007	黄杰侠	1965/1/15	1987/5/9	教授	经济管理学院
040013	王林东	1968/7/3	1990/12/22	教授	力学与土木工程学
050009	吴海	1969/9/10	1991/9/30	教授	计算机学院
050014	夏来风	1961/10/9	1985/8/1	教授	计算机学院

记录: 第 1 项(共 4 项)　无筛选器　搜索

图 3-28　工作超过 30 年的教师名单

操作步骤如下。

(1) 新建查询并添加“学生”“选课”和“课程”表。由于 3 个表之间已经事先建立了两个一对多的关系,因此 3 个表被添加后会自动显示关系连线。

(2) 选择字段。从 3 个表中依次选择“学号”“姓名”“班级”“课程名称”“学分”和“成绩”字段。

(3) 设置条件。在“成绩”字段下输入条件“＜60”,其设置的方法如图 3-29 所示。

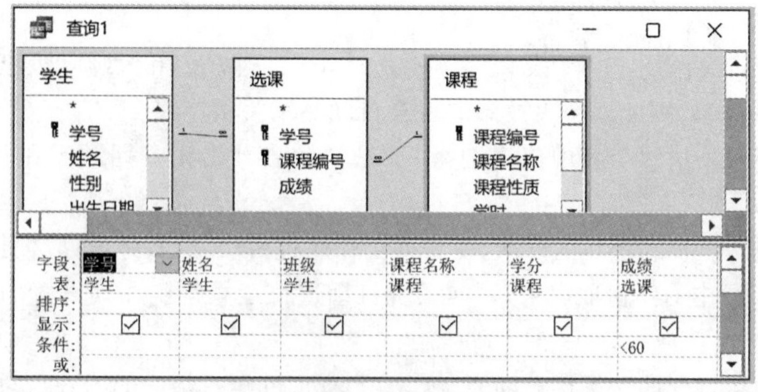

图 3-29　设置查询条件为成绩低于 60

(4) 保存并运行查询。保存查询为“例 3-8”,查询的运行结果如图 3-30 所示。

3.2.2　使用通配符设计查询

在 3.1.3 节中,讲到了如何使用运算符完成查询条件的设置,尤其是一些特殊运算符,

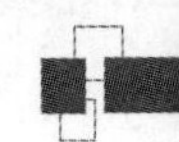

例3-8

学号	姓名	班级	课程名称	学分	成绩
10010001	王萌	工商2021-1班	宏观经济学	2	57
10010001	王萌	工商2021-1班	会计学	2	47
10010001	王萌	工商2021-1班	军事理论	2	52
10010002	董兆芳	工商2021-1班	人力资源管理	2	42
10010002	董兆芳	工商2021-1班	马克思主义原理	3	50
10010003	郝利涛	工商2021-1班	微型小说鉴赏	1	45
10010003	郝利涛	工商2021-1班	英语语言学概论	3	58

记录: 第 1 项(共 3313　无筛选器　搜索

图 3-30　查询输出成绩低于 60 的学生名单

如 Like，常与通配符一起使用完成一些不能清楚表达的条件设置，比如查询三十几岁姓李的女教师。

【例 3-9】 创建查询，显示"教师"表中三十几岁姓李的女教师的工号、姓名、性别、出生日期和职称。

查询分析："教师"表中只有出生日期，没有年龄，但可以利用 Year()函数计算出年龄。操作步骤如下。

（1）新建查询并添加"教师"表。

（2）选择字段。依次添加"工号""姓名""性别""出生日期"和"职称"字段。

（3）查询条件的设置。如图 3-31 所示，其中的通配符 # 指的是任意一个数字。

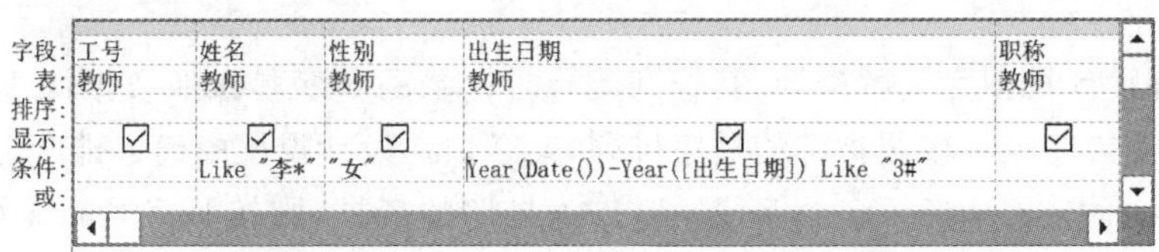

字段:	工号	姓名	性别	出生日期	职称
表:	教师	教师	教师	教师	教师
排序:					
显示:	☑	☑	☑	☑	☑
条件:		Like "李*"	"女"	Year(Date())-Year([出生日期]) Like "3#"	
或:					

图 3-31　设备查询条件为超过 30 岁的李姓女教师

（4）保存并运行查询。保存查询为"例 3-9"，查询运行结果如图 3-32 所示。

例3-9

工号	姓名	性别	出生日期	职称
030013	李智慧	女	1985/8/20	讲师
040002	李红冰	女	1989/11/2	讲师
*		男		

记录: 第 1 项(共 2 项)　无筛选器　搜索

图 3-32　超过 30 岁的李姓女教师名单

【例 3-10】 不改变例 3-9 查询的其他条件，将显示的字段由"出生日期"改变为"年龄"。

【例题分析】 "教师"表中没有"年龄"字段，需要利用"出生日期"字段计算生成新的字段。通过查询生成新字段的格式为：

新字段名: 表达式/值

操作步骤如下。

（1）新建查询并添加"教师"表。

（2）选择字段。依次添加"工号""姓名""性别"和"职称"字段，在"性别"字段后面添加新字段"年龄：Year(Date())-Year([出生日期])"，如图 3-33 所示。

【说明】 生成字段时，要在英文输入法下输入新字段名后面的冒号。

(3) 查询条件的设置。如图 3-33 所示,其中的通配符＃指在该位置可以匹配任何一个数字。

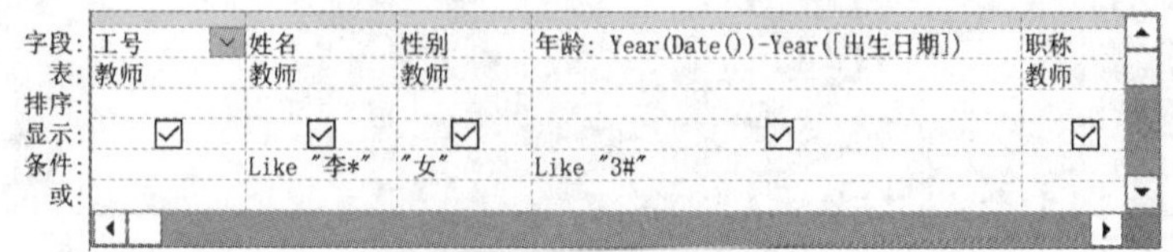
字段:	工号	姓名	性别	年龄: Year(Date())-Year([出生日期])	职称
表:	教师	教师	教师		教师
排序:					
显示:	☑	☑	☑	☑	☑
条件:		Like "李*"	"女"	Like "3#"	
或:					

图 3-33 添加"年龄"字段

(4) 保存并运行查询。保存查询为"例 3-10",查询的运行结果如图 3-34 所示。

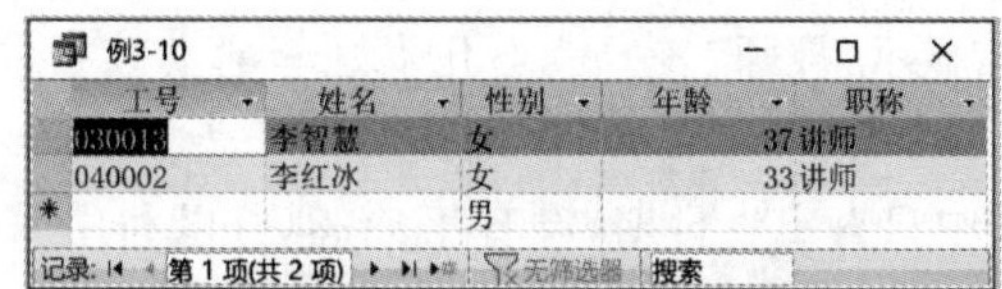
例3-10

工号	姓名	性别	年龄	职称
030013	李智慧	女	37	讲师
040002	李红冰	女	33	讲师
		男		

记录: 第 1 项(共 2 项) 无筛选器 搜索

图 3-34 改变例 3-9 查询条件后的运行结果

3.2.3 查询的有序输出

使用查询设计视图完成的查询,其查询运行时记录的顺序是按照数据源表中的记录顺序排列的,若需要使记录按照指定的顺序排列,就必须在设计视图中确定排序字段。

在设计视图中,若选择了多个字段同时作为排序的依据,则按照字段的显示顺序,从左至右,字段的排序优先级依次降低。

【例 3-11】 创建查询,显示课程名称为"管理学"的学生成绩,按照成绩从高分到低分的顺序排列,显示的字段为学号、姓名、班级、课程名称和成绩。

操作步骤如下。

(1) 新建查询,依次添加"学生"表、"选课"表和"课程"表,依次选择"学号""姓名""班级""课程名称"和"成绩"字段。

(2) 设置查询条件,如图 3-35 所示。

(3) 设置排序字段。在"成绩"字段对应的"排序"下拉列表中选择"降序",即可使成绩由高分到低分排列,设置的效果如图 3-35 所示。

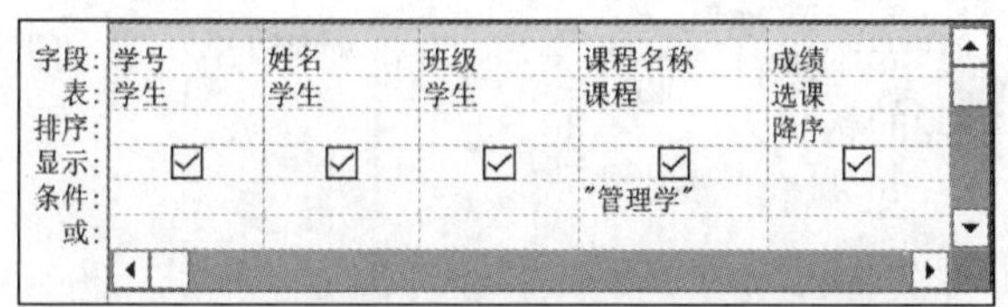
字段:	学号	姓名	班级	课程名称	成绩
表:	学生	学生	学生	课程	选课
排序:					降序
显示:	☑	☑	☑	☑	☑
条件:				"管理学"	
或:					

图 3-35 查询条件为"管理学"课程且成绩降序排列

(4) 保存并运行查询。保存查询为"例 3-11",查询的运行结果如图 3-36 所示。

若只显示查询结果中排名在前 5%的同学,如图 3-37 所示,选择"查询设计"选项卡中"查询设置"组的"上限值"工具栏,单击"返回:"右侧的下拉列表,选择 5%即可。也可以在

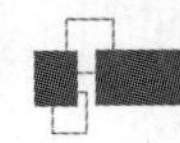

例3-11

学号	姓名	班级	课程名称	成绩
10010093	韩鹏	工商2021-4班	管理学	100
10010353	陶琦	经济2021-1班	管理学	100
10010501	陈佰春	会计2021-3班	管理学	99
10010391	陈良东	经济2021-3班	管理学	99
10010143	李梅	工商2021-5班	管理学	99

记录: 第1项(共26项) 无筛选器 搜索

图 3-36 按照管理学成绩降序排列的名单

下拉列表框中选择其他上限值或者直接输入，以控制显示查询结果的记录数，默认为 All。需要注意的问题是，若排序字段的值存在重复，则查询后的结果可能多于设置的上限值。解决这个问题的方法是在字段列表最后增加一个排序字段(要求该字段无重复值，升序或者降序排序，且增加的字段不显示)。

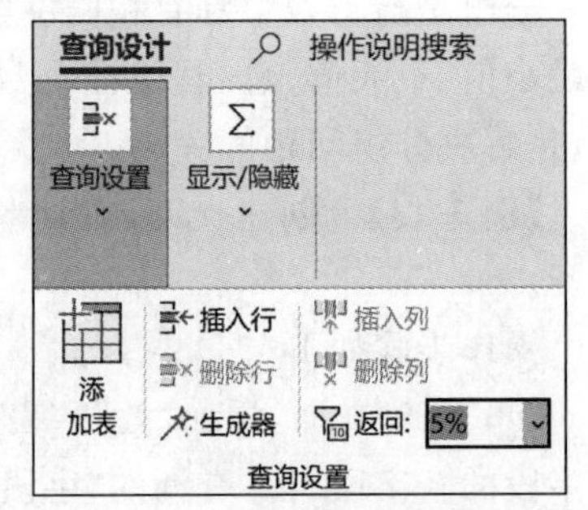

图 3-37 控制查询中显示的记录数

【例 3-12】 创建查询，显示“教师”表中副教授和教授的工资情况，先按照职称的升序排序，职称相同的再按照工资降序排序，按照工号、姓名、工作日期、工资和职称的顺序显示字段。

【例题分析】 若按照字段的显示顺序，“工资”字段比“职称”字段排序的优先级高，即排序的顺序是先按照“工资”排序，工资相同的才按照“职称”排序。因此，若要提高“职称”的排序优先级，可以在字段选择时，重复两次选择“工资”字段，第一个“工资”字段为了显示，第二个“工资”字段不显示，只用于排序。

操作步骤如下。

(1) 新建查询，添加“教师”表，依次添加“工号”“姓名”“工作日期”“工资”和“职称”字段，在“职称”字段右侧再次选择“工资”字段，将其“显示”选项设置为不显示状态。

(2) 设置查询条件，在“职称”字段对应的条件中输入“In("副教授","教授")”，表示“职称”字段的取值是“副教授”或者“教授”，如图 3-38 所示。

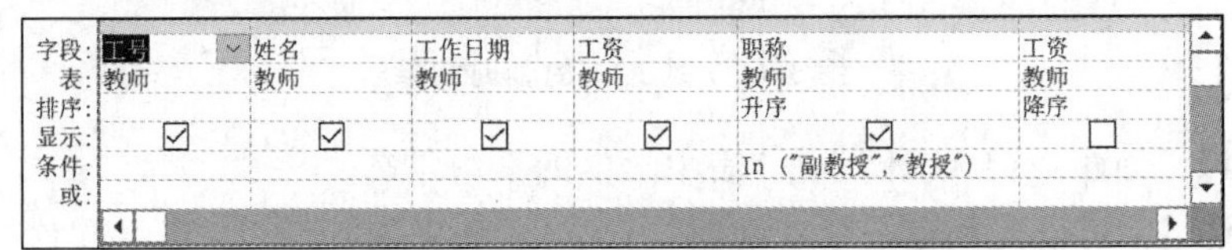

字段:	工号	姓名	工作日期	工资	职称	工资
表:	教师	教师	教师	教师	教师	教师
排序:					升序	降序
显示:	☑	☑	☑	☑	☑	☐
条件:					In ("副教授","教授")	
或:						

图 3-38 设置例 3-12 的查询条件与排序规则

(3) 设置排序字段。先在“职称”字段对应的“排序”下拉列表中选择“升序”，然后将其右侧的“工资”字段对应的“排序”下拉列表中选择“降序”，设置的效果如图 3-38 所示。

(4) 保存并运行查询。保存查询为“例 3-12”，查询的运行结果如图 3-39 所示。

例3-12

工号	姓名	工作日期	工资	职称
050001	郑明	1998/6/11	¥19,820.00	副教授
010014	陈世学	2005/2/1	¥19,321.00	副教授
040003	邓道军	2016/6/15	¥19,299.00	副教授
040016	陈庭	2000/8/23	¥19,202.00	副教授
030020	张元东	1999/7/20	¥19,196.00	副教授
020016	艾学	2009/11/5	¥19,160.00	副教授

记录: 第1项(共48项) 无筛选器 搜索

图 3-39 例 3-12 的查询结果

3.2.4 查询的统计与分组

查询不仅可以从多个表中提取特定的数据，还可以利用系统提供的汇总功能完成对数据的统计与分组。

汇总功能主要包括合计，求平均值、最小值、最大值和计数等。

分组是指将表中具有相同字段内容的多条记录看成一个组，完成基于该组记录的计算：求最小值、最大值、总和、统计个数、求平均值等。准确判断分组依据即按哪个字段进行分组，是解决分组问题的关键。

【例 3-13】 创建查询，统计"教师"表中全校教师的人数、平均工资、最高工资和最低工资。

操作步骤如下。

(1) 新建查询，添加"教师"表，添加"工号"字段，再添加 3 个"工资"字段并定义各个统计字段的新字段名。查询的"字段"行设置如图 3-40 所示。

(2) 设置"总计"行。单击"查询设计"选项卡中"显示/隐藏"组的"汇总"按钮，则查询设计视图会在"表"和"排序"之间显示"总计"行，在"总计"行分别选择计数、平均值、最大值和最小值。"总计"行的设置如图 3-40 所示。

字段:	人数: 工号	平均工资: 工资	最高工资: 工资	最低工资: 工资
表:	教师	教师	教师	教师
总计:	计数	平均值	最大值	最小值
排序:				
显示:	☑	☑	☑	☑

图 3-40 "字段"行与"总计"行的设置

(3) 保存并运行查询。保存查询为"例 3-13"，查询的运行结果如图 3-41 所示。

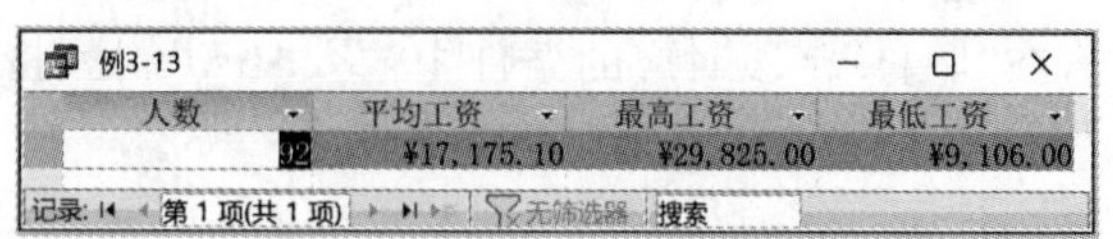

图 3-41 例 3-13 的查询结果

【例 3-14】 创建查询，统计"学生"表中学生的平均年龄。

【例题分析】 可以先创建一个查询，利用"学生"表中的"出生日期"字段计算出年龄，然后以该查询为数据源完成查询的统计。

操作步骤如下。

(1) 新建数据源查询，添加"学生"表，利用 Year()、Date()函数计算出年龄，并生成"年龄"字段，如图 3-42 所示。其中，显示"学号"和"姓名"字段是为了使得查询结果更清晰，也可以省略。

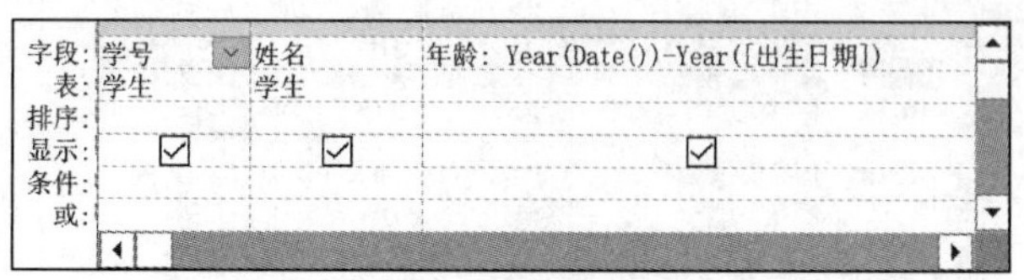

图 3-42 例 3-14 数据源查询的设置

(2) 运行数据源查询。浏览查询结果并保存查询名为“例 3-14 数据源”,运行结果如图 3-43 所示。

(3) 新建查询并添加数据源。新建查询,在“添加表”对话框中单击“查询”选项卡,选择查询“例 3-14 数据源”,单击“添加所选表”按钮将查询添加到“查询设计器”窗口,如图 3-44 所示。单击“关闭”按钮关闭当前窗口。

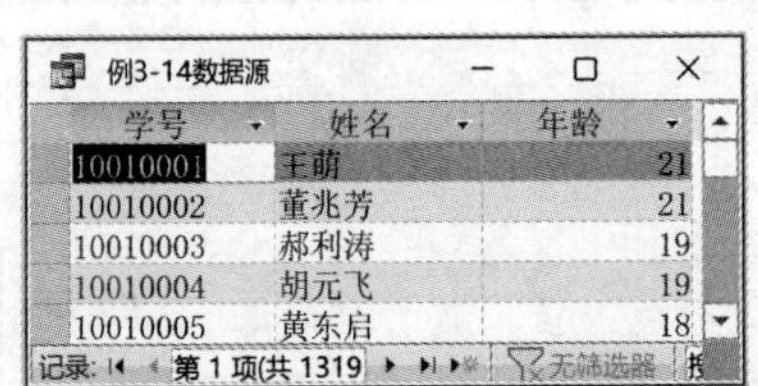

图 3-43　例 3-14 数据源的查询结果

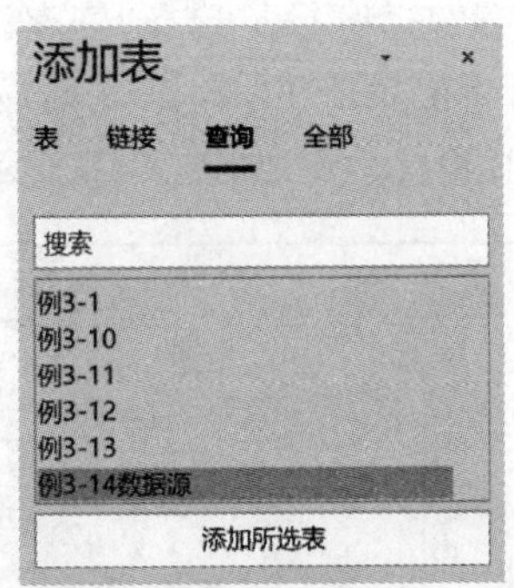

图 3-44　在“添加表”对话框中选择查询

(4) 设置“字段”行和“总计”行。在“字段”行添加“年龄”字段并设置统计字段的新字段名为“平均年龄”。单击“查询设计”选项卡中“显示/隐藏”组的“汇总”按钮,则查询设计视图会在“表”和“排序”之间显示“总计”行,在“总计”行选择“平均值”,“总计”行的设置如图 3-45 所示。

(5) 设置“平均年龄”字段的显示格式。如图 3-45 所示,在当前列内右击,在弹出的快捷菜单中选择“属性”命令,在弹出的“属性表”对话框中设置“格式”为“标准”,“小数位数”为“1”,其设置如图 3-46 所示。

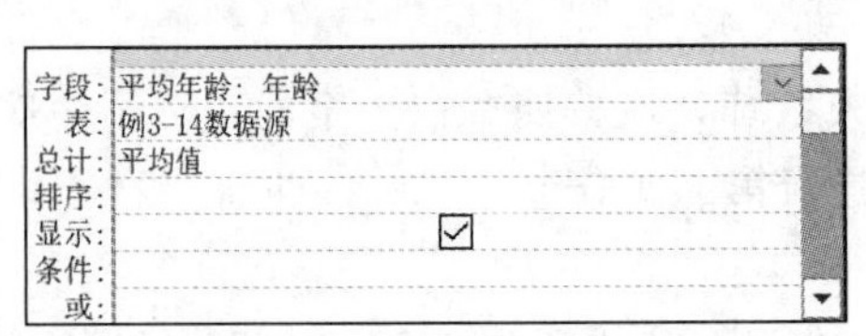

图 3-45　生成“平均年龄”字段

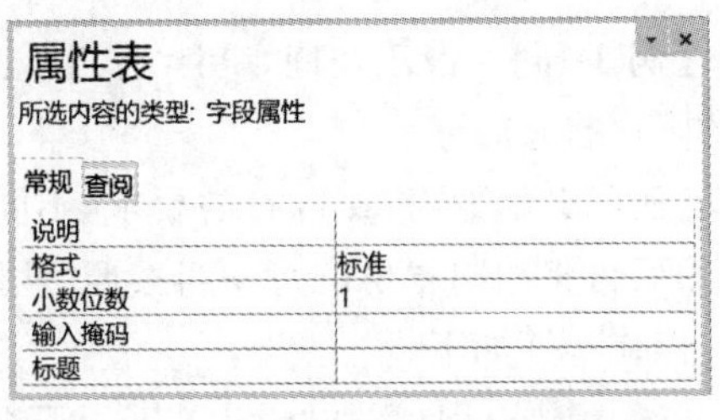

图 3-46　设置“平均年龄”字段的显示格式

(6) 保存并运行查询。保存查询为“例 3-14”,查询的运行结果如图 3-47 所示。

图 3-47　生成平均年龄查询结果

【说明】 *若要统计“学生”表中所有男生的平均年龄,则只需在步骤(1)新建数据源查询时再添加一个“性别”字段,并在该字段的“条件”行中输入“男”即可。*

【例 3-15】 创建查询,统计“教师”表中各类职称的教师的人数、平均工资、最高工资和最低工资。

【例题分析】 在例 3-13 中,统计的是全校教师的人数、平均工资、最高工资和最低工资,本题的要求是按照各类职称进行工资的统计,即当“职称”字段的内容相同时,如职称均

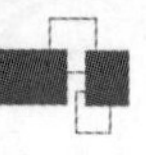

是“教授”的记录，则看成同一组记录，在同组记录中分别使用统计函数完成计算。分组操作的参数表示为 Group By。

操作步骤如下。

(1) 新建查询，添加“教师”表，添加“职称”字段，再添加 1 个“工号”字段和 3 个“工资”字段并为其分别设置新的字段名，“字段”行的设置如图 3-48 所示。

(2) 设置“总计”行。选择“查询设计”选项卡的“显示/隐藏”组，单击“汇总”按钮，则查询设计视图会在“表”和“排序”之间显示“总计”行，在“总计”行依次选择 Group By、计数、平均值、最大值和最小值，如图 3-48 所示。

例3-15

字段:	职称	人数: 工号	平均工资: 工资	最高工资: 工资	最低工资: 工资
表:	教师	教师	教师	教师	教师
总计:	Group By	计数	平均值	最大值	最小值
排序:					
显示:	☑	☑	☑	☑	☑
条件:					
或:					

图 3-48　“字段”行和“总计”行的设置

(3) 保存并运行查询。保存查询为“例 3-15”，查询的运行结果如图 3-49 所示。

例3-15

职称	人数	平均工资	最高工资	最低工资
副教授	32	¥18,486.56	¥19,820.00	¥17,093.00
讲师	37	¥13,876.70	¥15,754.00	¥12,125.00
教授	16	¥25,408.81	¥29,825.00	¥21,553.00
助教	7	¥9,794.29	¥10,487.00	¥9,106.00

记录: 第 1 项(共 4 项)　无筛选器　搜索

图 3-49　例 3-15 的查询结果

【例 3-16】 创建查询，统计“学生”表中不同省份各有男女生多少人，并按照“人数”字段的降序排序。

【例题分析】 按照题目的要求，不同省份的人数统计应按照“省份”字段进行第一次分组，然后再将相同省份的每一组按照“性别”字段进行第二次分组。

操作步骤如下。

(1) 新建查询，添加“学生”表，然后先添加“省份”字段，再添加 2 个“性别”字段并为第 2 个“性别”字段设置新的字段名“人数”，“字段”行的设置如图 3-50 所示。

(2) 设置“总计”行。单击“查询设计”选项卡中“显示/隐藏”组的“汇总”按钮，则查询设计视图会在“表”和“排序”之间显示“总计”行，在“总计”行依次选择 Group By、Group By 和计数，并设置人数的排序方式为降序，如图 3-50 所示。

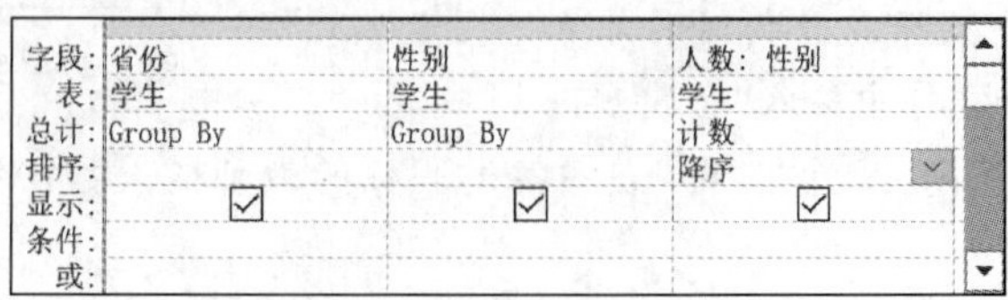

字段:	省份	性别	人数: 性别
表:	学生	学生	学生
总计:	Group By	Group By	计数
排序:			降序
显示:	☑	☑	☑
条件:			
或:			

图 3-50　“字段”行和“总计”行的设置

(3) 保存并运行查询。保存查询为“例 3-16”,查询的运行结果如图 3-51 所示。

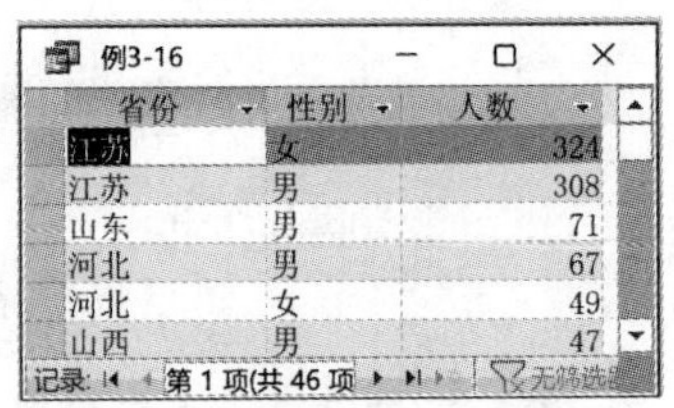

例3-16

省份	性别	人数
江苏	女	324
江苏	男	308
山东	男	71
河北	男	67
河北	女	49
山西	男	47

记录: 第 1 项(共 46 项

图 3-51 例 3-16 的查询结果

【例 3-17】 创建查询,统计各学院各门课程的平均分,字段显示学院名称、课程名称和成绩,按照平均成绩的降序排序。

【例题分析】 查询的数据源涉及的表为“学院”“课程”和“选课”,分组字段依次选择“学院名称”和“课程名称”。

操作步骤如下。

(1) 新建查询,添加“学院”“课程”和“选课”表,依次添加“学院名称”“课程名称”和“成绩”字段,并重命名“成绩”字段为“平均成绩:成绩”,“字段”行的设置如图 3-52 所示。

(2) 设置“总计”行和“排序”行。单击“查询设计”选项卡中“显示/隐藏”组的“汇总”按钮,则查询设计视图会在“表”和“排序”之间显示“总计”行,在“总计”行依次选择 Group By、Group By、平均值,并设置平均成绩的排序方式为降序,如图 3-52 所示。

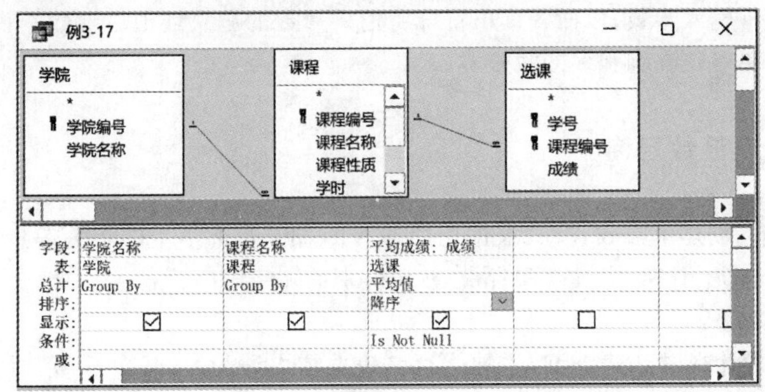

图 3-52 “总计”行与“排序”行设置

(3) 为“平均成绩:成绩”字段设置筛选条件 Is Not Null,如图 3-52 所示。因为“选课”表中某些课程还没有录入成绩,“成绩”字段为空值,计算平均成绩没有意义,所以添加该条件,仅显示有平均成绩的课程。

(4) 重新设定“平均成绩”的小数位数。在如图 3-52 所示的设计视图中,在“平均成绩”列内右击,在弹出的快捷菜单中选择“属性”命令,在弹出的“属性”表对话框中设置“格式”为“固定”,“小数位数”为 1,如图 3-53 所示。

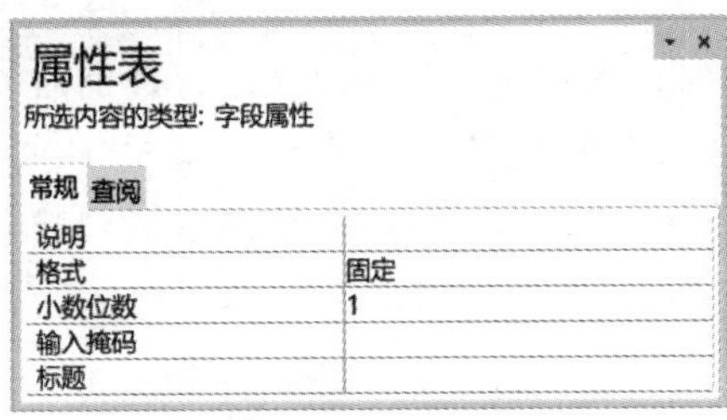

属性表

所选内容的类型: 字段属性

常规 查阅

说明	
格式	固定
小数位数	1
输入掩码	
标题	

图 3-53 字段属性对话框

(5) 保存并运行查询。保存查询为“例 3-17”,查询的运行结果如图 3-54 所示。

例3-17

学院名称	课程名称	平均成绩
经济管理学院	国际贸易模拟与实践	75.8
计算机学院	Java数据库编程	75.3
人文与艺术学院	古诗欣赏	74.7
外文学院	英语口译与听说	74.7
力学与土木工程学院	Access数据库应用技术	74.5
力学与土木工程学院	计算思维与人工智能基础	74.4

记录: 第 1 项(共 44 项) 无筛选器 搜索

图 3-54 例 3-17 的查询结果

3.3 参数查询

选择查询的查询条件是固定不变的,即在运行查询时,查询条件不能再发生变化。若要在运行查询时能够根据用户的要求改变查询条件,就需要使用参数查询来实现。参数查询利用提示对话框输入参数,以便查询出符合所输入参数的记录或值。参数查询根据输入参数的个数分为单参数查询和多参数查询。

3.3.1 单参数查询

【例 3-18】 创建单参数查询,根据用户输入的省份查询学生的相关信息,字段显示学号、姓名、性别、出生日期、党员否和省份,按照性别的降序排序。

操作步骤如下。

(1) 利用设计视图新建查询,添加"学生"表并依次添加"学号""姓名""性别""出生日期""党员否"和"省份"字段。

(2) 选择"性别"字段的排序方式为降序,在"省份"字段的条件中输入"[请输入查询的省份:]",其设置如图 3-55 所示。

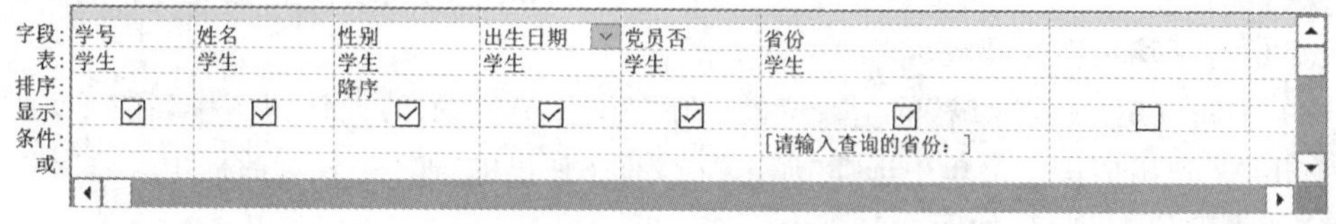

字段:	学号	姓名	性别	出生日期	党员否	省份	
表:	学生	学生	学生	学生	学生	学生	
排序:			降序				
显示:	☑	☑	☑	☑	☑	☑	☐
条件:						[请输入查询的省份:]	
或:							

图 3-55 排序与条件设置

(3) 保存并运行查询。保存查询为"例 3-18",运行查询时,将弹出"输入参数值"对话框,如图 3-56 所示。在"请输入查询的省份"文本框中输入"江苏",单击"确定"按钮,显示的查询结果如图 3-57 所示。若输入的参数无效,则查询结果只显示一条空记录。

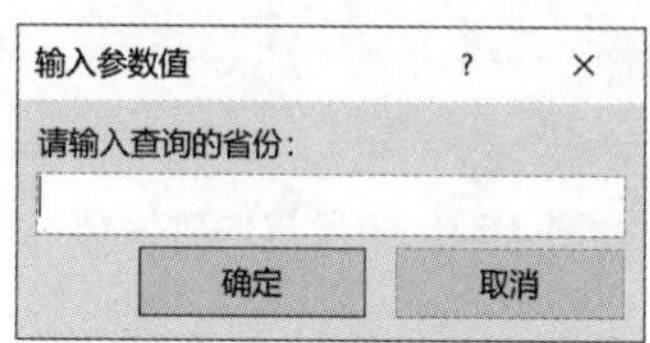

图 3-56 "输入参数值"对话框

例3-18

学号	姓名	性别	出生日期	党员否	省份
10010560	张红艳	女	2004年9月22日	☑	江苏
10010521	宋歌	女	2003年4月13日	☐	江苏
10010522	王宏燕	女	2003年1月29日	☐	江苏
10010524	武方方	女	2003年4月4日	☐	江苏
10010525	薛菊健	女	2003年10月2日	☐	江苏
10010526	杨敏	女	2004年2月25日	☐	江苏
10010530	张妍雯	女	2004年12月17日	☐	江苏
10010545	顾雪梅	女	2001年4月23日	☐	江苏

记录: 第1项(共632项) 无筛选器 搜索

图 3-57 单参数查询结果

【说明】 若在上述单参数查询中,只显示输入省份的女学生的相关信息,在图 3-55 中"性别"字段的"条件"行中输入"女"即可。

3.3.2 多参数查询

【例 3-19】 创建多参数查询,根据输入的"性别"和"课程名称"查询学生的成绩,字段显示学号、姓名、性别、课程名称和成绩。

操作步骤如下。

(1) 利用设计视图新建查询,分别添加"学生""选课"和"课程"表,依次添加字段学号、姓名、性别、课程名称和成绩。

(2) 在"性别"字段的"条件"行中输入"[请输入性别:]",在"课程名称"字段的"条件"行中输入"[请输入课程名称:]",其设置如图 3-58 所示。

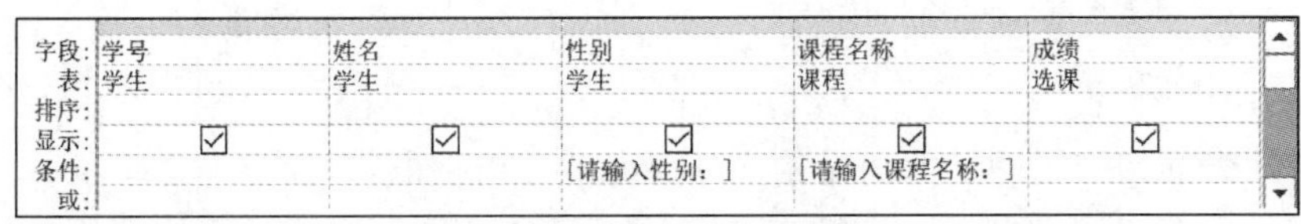

字段: 学号 姓名 性别 课程名称 成绩
表: 学生 学生 学生 课程 选课
排序:
显示:
条件: [请输入性别:] [请输入课程名称:]
或:

图 3-58 多参数查询设置

(3) 保存并运行查询。保存查询为"例 3-19",运行查询将弹出第 1 个"输入参数值"对话框,如图 3-59 所示,在"请输入性别"文本框中输入性别"女",单击"确定"按钮将弹出第 2 个"输入参数值"对话框。如图 3-60 所示,在"请输入课程名称"文本框中输入课程名称"管理学",单击"确定"按钮关闭对话框并显示查询结果如图 3-61 所示。

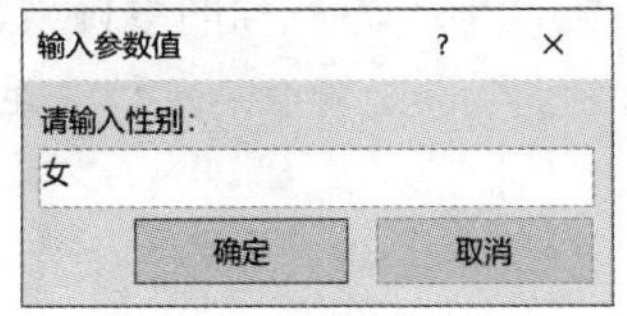

图 3-59 第 1 个"输入参数值"对话框

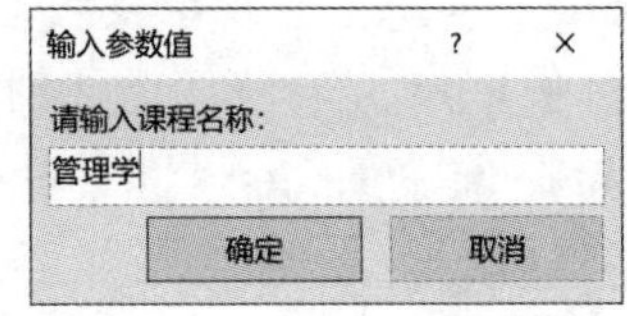

图 3-60 第 2 个"输入参数值"对话框

【说明】 如果要实现根据输入的两个日期查询该时间段内的记录内容,如在"教师"表中查询在两个工作日期时间段内参加工作的教师的基本信息,则可以在"工作日期"字段的"条件"行中输入如下表达式: between[请输入起始日期:]and[请输入终止日期:]。

从单参数查询和多参数查询示例中可以看出,创建参数查询的实质是在查询设计视图

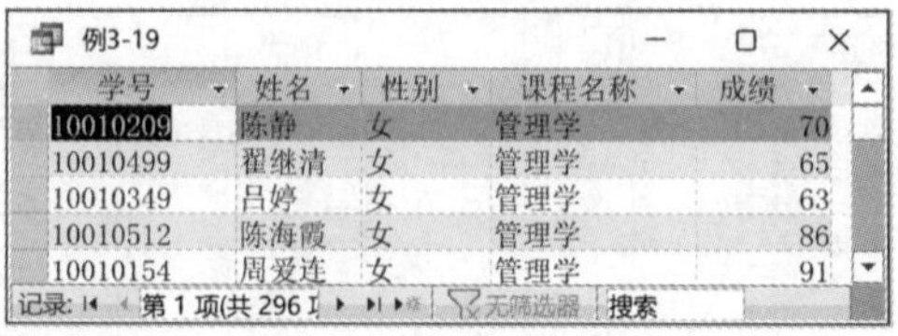

例3-19

学号	姓名	性别	课程名称	成绩
10010209	陈静	女	管理学	70
10010499	翟继清	女	管理学	65
10010349	吕婷	女	管理学	63
10010512	陈海霞	女	管理学	86
10010154	周爱连	女	管理学	91

记录: 第 1 项(共 296 项 无筛选器 搜索

图 3-61　多参数查询结果

的条件选项中,在一个或多个字段中输入提示信息,再用方括号括起来,即可实现参数查询过程。在 Access 中,用户对数据库的访问是通过窗体或者报表实现的,参数查询常用在利用窗体实现对数据库的数据检索中,窗体或报表的数据源即是某个特定的参数查询。

3.4 交叉表查询

所谓交叉表查询就是把表中某些字段的记录值以行、列标题的形式出现在表头位置,某个字段的记录值成为表中显示或汇总的数据。利用向导方式创建交叉表查询时的数据源可以是一个表或者一个查询,但数据源只能是一个,如数据源来自多个表,需要先创建一个查询提取多表中的数据,然后再以此查询作为数据源。交叉表查询的优势是查询后生成的数据显示结构更合理,显示数据更为清晰。

构成交叉表查询的数据源有 3 类字段。

(1) 交叉表查询结果的最左端是构成行标题的分组字段,放在最左端的字段最多可以有 3 个;

(2) 交叉表查询结果的最上面是构成列标题的分组字段,只能有一个字段;

(3) 交叉表查询结果中行与列的交叉点是用于分组显示或者计算的字段,也只能有一个字段。该字段一般是数字型数据,结合统计函数完成特定计算;也可以是文本型字段,只用于分组显示字段内容。

3.4.1　利用向导创建交叉表查询

【例 3-20】 创建交叉表查询,分组显示教师表中不同性别不同职称的教师人数。

【例题分析】 确定行标题为性别,列标题为职称,行与列的交叉点是统计满足条件的教师人数。

操作步骤如下。

(1) 新建交叉表查询向导。打开“教学管理系统”数据库,单击“创建”选项卡中“查询”组的“查询向导”按钮,弹出“新建查询”对话框,如图 3-1 所示。在“新建查询”对话框中选择“交叉表查询向导”,单击“确定”按钮,弹出“交叉表查询向导”对话框。

(2) 为查询指定数据源。“交叉表查询向导”对话框中的“视图”项默认选择的是“表”,在“视图”项上方的列表中选择“表: 教师”,如图 3-62 所示,单击“下一步”按钮。

(3) 为交叉表查询指定行标题。在“可用字段”项中双击“性别”字段,则“性别”字段会

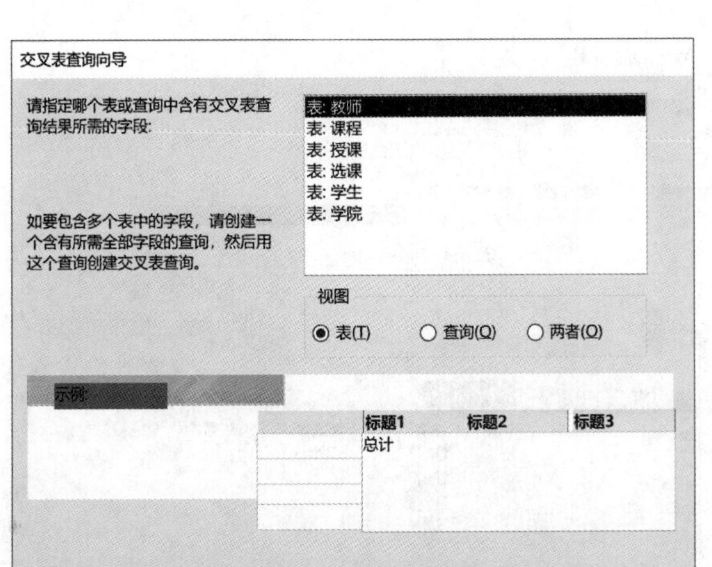

图 3-62 为交叉表查询指定数据源

自动添加到“选定字段”列表中，如图 3-63 所示，在“示例”项中“性别”字段出现在行标题的位置，当查询运行时，“性别”字段及其字段内容将会显示在查询结果的第 1 列中，单击“下一步”按钮进行列标题的设置。

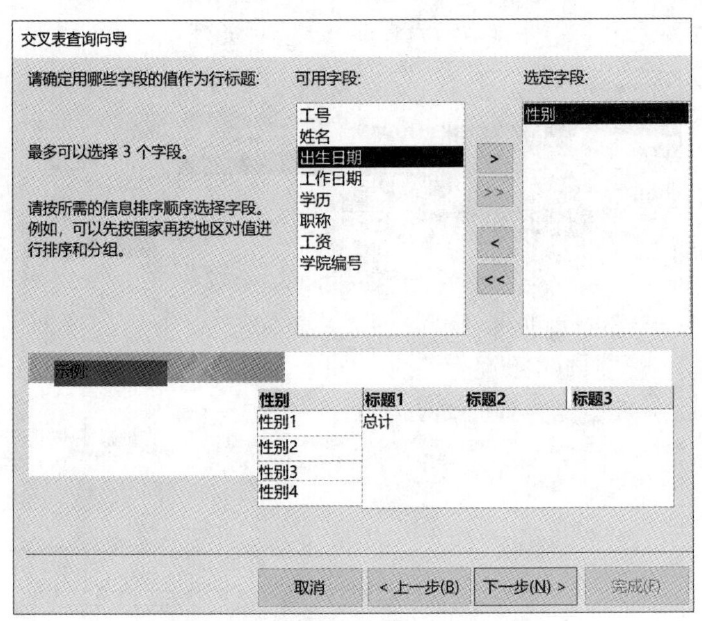

图 3-63 为交叉表查询指定行标题

(4) 为交叉表查询指定列标题。如图 3-64 所示，选择“职称”，则“职称”字段设定为交叉表查询的列标题。当查询运行时，“职称”字段的内容将无重复地显示在查询结果第一行记录的上方，即在原来字段名显示的位置上，单击“下一步”按钮进行交叉点数据的设置。

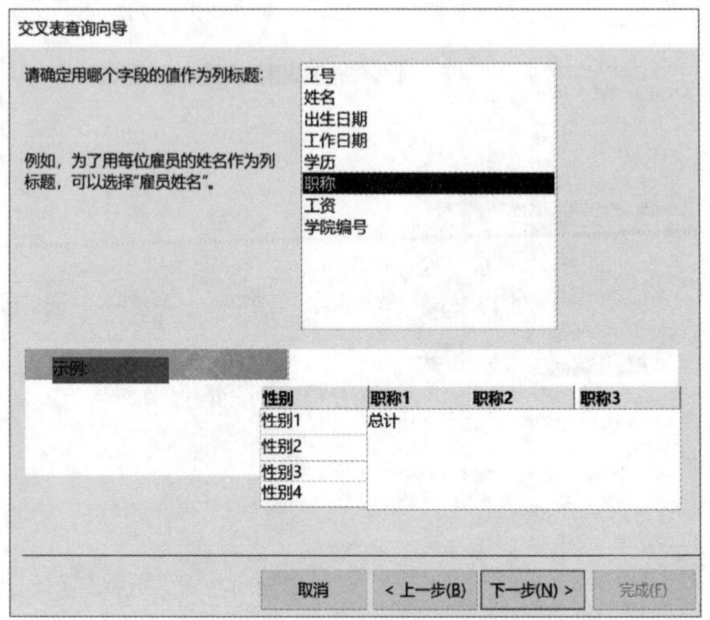

图 3-64 为交叉表查询指定列标题

(5) 为交叉表查询指定交叉点计算数据。如图 3-65 所示，在"字段"项中选择"工号"，在"函数"项中选择"计数"即设定 Count(工号)作为行与列交叉点的计算数据。在"请确定是否为每一行作小计"下的复选框内单击，取消其中的对号，即不允许系统自动为查询增加"小计"列。单击"下一步"按钮，为交叉表查询指定查询名称。

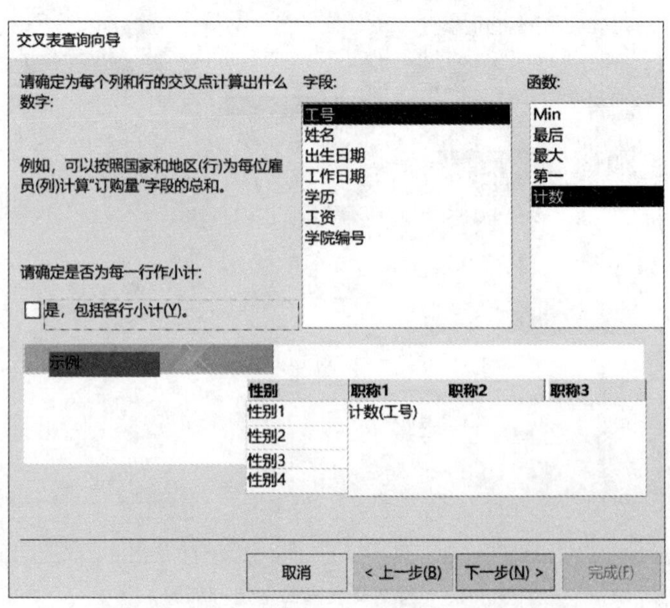

图 3-65 为交叉表查询指定交叉点计算数据

(6) 为交叉表查询指定名称为"例 3-20"，如图 3-66 所示，系统默认完成查询时的查询运行方式是"查看查询"，单击"完成"按钮。

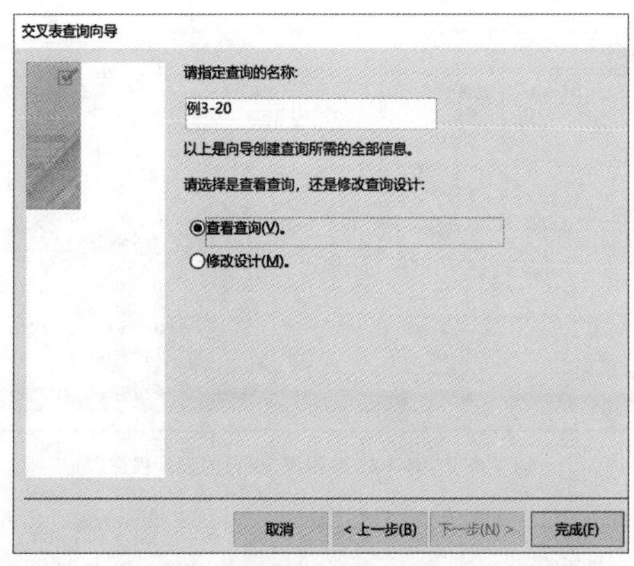

图 3-66　为交叉表查询指定文件名

(7) 查看交叉表查询的运行结果。如图 3-67 所示，交叉表查询可以改变数据的显示结构，按照某种特定的查看方式重新组织数据。

例3-20

性别	副教授	讲师	教授	助教
男	23	21	13	3
女	9	16	3	4

记录: 第 1 项(共 2 项)　无筛选器　搜索

图 3-67　交叉表查询的运行结果

【例 3-21】 创建交叉表查询，按照学生的“班级”“学号”和“姓名”字段分组显示课程名称及其成绩。

【例题分析】 因为要显示的字段分别来源于“学生”“课程”和“选课”表，所以要先创建一个查询提取 3 个表中的所需字段，之后再以此查询为数据源创建交叉表查询。

操作步骤如下。

(1) 创建新查询，提取 3 个表中的字段作为交叉表查询的数据源。利用设计视图新建查询，在“添加表”对话框中添加查询所使用的表“学生”“课程”和“选课”，在 3 个表中分别选取字段“班级”“学号”“姓名”“课程名称”和“成绩”。保存查询名为“例 3-21 数据源”，完成交叉表查询数据源的设计。查询的设计视图如图 3-68 所示。

(2) 新建交叉表查询向导。打开“教学管理系统”数据库，单击“创建”选项卡中“查询”组的“查询向导”按钮，弹出“新建查询”对话框，如图 3-1 所示。在“新建查询”对话框中选择“交叉表查询向导”，单击“确定”按钮，弹出“交叉表查询向导”对话框。

(3) 为查询指定数据源。在“交叉表查询向导”对话框中，在“视图”项中选中“查询”单选按钮，然后在“视图”项上方的查询列表中选择“查询：例 3-21 数据源”，单击“下一步”按钮，如图 3-69 所示。

【说明】 如果查询的数据源是表，则不用在“视图”项中选择，因为系统默认的“视图”项是“表”，默认的数据源列表是数据库中的所有表。

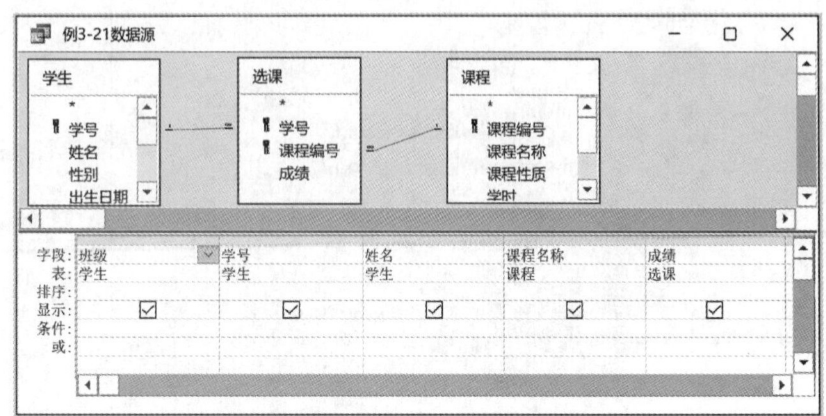

图 3-68 “例 3-21 数据源”查询的设计视图

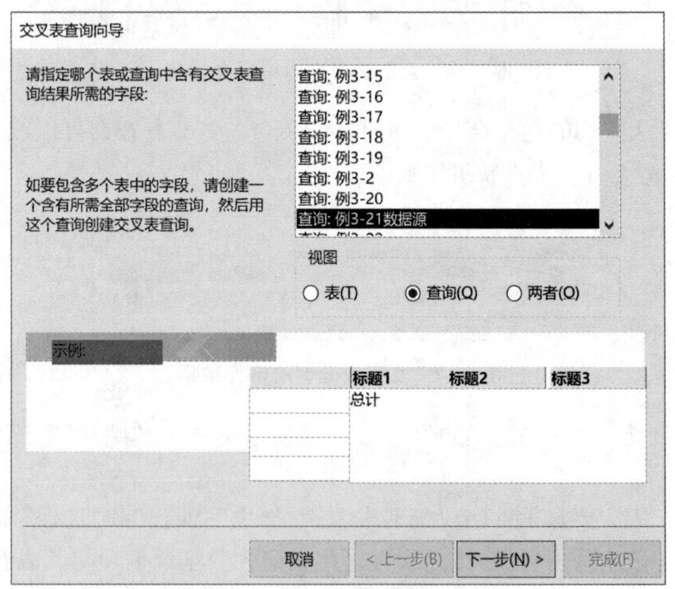

图 3-69 为交叉表查询指定数据源

(4) 为交叉表查询指定行标题。在“可用字段”项中分别双击“班级”“学号”和“姓名”字段，结果如图 3-70 所示，在“示例”项中“班级”“学号”和“姓名”字段依次出现在行标题的位置，当查询运行时，“班级”“学号”和“姓名”字段及其字段内容分别显示在查询表中的第 1、2、3 列中，单击“下一步”按钮进行列标题的设置。

(5) 为交叉表查询指定列标题。如图 3-71 所示，选择“课程名称”，则“课程名称”字段设定为交叉表查询的列标题。当查询运行时，“课程名称”字段的内容将无重复地显示在查询表中第一行记录的上方，即在原来字段名显示的位置上，单击“下一步”按钮进行交叉点数据的设置。

(6) 为交叉表查询指定交叉点计算数据。如图 3-72 所示，在“字段”项选择“成绩”，在“函数”项选择“平均”即设定求成绩的平均值函数 Avg (成绩)作为行与列交叉点的计算数据。不改变“请确定是否为每一行作小计”下复选框的对号状态，即允许系统自动为查询增

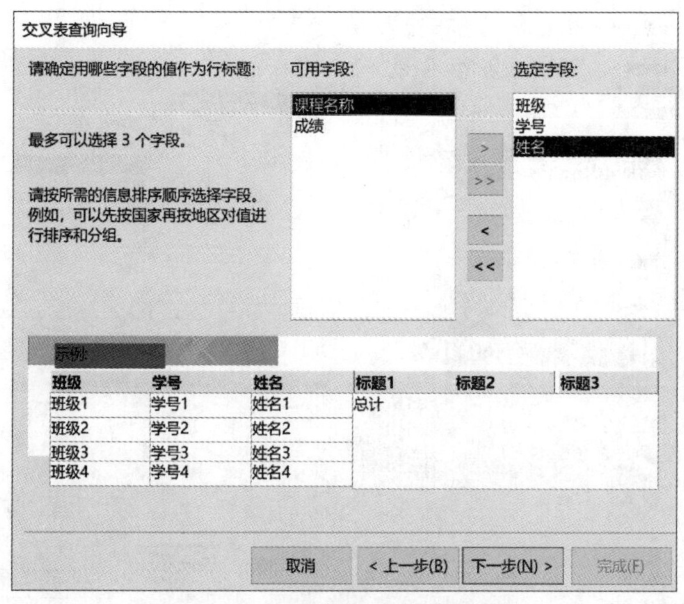

图 3-70　为交叉表查询指定行标题

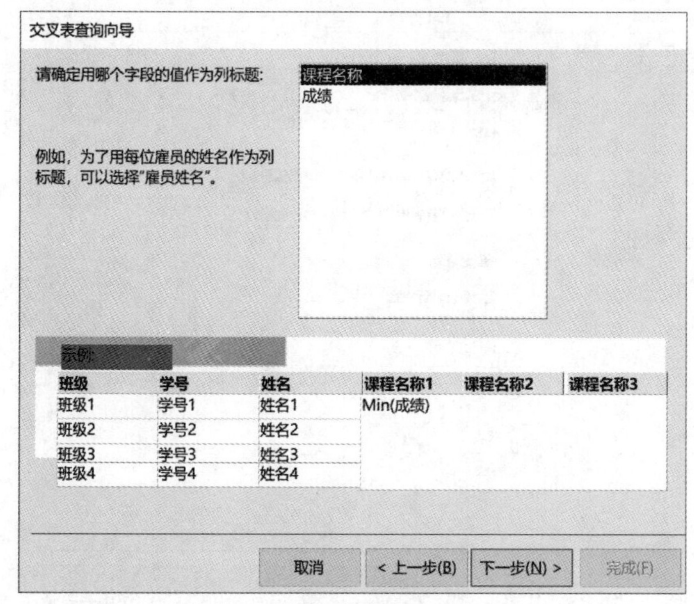

图 3-71　为交叉表查询指定列标题

加“小计”列。单击“下一步”按钮，为交叉表查询指定查询名称。

(7) 为交叉表查询指定名称为“例 3-21”，系统默认的完成查询时的查询运行方式是“查看查询”，单击“完成”按钮，如图 3-73 所示。

(8) 查看交叉表查询的运行结果。如图 3-74 所示，交叉表查询可以改变数据的显示结构，按照某种特定的查看方式重新组织数据。

【说明】 为了提高数据显示效果，作者对查询结果中的列顺序做了调整。但实际上，表中“总计 成绩”字段名称是查询自动命名的，不能清楚地描述平均成绩，其中的数据也因小数位数问题需要调整。3.4.2 节，将针对此问题进行数据的修改。

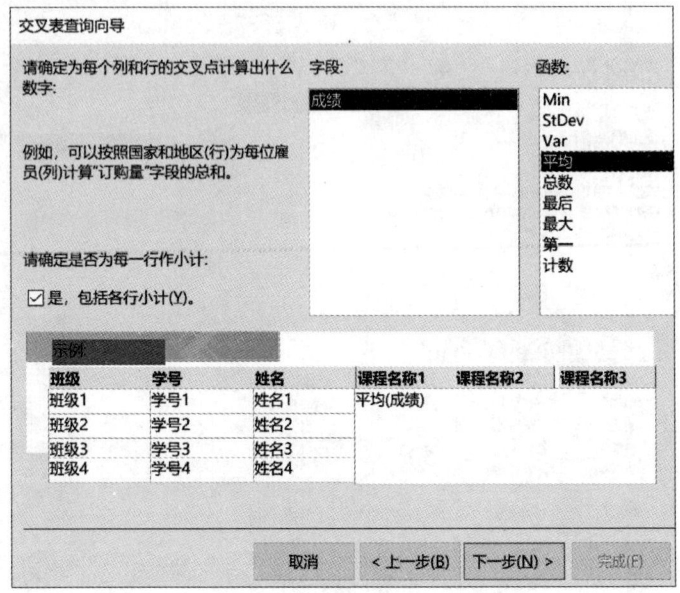

图 3-72　为交叉表查询指定交叉点计算数据

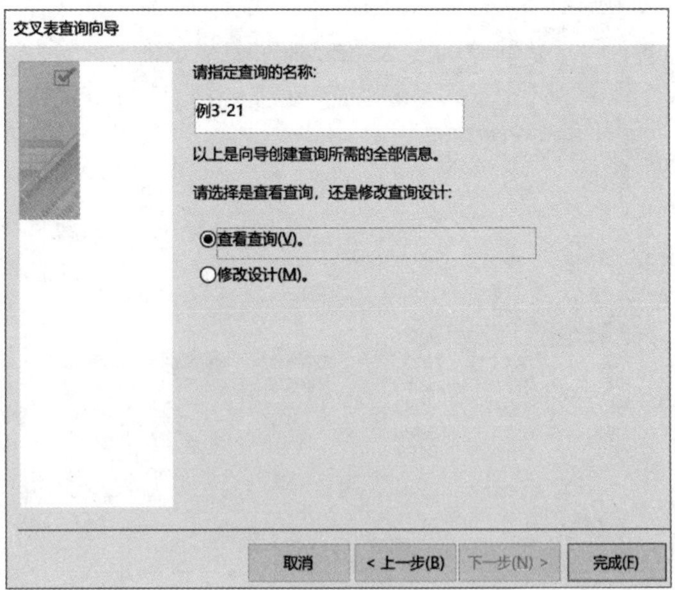

图 3-73　为交叉表查询指定文件名

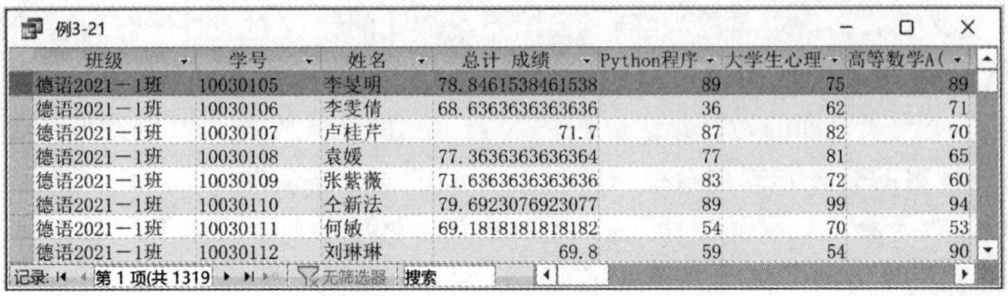

例3-21

班级	学号	姓名	总计 成绩	Python程序	大学生心理	高等数学A(
德语2021一1班	10030105	李旻明	78.8461538461538	89	75	89
德语2021一1班	10030106	李雯倩	68.6363636363636	36	62	71
德语2021一1班	10030107	卢桂芹	71.7	87	82	70
德语2021一1班	10030108	袁媛	77.3636363636364	77	81	65
德语2021一1班	10030109	张紫薇	71.6363636363636	83	72	60
德语2021一1班	10030110	仝新法	79.6923076923077	89	99	94
德语2021一1班	10030111	何敏	69.1818181818182	54	70	53
德语2021一1班	10030112	刘琳琳	69.8	59	54	90

记录: 第 1 项(共 1319 无筛选器 搜索

图 3-74　交叉表查询的运行结果

3.4.2 利用设计视图修改交叉表查询

【例 3-22】 利用查询设计视图修改图 3-74 中的数据的显示效果。“总计 成绩”列是交叉表查询向导自动生成的所有课程的平均成绩，但列标题不能很好地描述平均成绩，可以利用设计视图将“总计 成绩”列修改为“平均成绩”列并设定小数位数为 1 位。

操作步骤如下。

(1) 复制查询。在导航窗格中选择“查询”对象，在“例 3-21”查询上右击，在弹出的快捷菜单中选择“复制”命令，在导航窗格空白处右击，在弹出的快捷菜单中选择“粘贴”命令，复制一个新的查询，查询重命名为“例 3-22”。

(2) 选择“例 3-22”查询，右击，在弹出的快捷菜单中选择“设计视图”命令，打开查询的设计视图，如图 3-75 所示。

(3) 修改最后一列。将“总计 成绩：成绩”修改为“平均成绩：成绩”，如图 3-75 所示。

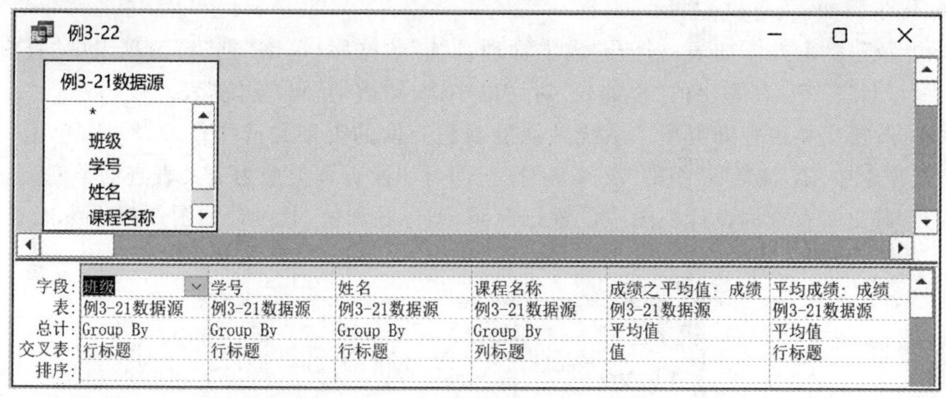

图 3-75 交叉表查询设计视图

(4) 设置小数位数。在平均成绩列上右击，在弹出的快捷菜单中选择“属性”命令，在弹出的“属性表”对话框中设置“格式”为“固定”，“小数位数”为“1”，如图 3-76 所示。

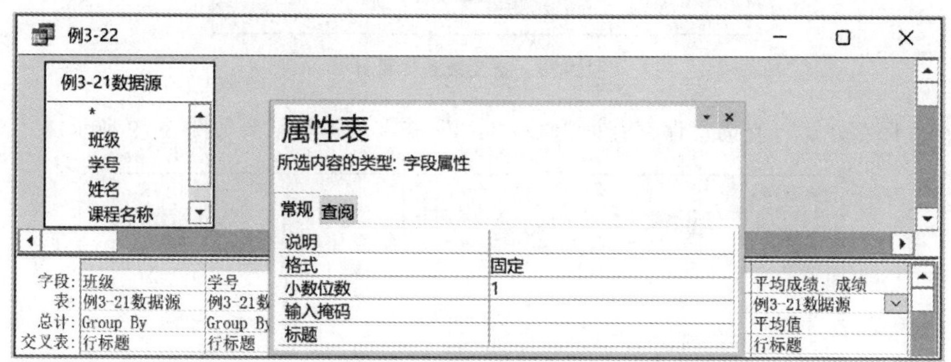

图 3-76 利用交叉表查询设计视图修改数据的显示格式

(5) 运行查询，其修改后的查询运行结果如图 3-77 所示。

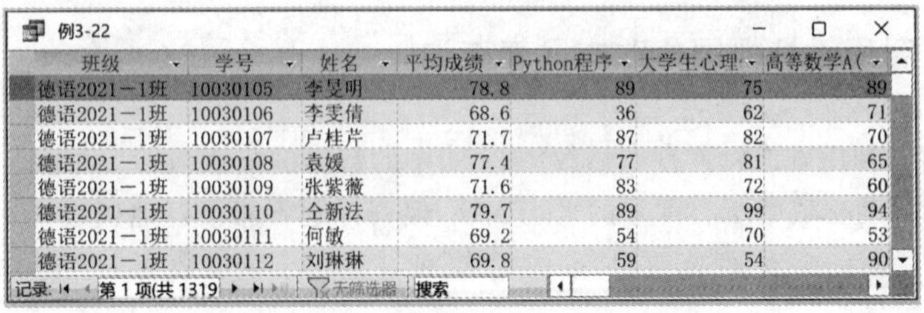

例3-22
班级 学号 姓名 平均成绩 Python程序 大学生心理 高等数学A(
德语2021－1班 10030105 李旻明 78.8 89 75 89
德语2021－1班 10030106 李雯倩 68.6 36 62 71
德语2021－1班 10030107 卢桂芹 71.7 87 82 70
德语2021－1班 10030108 袁媛 77.4 77 81 65
德语2021－1班 10030109 张紫薇 71.6 83 72 60
德语2021－1班 10030110 仝新法 79.7 89 99 94
德语2021－1班 10030111 何敏 69.2 54 70 53
德语2021－1班 10030112 刘琳琳 69.8 59 54 90
记录: 第 1 项(共 1319 无筛选器 搜索

图 3-77 修改后的交叉表查询运行结果

3.4.3 利用设计视图创建交叉表查询

【例 3-23】 利用查询设计视图生成一个交叉表查询，显示不同职称各个学院的教师人数。

操作步骤如下。

(1) 新建查询并添加表。打开“教学管理系统”数据库，单击“创建”选项卡中“查询”组的“查询设计”按钮，在弹出的“添加表”对话框中选择“教师”和“学院”表。

(2) 选择交叉表查询类型。系统默认的新建查询的类型是选择查询，因此，单击“查询设计”选项卡中“查询类型”组的“交叉表”按钮即可切换查询类型为交叉表查询类型。

(3) 在交叉表查询设计视图中设置行标题、列标题和值，其设计如图 3-78 所示。

查询1
学院
*
学院编号
学院名称
教师
职称
工资
照片
学院编号
字段: 职称 学院名称 人数: 工号
表: 教师 学院 教师
总计: Group By Group By 计数
交叉表: 行标题 列标题 值
排序:

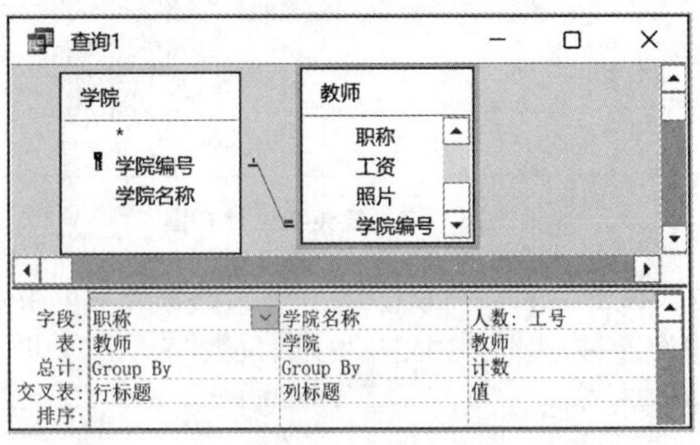

图 3-78 交叉表查询设计

(4) 保存并运行查询。保存查询为“例 3-23”，查询的运行结果如图 3-79 所示。

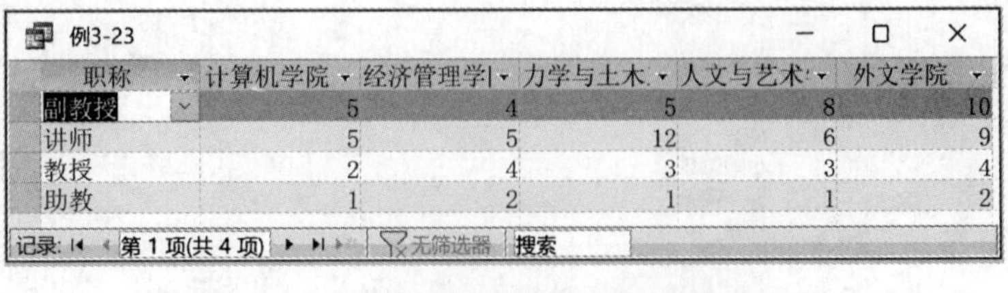

例3-23
职称 计算机学院 经济管理学 力学与土木 人文与艺术 外文学院
副教授 5 4 5 8 10
讲师 5 5 12 6 9
教授 2 4 3 3 4
助教 1 2 1 1 2
记录: 第 1 项(共 4 项) 无筛选器 搜索

图 3-79 查询输出各学院不同职称的教师人数

【例 3-24】 利用查询设计视图生成一个交叉表查询，按照“学院编号”和“学院名称”字段分组显示不同课程性质的课程的学分总数。

操作步骤如下。

(1) 新建查询并添加表。打开“教学管理系统”数据库,单击“创建”选项卡中“查询”组的“查询设计”按钮,在弹出的“添加表”对话框中选择“学院”表和“课程”表。

(2) 选择交叉表查询类型。单击“查询设计”选项卡中“查询类型”组的“交叉表”按钮即可切换查询类型为交叉表类型。

(3) 在交叉表查询设计视图中设置行标题、列标题和值,其设计如图 3-80 所示。

图 3-80 交叉表查询设计

(4) 保存并运行查询。保存查询为“例 3-24”,查询的运行结果如图 3-81 所示。

例3-24

学院编号	学院名称	学分总数	公共必修课	选修课	专业必修课
01	经济管理学院	26		8	18
02	人文与艺术学院	15	6	7	2
03	外文学院	21	12	9	
04	力学与土木工程	8	4	4	
05	计算机学院	13	4	9	

记录: 第 1 项(共 5 项) 无筛选器 搜索

图 3-81 查询的运行结果

3.5 操作查询

操作查询与选择查询不同,操作查询运行后并不能直接看到查询的运行结果,而是直接执行以下某个操作:将一些符合条件的记录重新生成一个新表;删除符合特定条件的记录;按照某种特定的规则更新数据源的字段值或者将表中的部分记录追加到结构相同的另外一个表中。

3.5.1 生成表查询

生成表查询的作用是将查询的执行结果保存为一个新的表,通常情况下,生成表查询会通过查询条件的设置将符合条件的特定记录筛选出来生成新表。

【例 3-25】 使用生成表查询将“学生”表中的学生党员筛选出来生成“党员”表,将不是党员的学生筛选出来生成"非党员"表。

操作步骤如下。

(1) 新建查询并添加表。打开"教学管理系统"数据库,单击"创建"选项卡中"查询"组的"查询设计"按钮,在弹出的"添加表"对话框中选择"学生"表。

(2) 选择查询类型。单击"查询设计"选项卡中"查询类型"组的"生成表"按钮,弹出"生成表"对话框,在"表名称"下拉列表框中输入生成新表的名称为"党员",单击"确定"按钮,如图 3-82 所示。

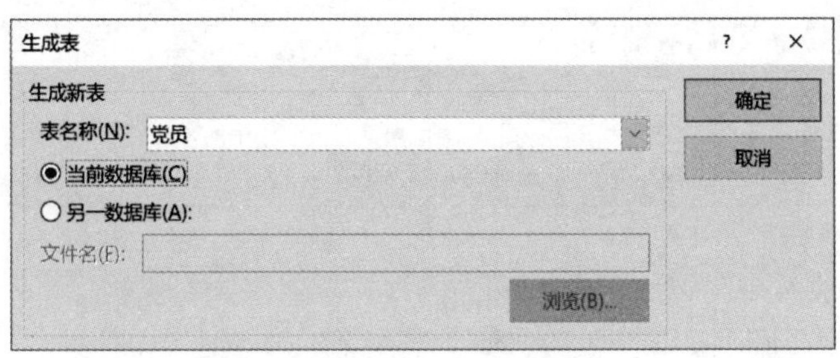

图 3-82 生成表名称的设置

(3) 选择字段并设置生成表查询的条件。在"学生"表中双击"＊"表示选择全部字段,再双击"党员否"字段,该字段将显示在"学生.＊"后,单击"党员否"字段下"显示"框中的☑,使其呈空白状☐即取消字段的显示。查询条件为"党员否"字段的值为 True,其设置如图 3-83 所示。

(4) 保存并关闭查询。保存查询名称为"例 3-25",关闭查询设计视图。

(5) 运行查询生成新表。在数据库窗口中的"查询"对象中双击"例 3-25",弹出系统提示消息框,询问用户是否执行生成表查询以修改表中的数据,如图 3-84 所示。

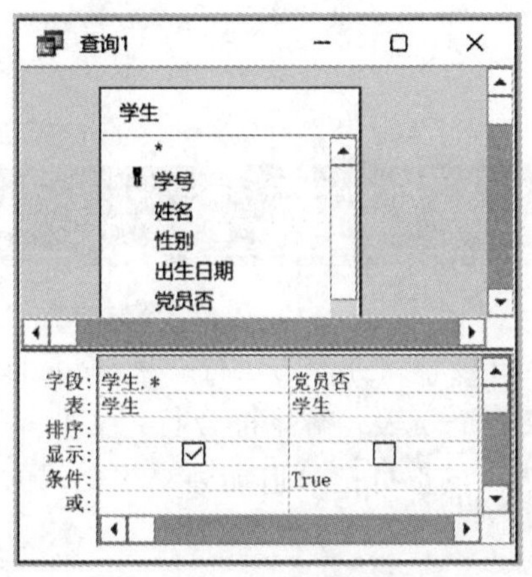

图 3-83 选择字段并设置生成表查询的条件

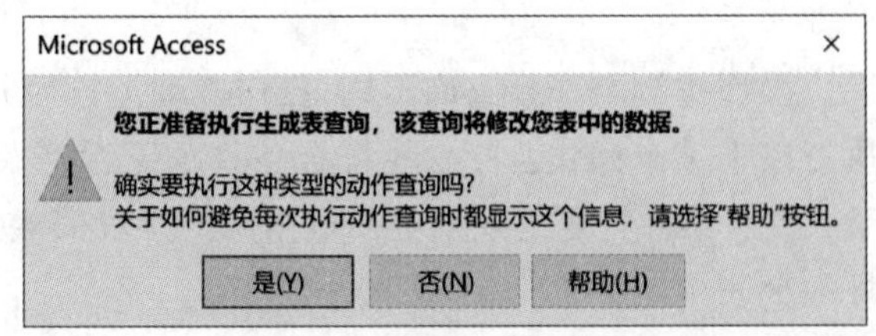

图 3-84 执行生成表查询

在图 3-84 中单击"是"按钮,再次弹出系统提示消息框,如图 3-85 所示,提示用户正在向新表粘贴数据,单击"是",即可在当前数据库中生成新表"党员"。

通过运行"例 3-25"而生成的"党员"表中共有 281 条记录,如图 3-86 所示。

(6) 生成"非党员"表的操作方法可以重复上述步骤完成,此处不再赘述。

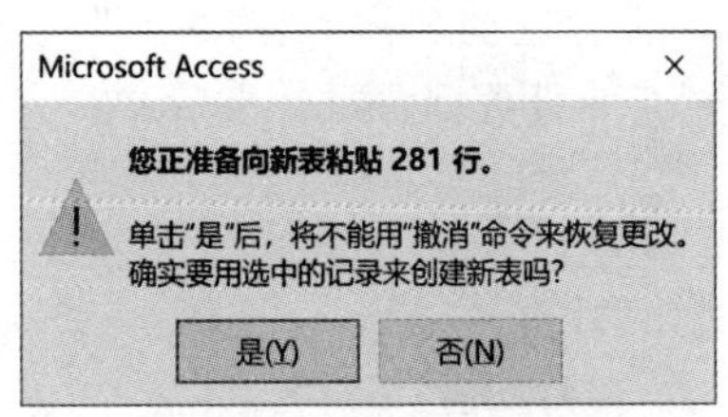

图 3-85　系统提示消息框

党员

学号	姓名	性别	出生日期	党员否	省份	民族
10010001	王萌	女	2001/9/21	☑	河北	汉族
10010004	胡元飞	男	2003/6/3	☑	江苏	汉族
10010005	黄东启	男	2004/5/26	☑	河南	汉族
10010010	宋志慧	女	2000/1/28	☑	山西	汉族
10010016	祝闯	男	2001/12/9	☑	安徽	汉族
10010022	袁俊	男	2003/4/11	☑	陕西	汉族
10010028	郭　臣	男	2002/6/9	☑	江苏	汉族

记录: 第 1 项(共 281 项　无筛选器　搜索

图 3-86　"党员"表的数据表视图

3.5.2　更新查询

更新查询可以根据查询条件的设置批量更新数据源表中的字段内容。

【例 3-26】　创建更新查询，将"非党员"表中学号是 10010006 和 10010007 的两名同学由非党员更新为党员。

操作步骤如下。

（1）新建查询并添加表。打开"教学管理系统"数据库，单击"创建"选项卡中"查询"组的"查询设计"按钮，在弹出的"添加表"对话框中选择"非党员"表。

（2）选择"更新"查询并设定更新内容。单击"查询设计"选项卡"查询类型"组的"更新"按钮，查询设计视图的结构将发生变化，增加了"更新为"行，在"党员否"字段的"更新为"行中输入 True，在"学号"字段下的"条件"行中输入"10010006"Or"10010007"即可设置对指定学号的记录进行更新，如图 3-87 所示。

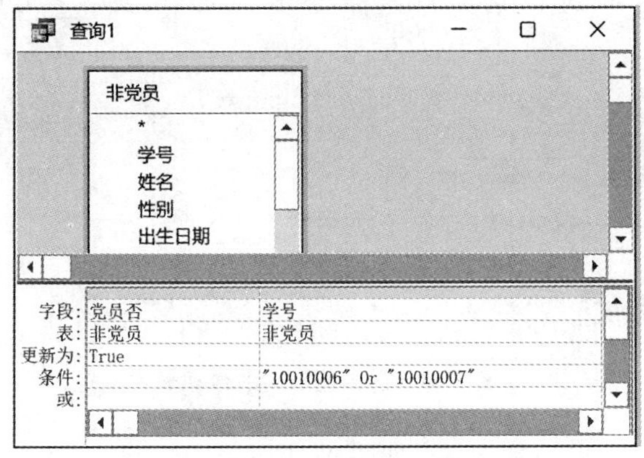

图 3-87　更新查询的设置

(3) 保存并运行更新查询。保存查询名称为"例 3-26",单击"运行"按钮,弹出系统提示消息框,提示执行更新查询将更新 2 行数据,单击"是"按钮,完成对指定表中数据的更新,如图 3-88 所示。

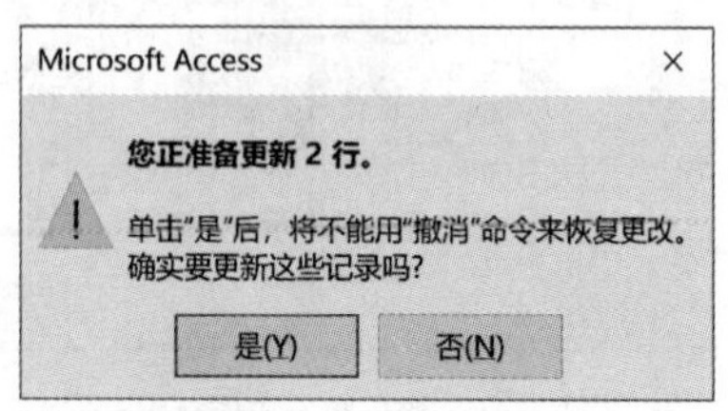

图 3-88　更新提示

(4) 查看更新结果。执行更新查询后的"非党员"表的数据表视图如图 3-89 所示。

非党员

学号	姓名	性别	出生日期	党员否	省份
10010002	董兆芳	女	2001/8/16	☐	江苏
10010003	郝利涛	男	2003/1/27	☐	河北
10010006	李楠	男	2004/4/25	☑	山西
10010007	刘宝生	男	2003/8/21	☑	山西
10010008	刘军伟	男	2003/7/6	☐	山东
10010009	马勇	男	2003/12/31	☐	重庆

记录: 第 1 项(共 1038　无筛选器　搜索

图 3-89　执行更新查询后的结果

3.5.3　追加查询

追加查询的作用是将表中的部分或者全部记录追加到与当前表的结构相同的另外一个表中。

【例 3-27】 创建追加查询,将"非党员"表中的学生党员追加到"党员"表中。

操作步骤如下。

(1) 新建查询并添加表。打开"教学管理系统"数据库,单击"创建"选项卡中"查询"组的"查询设计"按钮,在弹出的"添加表"对话框中选择"非党员"表。

(2) 选择查询类型。单击"查询设计"选项卡中"查询类型"组的"追加"按钮,弹出"追加"对话框,在"追加到"项的"表名称"中选择"党员"表即可,如图 3-90 所示。

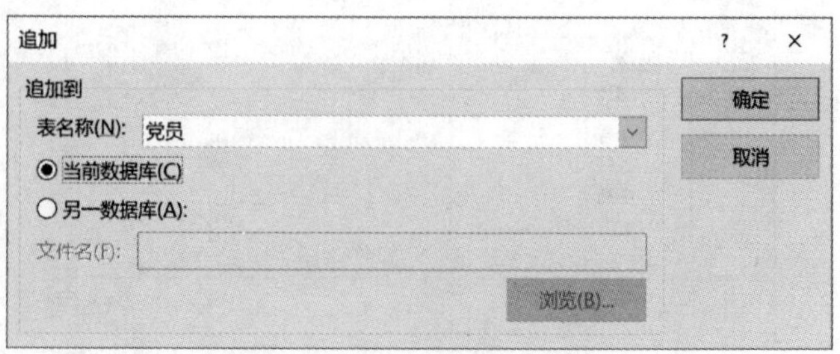

图 3-90　选择追加到的数据表

(3) 设置追加内容。追加查询设置如图 3-91 所示。

(4) 保存并运行追加查询。保存查询名称为"例 3-27",单击"运行"按钮,则系统弹出消

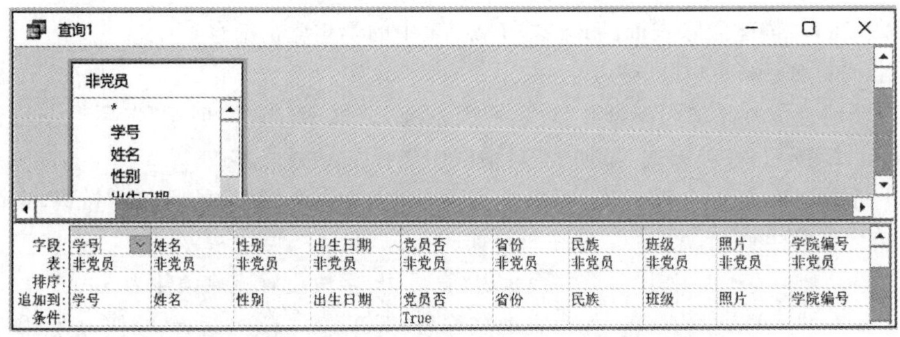

图 3-91　追加查询设置

息框，提示执行追加查询将追加 2 行数据，单击“是”按钮，完成对指定条件数据行的追加，如图 3-92 所示。

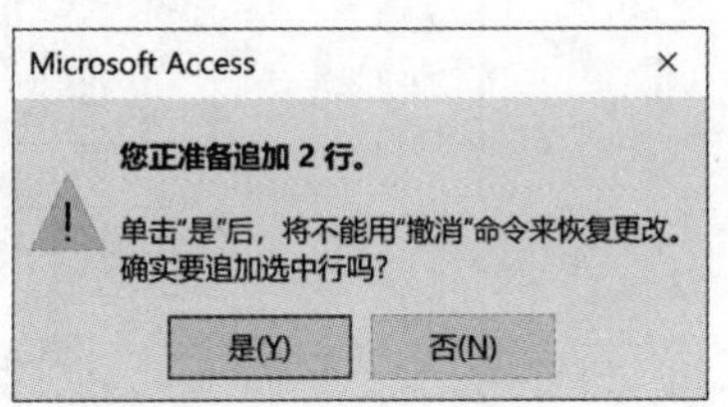

图 3-92　追加提示消息框

(5) 查看追加结果。打开“党员”表，有 2 条新记录追加到原“党员”表中最后一条记录的后面，如图 3-93 所示。若要按照学号字段顺序显示，需要对“学号”字段进行升序排序，其显示结果如图 3-94 所示。

学号	姓名	性别	出生日期	党员否	省份	民族
10050268	冯晓亚	女	2002/11/15	☑	江苏	汉族
10050276	谢天舒	女	2003/11/11	☑	江苏	汉族
10050277	许海燕	女	2002/8/23	☑	江苏	汉族
10050280	赵爱红	女	2002/5/13	☑	江苏	汉族
10010006	李楠	男	2004/4/25	☑	山西	汉族
10010007	刘宝生	男	2003/8/21	☑	山西	汉族

图 3-93　追加记录后的“党员”表

学号	姓名	性别	出生日期	党员否	省份	民族
10010001	王萌	女	2001/9/21	☑	河北	汉族
10010004	胡元飞	男	2003/6/3	☑	江苏	汉族
10010005	黄东启	男	2004/5/26	☑	河南	汉族
10010006	李楠	男	2004/4/25	☑	山西	汉族
10010007	刘宝生	男	2003/8/21	☑	山西	汉族
10010010	宋志慧	女	2000/1/28	☑	山西	汉族

图 3-94　按照“学号”升序排序后的“党员”表

3.5.4　删除查询

删除查询能够根据设置的查询条件筛选并删除特定记录。

【**例 3-28**】 创建删除查询，删除“非党员”表中的学生党员信息。

操作步骤如下。

(1) 新建查询并添加表。打开“教学管理系统”数据库，单击“创建”选项卡中“查询”组的“查询设计”按钮，在弹出的“添加表”对话框中选择“非党员”表。

(2) 选择查询类型。单击“查询设计”选项卡中“查询类型”组的“删除”按钮，查询设计视图的结构将发生变化，增加了“删除”行，如图 3-95 所示。

(3) 设定删除条件。如图 3-95 所示，为“党员否”字段设置删除条件为 True。

(4) 保存并运行删除查询。保存查询名称为“例 3-28”，单击“运行”按钮，系统弹出信息提示框，提示执行删除查询将删除 2 行数据，单击“是”按钮，完成对指定条件数据行的删除，如图 3-96 所示。

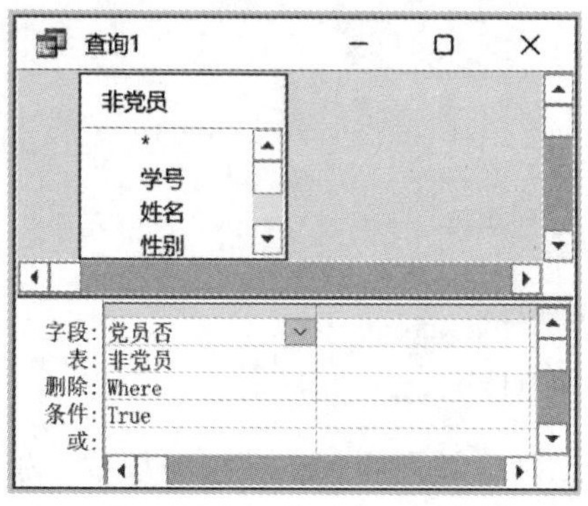

图 3-95 设置删除条件

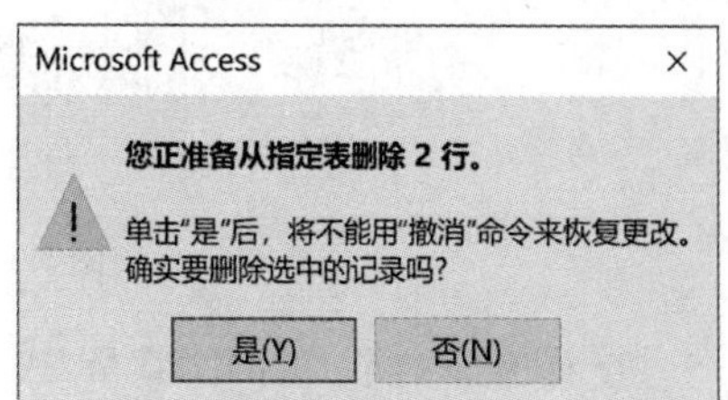

图 3-96 删除提示

(5) 查看删除结果。打开“非党员”表，对比图 3-89 可以看到有 2 条记录被删除，如图 3-97 所示。

学号	姓名	性别	出生日期	党员否	省
10010002	董兆芳	女	2001/8/16	☐	江苏
10010003	郝利涛	男	2003/1/27	☐	河北
10010008	刘军伟	男	2003/7/6	☐	山东
10010009	马勇	男	2003/12/31	☐	重庆
10010011	王超颖	女	2002/9/6	☐	河北

图 3-97 删除记录后的“非党员”表

3.6 SQL 查询

SQL 是一种日趋流行的关系数据库标准语言，功能强大并且通用性强，能使数据的检索变得快捷、准确、方便和灵活。目前，SQL 已经成为关系数据库通用的查询语言，几乎所有的关系数据库系统都支持它。

3.6.1 SQL 概述

1. SQL 的组成与功能

SQL 由 3 部分组成，包括数据定义语言、数据操纵语言和数据控制语言。SQL 的主要功能包括数据查询、数据操纵、数据定义和数据控制。其中最重要的是数据查询功能。

2. SQL 的特点

作为一种一体化的语言，SQL 可以完成数据库操作中的全部工作。SQL 可以直接以命令的方式使用，也可以嵌入程序设计语言中以程序方式使用。而 Access 直接将 SQL 融入自身的语言之中，使用起来非常方便。此外，SQL 简洁，语法简单，容易学习和掌握，在实际应用中只需要几条命令就可以完成强大的功能。常用的 SQL 命令如表 3-3 所示。

表 3-3 常用的 SQL 命令

SQL 功能	命　令
数据查询	SELECT
数据定义	CREATE(建立)，ALTER(修改)，DROP(删除)
数据操纵	INSERT(插入)，UPDATE(更新)，DELETE(删除记录)

3. SQL 视图

在 Access 中书写 SQL 语句可以利用 SQL 视图方式，切换 SQL 视图的操作步骤如下。

(1) 新建查询并直接关闭“添加表”对话框。打开“教学管理系统”数据库，单击“创建”选项卡中“查询”组的“查询设计”按钮，在弹出的“添加表”对话框中直接单击“关闭”按钮，窗口即切换至没有添加任何数据源的查询设计视图中，如图 3-98 所示。

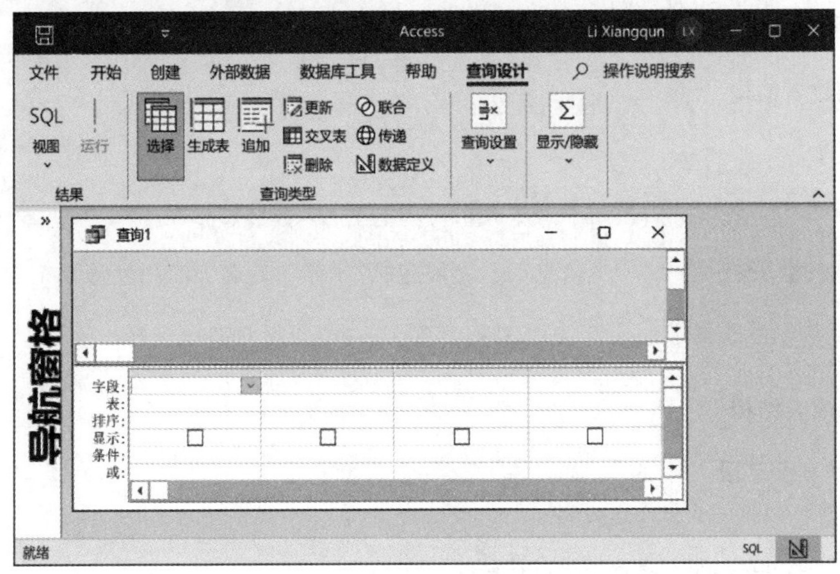

图 3-98 无数据源的查询设计视图

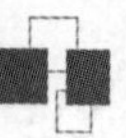

【说明】 图 3-98 中窗口左下侧的“导航窗格”上的“百叶窗开/关”按钮由原来的 « 转换为 »，即表示该按钮处于关闭状态，隐藏了“所有 Access 对象”。

(2) 单击“查询设计”选项卡中“结果”组的“SQL 视图”按钮，窗口即可切换至 SQL 视图，如图 3-99 所示。在 SQL 视图中，可以完成对 SQL 语句的编辑。

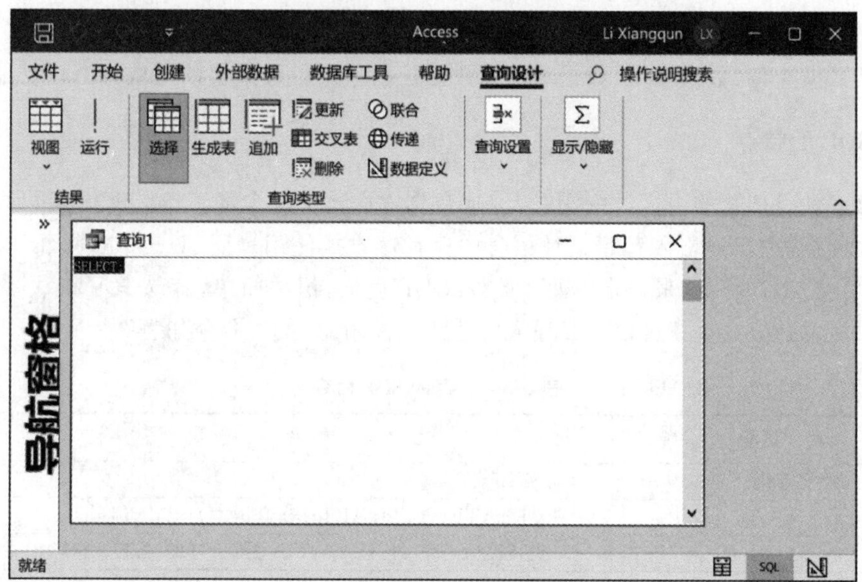

图 3-99 SQL 视图

3.6.2 SQL 数据定义功能

数据定义语言(data definition language,DDL)是 SQL 的一个组成部分，其主要功能包括数据库的定义、表的定义、索引的定义等若干部分。SQL 数据定义功能的核心语句有 CREATE(创建)、ALTER(修改)和 DROP(删除)。

1. 创建表结构

【格式】

```
CREATE TABLE <表名>(<字段名 1 ><数据类型>[,<字段名 2 ><数据类型>… ])
```

【例 3-29】 创建一个“学生信息”表，字段包括“学号”“姓名”和“出生日期”。

```
CREATE TABLE 学生信息(学号 TEXT(8),姓名 TEXT(12),出生日期 DATE)
```

2. 修改表结构

(1) 增加新字段

【格式】

```
ALTER TABLE <表名> ADD <字段名><数据类型>
```

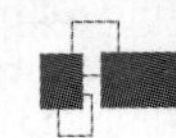

【例 3-30】 为例 3-29 中的"学生信息"表增加一个新字段"性别"。

```
ALTER TABLE 学生信息 ADD 性别 TEXT(1)
```

(2) 修改字段

```
ALTER TABLE <表名> ALTER <字段名><数据类型>
```

【例 3-31】 修改例 3-29 中"学生信息"表的"姓名"字段的字段大小为 10。

```
ALTER TABLE 学生信息 ALTER 姓名 TEXT(10)
```

(3) 删除字段

【格式】

```
ALTER TABLE <表名> DROP <字段名>
```

【例 3-32】 删除"学生信息"表中的"性别"字段。

```
ALTER TABLE 学生信息 DROP 性别
```

3. 删除表

【格式】

```
DROP TABLE <表名>
```

【例 3-33】 删除"学生信息"表。

```
DROP TABLE 学生信息
```

3.6.3 SQL 数据操纵功能

数据操纵语言(data manipulation language,DML)是 SQL 的一个组成部分,其主要功能包括插入记录、更新记录和删除记录。SQL 数据定义功能的核心语句有 INSERT INTO(插入)、UPDATE(更新)、DELETE(删除)。

1. 插入记录

【格式】

```
INSERT INTO <表名>[(<字段名 1>[,<字段名 2>… ])]VALUES(<表达式 1>[,<表达式 2>… ])
```

【例 3-34】 向例 3-29 生成的"学生信息"表中插入一条记录。

```
INSERT INTO 学生信息(学号,姓名,出生日期)VALUES("10040019","曲浩",#1993-10-30#)
```

2. 修改记录

【格式】

```
UPDATE <表名> SET <字段名 1 = 表达式 1>[,<字段名 2 = 表达式 2>… ][WHERE <条件表达式>]
```

【例 3-35】 将“非党员”表中学号是 10010003 和 10010009 的两名同学由非党员更新为党员。

```
UPDATE 非党员 SET 非党员.党员否 = True
WHERE 非党员.学号 = "10010003"OR 非党员.学号 = "10010009";
```

3. 删除记录

【格式】

```
DELETE FROM <表名>[WHERE <条件表达式>]
```

【例 3-36】 删除“非党员”表中的学生党员信息。

```
DELETE      非党员.党员否
FROM        非党员
WHERE       非党员.党员否 = True;
```

3.6.4 SQL 数据查询功能

SQL 的核心功能是查询功能,实现查询的命令也称作 SELECT 命令。SQL 的查询命令使用起来非常方便,即只需要将连接的表、选择的字段、筛选的条件、排序以及分组方式等写在一条 SQL 语句中,就可以快速、准确地完成查询任务。实质上,查询保存的不是查询运行后的结果,而是一条 SELECT-SQL 命令。

1. SELECT-SQL 命令的语法规范

【格式】

```
SELECT [DISTINCT][TOP < nExpr >[PERCENT]]
< * |[<表名.字段名 1|表达式 1>[AS <别名 1>][,<表名.字段名 2|表达式 2>[AS <别名 2>]]… ]>
FROM <表名 1>[INNER|LEFT|RIGHT JOIN <表名 2> ON <联接条件>… ]
[WHERE <条件>]
[GROUP BY <分组字段名 1>[,<分组字段名 2>… ][HAVING <筛选条件>]]
[ORDER BY <排序名 1>[ASC|DESC][,<排序名 2>[ASC|DESC]… ]]
```

【参数说明】

(1) SELECT 语句行:完成对字段的选择,其参数含义如下。

DISTINCT:排除查询结果中的重复行。

TOP < nExpr >:选择查询结果中的前 n 条记录。

PERCENT:选择查询结果中的前百分之 n 的记录。

(2) FROM 语句行:设置查询的数据源,若是多表查询则同时完成条件的“连接”。

(3) WHERE 语句行:用于设置查询的筛选条件。

(4) GROUP BY 语句行:用于设置查询的分组依据。HAVING 选项用于对分组记录进行筛选,HAVING 子句必须与 GROUP BY 子句配合使用。

(5) ORDER BY 语句行:用于设置查询的排序字段以及排序的类型,其中的参数含义

为：ASC 为升序，DESC 为降序，两个参数均省略时系统默认为升序。

2. 单表查询

单表查询是基于单张表或单个查询选择部分或全部字段。

【例 3-37】 查询"学生"表中全部女生的信息。

```
SELECT * FROM 学生 WHERE 性别 = "女";
```

【说明】 其中的"*"表示所有的字段。

【例 3-38】 查询"学生"表中所有 2002 年以后出生的学生信息，字段只显示学号、姓名和出生日期。

```
SELECT 学号,姓名,出生日期 FROM 学生 WHERE YEAR([出生日期])> = 2002;
```

3. 多表查询

一般情况下，多表之间的连接类型常用以下 3 种。

(1) 内连接(inner join)。选择两张表中互相匹配的记录，是系统默认的连接类型。

(2) 左连接(left join)。选择表中在连接条件左边的所有记录和表中连接条件右边的且满足连接条件的记录。

(3) 右连接(right join)。选择表中在连接条件右边的所有记录和表中连接条件左边的且满足连接条件的记录。

对于多表查询，如不特殊说明，其连接类型都采用内连接。内连接可以用两种方法完成：使用 INNER JOIN…ON 方法或者使用 FROM…WHERE 方法。

【说明】 在多表查询中，当一个字段分别出现在多张表中时，使用 SELECT 语句引用该字段就必须指明当前字段来源于哪张表中，即采用"表.字段名"的格式。当字段名在多张表中都不重复时，可以直接引用字段名而不用在字段名前加表名称。

【例 3-39】 查询经济管理学院所有女生的信息。

方法 1：

```
SELECT *
FROM 学院 INNER JOIN 学生 ON 学院.学院编号 = 学生.学院编号
WHERE 学院名称 = "经济管理学院" AND 性别 = "女";
```

方法 2：

```
SELECT *
FROM 学院,学生
WHERE 学院.学院编号 = 学生.学院编号 AND 学院名称 = "经济管理学院" AND 性别 = "女";
```

【说明】 使用 INNER JOIN…ON 方法连接的查询，其查询结果是可编辑的并且可以添加新记录，但使用 FROM…WHERE 方法则不能对查询结果进行任何编辑与添加操作。

【例 3-40】 创建查询，显示外文学院教授和副教授的学院名称、姓名、性别、出生日期、职称和工资情况。

```
SELECT 学院名称,姓名,性别,出生日期,职称,工资
```

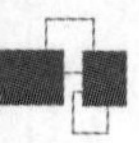


```
FROM 学院 INNER JOIN 教师 ON 学院.学院编号 = 教师.学院编号
WHERE 学院.学院名称 = "外文学院" AND RIGHT([职称],2) = "教授";
```

【说明】 本例中的查询条件也可以使用"学院.学院名称="外文学院"AND(职称="教授"OR职称="副教授")"。

【例 3-41】 创建查询，显示计算机学院二十几岁姓刘的学生的学院名称、学号、姓名、性别、出生日期。

```
SELECT 学院名称,学号,姓名,性别,出生日期
FROM 学院 INNER JOIN 学生 ON 学院.学院编号 = 学生.学院编号
WHERE 学院名称 = "计算机学院"AND LEFT([姓名],1) = "刘" AND YEAR(NOW()) - YEAR([出生日期])
LIKE "2#";
```

【说明】 在本例中，因为YEAR(NOW())-YEAR([出生日期])的计算结果是数字型，所以"2#"也可以使用"2*"和"2?"来代替。

【例 3-42】 创建查询，显示讲授"管理学"课程的教师的姓名、职称、课程名称和学期。

```
SELECT 姓名,职称,课程名称,学期
FROM 课程 INNER JOIN(教师 INNER JOIN 授课 ON 教师.工号 = 授课.工号) ON 课程.课程编号 = 授
课.课程编号
WHERE 课程.课程名称 = "管理学";
```

【说明】 ON后面的条件必须严格按照就近INNER JOIN匹配的原则，表的先后顺序是"课程""教师""授课"，因此ON后面的条件首先匹配"教师"表与"授课"表，之后再匹配"课程"表。

本例也可以采用如下代码：

```
SELECT 姓名,职称,课程名称,学期
FROM (教师 INNER JOIN 授课 ON 教师.工号 = 授课.工号) INNER JOIN 课程 ON 课程.课程编号 = 授
课.课程编号
WHERE 课程.课程名称 = "管理学";
```

4. 查询的排序输出

在SQL中可以使用ORDER BY子句对筛选出来的记录按某个字段或者某几个字段的值排序输出。其中，参数DESC表示降序，参数ASC表示升序，ASC可以省略不写。ORDER BY子句总是出现在SELECT语句的最后。

【说明】 在排序的同时使用TOP N子句可以显示排在前面的若干条记录。需要注意的问题是：若排序字段的值存在重复，则查询后的结果可能多于N条，避免这种情况的方法是在ORDER BY子句的最后面增加一个无重复值的字段。

【例 3-43】 显示"学生"表中的学号、姓名、性别和出生日期，按性别的降序排序，性别相同的再按照出生日期的升序排序。

```
SELECT 学号,姓名,性别,出生日期
FROM 学生
ORDER BY 性别 DESC,出生日期;
```

【例 3-44】 显示"学生"表中年龄最小的3名男学生的所有信息。

```
SELECT TOP 3 *
FROM 学生
WHERE 性别 = "男"
ORDER BY 出生日期 DESC,学号 DESC;
```

5. 在查询中使用合计函数

【例 3-45】 统计“学生”表中学生总人数，输出字段的别名为“学生总数”。

```
SELECT COUNT( * ) AS 学生总数 FROM 学生;
```

【例 3-46】 创建查询，统计“教师”表中全校教师的人数、平均工资、最高工资和最低工资。

```
SELECT COUNT( * ) AS 人数,AVG([工资]) AS 平均工资,MAX([工资]) AS 最高工资,MIN([工资]) AS 最
低工资
FROM 教师;
```

6. 分组查询

在 SQL 中可以用 GROUP BY 子句完成分组字段的设置，其中 HAVING 子句既可以实现对分组记录结果的筛选，又可以实现对表中字段的条件筛选。

【说明】 当 SELECT 语句中有 GROUP BY 子句时才能使用 HAVING 子句，HAVING 子句不能单独使用。

WHERE 子句和 HAVING 子句的区别是：WHERE 是一个约束声明，是在对查询结果进行分组前，将不符合 WHERE 条件的行去掉，即在分组之前过滤数据。WHERE 子句中不能包含类似 AVG、MAX 等的组函数，WHERE 子句显示特定的行。HAVING 子句是一个过滤声明，是筛选满足条件的组，即在分组之后过滤数据。HAVING 子句中可以包含组函数，HAVING 子句显示特定的组。此外，WHERE 子句在 GROUP BY 子句之前执行，HAVING 子句在 GROUP BY 子句之后执行。WHERE 子句和 HAVING 子句可以同时存在于一个 SQL 语句中。

【例 3-47】 创建查询，统计“学生”表中男女生的平均年龄，要求保留 1 位小数。

```
SELECT 性别,ROUND(AVG(YEAR(NOW()) - YEAR([出生日期])),1) AS 平均年龄
FROM 学生
GROUP BY 性别;
```

【例 3-48】 查询授课门数大于或等于 2 门的教师的工号和授课门数，按照授课门数降序排序。

```
SELECT 工号,COUNT( * ) AS 授课门数
FROM 授课
GROUP BY 工号
HAVING COUNT( * )> = 2
ORDER BY COUNT( * ) DESC;
```

【例 3-49】 计算每个学院开设的学生选课人数超过 100 人并且已经考试结束的课程的

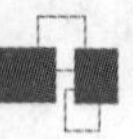

平均分和人数，显示学院名称、课程名称、人数和平均分，平均分最多保留2位小数。

```
SELECT 学院名称, 课程名称, COUNT( * ) AS 人数, ROUND(AVG([成绩]),2) AS 平均分
FROM 学院 INNER JOIN (课程 INNER JOIN 选课 ON 课程.课程编号 = 选课.课程编号) ON (学院.学院编号 = 课程.学院编号)
GROUP BY 学院名称, 课程名称
HAVING COUNT( * )> 100 AND ROUND(AVG([成绩]),2) IS NOT NULL;
```

7. 参数查询

参数查询的实质是在查询设计视图的条件选项中，在一个或多个字段中输入提示信息，再用方括号[]括起来。

【例3-50】 创建单参数查询，根据用户输入的职称查询教师的相关信息，显示工号、姓名、性别、工作日期、职称和工资，按照性别的降序排序。

```
SELECT 工号, 姓名, 性别, 工作日期, 职称, 工资
FROM 教师
WHERE 职称 = [请输入查询的职称: ]
ORDER BY 性别 DESC;
```

【例3-51】 创建多参数查询，根据输入的学期和学分查询相应学期和学分数的课程任课教师情况，显示学期、学分、课程名称、教师工号和姓名。

```
SELECT 学期, 学分, 课程名称, 教师.工号, 姓名
FROM 课程 INNER JOIN (教师 INNER JOIN 授课 ON 教师.工号 = 授课.工号) ON 课程.课程编号 = 授课.课程编号
WHERE 课程.学期 = [请输入学期: ] AND 课程.学分 = [请输入学分: ];
```

8. 生成表查询

【例3-52】 将“学生”表中的非党员筛选出来生成“非党员”表。

```
SELECT * INTO 非党员
FROM 学生
WHERE 党员否 = FALSE;
```

9. 嵌套查询

在SQL中，一个SELECT…FROM…WHERE语句称为一个查询块。将一个查询块嵌套在另一个查询块的字段行、WHERE子句或者HAVING条件中的查询称为嵌套查询。外层查询又叫主查询，内层查询又叫子查询，SQL语句允许多层嵌套查询，由内而外地执行。内层查询的结果生成新字段或者作为外层查询的查询条件，内层查询总是使用圆括号括起来。内层查询的SELECT语句不能使用ORDER BY子句，ORDER BY子句只能对外层查询结果排序。

【例3-53】 在“教师”表中找出与教师“方芳”同龄的同事。

```
SELECT *
FROM 教师
```

```
WHERE YEAR(DATE()) - YEAR([出生日期]) = (SELECT YEAR(DATE()) - YEAR([出生日期])
FROM 教师 WHERE 姓名 = "方芳")
```

【例 3-54】 使用嵌套查询显示"教师"表中工资大于平均工资的教师的全部信息以及所在的学院。

```
SELECT 教师.*, 学院名称
FROM 学院 INNER JOIN 教师 ON 学院.学院编号 = 教师.学院编号
WHERE 工资>(SELECT AVG([工资]) FROM 教师);
```

10. 联合查询

联合查询是特定于 SQL 的查询,不能在设计视图中显示,必须直接用 SQL 编写。联合查询的主要作用是合并两个或者多个相似的表或者查询的结果,多个选择查询中的 SELECT 语句用 UNION 关键字组合在一起。

【例 3-55】 使用联合查询,查询"选课"表中"课程编号"是 0101 的课程成绩中 3 个分数段的学生人数,3 个分数段分别是 80～100、60～79、0～59。

```
SELECT "80 - 100" AS 分数段,COUNT(选课.学号)AS 人数
FROM 选课
WHERE 选课.课程编号 = "0101" AND 选课.成绩> = 80 AND 选课.成绩< = 100
UNION
SELECT "60 - 79" AS 分数段,COUNT(选课.学号)AS 人数
FROM 选课
WHERE 选课.课程编号 = "0101" AND 选课.成绩> = 60 And 选课.成绩< 80
UNION
SELECT "0 - 59" AS 分数段, COUNT(选课.学号) AS 人数
FROM 选课
WHERE 选课.课程编号 = "0101"AND 选课.成绩> = 0 AND 选课.成绩< 60;
```

联合查询的运行结果如图 3-100 所示。

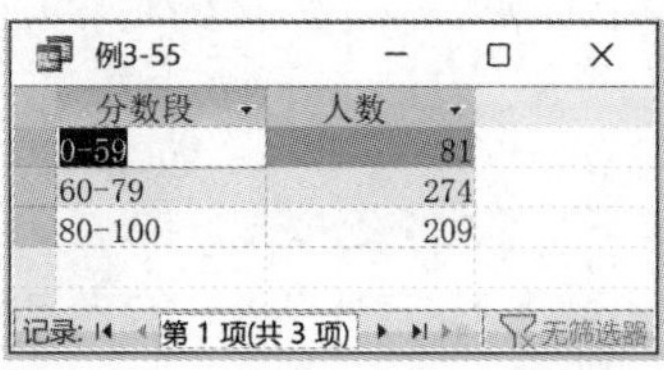

分数段	人数
0-59	81
60-79	274
80-100	209

图 3-100 联合查询运行结果

习题 3

一、选择题

1. 操作查询可以完成对数据的批量处理,只需进行一次操作就可以完成对许多记录的

处理,下列(　　)不属于操作查询。

A. 追加查询　　B. 修改查询　　C. 删除查询　　D. 生成表查询

2. 利用查询向导可以建立以下4种不同的查询,其中,(　　)可以实现在一个表中查找那些在另一个表中没有相关记录的记录。

A. 简单查询向导　　B. 查找重复项查询向导

C. 交叉表查询向导　　D. 查找不匹配项查询向导

3. 下列是关于书写查询条件时需要注意的问题,描述错误的是(　　)。

A. 查询条件是数字型常量时,直接书写

B. 查询条件是日期型常量时,要使用两个%将日期括起来

C. 查询条件是逻辑型常量时,直接输入 True 或者 False

D. 查询条件是短文本型常量时,要使用双引号" "括起来

4. 查询学生表中出生日期不为空的记录的查询条件是(　　)。

A. *　　B. #　　C. Is Not Null　　D. ?

5. 若要显示"姓名"字段中带有"李"字的所有记录,应该在查询条件中输入(　　)。

A. 李　　B. like 李　　C. Like "李*"　　D. Like "*李*"

6. 在表中查找符合条件的记录,应使用的查询是(　　)。

A. 汇总查询　　B. 更新查询　　C. 选择查询　　D. 追加查询

7. 条件"BETWEEN 0 AND 100"的含义是(　　)。

A. 数值0到100,且包含0和100　　B. 数值0到100,且不包含0和100

C. 数值0和100之外的所有数　　D. 数值0和100

8. 在创建交叉表查询时,行标题字段的值显示在交叉表上的位置是(　　)。

A. 第1行　　B. 上面若干行　　C. 左侧若干列　　D. 第1列

9. 根据图3-101中查询设计视图的"设计网格",可以判断当前查询的类型是(　　)。

A. 删除查询　　B. 更新查询　　C. 生成表查询　　D. 追加查询

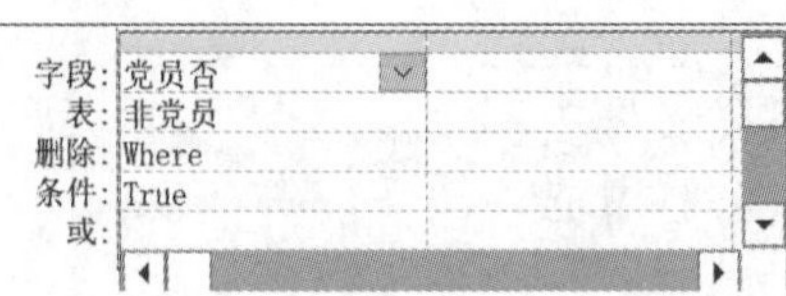

图3-101　查询设计视图的"设计网格"

10. 从数据库中删除表所用的SQL语句是(　　)。

A. DEL TABLE　　B. DELETE TABLE

C. DROP TABLE　　D. DROP

二、填空题

1. Access 支持5种不同类型的查询,即选择查询、参数查询、________查询、操作查询和SQL查询。

2. 常用的逻辑运算符按照优先级别由高到低的顺序包括:________、________、________。

3. 若查询“教师”表中职称是“副教授”或者“教授”的记录，则查询条件可以输入________("教授","副教授")。

4. 当查询条件中包含字段名时，要将字段名放在________内。

5. 在常用的连接运算符中，________运算符可以将任意类型的两个表达式连接起来，而________运算符仅能连接两个字符串表达式。

6. 查询显示“教师”表中三十几岁的女教师的记录，其中，“三十几岁”的表达式为：____________________。

7. 可以使用参数________来选择查询结果中的前百分之 n 的记录。

8. 在 SQL 语句中，排除查询结果中的重复行使用的参数是________。

9. ORDER BY 语句用于设置查询的排序字段以及排序的类型，其中的参数含义为：ASC 为升序，________为降序，两个参数均省略时系统默认为________。

实验 3

一、实验内容

在“教学管理系统”数据库中已经创建了 6 个表，分别为学生、教师、课程、授课、选课和学院，请在此数据库的基础上完成以下实验内容：

1. 创建选择查询。

(1) 创建查询，显示“学生”表中民族是“满族”的党员，只显示学号、姓名、性别、出生日期、党员否和民族，查询名称为 Q1。

(2) 创建查询，仅显示“教师”表中所有年龄小于 40 岁的教授，只显示工号、姓名、出生日期、职称和工资，查询名称为 Q2。

(3) 创建查询，显示“教师”表中工作大于 25 年的教师的工号、姓名、出生日期、工龄、职称和学院名称，查询名称为 Q3。

(4) 创建查询，显示“Python 程序设计基础”课程中满分成绩的学生的学号、姓名、班级、课程名称和成绩，查询名称为 Q4。

(5) 创建查询，显示“教师”表中 40 岁以上李姓教师的工号、姓名、性别、年龄和学历，查询名称为 Q5。

(6) 创建查询，显示课程名称为“会计学”的学生成绩，按照成绩的降序排列，显示学号、姓名、班级、课程名称和成绩，查询名称为 Q6。

(7) 创建查询，按照“教师”表中职称和出生日期显示教师的工资情况，先按照职称的降序排序，职称相同的再按照出生日期升序排序，按照工号、姓名、出生日期、职称和工资的顺序显示，查询名称为 Q7。

(8) 创建查询，分别统计“教师”表中全校教师的男女教师人数、平均工资、最高工资和最低工资，其中，平均工资的小数位数保留 1 位，查询名称为 Q8。

(9) 创建查询，统计“学生”表中党员和非党员各有多少人，查询名称为 Q9。

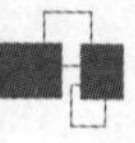

(10) 创建查询,统计“学生”表中不同省份的学生的平均年龄(小数位数保留 1 位),并按照平均年龄降序排序,查询名称为 Q10。

(11) 创建查询,统计“教师”表中不同学历的教师的人数和平均工龄(小数位数保留 1 位),查询名称为 Q11。

2. 创建交叉表查询。

(1) 创建交叉表查询,分组显示“学生”表中不同性别、不同省份的学生人数,查询名称为 Q12。

(2) 创建交叉表查询,要求行标题是班级、学号和姓名,列标题是课程名称、行列交叉数据为成绩,查询名称为 Q13。

3. 创建操作查询。

(1) 使用生成表查询将“教师”表中学历是硕士的教师筛选出来,生成“硕士学历”表,查询名称为 Q14。

(2) 创建更新查询,将教师表中工号是“040014”的教师的学历由本科更新为硕士,查询名称为 Q15。

(3) 创建追加查询,将教师表中工号是“040014”的教师的学历追加到“硕士学历”表中,查询名称为 Q16。

(4) 创建删除查询,删除教师表中的年龄大于 60 岁的教师的信息,查询名称为 Q17。

二、实验要求

1. 完成实验内容第 1～3 题的查询设计任务,并按照题目的要求保存查询。

2. 假设某学生的学号为 10010001,姓名为王萌,则更改数据库文件名为“实验 3-10010001 王萌”,并将此数据库文件作为实验结果提交到指定的实验平台。

3. 将在实验 3 中遇到的问题以及解决方法、收获与体会等写入 Word 文档,保存文件名为“实验 3 分析-10010001 王萌”,并将此文件作为实验结果提交到指定的实验平台。

第4章 模块和VBA程序设计

在设计数据库应用系统时，简单的操作可以通过向导或设计视图来完成，但对于一些较为复杂的功能就需要通过编写程序代码来完成。在 Access 中，编程是通过在模块中使用 VBA（Visual Basic for applications）语言实现的。VBA 是 Office 软件中内置的编程语言，也是 VB 编程语言的一个子集，其语法与 VB 互相兼容。Access 中的 VBA 只能用于在 Access 中开发、运行特定的应用程序。

本章主要介绍 Access 中 VBA 的基本编程方法，包括 VBA 的编程环境、程序设计基础知识、程序的基本流程控制结构、数组、过程和作用域等。

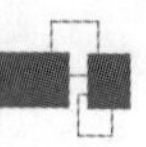

4.1 模块概述

模块是 Access 数据库中的一个重要对象，是程序代码的集合。模块采用 VBA 编写程序代码，所有的语句都要符合 VBA 的约定。模块中的代码以过程的形式组织的，一个模块通常由若干过程构成。每个过程都是一个功能上相对独立的程序代码段，能完成特定的任务。

4.1.1 模块的分类

Access 中的模块可以分为两个基本类型：类模块和标准模块。

1. 类模块

窗体模块和报表模块都属于类模块，它们从属于各自的窗体或报表。每个窗体或报表对应一个模块，在设计窗体或报表时，单击“表单设计”选项卡(或“报表设计”选项卡)中“工具”组的“查看代码”按钮，就可进入对应窗体或报表的模块代码设计区域。

在窗体模块和报表模块中可以编写事件过程，也可编写通用的 Sub 子过程和 Function 函数过程。事件过程在对应事件被触发时执行，而通用过程在被调用时执行。第 5 章给出了窗体模块的设计过程。

2. 标准模块

标准模块与界面无关，不从属于其他对象，是完全由程序代码组成的独立对象。

标准模块的作用是为其他模块提供可以共享的通用 Sub 子过程和 Function 函数过程，这些过程可以被本模块中的过程调用，也可以被其他模块(包括标准模块和类模块)中的过程调用，默认情况下其作用范围是整个 Access 数据库应用系统。

【说明】 本章的程序代码都是在标准模块中编写的。

4.1.2 创建模块

模块的结构可分成两部分，即通用声明段和若干过程。通用声明段位于模块的最顶端，不属于任何过程，主要用于对模块的参数进行说明，以及定义模块级变量和全局变量。过程由 VBA 代码构成，用于实现某些特定的功能。

模块的创建包括创建一个空白模块，并向其中添加若干过程。

【例 4-1】 在“教学管理系统”数据库中创建一个名为“模块入门”的模块，并在其中添加两个简单的过程。

操作步骤如下。

(1) 打开模块代码窗口。打开“教学管理系统”数据库，单击“创建”选项卡中“宏与代码”组的“模块”按钮，弹出如图 4-1 所示的窗口。

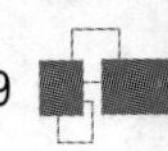

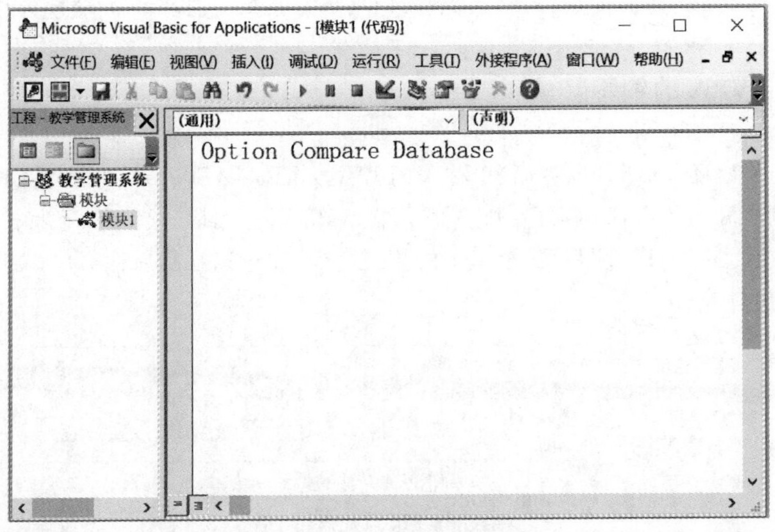

图 4-1　新建模块的代码编辑窗口

(2) 创建一个名为 Hello 的过程。在代码编辑窗口中输入 Sub Hello 后按 Enter 键，系统将自动生成完整的过程框架：

```
Sub Hello()
End Sub
```

(3) 编写过程代码。在上述两行代码之间输入以下语句：

```
MsgBox "Hello World!"
```

(4) 保存模块。单击代码窗口工具栏中的“保存”按钮，在弹出的“另存为”对话框中将模块名称改为“模块入门”。

(5) 运行 Hello 过程。将光标置于 Hello 过程内部，单击代码窗口工具栏中的 ▶ 按钮，运行刚创建的过程，运行结果如图 4-2 所示。

(6) 在过程 Hello 之后添加一个新的过程。代码如下。

```
Sub 你好()
    MsgBox "大家好!"
End Sub
```

(7) 运行“大家好”过程。将光标置于“大家好”过程内部，单击代码窗口工具栏中的 ▶ 按钮，运行结果如图 4-3 所示。

图 4-2　Hello 过程的运行结果

图 4-3　“大家好”过程的运行结果

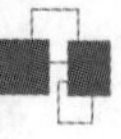

【说明】 本章之后的例题，除特殊说明以外，均写在例 4-1 创建的“模块入门”模块中。

4.1.3 VBA 的编程环境

VBA 的编程环境(即开发界面)也称 VBE(Visual Basic Editor)，如图 4-4 所示，在其中可以编辑、调试和运行 VBA 程序。默认情况下，VBE 由标题栏、菜单栏、工具栏、工程窗口、代码窗口组成。此外，通过“视图”菜单下的相应命令，还可以显示属性窗口、立即窗口、本地窗口和监视窗口等。

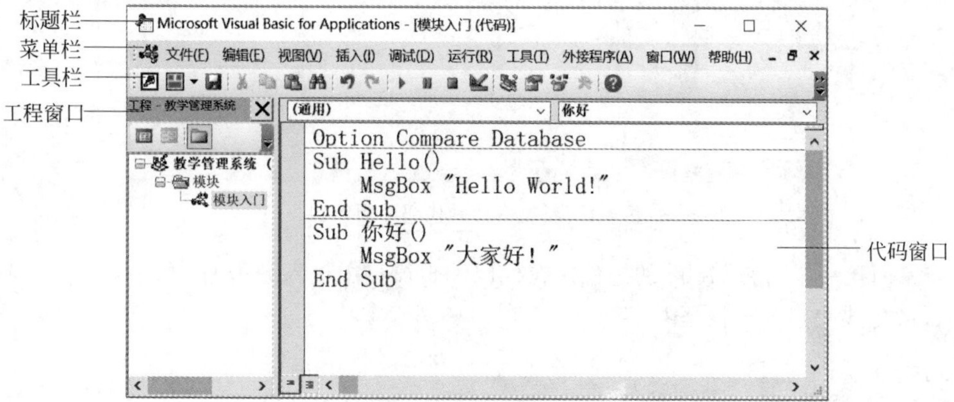

图 4-4 VBA 的编程环境

1. 工具栏

默认情况下，VBE 中显示的工具栏为标准工具栏，如图 4-5 所示。选择“视图”→“工具栏”下的相应子菜单，可以显示其他工具栏。在设计标准模块时，常用的工具栏按钮及其功能如表 4-1 所示。

图 4-5 标准工具栏

表 4-1 常用的工具栏按钮及其功能

按钮图标	按 钮 名 称	按 钮 功 能
	运行子过程/用户窗体	运行当前过程或当前窗体
	中断	中断正在运行的程序
	重新设置	结束正在运行的程序
	工程资源管理器	显示工程窗口
	属性窗口	显示属性窗口

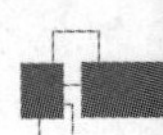

2. 工程窗口

工程窗口也称为工程资源管理器，一个数据库应用系统即为一个工程。在工程窗口中列出了当前数据库应用系统中的所有模块，双击列表中的某个模块对象，就可打开其代码窗口。

3. 代码窗口

代码窗口用于输入和编辑 VBA 代码，如图 4-6 所示。它主要由对象组合框、过程组合框和代码编辑区 3 部分组成。

图 4-6　代码窗口

对象组合框列出当前模块中的所有对象，设计时可在其中选择一个作为当前对象。过程组合框显示当前过程，对于窗体模块和报表模块，过程组合框列出当前对象能响应的所有事件以及用户编写的通用过程；而对于标准模块，过程组合框列出当前模块中已编写的所有过程。代码编辑区用于输入和编辑程序代码。

如图 4-6 所示，代码窗口左下角的两个按钮分别为“过程视图”按钮和“全模块视图”按钮，可以设置代码窗口仅显示当前过程或显示当前模块中的所有过程。

4.2　VBA 程序设计基础

在使用 VBA 进行程序设计时，需要用到程序设计的一些基础知识，包括 VBA 支持的数据类型、常量和变量的定义与使用、运算符、表达式、常用内部函数、基本的输入输出语句等。

4.2.1　数据类型

与数据表中的字段类型相似，VBA 程序中使用的数据也有对应的数据类型。VBA 支持的数据类型如表 4-2 所示。

表 4-2 VBA 支持的数据类型

数据类型	类型标识	类型符	存储空间/B
字节型	Byte	无	1
整型	Integer	%	2
长整型	Long	&	4
单精度型	Single	!	4
双精度型	Double	#	8
货币型	Currency	@	8
字符串型	String	$	与字符串长度有关
日期型	Date	无	8
布尔型	Boolean	无	2
变体型	Variant	无	与存储数据有关
对象型	Object	无	4

【说明】

(1) 在定义变量时,使用类型标识或类型符来指定变量的数据类型。

(2) 表中前 6 种类型均可用来表示数值,使用时根据实际需要进行选择,既要考虑节省存储空间,又要满足数据存储的要求。如果存储的数据超出了相应类型的取值范围,运行时会出现数据“溢出”错误。各种数值型数据的取值范围及小数位数同表 2-3。货币型存储定点实数,保留小数点右边 4 位和小数点左边 15 位。

(3) 布尔型也称为逻辑型,用于表示逻辑判断的结果,只有 True 和 False 两个值。

(4) 变体型是一种特殊的数据类型,可用来存放其他任何类型的数据。VBA 规定,没有定义直接使用的变量或定义时没有指定数据类型的变量默认为变体型。

4.2.2 标识符

标识符是程序中常量、变量、过程等的名字。标识符由用户自定义,在命名时必须符合以下规则:

(1) 由字母、汉字、数字或下画线组成,但首字符必须是字母或汉字。

(2) 长度不能超过 255 个字符。

(3) 不能与 VBA 的关键字同名。

在 VBA 中,名字不区分大小写,如 ABC、abc、Abc 等都是相同的名字,但在使用时 VBA 会自动将其转换为定义时的大小写形式。此外,为增加程序的可读性,标识符应该取有意义的名字。

4.2.3 常量

常量是指在程序运行期间其值始终不变的量。VBA 中的常量有 3 种:直接常量、符号常量和系统常量。

1. 直接常量

用数据本身表示的常量称为直接常量。根据数据类型不同,直接常量可分为数值型常量、字符型常量、日期型常量和布尔型常量。

1) 数值型常量

数值型常量直接用数值本身表示,如－123、56.789、－0.123等。对于绝对值较大或较小的数,可用浮点数表示,如0.45E－12、－12.34E＋123等。

2) 字符型常量

字符型常量用于表示一个字符串,必须放在一对英文双引号(")内。如"abc","数据库","123",""等。

【说明】 空字符串""表示不包含任何字符的字符串,简称空串。

3) 日期型常量

日期型常量用于表示日期值和(或)时间值,必须放在一对＃内,如＃2/28/2012＃,＃1999-8-20 10:10:10 AM＃,＃8:10:14 PM＃等。

日期的输入顺序可以是"年月日""月日年"或"日月年",分隔符可以用"/""－"或",",但不能使用汉字表示的"年""月""日"。日期型常量输入后,VBA会自动将其转换为"mm/dd/yyyy"的形式。时间必须用冒号隔开,顺序为:时、分、秒。

4) 布尔型常量

布尔型常量用True或False表示。

2. 符号常量

符号常量是指用标识符来表示一个具体的常量值。对于较复杂的数据,使用符号常量可以简化代码的输入,并且方便修改。符号常量须先声明(即定义)后使用。

【格式】

```
Const <常量名> [As <类型>] = <常量值>
```

【举例】

```
Const PI As Single = 3.14159
Const COUNTRY  =  "CHINA"
```

【说明】 为便于与变量名区分,常量名通常用大写形式。

3. 系统常量

系统常量是指VBA内部定义好的有专用名称和用途的常量,如表示颜色的常量vbRed、vbBlue,表示消息框返回值的常量vbYes、vbNo等。

在模块代码窗口中选择"视图"→"对象浏览器"命令,打开如图4-7所示的"对象浏览器"窗口,在其中可以查看VBA以及Access提供的各种常量。

4.2.4 变量

变量是指在程序运行期间其值可以改变的量。变量的三要素是变量名、变量值和数据

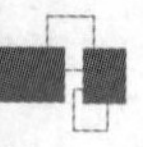

图 4-7 “对象浏览器”窗口

类型。在程序运行时,变量代表计算机内存中的一块存储区域,其大小取决于变量的数据类型。

1. 变量的声明

变量通常要先声明后使用,变量的声明有两种方法:显式声明和隐式声明。

1) 显式声明

【格式】

```
Dim <变量名 1> [As <类型 1> [,<变量名 2> [As <类型 2>] [,…]]]
```

【举例】

```
Dim d1 As Date
Dim x As Integer, y As Integer
Dim score%, grade$
```

【说明】

(1) 变量的类型(As 子句)可以省略,省略 As 子句时,系统默认的数据类型是 Variant 型。为了方便输入,也可以在变量名后直接加上类型符来代替 As 子句。

(2) 在一个 Dim 语句中可以定义多个变量,每个变量分别定义各自的数据类型,不同变量之间用逗号隔开。

(3) 变量定义好以后,可以通过变量名来访问变量。

2) 隐式声明

隐式声明是指不通过 Dim 语句显式声明,而直接在赋值语句中用类型符来说明变量的类型。

【举例】

```
sum% = 10
grade$ = "合格"
```

3）强制声明

在默认情况下，变量可以使用显式声明，也可以使用隐式声明，还可以不声明直接使用。对于未经声明直接使用的变量，系统默认为是 Variant 型，但是变量最好先声明后使用。

在模块的通用声明段输入语句 Option Explicit，可以强制要求程序员对当前模块中的所有变量必须显式声明。否则，运行时系统会弹出“变量未定义”的错误提示信息。

在代码窗口选择“工具”→“选项”命令，弹出“选项”对话框，在“编辑器”选项卡中选中“要求变量声明”复选框，如图 4-8 所示。单击“确定”按钮，则在以后新建模块的通用声明段都会自动出现 Option Explicit 语句，要求变量必须显式声明。

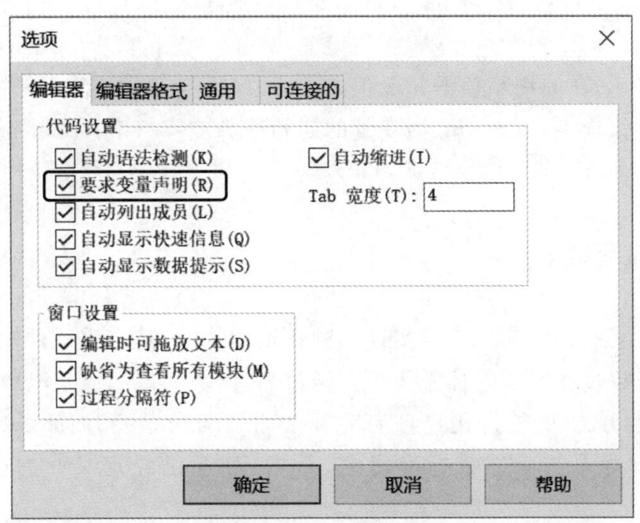

图 4-8　“选项”对话框

2. 变量的赋值

变量声明好以后，可以通过赋值语句对其赋值。

【格式】

<变量名> = <表达式>

【说明】

（1）赋值号（=）右边可以是常量、变量或者是有确定运算结果的式子。

（2）在程序代码中可以随时通过赋值语句改变变量的值。

【举例】

```
Dim x As Integer
x = 5
x = x + 1
```

【说明】　赋值号右边的数据类型不一定与变量的类型一致，赋值时，VBA 会自动将其转换为变量的类型。转换规则如下。

（1）当把其他类型数据赋给字符串型变量时，系统都会自动转换为相应的字符串；当

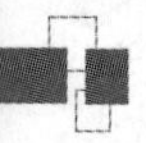

把字符串型数据赋给其他类型变量时，若字符串的内容是合法的数值、日期值或逻辑值，则能转换为相应的变量类型，否则系统会提示"类型不匹配"的错误信息。

(2) 当把布尔型数据赋给数值型变量时，False 转换为 0，True 转换为 −1；当把数值型数据赋给布尔型变量时，0 转换为 False，非 0 转换为 True。

(3) 当把日期型数据赋给数值型变量时，#1899-12-31# 转换为 1，#1900-1-1# 转换为 2，以此类推；反之亦然。

(4) 当把小数赋给整数时，系统会自动对小数部分四舍五入，但当小数部分恰好为 0.5 时，舍入为接近的偶数。

3. 变量的初始值

变量声明好以后，在使用赋值语句赋值之前，系统会自动为该变量赋一个初始值。所有数值型变量的初始值均为 0；String 型变量的初始值为空字符串；Boolean 型变量的初始值为 False。

4.2.5 内部函数

函数用来完成某些特定的运算或实现某种特定的功能，其实质是预先编写好的过程，调用函数就是执行函数过程内部的程序代码。函数名、参数和返回值是函数的三要素。

VBA 中的函数分为两类，即用户自定义函数(见 4.5.2 节)和内部函数。

内部函数也称为系统函数或标准函数，是指 VBA 已经定义好的函数，其调用格式如下。

```
函数名([参数列表])
```

【说明】

(1) 函数可以有一个或多个参数，也可以没有参数。若有多个参数，则参数之间用逗号分隔；若没有参数，则调用时括号可以省略。

(2) 函数的返回值是指函数的处理结果，若要使用函数的返回值，可将函数调用作为赋值语句的一部分或通过输出语句输出。如：

```
Dim x As Integer
x = Int(123.56) 'Int 函数的功能是向下取整
MsgBox Sqr(x) 'Sqr 函数的功能是求平方根
```

根据函数的参数以及返回值类型，可以将函数分为数值型函数、字符串型函数、日期/时间型函数和数据类型转换函数。

【约定】 为了方便表示，在表 4-3～表 4-6 所列函数的参数中，N 表示数值型表达式，C 表示字符串型表达式，D 表示日期型表达式。

1. 数值型函数

数值型函数用于实现数学计算，其参数和返回值均为数值。常用数值型函数如表 4-3 所示。

表 4-3 常用数值型函数

函　　数	功　　能	举　　例	结　　果
Abs(N)	返回 N 的绝对值	Abs(−10)	10
Sgn(N)	返回 N 的符号。若 N>0，则返回 1；若 N=0，则返回 0；若 N<0，则返回 −1	Sgn(−10)	−1
Sqr(N)	返回 N 的平方根，要求 N≥0	Sqr(16)	4
Fix(N)	对 N 取整，返回 N 的整数部分	Fix(7.8)	7
		Fix(−7.4)	−7
Int(N)	对 N 向下取整，返回小于或等于 N 的最大整数	Int(7.8)	7
		Int(−7.4)	−8
Round(N1[,N2])	对 N1 四舍五入，N2 为保留的小数位数	Round(5.567,2)	5.57
Rnd[(N)]	返回[0,1)区间内的随机数	Rnd	[0,1)的数

【说明】

(1) 在四舍五入函数 Round 中，N2 的取值应该大于或等于 0，当 N2 等于 0 时可省略，表示四舍五入到整数部分。

(2) 随机数函数 Rnd 一般使用不带参数的形式，Rnd(0)表示本次产生的随机数与上次产生的随机数一样。

为了获得某个范围[a,b](a、b 为整数且 a<b)内的随机整数，假定 x 为已定义好的整型变量，可使用如下方法：

```
x = Int((b - a + 1) * Rnd) + a
```

或

```
x = (b - a) * Rnd + a
```

2. 字符串型函数

字符串型函数用于对字符串型数据进行处理，其参数和返回值大多为字符串型。常用字符串型函数如表 4-4 所示。

表 4-4 常用字符串型函数

函　　数	功　　能	举　　例	结　　果
Len(C)	返回 C 的长度(即 C 中字符个数)	Len("数据库")	3
		Len("ABCDEFG")	7
Space(N)	返回由 N 个空格构成的字符串	Space(5)	"　　　"
Left(C,N)	返回字符串 C 左边 N 个字符	Left("ABCDEFG", 3)	"ABC"
Right(C,N)	返回字符串 C 右边 N 个字符	Right("ABCDEFG", 3)	"EFG"
Mid(C,N1[,N2])	取字符串 C 的子串，从第 N1 个字符开始取，连续取 N2 个字符，N2 省略表示取到 C 的末尾	Mid("ABCDEFG", 2, 3)	"BCD"
		Mid("ABCDEFG", 5)	"EFG"
LTrim(C)	删除字符串 C 最左边的空格	LTrim("　AB　CD　")	"AB　CD　"
RTrim(C)	删除字符串 C 最右边的空格	RTrim("　AB　CD　")	"　AB　CD"

续表

函　　数	功　　能	举　　例	结　　果
Trim(C)	删除字符串C两端的空格	Trim(" AB CD ")	"AB CD"
LCase(C)	将字符串C中所有字符转换为小写形式	LCase("VisualBasic")	"visualbasic"
UCase(C)	将字符串C中所有字符转换为大写形式	UCase("VisualBasic")	"VISUALBASIC"
StrReverse(C)	返回字符串C的逆序字符串	StrReverse("Access")	"sseccA"

3. 日期/时间型函数

日期/时间型函数用于对日期和时间进行处理，其参数或返回值为日期/时间型数据，常用函数如表4-5所示。

假设表中举例的参数DT是一个已定义的日期型常量，其定义如下。

```
Const DT = ＃4/26/2012 10:39:15 AM＃
```

已知该日期为星期四。

表4-5　常用日期/时间型函数

函　　数	功　　能	举　　例	结　　果
Date[()]	返回系统当前日期	Date	当前日期
Now[()]	返回系统当前日期和时间	Now	当前日期时间
Time[()]	返回系统当前时间	Time	当前时间
Year(D)	返回D中的年份	Year(DT)	2012
Month(D)	返回D中的月份	Month(DT)	4
Day(D)	返回D中的日期号码	Day(DT)	26
Hour(D)	返回D中的小时数	Hour(DT)	10
Minute(D)	返回D中的分钟数	Minute(DT)	39
Second(D)	返回D中的秒数	Second(DT)	15
Weekday(D)	返回D是一个星期中的第几天，默认星期天为1	Weekday(DT)	5

【说明】 Date、Now、Time 3个函数不带参数，函数名后的括号可省略。

4. 数据类型转换函数

数据类型转换函数用于实现不同类型数据之间的转换，其中字符串型和数值型之间的转换较为常用，如表4-6所示。

表4-6　常用数据类型转换函数

函　　数	功　　能	举　　例	结　　果
Asc(C)	返回C中首字符的ASCII码值	Asc("ABC")	65
Chr(N)	返回十进制数N对应的ASCII码字符	Chr(67)	"C"
Val(C)	将字符串C转换为数值	Val("123")	123
Str(N)	将N转换为字符串	Str(456)	" 456"
CStr(N)	将N转换为字符串，不包含前导空格	CStr(456)	"456"

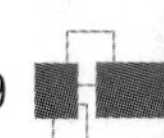

【说明】

(1) 使用 Val 函数将字符串转换为数值时,规则如下。

① 从左至右,依次将每个数字字符转换为相应的数字。

② 当遇到不能识别为数值的字符时,转换结束;若字符串中第一个字符就无法转换,则返回值为 0。

③ 转换过程中系统可自动将字符串中的空格、制表符、换行符等去掉。

④ 对于浮点数形式的数字字符,系统也能够识别和转换。

【举例】

```
Val(" 12 34")              '返回 1234
Val(" - 56abc78")          '返回 - 56
Val("abcd")                '返回 0
Val("12.34E - 2")          '返回 0.1234
```

(2) 使用 Str 函数将数值转换为字符串时,系统会在数值前面保留正负号的位置,所以对于正数,转换后会有一个前导空格。若不需要前导空格,可使用 CStr 函数。

【举例】

```
Str( - 45)                 '返回" - 45"
Str(45)                    '返回" 45"
CStr(45)                   '返回"45"
```

4.2.6 运算符和表达式

运算符是指数据之间进行各种运算的符号,而参与运算的数据称为操作数。运算符可以分为算术运算符、字符串运算符、关系运算符和逻辑运算符。

常量、变量、函数以及使用运算符将它们连接起来的可以运算的式子称为表达式。每个表达式都应该有一个唯一确定的值(运算结果),其值的类型由操作数与运算符共同决定。表达式也可分为算术表达式、字符串表达式、关系表达式和逻辑表达式。

一个表达式中所有的操作数和运算符都必须书写在同一行上,不能以上标、下标、分子、分母等形式出现。如一元二次方程的实根之一$\frac{-b+\sqrt{b^2-4ac}}{2a}$对应的 VBA 表达式应为:

```
( - b + Sqr(b ^ 2 - 4 * a * c)) / (2 * a)
```

1. 算术运算符和算术表达式

算术运算符用于实现算术运算,操作数可以是数值型的常量、变量或返回值为数值的函数。算术表达式是指用算术运算符将数值型操作数连接起来的式子。各种算术运算符及其功能如表 4-7 所示。

表 4-7 算术运算符

运 算 符	功 能	优 先 级	表达式举例	表达式的值
^	乘方	1	2^3	8
—	取负	2	—(2+3)	—5
*	乘	3	3 * 4	12
/	除	3	7/2	3.5
\	整除	4	7\2	3
Mod	取余	5	15 Mod 6	3
+	加	6	7+8	15
—	减	6	7—8	—1

【说明】

(1) 当一个表达式中出现多个运算符时,运算顺序由优先级决定,可使用圆括号改变运算顺序。表 4-7 中的运算符是按照优先级从高到低的顺序给出的,其中乘(*)和除(/)的优先级相同,加(+)和减(—)的优先级相同。

(2) 对于整除(\)运算,如果操作数有小数,则先对操作数四舍五入取整后再运算;对运算结果中的小数则直接舍弃,不进行四舍五入。

(3) 对于取余(Mod)运算,如果操作数有小数,则先对操作数四舍五入取整后再运算;运算结果的符号与左操作数的符号相同。

【举例】

```
15.5 \ 4                '结果为 4
15 \ 4                  '结果为 3
15.5 Mod 6              '结果为 4
 - 15 Mod 6             '结果为 - 3
15 Mod - 6              '结果为 3
```

2. 字符串运算符和字符串表达式

字符串运算符有两个:“+”和“&”,如表 4-8 所示。

表 4-8 字符串运算符

运算符	功 能	优先级	表达式举例	表达式的值
+	将两个字符串连接成一个字符串	1	"ab" + "cd"	"abcd"
&	将两个任意类型的数据连接成一个字符串	2	"ab" & 123	"ab123"

【说明】

(1) “+”既是字符串运算符也是算术运算符,其运算方式取决于操作数的类型。规则如下。

① 若两个操作数都是字符串,则进行字符串的连接;

② 若两个操作数都是数值,则进行算术加;

③ 若两个操作数分别为数值和字符串,字符串是由合法数值构成的数字字符,则将字符串转换为数值后进行算术加,否则运行出错。

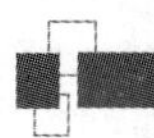

(2) 由于“&”还是 Long 型数据的类型符，因此在使用“&”连接变量名或数值型常量时，需在“&”两边加空格。

【举例】

```
123 + 321                  '结果为 444
"123" + "321"              '结果为 123321
"123" + 321                '结果为 444
"12a" + 321                '运行时错误：类型不匹配
123 & 321                  '结果为 123321
```

3. 关系运算符和关系表达式

关系运算符用于比较两个数据之间的大小关系，其运算结果为逻辑值，关系成立时为 True，不成立时为 False。用关系运算符连接起来的表达式称为关系表达式。关系运算符没有优先级顺序，按从左到右顺序进行运算。关系运算符如表 4-9 所示。

表 4-9　关系运算符

运　算　符	功　　能	表达式举例	表达式的值
＞	大于	3＞5	False
＜	小于	"aa" ＜ "ab"	True
＞＝	大于或等于	10＞＝10	True
＜＝	小于或等于	5＜＝3	False
＝	等于	"aa" ＝ "a"	False
＜＞	不等于	True＜＞False	True

【说明】

关系运算符的比较规则如下。

(1) 数值型数据：按数值大小进行比较。

(2) 布尔型数据：True＜False。

(3) 字符串型数据：同一字母的大小写相等；不同字母按字母表顺序从小到大；汉字大于英文字母；汉字之间用音序比较。当操作数是由多个字符构成的字符串时，从左至右依次比较，直到出现不同的字符为止。

【举例】 以下关系表达式的值均为 True。

```
"aa" = "AA"
"aaa"<"aab"
"aa"<"aaa"
"张"<"周"
```

(4) 默认情况下，在代码窗口顶端（通用声明段）有一条语句：Option Compare Database，该语句是用来设置字符的比较规则的，在这种比较规则下，同一字母的大小写相等。通过修改该语句，可以改变字符的比较规则，如把这条语句改为 Option Compare Binary，则大写字母小于小写字母。

4. 逻辑运算符和逻辑表达式

逻辑运算符用于将两个逻辑值或关系表达式连接，其运算结果还是逻辑值。常用的逻辑运算符有3个,按优先级从高到低的顺序依次为 Not(取反)、And(与)、Or(或)。其运算规则如表 4-10 所示。

表 4-10　逻辑运算符的运算规则

A	B	Not A	A And B	A Or B
True	True	False	True	True
True	False	False	False	True
False	True	True	False	True
False	False	True	False	False

【说明】 当一个表达式中出现了多种不同类型的运算符时,其优先级顺序如下。

括号＞算术运算符≥字符串运算符＞关系运算符＞逻辑运算符

其中,字符串连接运算符("＋")的优先级同算术运算符加("＋")。

4.2.7 数据的输入与输出

为了便于 VBA 程序与用户之间进行交互,提高程序代码的通用性,需要使用特定的语句实现在程序运行时接收用户输入的数据,以及在运行过程中将中间结果或最终结果显示给用户。VBA 程序中常用的输入输出方法有 InputBox 函数、MsgBox 函数和过程、Debug 窗口的 Print 方法。

1. InputBox 函数

InputBox 函数的作用是弹出一个标准的输入对话框(见图 4-9),等待用户在文本框中输入内容并选择一个按钮,当用户输入完毕,单击"确定"按钮或按下 Enter 键时,函数的返回值为文本框中的内容。

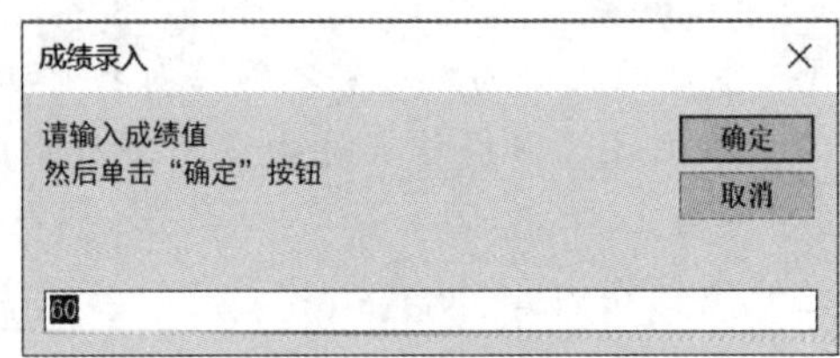

图 4-9　输入对话框

【调用格式】

```
变量名 = InputBox(提示[,标题][,默认][,x坐标位置][,y坐标位置])
```

【说明】

(1)"提示"是一个字符串表达式,用于设置对话框中显示的提示信息,不能省略。若提示信息较长,可以使用回车符 Chr(13)、换行符 Chr(10)或回车换行控制符 VbCrLf 进行换行。

(2)"标题"也是一个字符串表达式,用于设置对话框标题栏中显示的信息,默认时显示的标题为 Microsoft Access。

(3) “默认”用于为对话框提供一个默认值,设置对话框刚打开时文本框中显示的内容。省略此参数,则输入文本框为空。

(4) “x 坐标位置”和“y 坐标位置”为整型表达式,用于设置对话框在计算机屏幕上的位置,默认位于屏幕中心。

(5) 函数的返回值为 String 型。若接收返回值的变量为非字符串型,则自动转换为变量的类型后赋值,当不能正确转换时,提示“类型不匹配”的错误信息。

【例 4-2】 通过输入对话框输入一个成绩值,默认为 60,然后用 MsgBox 函数输出该成绩值。输入界面如图 4-9 所示。代码如下。

```
Sub 例 4_2()
    Dim N As Integer
    N = InputBox("请输入成绩值" + vbCrLf + "然后单击“确定”按钮", "成绩录入", 60)
    MsgBox "输入的成绩是" & N & "分"
End Sub
```

程序运行后,先弹出如图 4-9 所示的输入对话框,在其文本框中输入一个成绩值 75,单击“确定”按钮,则输出结果如图 4-10 所示。

图 4-10　例 4-2 的输出结果

【代码分析】 第二条语句(为 N 赋值的语句)的执行过程为：先执行 InputBox 函数,弹出如图 4-9 所示的输入对话框,等待用户输入数据；当用户输入数据并单击“确定”按钮后,InputBox 函数运行结束,并将用户在文本框中输入的数据作为函数的返回值,赋给变量 N。

2. MsgBox 函数和 MsgBox 过程

MsgBox 函数和 MsgBox 过程的作用是弹出一个标准对话框来显示提示信息或运行结果。两者的区别在于 MsgBox 函数有返回值,调用时一般出现在赋值语句中；而 MsgBox 过程没有返回值,调用时以语句形式出现,且参数外的括号需省略。

【函数调用格式】

```
变量名 = MsgBox(提示[,按钮][,标题])
```

【过程调用格式】

```
MsgBox 提示[,按钮][,标题]
```

【说明】

(1) “提示”用于设置对话框中显示的提示信息,不能省略。

(2) “按钮”是一个整型表达式,用于设置输出对话框的外观。它通常是由 4 个以内的常数组合而成,形式为：C1＋C2＋C3＋C4,各部分的取值和含义如表 4-11 所示。

(3) “标题”用于设置对话框标题栏中显示的信息,默认显示的标题为 Microsoft Access。

(4) MsgBox 函数的返回值是一个整型常量,其含义为用户按下了哪个按钮,各个按钮对应的返回值和内部常量如表 4-12 所示。

表 4-11 MsgBox 函数的“按钮”参数

分类	按钮值	内部常量	含义
按钮类型（C1）	0	vbOkOnly	只显示“确定”按钮
	1	vbOkCancel	显示“确定”和“取消”按钮
	2	vbAbortRetryIgnore	显示“终止”“重试”和“忽略”按钮
	3	vbYesNoCancel	显示“是 ”“否”和“取消”按钮
	4	vbYesNo	显示“是”和“否”按钮
	5	vbRetryCancel	显示 “重试”和“取消”按钮
图标类型（C2）	16	vbCritical	显示停止图标
	32	vbQuestion	显示疑问图标
	48	vbExclamation	显示警告图标
	64	vbInformation	显示信息图标
默认按钮（C3）	0	vbDefalutButton1	第一个按钮为默认按钮
	256	vbDefalutButton2	第二个按钮为默认按钮
	512	vbDefalutButton3	第三个按钮为默认按钮
模式（C4）	0	vbApplicationModal	应用模式，消息框只出现在 Access 窗口中
	4096	vbSystemModal	系统模式，消息框出现在所有打开的应用程序窗口中

表 4-12 MsgBox 函数的返回值和内部常量

返回值	内部常量	被选中按钮的名称
1	vbOk	确定
2	vbCancel	取消
3	vbAbort	终止
4	vbRetry	重试
5	vbIgnore	忽略
6	vbYes	是
7	vbNo	否

【例 4-3】 用 MsgBox 函数设计如图 4-11 所示的“确认文件删除”消息框，然后用 MsgBox 过程输出用户所选按钮的标题。

代码如下。

```
Sub 例 4_3()
    Dim N As Integer
    N = MsgBox("确定要删除文件吗?", 4 + 32, "确认文件删除")
    If N = 6 Then
        MsgBox "是"
    Else
        MsgBox "否"
    End If
End Sub
```

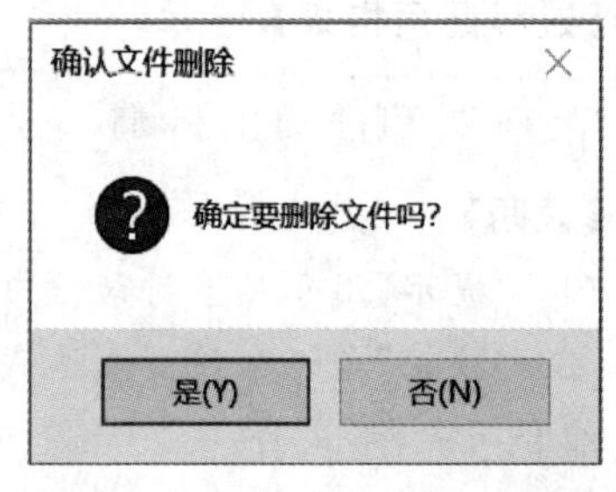

图 4-11 “确认文件删除”消息框

【说明】 本例中 MsgBox 函数的第二个参数也可写成 vbYesNo＋vbQuestion，或写成 36。

3. Debug. Print 方法

使用 MsgBox 函数或过程可以输出简单的信息，但是对于数据量较大的输出结果，使用 Debug 窗口的 Print 方法更为方便。Debug 窗口也称为立即窗口，是 VBA 用来输出程序运行结果的一个窗口，选择“视图”→“立即窗口”命令可以打开立即窗口。

【格式】

```
Debug.Print [{Spc(n)|Tab(n)};] 表达式列表 [{;|,}]
```

【说明】

(1) Print 之后可以是一个表达式，也可以是由分号或逗号隔开的多个表达式，输出时按顺序从左到右依次输出每个表达式的值。

(2) 每个表达式之前可以加函数 Spc(n) 或 Tab(n)，用于对输出内容进行定位。其中，Spc(n) 表示在输出表达式的值之前输出 n 个空格；Tab(n) 表示把表达式的值定位在第 n 列输出。

(3) 每个表达式之后的分号表示把光标定位在上一次输出之后，以紧凑的格式输下一个表达式的值；逗号表示把光标定位在下一个打印区的开始位置，每 14 列为一个打印区。

(4) 最后一个表达式之后的分号和逗号可以都省略，表示下一次调用 Debug. Print 方法时另起一行输出。

(5) 若 Debug. Print 之后没有任何内容，则表示换行。

【例 4-4】 在 Debug 窗口输出 1、3、5 及其对应的平方根，保留 3 位小数，要求输出结果如图 4-12 所示。

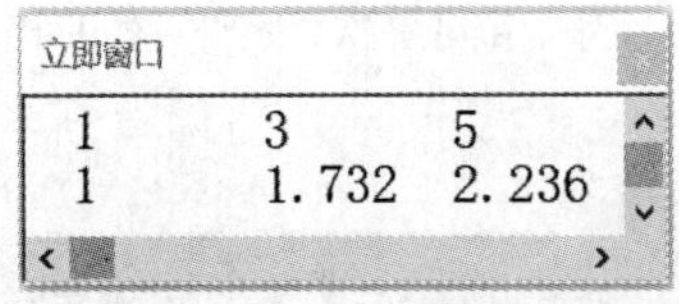

图 4-12 例 4-4 的输出结果

代码如下。

```
Sub 例 4_4()
    Debug.Print 1; Tab(8); 3; Tab(15); 5
    Debug.Print Round(Sqr(1), 3); Tab(8); Round(Sqr(3), 3);
    Debug.Print Tab(15); Round(Sqr(5), 3)
End Sub
```

【代码分析】 第二条 Debug. Print 语句最后有一个分号，表示输出后不换行，第三条输出语句和第二条输出语句在同一行上输出。

4.2.8 VBA 程序的书写规则

为了使得程序代码能被计算机正确识别和执行，并且具有较高的可读性，代码的书写应该遵循一些规则与约定。

(1) VBA 代码不区分字母的大小写。为方便输入，书写时可统一使用小写形式。对于关键字、内部函数名，VBA 都会自动将其转换为固定的大小写形式；对于用户自定义的变量名、过程名等，VBA 会自动将其转换为定义时采用的大小写形式。

(2) 通常一行代码对应一条语句。若代码较长，可以在前一行的末尾加上续行符(空格加下画线“_”)，分两行或多行书写；也可以在同一行上书写多条语句，不同的语句之间用冒号(:)隔开。

(3) 注释语句有利于程序的维护与调试。

注释语句通常用于说明一个程序段或一个过程的作用,或说明自定义变量的含义等,在程序的调试与维护阶段有助于调试人员对程序代码的理解。默认情况下注释部分字体呈绿色,在程序运行时注释的部分不会被执行。

可以通过两种方式进行注释:以 Rem 开头或由单引号(')引导。Rem 语句用于对整行注释;单引号可以出现在一行的任意位置,表示将单引号之后的内容作为注释。

【例 4-5】 在例 4-3 中添加注释语句。

代码如下。

```
Sub 例 4_5()
    Rem 变量 N 接收 MsgBox 函数的返回值
    Dim N As Integer
    N = MsgBox("确实要删除文件吗?", 36, "确认文件删除")
    If N = 6 Then '用户按下的按钮为"是"
        MsgBox "是"
    Else
        MsgBox "否"
    End If
End Sub
```

(4) 锯齿形的书写形式可以增加程序的可读性。结构内部的代码相对于结构本身缩进若干字符,相同层次的结构缩进相同的字符数,可以使得代码结构更为清晰。

4.3 VBA 的流程控制结构

程序的流程控制结构决定了程序中代码的执行顺序和执行流程。程序有 3 种基本结构,即顺序结构、分支结构和循环结构。

4.3.1 顺序结构

顺序结构是最简单的一种结构,按照语句的书写顺序逐条依次执行。任何程序在整体上都是顺序执行的,只有当遇到分支结构或循环结构时,才会暂时改变执行流程。顺序结构执行流程如图 4-13 所示。

【例 4-6】 通过输入对话框输入圆的半径,计算并输出圆的面积。

代码如下。

```
Sub 例 4_6()
    Const PI = 3.14
    Dim r As Single, s As Single
    r = InputBox("请输入圆的半径值: ","输入半径",0)
    s = PI * r * r
```

```
    MsgBox "半径为" & r & "的圆面积为：" & s
End Sub
```

【代码分析】“MsgBox"半径为" & r & "的圆面积为：" & s”语句的作用是将字符串常量"半径为"、变量r的值、字符串常量"的圆面积为："、变量s的值按照顺序连接成一个字符串后输出。若用户输入的半径为4，则输出结果如图4-14所示。

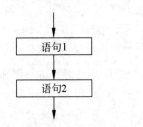

图 4-13　顺序结构执行流程　　**图 4-14　例 4-6 运行结果**

4.3.2　分支结构

分支结构也称为选择结构，根据给定条件表达式的值从若干分支中选择一个执行，每个分支对应一个程序代码段。根据分支数目不同，分支结构可分为单分支、双分支和多分支。

1. 单分支结构

单分支只有一个分支，根据条件表达式的值判断是否执行该分支。单分支结构有如下两种书写格式。

【格式 1】

```
If <条件表达式> Then <语句组>
```

【格式 2】

```
If <条件表达式> Then
    <语句组>
End If
```

【说明】

(1) 格式1称为行式If语句，书写时所有代码必须写在同一行上；格式2称为块状If语句，书写时必须按照格式要求分多行输入，Then右边不能有语句(注释语句除外)。

(2) 条件表达式一般为关系表达式或逻辑表达式。若为算术表达式，则按照0为False，非0为True判断。

(3) Then之后的语句组可以是一条语句，也可以是多条语句。若语句组由多条语句构成，在格式1中要写在一行上，用冒号(:)分隔不同语句，不能分行写；在格式2中可以分行写。

(4) 单分支结构先判断If之后条件表达式的值，若为True，则执行Then之后的语句组，然后结束该单分支结构；若为False，则不执行Then之后的语句组，直接结束该单分支结构。单分支结构的执行流程如图4-15所示。

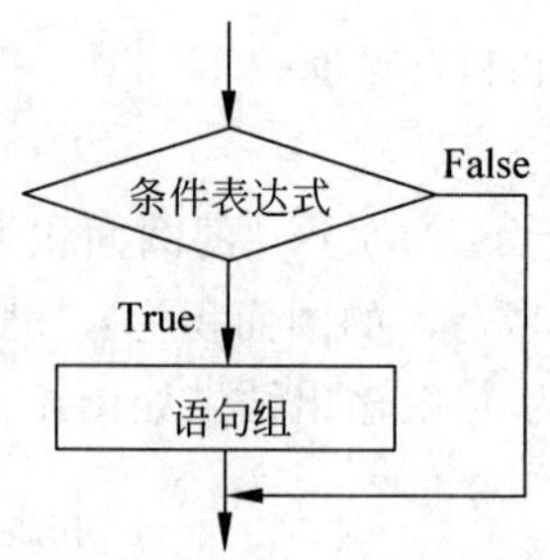

图 4-15 单分支结构的执行流程

【例 4-7】 使用输入对话框输入一个成绩值,若成绩值大于或等于 60,则输出合格。代码如下。

```
Sub 例 4_7()
    Dim x As Integer
    x = InputBox("请输入一个成绩值", "输入成绩", 0)
    If x >= 60 Then MsgBox "合格"
End Sub
```

【例 4-8】 使用随机数函数产生两个两位正整数,并将较大值放于变量 x 中,较小值放于变量 y 中。

代码如下。

```
Sub 例 4_8()
    Dim x As Integer, y As Integer, t As Integer
    x = 10 + Rnd * 89
    y = 10 + Rnd * 89
    If x < y Then
        t = x
        x = y
        y = t
    End If
    Debug.Print "较大数为: "; x; ",较小数为: "; y
End Sub
```

【代码分析】

(1) 本例中交换两个变量 x 和 y 中的值,是通过一个中间变量 t 来实现的,变量 t 用于临时存放变量 x 的值,交换过程如图 4-16 所示。

(2) 本例中的块状 If 语句也可改成行式 If 语句:

```
If x < y Then t = x: x = y: y = t
```

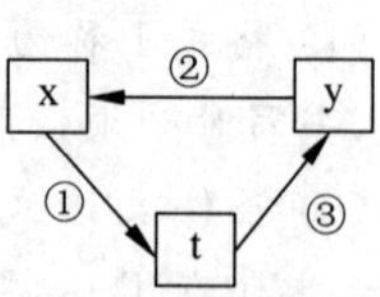

图 4-16 交换变量 x 和 y

2. 双分支结构

双分支结构有两个分支,根据条件表达式的值选择其中一个分支执行。双分支结构也有两种书写格式。

【格式 1】

```
If <条件表达式> Then <语句组 1> Else <语句组 2>
```

【格式 2】

```
If <条件表达式> Then
    <语句组 1>
Else
    <语句组 2>
End If
```

【说明】

(1) 格式 1 和格式 2 的书写要求与单分支结构相同。

(2) 双分支结构先判断条件表达式的值，若为 True，则执行 Then 之后的语句组 1，然后结束该分支结构；若为 False，则执行 Else 之后的语句组 2，然后结束该分支结构。双分支结构的执行流程如图 4-17 所示。

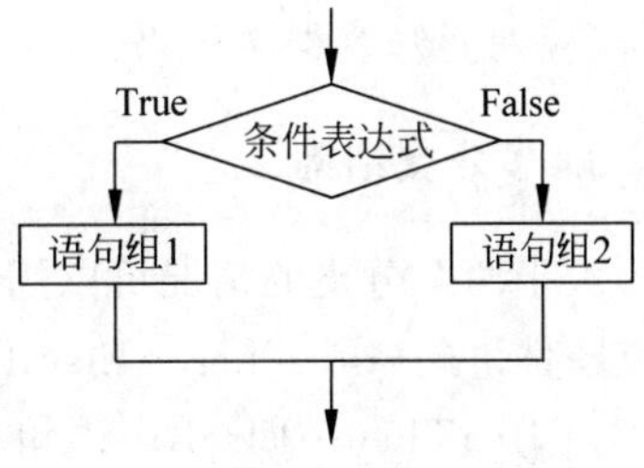

图 4-17　双分支结构的执行流程

【例 4-9】 通过输入对话框输入一个成绩值，并判断其是否合格。

代码如下。

```
Sub 例 4_9()
    Dim x As Integer, grade As String
    x = InputBox("请输入一个成绩值", "输入成绩", 0)
    If x >= 60 Then grade = "合格" Else grade = "不合格"
    MsgBox "成绩值" & x & "对应的等级为" & grade
End Sub
```

【例 4-10】 已知某种商品售价为每千克 50 元，如果购买 10kg 以上则超出 10kg 的部分享受 8 折优惠。要求编程实现输入任意一个质量值，计算并输出应付的货款。

【例题分析】 假设用变量 x 表示质量值，变量 y 表示应付货款，则根据题目描述，y 的计算方式如下。

$$y=\begin{cases}50*x, & x\leqslant 10\\ 50*10+50*0.8*(x-10), & x>10\end{cases}$$

代码如下。

```
Sub 例 4_10()
    Dim x As Single, y As Single
    x = InputBox("请输入商品质量：", , 0)
    If x <= 10 Then
        y = 50 * x
    Else
        y = 50 * 10 + 50 * 0.8 * (x - 10)
    End If
    MsgBox "商品质量为：" & x & "kg,应付货款：" & y & "元."
End Sub
```

【例 4-11】 分析程序的输出结果。

```
Sub 例 4_11()
    Dim x As Integer, grade As String
    x = InputBox("请输入一个成绩值", "输入成绩", 0)
```

```
    If x >= 90 Then grade = "优秀"
    If x >= 60 Then
        grade = "合格"
    Else
        grade = "不合格"
    End If
    MsgBox "成绩值" & x & "对应的等级为" & grade
End Sub
```

【思考】 例 4-11 执行后，若输入的 x 值为 95，则输出的等级是什么？若想得到正确的结果，应如何修改程序代码？

3. 多分支结构

大于两个分支的情况可以用多分支实现。VBA 提供了两种语句实现多分支结构：多分支条件语句(If…Then…ElseIf…)和情况语句(Select Case)。

1) If…Then…ElseIf…语句

【格式】

```
If <条件表达式 1> Then
    <语句组 1>
ElseIf <条件表达式 2> Then
    <语句组 2>
…
ElseIf <条件表达式 n> Then
    <语句组 n>
[Else
    <语句组 n+1>]
End If
```

If…Then…ElseIf…语句的执行流程如图 4-18 所示。

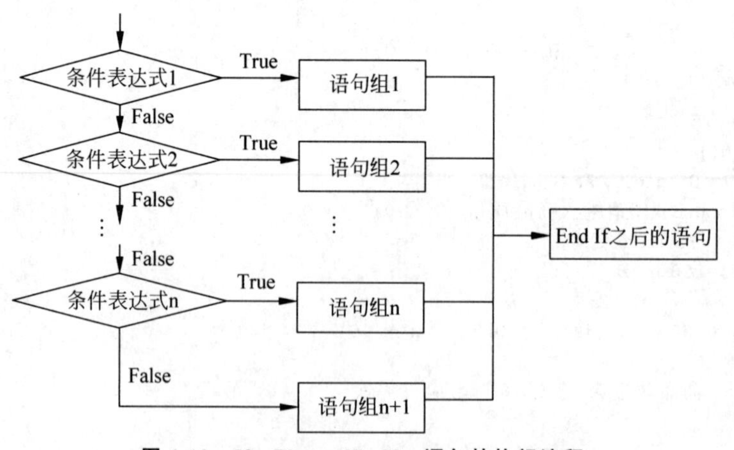

图 4-18　If…Then…ElseIf…语句的执行流程

【说明】

(1) 语句的执行流程为：从上到下依次判断每个条件表达式的值，若为 True，则执行该条件之后的语句组，然后结束该分支结构；若为 False，则继续判断下一个条件表达式。

(2) 程序只执行第一个为 True 的条件表达式之后的语句组，执行完之后立即结束该分支结构，跳到 End If 之后去执行。

(3) 若<条件表达式 1>～<条件表达式 n>都为 False，则检查有无 Else 子句。如有 Else 子句，则无条件执行 Else 之后的<语句组 n+1>，然后结束该分支结构；如果没有 Else 子句，则程序什么都不执行，直接结束该分支结构。

【例 4-12】 用 If…Then…ElseIf…语句实现分段函数：

$$y=\begin{cases}\sqrt{x} & x>0\\ 0 & x=0\\ |x| & x<0\end{cases}$$

代码如下。

```
Sub 例 4_12()
    Dim x As Single, y As Single
    x = InputBox("请输入一个整数", , 0)
    If x > 0 Then
        y = Sqr(x)
    ElseIf x < 0 Then
        y = Abs(x)
    Else
        y = 0
    End If
    MsgBox "y = " & y
End Sub
```

【例 4-13】 将百分制的成绩转换为等级分，转换规则如下：85 分及以上为优秀；75～84 分为良好；60～74 分为及格；59 分及以下为不及格。要求使用输入对话框输入百分制的分数，判断并输出其对应的等级。

代码如下。

```
Sub 例 4_13()
    Dim x As Integer, grade As String
    x = InputBox("请输入百分制成绩值：", , 0)
    If x >= 85 Then
        grade = "优秀"
    ElseIf x >= 75 Then
        grade = "良好"
    ElseIf x >= 60 Then
        grade = "合格"
    Else
        grade = "不合格"
    End If
    MsgBox x & "分对应的等级为" & grade
End Sub
```

【代码分析】 本例中，等级良好对应的分数段为 75～84 分，如果要完整地表示这个条件，应该写成：x>=75 and x<=84。但根据多分支结构的执行流程，只有当 x>=85 不成立时，程序才会去判断第二个条件，即程序如果执行到了第二个条件判断，则 x<=84 肯定

成立，所以第二个条件可以直接写成 x>=75，后面的分支类似。

2）Select Case 语句

【格式】

```
Select Case <测试表达式>
    Case <表达式列表 1>
        <语句组 1>
    Case <表达式列表 2>
        <语句组 2>
    …
    Case <表达式列表 n>
        <语句组 n>
    [Case Else
        <语句组 n+1>]
End Select
```

Select Case 语句的执行流程如图 4-19 所示。

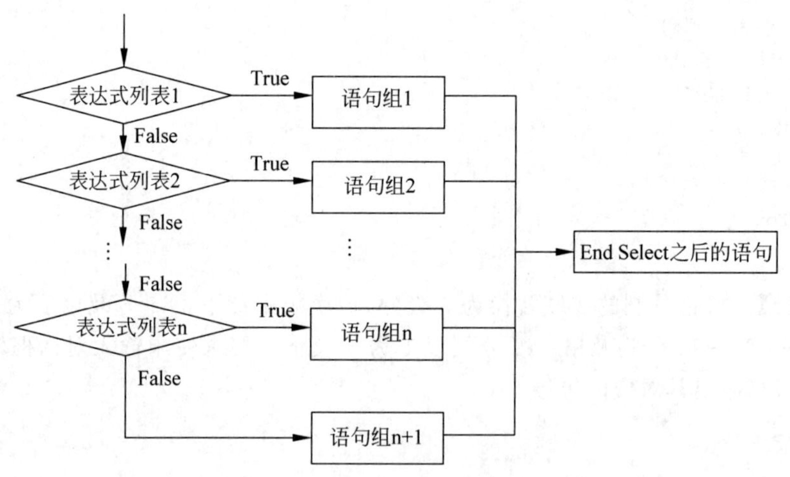

图 4-19　Select Case 语句的执行流程

【说明】

(1) 测试表达式可以是任意类型的表达式，但必须与每个 Case 子句之后的表达式列表类型一致。

(2) 每个 Case 子句之后的表达式列表可以由一个或多个测试项构成，不同测试项之间用逗号分隔。每个表达式列表均可采用如下形式。

① 一个常量或用逗号分隔的多个常量，如：Case 1,3,5,7。

② 用 To 表示一个闭合区间，如：Case 85 To 100。

③ 用 Is 代表测试表达式的值，后跟关系运算符和比较的值，如 Case Is<60。

④ 综合以上三种形式，并用逗号分隔，如：Case 1,3,5,10 To 15,Is>20。

(3) Select Case 语句的执行流程与 If…Then…ElseIf…语句相似。程序运行时，先计算测试表达式的值，再从上到下、从左到右依次检查每个 Case 子句之后的测试项，若找到与测试表达式的值匹配的测试项，则执行该 Case 子句之后的语句组；否则继续检查后面的测试项。如果所有 Case 子句中的测试项都不能匹配测试表达式的值，检查有无 Case Else 子句，若有则无条件执行 Case Else 之后的<语句组 n+1>；若无则什么都不执行，直接结束该分支结构。

(4) Select Case 语句只执行第一个匹配成功的 Case 子句之后的语句组，执行完立即结束该分支结构。

【例 4-14】 用 Select Case 语句实现例 4-13。

代码如下。

```
Sub 例 4_14()
    Dim x As Integer, grade As String
    x = InputBox("请输入百分制成绩值：", , 0)
    Select Case x
        Case 85 To 100
            grade = "优秀"
        Case 75 To 84
            grade = "良好"
        Case 60 To 74
            grade = "合格"
        Case 0 To 59
            grade = "不合格"
        Case Else
            grade = "数据错误"
    End Select
    MsgBox x & "分对应的等级为" & grade
End Sub
```

【例 4-15】 通过输入对话框任意输入一个日期，判断并输出该日期是星期几。

【例题分析】 判断一个日期是星期几，可以使用 Weekday 函数，该函数的返回值是 1～7 中的一个数字，分别对应星期日到星期六。

代码如下。

```
Sub 例 4_15()
    Dim d As Date, w As String
    d = InputBox("请输入一个日期", , Date)
    Select Case Weekday(d)
        Case 1
            w = "日"
        Case 2
            w = "一"
        Case 3
            w = "二"
        Case 4
            w = "三"
        Case 5
            w = "四"
        Case 6
            w = "五"
        Case 7
            w = "六"
    End Select
```

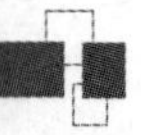


```
    MsgBox d & "是星期" & w
End Sub
```

4. 使用函数实现分支结构

对于简单的条件判断，可以使用函数来代替分支语句，使得程序代码更为简洁。常用的用于实现分支结构的函数有 IIF、Switch、Choose 等。

1) IIF 函数

【调用格式】

```
IIF(<条件表达式>,<表达式 1>,<表达式 2>)
```

【说明】

(1) <条件表达式>为关系表达式或逻辑表达式，<表达式 1>和<表达式 2>可以是任意类型的表达式。

(2) 该函数的功能是若<条件表达式>的值为 True，则返回<表达式 1>的值，否则返回<表达式 2>的值。

【例 4-16】 产生两个两位随机整数，求其中的较大数。

代码如下。

```
Sub 例 4_16()
    '定义变量时可用类型符代替 As 子句, % 是 Integer 型的类型符
    Dim a%, b%, max%
    a = 10 + Rnd * 89: b = 10 + Rnd * 89
    max = IIf(a > b, a, b)
    Debug.Print a; b
    Debug.Print "较大数为: "; max
End Sub
```

2) Switch 函数

【调用格式】

```
Switch(<条件表达式 1>,<表达式 1>[,<条件表达式 2>,<表达式 2>[, … ]])
```

【说明】

(1) <条件表达式>与<表达式>总是成对出现。

(2) 该函数的功能是从左到右依次判断每个<条件表达式>的值，当遇到第一个为 True 的<条件表达式>，返回之后的<表达式>的值。

【例 4-17】 用 Switch 函数实现输入一个数值，判断其为正数、负数或零。

代码如下。

```
Sub 例 4_17()
    Dim x As Integer, S As String
    x = InputBox("请输入一个整数", , 0)
    S = Switch(x > 0, "正数", x < 0, "负数", x = 0, "零")
    MsgBox "你输入的数是" & S
End Sub
```

【思考】 如何用 IIf 函数实现例 4-17?

3) Choose 函数

【调用格式】

```
Choose(<索引表达式>,<表达式 1 >[,<表达式 2 >[,<表达式 3 >[, … ]]])
```

【说明】

(1) <索引表达式>的值必须是大于 0 的整数,且不能超过后面表达式的个数。

(2) 该函数的功能是计算<索引表达式>的值(设值为 N),返回<表达式 N >的值。

例 4-18 用 Choose 函数实现例 4-15。

代码如下。

```
Sub 例 4_18()
    Dim d As Date, w As String
    d = InputBox("请输入一个日期", , Date)
    w = Choose(Weekday(d), "日", "一", "二", "三", "四", "五", "六")
    MsgBox d & "是星期" & w
End Sub
```

4.3.3 循环结构

循环结构是指在循环条件满足的情况下有规律地重复执行某一程序代码段的结构,被反复执行的程序代码段称为循环体。VBA 常用的循环语句有两种:For…Next 循环和 Do…Loop 循环。

1. For…Next 循环

For…Next 循环一般用于循环次数已知的情况,通过循环变量的初值、终值和步长值可以计算出循环的执行次数。

【格式】

```
For <循环变量> = <初值> To <终值> [Step 步长]
    <循环体>
Next [循环变量]
```

For…Next 循环的执行流程如图 4-20 所示,描述如下。

(1) 为循环变量赋初值,同时记下终值和步长。

(2) 判断循环变量是否在终值内(当步长为正数时,判断是否满足"循环变量＜＝终值";当步长为负数时,判断是否满足"循环变量＞＝终值"),若是,则执行循环体;否则退出循环,执行 Next 语句的下一条语句。

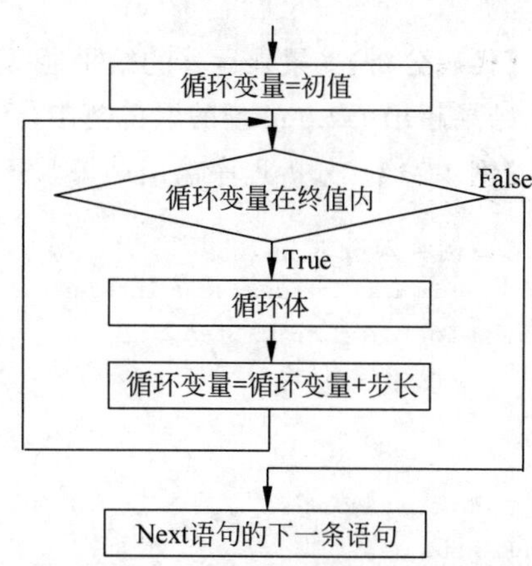

图 4-20 For…Next 循环的执行流程

(3) 执行 Next 语句，获得循环变量的下一个值，即执行"循环变量＝循环变量＋步长"，转到(2)继续执行。

【说明】

(1) 循环变量是一个定义好的数值型变量，初值、终值和步长均为数值型表达式。

(2) 步长可正、可负、可省略。省略时步长为 1，要求当步长为正数时，初值≤终值；当步长为负数时，初值≥终值，否则循环一次也不会执行。

(3) For…Next 循环的正常退出条件是循环变量超出终值，也可通过在循环体内使用 Exit For 语句强制退出循环。

【例 4-19】 计算 100 以内的奇数和。

代码如下。

```
Sub 例 4_19()
    Dim i As Integer, s As Integer
    For i = 1 To 100 Step 2
        s = s + i
    Next i
    MsgBox "100 以内的奇数和为: " & s
End Sub
```

【例 4-20】 通过输入对话框输入一个正整数，求其阶乘。

代码如下。

```
Sub 例 4_20()
    Dim i As Integer, p As Long, x As Integer
    x = InputBox("请输入一个正整数", , 0)
    p = 1
    For i = 1 To x
        p = p * i
    Next i
    MsgBox x & "的阶乘为" & p
End Sub
```

【代码分析】 累乘运算的结果通常较大，本例中存放阶乘的变量 p 需定义为 Long 型。如果结果超出了 Long 型的取值范围，还需将 p 定义为 Single 型或 Double 型。

【例 4-21】 分析程序输出结果。

```
Sub 例 4_21()
    Dim i As Integer, s As Integer
    For i = 1 To 10 Step 2
        i = i + 1
        s = s + i
    Next i
    Debug.Print s
End Sub
```

【代码分析】 在循环体内改变循环变量的值，会影响循环的执行次数。循环的执行过程如表 4-13 所示。

表 4-13　例 4-21 中 For 循环的执行过程

循环次数	i 的值	i<=10	i=i+1	s=s+i	step 2
1	1	True	i=2	s=2	i=4
2	4	True	i=5	s=7	i=7
3	7	True	i=8	s=15	i=10
4	10	True	i=11	s=26	i=13
5	13	False			

【例 4-22】　求 100 以内既非 3 的倍数也非 5 的倍数的所有奇数的和。

【例题分析】　本例可以使用在一个 For 循环内嵌套一个单分支结构实现。用 For 循环列出 100 以内的所有奇数，再依次用 If 语句判断每一个奇数是否符合条件，只对符合条件的数进行累加。

代码如下。

```
Sub 例 4_22()
    Dim i As Integer, s As Integer
    For i = 1 To 100 Step 2
        If i Mod 3 <> 0 And i Mod 5 <> 0 Then
            s = s + i
        End If
    Next i
    MsgBox "100 以内既非 3 的倍数也非 5 的倍数的奇数和为" & s
End Sub
```

【例 4-23】　通过输入对话框输入一个任意字符串，统计其中字母、数字字符以及其他字符的个数。

【例题分析】　使用一个循环结构结合取子串函数 Mid，依次取出字符串中的每一个字符，每取出一个字符，使用分支结构判断这个字符是字母、数字字符还是其他字符，再根据判断结果进行计数。

代码如下。

```
Sub 例 4_23()
    '变量 n1、n2 和 n3 分别用于存放字母、数字字符和其他字符的个数
    Dim s$, i%, n1%, n2%, n3%  '$ 表示 String 型, % 表示 Integer 型
    s = InputBox("请输入一个任意字符串")
    For i = 1 To Len(s)
        Select Case Mid(s, i, 1)
            Case "A" To "Z", "a" To "z"
                n1 = n1 + 1
            Case "0" To "9"
                n2 = n2 + 1
            Case Else
                n3 = n3 + 1
        End Select
    Next i
    MsgBox "共有" & n1 & "个字母," & n2 & "个数字," & n3 & "个其他字符"
End Sub
```

【例 4-24】 通过输入对话框输入一个自然数,判断其是否为质数。质数是指大于 1 的自然数中,除了 1 和它本身外不再有其他因数的自然数。

【例题分析】 判断一个数 x 是否为质数的基本方法是:用 x 依次除以 2 到 x－1 的每一个数,判断能否整除,只要有一个能整除,就能说明 x 不是质数;如果都不能整除,则说明 x 是质数。

代码如下。

```
Sub 例 4_24()
    Dim x As Integer, i As Integer
    x = InputBox("请输入一个自然数:")
    '用 2 到 x - 1 的每一个数 i 依次去除 x,只要发现有一个 i 能整除 x,
    '就能说明 x 不是质数,判断结束,退出 For 循环
    For i = 2 To x - 1
        If x Mod i = 0 Then Exit For
    Next i
    '循环结束后,根据循环变量 i 的值判断 x 是否为质数
    If i = x Then '循环因为超出终值而退出,即所有 i 都不能整除 x
        MsgBox x & "是质数"
    Else    '循环因为执行了 Exit For 而退出,即至少有一个 i 能整除 x
        MsgBox x & "不是质数"
    End If
End Sub
```

2. Do…Loop 循环

Do…Loop 循环一般用于循环次数未知的情况,根据循环条件的值来判断是否继续执行循环体。Do…Loop 循环有如下 5 种格式。

【格式 1】

```
Do While <条件表达式>
    <循环体>
Loop
```

【格式 2】

```
Do
    <循环体>
Loop While <条件表达式>
```

【格式 3】

```
Do Until <条件表达式>
    <循环体>
Loop
```

【格式 4】

```
Do
    <循环体>
Loop Until <条件表达式>
```

【格式 5】

```
Do
    <循环体>
Loop
```

5 种格式的执行流程如图 4-21 所示。

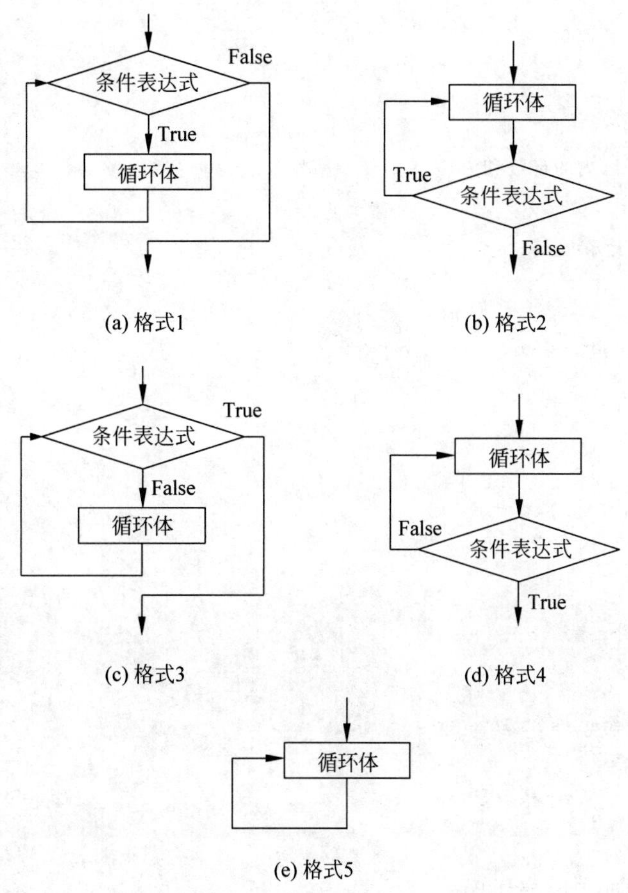

图 4-21　Do…Loop 循环的执行流程

【说明】

(1) 格式 1 和格式 2 称为当型循环，当条件表达式的值为 True 时，执行循环体，为 False 时结束循环；格式 3 和格式 4 称为直到型循环，条件表达式的值为 False 时，执行循环体，直到条件表达式的值为 True 时，结束循环。

(2) 格式 1 和格式 3 中，条件表达式位于 Do 之后，先判断条件后执行循环体；格式 2 和格式 4 中，条件表达式位于 Loop 之后，先执行循环体后判断条件。

(3) 当型循环中条件表达式的值为 False、直到型循环中条件表达式的值为 True 时，循环正常退出，也可以在循环体内使用 Exit Do 语句强制退出循环。

(4) 格式 5 是一种不带条件的无限循环，在循环体内必须有 Exit Do 语句强制退出循环，否则循环将不断执行下去，成为死循环。

(5) 同一问题可以通过一种或多种格式来实现，在实际编程时，可根据表达条件的需要,选择最合适的一种。

【例 4-25】 用 Do…Loop 循环求 100 以内的奇数和。

格式 1 代码如下。

```
Sub 例 4_25_1()
    Dim i As Integer, s As Integer
    i = 1
    Do While i <= 100
        s = s + i
        i = i + 2
    Loop
    MsgBox "100 以内的奇数和为: " & s
End Sub
```

格式 4 代码如下。

```
Sub 例 4_25_4()
    Dim i As Integer, s As Integer
    i = 1
    Do
        s = s + i
        i = i + 2
    Loop Until i > 100
    MsgBox "100 以内的奇数和为: " & s
End Sub
```

格式 5 代码如下。

```
Sub 例 4_25_5()
    Dim i As Integer, s As Integer
    i = 1
    Do
        s = s + i
        i = i + 2
        If i > 100 Then Exit Do
    Loop
    MsgBox "100 以内的奇数和为: " & s
End Sub
```

【例 4-26】 分析程序输出结果。

```
Sub 例 4_26()
    Dim T As Integer
    T = 8
    Do While T < 27
        T = T + 4
    Loop
    MsgBox T
End Sub
```

【例题分析】 本例中 Do 循环的执行过程如表 4-14 所示。

表 4-14 例 4-26 中 Do 循环的执行过程

循环次数	T 的值	T<27	T=T+4
1	8	True	T=12
2	12	True	T=16
3	16	True	T=20
4	20	True	T=24
5	24	True	T=28
6	28	False	

【例 4-27】 随机产生一个 1～100 的整数,让用户猜这个数。要求:用户每输入一个错误的数值,程序给出提示并要求重猜,直到用户输入正确数值为止。

代码如下。

```
Sub 例 4_27()
    Dim x As Integer, y As Integer
    x = Int(Rnd * 100) + 1
    y = InputBox("猜一猜?", , 0)
    Do Until y = x
        If y > x Then
            y = InputBox("太大了,请重猜!", , 0)
        End If
        If y < x Then
            y = InputBox("太小了,请重猜!", , 0)
        End If
    Loop
    MsgBox "你猜对了!"
End Sub
```

【代码分析】 本例属于循环次数未知的情况,因为事先不知道用户会猜多少次,更适合使用 Do…Loop 循环实现,当用户猜对(即 y=x)时结束循环。

【例 4-28】 编程计算$\frac{1}{1!}+\frac{1}{2!}+\cdots+\frac{1}{n!}+\cdots$的近似值,直到最后一项小于 10^{-6}。

【例题分析】 分析题目中相邻项之间的关系,即如何由前一项推导出后一项。用一个变量 i(i=1,2,3,……)表示第 i 项,一个变量 t 依次表示每一项的值,当 i=1 时,t 为初始值 1,当 i=2 时,t=t/2,…,以此类推。

代码如下。

```
Sub 例 4_28()
    Dim i As Integer, t As Single, s As Single 't 用于存放某一个累加项的值
    i = 1: t = 1
    Do While t >= 0.000001 '当 t 的值不小于 0.000001 时,继续执行循环
        s = s + t
        i = i + 1
        t = t / i '计算出下一项的值
    Loop
    MsgBox s
End Sub
```

3. 循环嵌套

循环嵌套是指在一个循环的循环体内包含了另一个完整的循环。嵌套的层次可以很多，本书只介绍嵌套一次的情况，即双重循环。VBA 中 For…Next 循环和 Do…Loop 循环都可以相互嵌套。嵌套时需要注意以下几点。

(1) 内层循环和外层循环的循环变量不能同名。

(2) 内层循环必须完全包含在外层循环之中，不能交叉。

(3) 循环嵌套执行时，对于外层的每一次循环，内层循环必须执行完所有的循环次数，才能进入外层的下一次循环。

(4) 对于一个外层有 m 次、内层有 n 次的双重循环，其核心循环体(即内层循环的循环体)将重复执行 $m \times n$ 次。

【例 4-29】 分析程序的输出结果。输出结果如图 4-22 所示。

```
Sub 例 4_29()
    Dim i As Integer, j As Integer
    For i = 1 To 3
        For j = 1 To 2
            Debug.Print i, j
        Next j
    Next i
End Sub
```

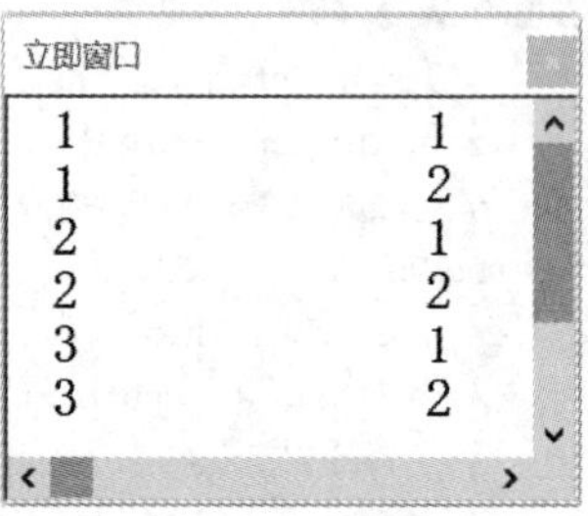

图 4-22 例 4-29 的输出结果

【代码分析】 本例是一个外层 3 次内层 2 次的双重循环，内循环的循环体(即语句 Debug.Print i, j)共执行了 6 次，对应输出结果中的 6 行。根据双重循环的执行流程，当外层第一次执行(i=1)时，内层循环要执行两次(j=1,j=2)，输出图 4-22 中的前两行；同理，当外层第二次执行(i=2)和第三次执行(i=3)时，再分别输出两行。

【例 4-30】 编程计算 s=1!+3!+5!+…+25!。

代码如下。

```
Sub 例 4_30()
    Dim i As Integer, j As Integer, s As Single, p As Single
    s = 0
    For i = 1 To 25 Step 2              '外层循环求累加
        p = 1
        For j = 1 To i                  '内层循环求每一个 i 的阶乘
            p = p * j
        Next j
        s = s + p
    Next i
    MsgBox "1! + 3! + 5! + … + 25!= " & s
End Sub
```

【例 4-31】 编程实现在 Debug 窗口输出如图 4-23 所示的九九乘法表。

```
1×1=1
1×2=2 2×2=4
1×3=3 2×3=6  3×3=9
1×4=4 2×4=8  3×4=12 4×4=16
1×5=5 2×5=10 3×5=15 4×5=20 5×5=25
1×6=6 2×6=12 3×6=18 4×6=24 5×6=30 6×6=36
1×7=7 2×7=14 3×7=21 4×7=28 5×7=35 6×7=42 7×7=49
1×8=8 2×8=16 3×8=24 4×8=32 5×8=40 6×8=48 7×8=56 8×8=64
1×9=9 2×9=18 3×9=27 4×9=36 5×9=45 6×9=54 7×9=63 8×9=72 9×9=81
```

图 4-23 九九乘法表

代码如下。

```
Sub 例 4_31()
    Dim i As Integer, j As Integer
    For i = 1 To 9
        For j = 1 To i
            '输出每一个乘法式子之前,先用 Tab 函数固定输出位置
            Debug.Print Tab((j - 1) * 8); j & "×" & i & "=" & i * j;
        Next j
        Debug.Print '换行
    Next i
End Sub
```

【例 4-32】 编程实现在 Debug 窗口输出如图 4-24 所示的图形。

```
    *
   ***
  *****
 *******
*********
```

图 4-24 例 4-32 的输出结果

代码如下。

```
Sub 例 4_32()
    For i = 1 To 5
        Debug.Print Spc(5 - i);          '第 i 行输出 * 之前,先输出 5 - i 个空格
        For j = 1 To 2 * i - 1           '第 i 行输出 * 的个数为 2 * i - 1
            Debug.Print "*";
        Next j
        Debug.Print                      '换行
    Next i
End Sub
```

【代码分析】 使用双重循环输出二维图形时应注意以下几点。

(1) 输出的行数: 对应外循环变量 i 的终值,本例为 5。

(2) 每行输出 * 的个数: 对应内循环变量 j 的终值,各行输出 * 的个数不同时,需要找出每行 * 的个数与当前行号的关系(即 j 的终值与 i 的关系),本例为 2 * i−1。

(3) 每行输出的起始位置: 需要找出每行输出的起始位置与当前行号 i 之间的关系,再用 Spc 函数或 Tab 函数进行定位,本例每行输出 * 之前先输出 5−i 个空格。

4.4 数组

数组也是一种数据存储结构,可以看成是一种特殊的内存变量。与简单变量同时只能存储一个数据的特征不同,一个数组可以同时存储若干相同类型的数据。在实际应用中,有时需要涉及大量相同类型数据的存储和处理问题,如要存储 100 个学生的成绩信息,定义 100 个简单变量来存放显然太麻烦,而定义一个可以存放 100 个数值型数据的数组可以很好地解决这个问题。

4.4.1 数组的概念

数组是用一个标识符(即数组名)来保存若干数据的存储结构。数组中的每个数据称为一个数组元素。为了区分同一数组中的不同元素,每个元素有一个唯一确定的下标值,如图 4-25 所示。

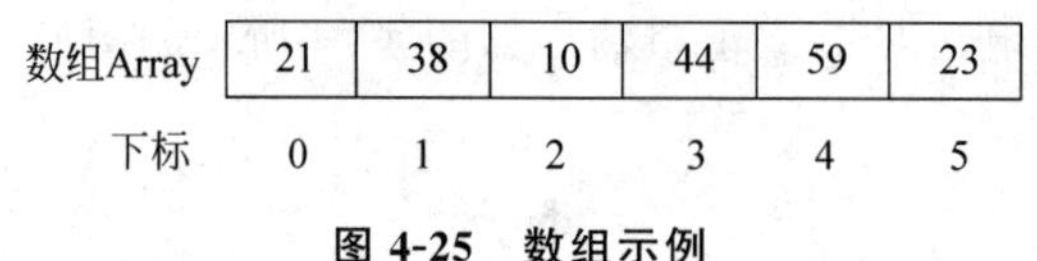

图 4-25 数组示例

【说明】

(1) 同一数组中每个元素的数据类型相同,占用相同大小的存储空间。

(2) 同一数组中的元素在内存中连续存放,通过下标值可以确定元素在数组中的位置。

(3) 下标为整数,其取值范围在定义数组时给出。

(4) 通过数组名和下标值可以访问数组中的元素,如在图 4-25 中,Array(2)表示访问数组 Array 中下标为 2 的元素,其元素值为 10。

(5) 数组可分为一维数组、二维数组和多维数组,数组的维数由访问某个数组元素时需用到的下标个数决定。

4.4.2 一维数组

一维数组使用一个下标值访问数组元素,数组元素呈线性排列。

1. 一维数组的定义

数组必须先定义后使用,数组的定义与变量的定义相似。

【格式】

```
Dim <数组名> ([<下界> To] <上界>) [As <类型>]
```

【举例】

```
Dim A(2 To 5) As Integer
Dim B(10) As Single
Dim X(1 To 10) As Integer, Y(20) As String, i As Integer
```

【说明】

(1) 数组名应为合法的标识符。一个 Dim 语句中可以定义多个数组,也可以同时定义数组和简单变量,数组之间、变量之间用逗号隔开。

(2) 下界和上界给出了数组下标的取值范围。定义时,下界和上界必须是常数或符号常量,不能使用变量或其他表达式。

(3) 定义数组时,下界值可以省略。默认情况下,下界值为 0,可以在模块的通用声明段使用 Option Base 语句改变数组下标下界的默认值。

(4) 下界和上界也确定了数组中可存放的元素个数,即数组大小。一维数组的大小为:上界－下界＋1。如上例中,数组 A 的下标取值范围为 2～5,可存放 4 个元素;数组 B 的下标取值范围为 0～10,可存放 11 个元素。

(5) 使用数组时,LBound 函数和 UBound 函数可返回数组下标的下界值和上界值。

2. 一维数组元素的访问

访问单个数组元素可以通过数组名和下标值来实现,如果要依次访问一维数组中的每一个元素,可以使用 For…Next 循环。循环变量的初值和终值可分别设为数组下标的下界值和上界值。

访问数组元素时,要注意下标不能超过下界值和上界值,否则程序执行时会提示"下标越界"的错误提示信息。

【例 4-33】 访问单个元素。

代码如下。

```
Sub 例 4_33()
    Dim a(1 To 3) As Integer
    a(1) = 10: a(2) = 20: a(3) = 30
    MsgBox a(1) + a(2) + a(3)
End Sub
```

【例 4-34】 依次为数组中每个元素赋值并输出。

代码如下。

```
Sub 例 4_34()
    Dim A(1 To 10) As Integer, i As Integer
    '依次为 A(1)到 A(10)赋值
    For i = 1 To 10
        A(i) = i * 10
    Next i
    '在同一行上依次输出 A(1)到 A(10)
    For i = 1 To 10
        Debug.Print A(i);
    Next i
End Sub
```

3. 一维数组的使用

数组是程序设计时常用的一种数据结构,使用一维数组可以对具有相同类型的数据进行综合处理。

【例 4-35】 随机产生 10 个两位正整数,求其平均值,并将大于平均值的数输出。

代码如下。

```
Sub 例 4_35()
    Dim a(1 To 10) As Integer, i As Integer, sum As Integer, avg As Single
    '依次为每个数组元素赋值并输出
    For i = 1 To 10
        a(i) = 10 + Rnd * 89
        Debug.Print a(i);
    Next i
    Debug.Print
    '数组元素求和
    For i = 1 To 10
        sum = sum + a(i)
    Next i
    avg = sum / 10
    Debug.Print "平均值为: "; avg
    '输出大于平均值的数组元素
    For i = 1 To 10
        If a(i) > avg Then Debug.Print a(i);
    Next i
    Debug.Print
End Sub
```

【例 4-36】 随机产生 20 个两位正整数,求其中的最大值及最大值的位置。

代码如下。

```
Sub 例 4_36()
    '变量 max 存放最大值,变量 k 存放最大值的位置,即最大元素对应的下标值
    Dim a(1 To 20) As Integer, i As Integer, max As Integer, k As Integer
    '依次为每个数组元素赋值并输出
    For i = 1 To 20
        a(i) = 10 + Rnd * 89
        Debug.Print a(i);
    Next i
    Debug.Print
    '假设第一个数组元素最大
    max = a(1): k = 1
    '依次把 a(2)到 a(20)与 max 比较,若发现比 max 大的元素 a(i)
    '将其赋值给 max,同时记下位置 i
    For i = 2 To 20
        If a(i) > max Then
            max = a(i)
            k = i
        End If
```

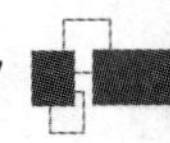

```
    Next i
    '比较完毕,max中存放的是所有数组元素中的最大值
    Debug.Print "最大值为: "; max; "最大值的位置为: "; k
End Sub
```

【思考】 如果求最小值以及最小值的位置,应该如何修改程序代码?

【例4-37】 顺序查找。随机产生10个两位正整数存放于数组中,在其中依次查找是否存在某一个数。

【例题分析】 按照顺序依次将每个元素和要查找的数据进行比较,相等即找到,如果数组中的所有元素与要查找的数据都不相等,则说明要查找的数据在数组中不存在。

代码如下。

```
Sub 例4_37()
    Dim a(1 To 20) As Integer, i As Integer, x As Integer
    For i = 1 To 20
        a(i) = 10 + Rnd * 89
        Debug.Print a(i);
    Next i
    Debug.Print
    x = InputBox("请输入要查找的数!", "顺序查找", 0)
    For i = 1 To 20
        If a(i) = x Then Exit For
    Next i
    If i > 20 Then
        Debug.Print "你要查找的数不存在!"
    Else
        Debug.Print "你要找的数是a(" & i & ")"
    End If
End Sub
```

4.4.3 二维数组

二维数组需要用两个下标值来定位一个数组元素。在二维数组中,数据呈平面状排列,可用于保存一个二维表的信息。

1. 二维数组的定义

【格式】

```
Dim <数组名> ([<下界1> To] <上界1>,[<下界2> To] <上界2>) [As <类型>]
```

【举例】

```
Dim A(3,4) as Integer
```

【说明】

(1) 二维数组定义时需说明每一维下标的下界值和上界值,默认下界值为0。

(2) 第一维的下标也称为行下标,第二维的下标也称为列下标。

（3）每一维的大小为：上界－下界＋1。整个数组的大小为每一维大小的乘积，如上例中数组A的大小为4×5＝20。

（4）二维数组中的数据呈平面状排列，数组A中的20个元素排列如表4-15所示。

表4-15　二维数组A的元素排列

A(0,0)	A(0,1)	A(0,2)	A(0,3)	A(0,4)
A(1,0)	A(1,1)	A(1,2)	A(1,3)	A(1,4)
A(2,0)	A(2,1)	A(2,2)	A(2,3)	A(2,4)
A(3,0)	A(3,1)	A(3,2)	A(3,3)	A(3,4)

（5）二维数组元素在内存中按列存放，即数组A的元素存储顺序为A(0,0)、A(1,0)、A(2,0)、A(3,0)、A(0,1)、…、A(2,4)、A(3,4)。

2. 二维数组元素的访问

二维数组配合双重For…Next循环，可以实现对数组中每一个元素的访问。外层循环的循环变量的初值和终值可分别设为行下标的下界值和上界值；内层循环的循环变量的初值和终值可分别设为列下标的下界值和上界值。访问二维数组时，每一维的下标值都不能越界。

【例4-38】 定义一个2行3列的数组，为其赋值并输出。数组元素的取值如下。

$$\begin{bmatrix} 11 & 12 & 13 \\ 21 & 22 & 23 \end{bmatrix}$$

代码如下。

```
Sub 例4_38()
    Dim a(1 To 2, 1 To 3) As Integer, i As Integer, j As Integer
    '为每个数组元素赋值,每个数组元素的取值为：行下标 * 10 + 列下标
    For i = 1 To 2
        For j = 1 To 3
            a(i, j) = i * 10 + j
        Next j
    Next i
    '按行输出每个数组元素的值
    For i = 1 To 2
        For j = 1 To 3
            Debug.Print a(i, j);
        Next j
        Debug.Print
    Next i
End Sub
```

【例4-39】 分析程序输出结果。

```
Sub 例4_39()
    Dim a(10, 10) As Integer, i As Integer, j As Integer
    For i = 3 To 5
     For j = 4 To 6
```

```
            a(i, j) = i * j
        Next j
    Next i
    MsgBox a(2, 5) + a(3, 4) + a(4, 6)
End Sub
```

【代码分析】 本例中定义的数组 a 是一个 11 行 11 列的二维数组，但在双重 For 循环中，只对其中的 9 个元素进行了赋值，如表 4-16 所示，其他元素的值均为 0(Integer 型的初始值)。

输出元素中 a(2, 5)的值是 0，a(3, 4)的值是 12，a(4, 6)的值是 24，所以最终的输出结果是 36。

表 4-16　例 4-39 赋值的元素

a(3,4)	a(3,5)	a(3,6)
a(4,4)	a(4,5)	a(4,6)
a(5,4)	a(5,5)	a(5,6)

3. 二维数组的使用

【例 4-40】 随机产生 5 行 5 列的两位正整数方阵，计算左上至右下对角线上的数据之和。

代码如下。

```
Sub 例 4_40()
    Dim a(1 To 5, 1 To 5) As Integer
    Dim i%, j%, sum%
    '为每个数组元素赋值并输出
    For i = 1 To 5
        For j = 1 To 5
            a(i, j) = 10 + Rnd * 89
            Debug.Print a(i, j);
        Next j
        Debug.Print
    Next i
    '计算主对角线上的数据之和
    For i = 1 To 5
        sum = sum + a(i, i)
    Next i
    Debug.Print "左上至右下对角线数据之和为: " & sum
End Sub
```

【例 4-41】 定义一个 3 行 4 列的数字矩阵，并将其转置输出。原始矩阵和转置后的矩阵分别如下。

$$\begin{bmatrix} 21 & 22 & 23 & 24 \\ 41 & 42 & 43 & 44 \\ 61 & 62 & 63 & 64 \end{bmatrix} \rightarrow \begin{bmatrix} 21 & 41 & 61 \\ 22 & 42 & 62 \\ 23 & 43 & 63 \\ 24 & 44 & 64 \end{bmatrix}$$

代码如下。

```
Sub 例 4_41()
    Dim a(1 To 3, 1 To 4) As Integer, i As Integer, j As Integer
    '为每个数组元素赋值并输出
    For i = 1 To 3
        For j = 1 To 4
            a(i, j) = i * 20 + j
            Debug.Print a(i, j);
        Next j
        Debug.Print
    Next i
    '输出转置形式,即把原来的列作为行输出
    For j = 1 To 4
        For i = 1 To 3
            Debug.Print a(i, j);
        Next i
        Debug.Print
    Next j
End Sub
```

4.5 过程

过程是一个相对独立的程序代码段,能够完成特定的功能。在实际应用中,一个规模较大的应用程序通常包含很多过程,过程之间可以相互调用,通过参数传递协同工作,完成一个较为复杂的任务。

过程编写好以后可以被其他过程调用,被调用的过程称为被调过程,而调用其他过程的过程称为主调过程。过程可以实现一次编写、多次调用,从而大大简化程序代码。

标准模块中的过程可分为 Sub 子过程和 Function 函数过程两类,其主要区别在于 Sub 子过程没有返回值,而 Function 函数过程有返回值。

4.5.1 Sub 子过程

1. Sub 子过程的定义

【格式】

```
Sub <过程名> ([参数列表])
    <语句组>
End Sub
```

【说明】

(1) 过程名是用户自定义的名称,必须是合法的标识符,且不能与同级别的变量同名。

(2) 参数用于接收主调过程传递过来的数据,可以有一个或多个参数,也可以没有参数。参数列表的形式如下。

```
[ByRef|ByVal] 参数名 [As 数据类型] [,[ByRef|ByVal] 参数名 [As 数据类型][,…]]
```

其中，ByRef 和 ByVal 用于说明参数传递的方式(见 4.5.3 节)，默认时表示 ByRef。"As 数据类型"默认时为 Variant 型。

不带参数的过程称为无参过程。无参过程不涉及参数传递，只能完成一些特定的操作，4.1～4.4 节中的例子都属于无参过程。无参过程可以直接运行，也可以被其他过程调用；而带有参数的过程不能直接运行，必须在被其他过程调用时，接收到主调过程传递过来的参数值后才能运行。

(3) 语句组由若干条语句组成，是实现过程功能的代码段，也称为过程体。在过程体内可以使用 Exit Sub 语句强制退出当前过程。

2. Sub 子过程的调用

Sub 子过程使用过程调用语句显式调用，有两种调用格式。

【格式 1】

```
Call <过程名>[(参数列表)]
```

【格式 2】

```
<过程名> [参数列表]
```

【说明】

(1) 过程调用语句中的参数称为实际参数，简称实参；而过程定义时的参数称为形式参数，简称形参。实参与形参必须个数相等，位置一致，且数据类型相同或兼容。

(2) 实参可以是常量、变量或表达式，且在调用前应该有确定的值。

(3) 过程调用语句位于主调过程中，当调用语句被执行时，先进行参数传递(即将实参传递给形参)，然后开始执行被调过程。当被调过程执行完毕后，回到主调过程的调用点，继续执行过程调用语句之后的语句。

设有主调过程 P1 和被调过程 P2，则过程调用的执行流程示意如图 4-26 所示。

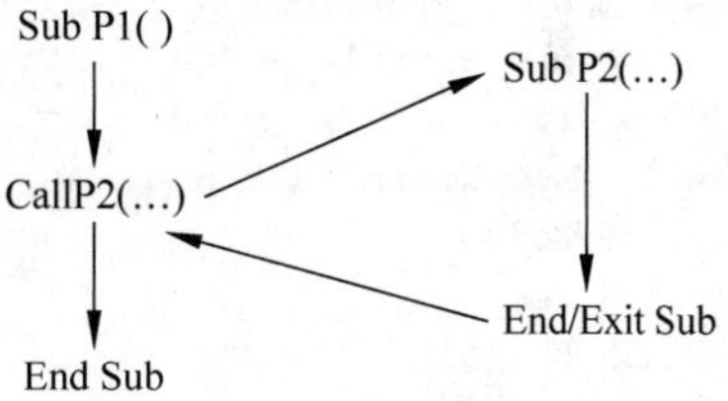

图 4-26　过程调用的执行流程示意

(4) 书写时应注意，使用格式 1 时实参要放在一对括号内，且左括号与过程名之间不能有空格，无参过程调用时可省略括号；使用格式 2 时，实参不能加括号，且第一个实参与过程名之间要有空格。

(5) 过程可以嵌套调用，即在被调过程内部还可以出现调用其他过程的语句。

【例 4-42】 修改例 4-4，在输出结果前后各加一条由 20 个"－"组成的横线，使得输出结果如图 4-27 所示。要求横线用一个无参过程 Line1 实现。

代码如下。

```
Sub Line1()
    Dim i As Integer
    For i = 1 To 20
        Debug.Print "-";
    Next i
```

```
    Debug.Print
End Sub
Sub 例 4_42()
    Call Line1
    Debug.Print 1; Tab(8); 3; Tab(15); 5
    Debug.Print Round(Sqr(1), 3); Tab(8); Round(Sqr(3), 3);
    Debug.Print Tab(15); Round(Sqr(5), 3)
    Line1
End Sub
```

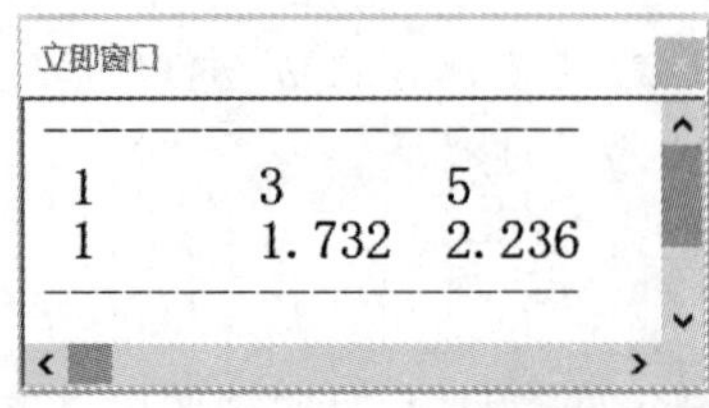

图 4-27 立即窗口输出结果

【代码分析】 本例中,Line1 是被调过程,例 4_42 是主调过程,在例 4_42 中调用了两次 Line1。

【例 4-43】 在立即窗口输出所有的水仙花数。水仙花数是指一个三位数,其各位数字的立方和等于该数本身,如 $153=1^3+5^3+3^3$,则 153 是一个水仙花数。要求定义一个 Sub 子过程 shuixh,其功能是判断一个三位数是否为水仙花数,若是,则将该三位数输出。

代码如下。

```
Sub shuixh(x As Integer)
    Dim a As Integer, b As Integer, c As Integer
    '依次取出三位数的百位、十位和个位上的数字
    a = x \ 100
    b = (x Mod 100) \ 10
    c = x Mod 10
    If a ^ 3 + b ^ 3 + c ^ 3 = x Then
        Debug.Print x
    End If
End Sub
Sub 例 4_43()
    Dim i As Integer
    For i = 100 To 999
     Call shuixh(i)
    Next i
End Sub
```

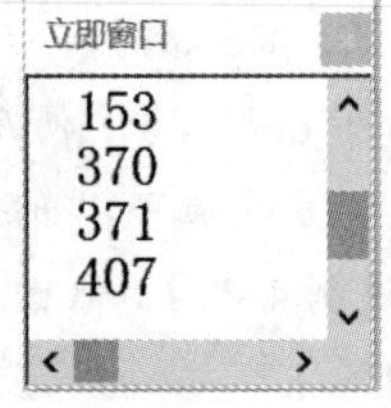

图 4-28 水仙花数

【代码分析】 子过程 shuixh 不能直接运行,只能被其他过程调用,在调用时接收到主调过程传递过来的参数以后才能运行。

运行主调过程"例 4_43",输出结果如图 4-28 所示。

4.5.2 Function 函数过程

Function 函数过程也称为 Function 函数,其实质就是用户自定义函数。

1. Function 函数过程的定义

【格式】

```
Function <函数名> ([参数列表]) [As <类型>]
    <语句组>
End Function
```

【说明】

(1) Function 函数过程的定义与 Sub 子过程相似,由于 Function 函数过程具有返回值,在定义函数时需通过"As <类型>"指定函数的返回值类型,默认时为 Variant 型。

(2) 语句组也称为函数体,是实现函数功能的语句组合。在函数体内可使用 Exit Function 语句强制退出函数,直接返回调用点。

(3) Function 函数通过函数名带回返回值。一般在函数体内至少有一个"函数名=表达式"的赋值语句,表示将赋值符号右侧表达式的值作为函数的返回值;若函数体内没有为函数名赋值的语句,则 Function 函数返回对应类型的默认值,即函数的返回值类型若为数值型,则函数的返回值为 0;若为字符型,则返回空字符串。

2. Function 函数过程的调用

【格式】

```
函数名([参数列表])
```

【说明】 Function 函数的调用方式与内部函数相同,若要使用函数的返回值,通常需将上述调用格式作为赋值语句的一部分,或通过输出语句输出。

【例 4-44】 编程计算 s=1!+3!+5!+…+25!,要求阶乘运算用一个 Function 函数实现。

【例题分析】 定义求阶乘的函数时,需要一个参数说明求哪个数的阶乘,而函数的返回值即为求到的阶乘。

代码如下。

```
Function jc(n As Integer) As Single
    '函数 jc 用于计算 n 的阶乘
    Dim i As Integer, p As Single
    p = 1
    For i = 1 To n
        p = p * i
    Next i
    jc = p '将阶乘值作为函数的返回值
End Function
Sub 例 4_44()
    Dim i As Integer, s As Single
    For i = 1 To 25 Step 2
        s = s + jc(i) '调用函数 jc,求当前 i 的阶乘
    Next i
    MsgBox "1! + 3! + 5! + … + 25!= " & s
End Sub
```

【例 4-45】 输出 100 以内的所有质数，要求用 Function 函数判断一个数是否为质数。代码如下。

```
Function IsPrime(x As Integer) As Boolean
    '判断结果只有两种情况,所以函数返回值为 Boolean 型
    Dim i As Integer
    For i = 2 To x - 1
        If x Mod i = 0 Then                 '不是质数
            IsPrime = False                 '返回 False
            Exit Function                   '强制退出 Function 过程
        End If
    Next i
    IsPrime = True                          '是质数,返回 True
End Function
Sub 例 4_45()
    Dim i As Integer
    For i = 2 To 100
        If IsPrime(i) Then Debug.Print i;
    Next i
    Debug.Print
End Sub
```

4.5.3 参数传递

在调用带有参数的过程(包括 Sub 子过程和 Function 函数过程)时，需要将主调过程中的实参传递给被调过程中的形参，完成“形实结合”，才能开始执行被调过程。参数传递的方式有两种：按值传递和按地址传递，系统默认的方式是按地址传递。

1. 按值传递

若形参前加关键字 ByVal，则表示参数传递的方式为按值传递。按值传递时实参和形参是两个不同的变量，占用不同的内存单元，相当于把实参的值赋给形参。传递完毕后实参和形参不再相关，也就是说即使在被调过程中改变了形参的值，也不会影响到实参。

【例 4-46】 按值传递参数示例，分析程序的输出结果。

```
Sub First()
    Dim x As Integer, y As Integer
    x = 5: y = 10
    Debug.Print "调用之前"; "x = "; x; ",y = "; y
    Call Second(x, y)
    Debug.Print "调用之后"; "x = "; x; ",y = "; y
End Sub
Sub Second(ByVal a As Integer, ByVal b As Integer)
    a = a * 2
    b = a + b
    Debug.Print "形参的值"; "a = "; a; ",b = "; b
End Sub
```

立即窗口

```
调用之前x= 5 , y= 10
形参的值a= 10 , b= 20
调用之后x= 5 , y= 10
```

图 4-29 按值传递运行结果

运行主调过程 First，结果如图 4-29 所示。

【代码分析】 被调过程 Second 中，改变了形参 a 和 b 的值，但由于 a 和 b 都是按值传

递的，实参不随形参变化，因此调用结束后，实参 x 和 y 的值不变。

2. 按地址传递

若形参前加关键字 ByRef 或不加任何内容，则表示参数传递的方式为按地址传递。按地址传递时实参和形参使用相同的内存单元，即实参和形参是同一个变量。传递完毕后，如果在被调过程中改变了形参的值，则实参的值也会做相同的变化。

【例 4-47】 把例 4-46 中过程 Second 的参数传递方式改为按地址传递。

代码如下。

```
Sub Second(a As Integer, b As Integer)
    a = a * 2
    b = a + b
    Debug.Print "形参的值"; "a = "; a; ",b = "; b
End Sub
```

重新运行主调过程 First，结果如图 4-30 所示。

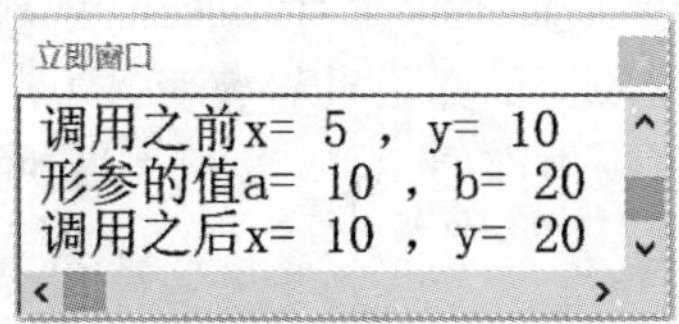

图 4-30 按地址传递运行结果

【例 4-48】 修改例 4-44，求阶乘的算法使用一个 Sub 子过程实现。

代码如下。

```
Sub jc1(n As Integer, p As Single)
    '形参 n、p 均为按地址传递，且 p 的值在本过程中发生了变化
    Dim i As Integer
    p = 1
    For i = 1 To n
        p = p * i
    Next i
End Sub
Sub 例 4_48()
    Dim i As Integer, s As Single, j As Single
    For i = 1 To 25 Step 2
        Call jc1(i, j)                    '实参 j 的值随形参 p 变化
        s = s + j
    Next i
    MsgBox "1! + 3! + 5! + … + 25!= " & s
End Sub
```

【说明】

(1) Function 函数过程也可以通过 Sub 子过程实现，虽然 Sub 子过程没有返回值，但使用按地址传递的形参，也可以将被调过程中的运行结果传递回主调过程。

(2) 只有当实参是变量时，才能进行按地址传递；若实参为常量或表达式，参数传递的方式只能是按值传递，不管形参前有没有加 ByVal。

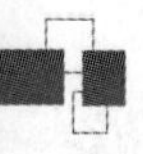

4.6 变量和过程的作用域

4.6.1 变量的作用域

变量的作用域是指变量可被访问的范围。根据作用域不同,可将变量分为 3 类：过程级变量、模块级变量和全局变量。变量的作用域跟变量声明语句的位置与声明变量时使用的关键字有关。

1. 过程级变量

过程级变量也称为局部变量,是指在某一过程内部用 Dim 或 Static 关键字声明的变量,或者不加声明直接使用的变量。过程级变量只能在声明它的过程内部使用,别的过程无权访问它。本章之前例子中使用的变量都是过程级变量。

因为过程级变量只能在本过程内部使用,所以同一模块的不同过程中可以声明同名的变量,它们彼此互不相关。

使用关键字 Dim 和 Static 的不同之处在于变量在内存中的存续期间,其区别如下。

(1) 使用 Dim 声明的变量称为动态变量。动态变量只在过程的一次执行期间存在,过程每一次执行完毕,动态变量都要从内存中消失。下一次执行该程序时,要重新对动态变量进行初始化。

(2) 使用 Static 声明的变量称为静态变量。静态变量在过程执行完之后可以保留其中的值,即每次执行过程时,静态变量可以继续使用上一次执行后的值。

【例 4-49】 静态变量举例。

代码如下。

```
Sub 例 4_49()
    Static k As Integer
    k = k + 1
    Debug.Print "你已经执行了本过程"; k; "次"
End Sub
```

连续运行本过程 4 次,立即窗口的运行结果如图 4-31 所示；若将 k 改为动态变量(把 Static 改为 Dim),则运行结果如图 4-32 所示。

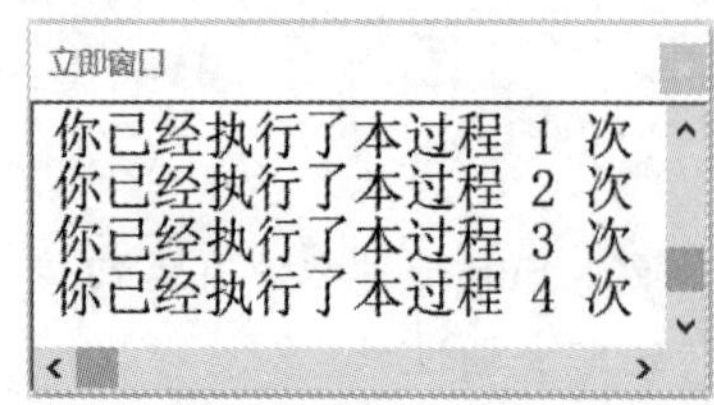

图 4-31 静态变量运行结果

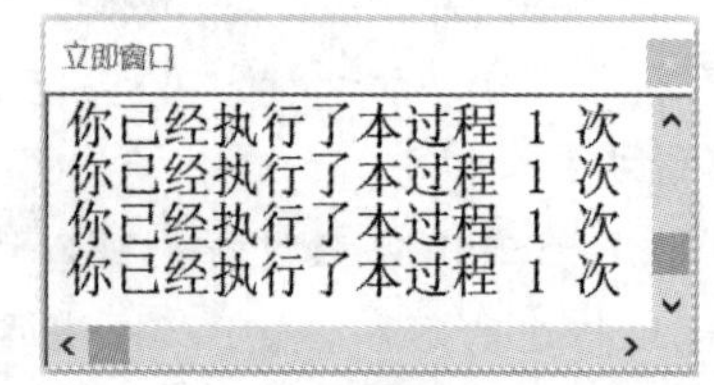

图 4-32 动态变量运行结果

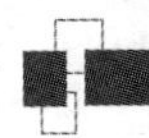

2. 模块级变量

模块级变量是指在模块的通用声明段用 Dim 或 Private 关键字声明的变量。模块级变量可以在声明它的模块内部的所有过程中使用,但不能被其他模块访问。

【例 4-50】 新建一个标准模块 abc,在其中输入如下代码,观察输出结果。

```
Dim k As Integer
Sub 例 4_50_1()
    k = 5
    MsgBox k
End Sub
Sub 例 4_50_2()
    k = k + 5
    MsgBox k
End Sub
```

【代码分析】 本例中,两个过程使用的 k 是同一个变量。先运行例 4_50_1,输出 k 的值为 5;再运行例 4_50_2,输出 k 的值为 10。

3. 全局变量

全局变量是指在模块的通用声明段使用 Public 关键字声明的变量,全局变量在声明变量的数据库应用系统的所有模块中都可以使用。

综上所述,变量的作用域如表 4-17 所示。

表 4-17　变量的作用域

变量类型	声明关键字	声明语句的位置	能否被本模块的其他过程访问	能否被其他模块中的过程访问
过程级变量	Dim、Static	过程内部	不能	不能
模块级变量	Dim、Private	模块的通用声明段	能	不能
全局变量	Public	模块的通用声明段	能	能

4.6.2 过程的作用域

与变量相似,过程也有作用域。过程的作用域决定了其他过程访问该过程的能力,即过程能在多大范围内被调用。

过程的作用域有两种:全局级过程和模块级过程。通过定义过程时在 Sub 或 Function 之前加关键字 Public 或 Private 来区分。其中,默认值是 Public,表示全局级过程,能够被当前数据库应用系统中所有模块访问;Private 表示模块级过程,或称私有过程,只能在定义过程的模块内部访问。

过程的作用域如表 4-18 所示。

表 4-18 过程的作用域

过程类型	定义关键字	能否被本模块内的过程调用	能否被其他模块内的过程调用
模块级过程	Private	能	不能
全局级过程	Public 或省略	能	能

习题 4

一、选择题

1. 下列变量名中，合法的是(　　)。

A. 4a　　B. a－1　　C. abc_1　　D. Long

2. 执行语句 Y＝Int(X＋0.5)后，关于变量 Y 值的描述正确的是(　　)。

A. 将变量 X 的值加 0.5　　B. 变量 X 的值四舍五入取整

C. 将变量 X 的值保留 1 位小数　　D. 直接舍去变量 X 的小数部分

3. 下列语句中，不能将变量 x 和 y 都定义为整型的是(　　)。

A. Dim x，y As Integer　　B. Dim x As Integer：Dim y As Integer

C. Dim x%，y%　　D. Dim x As Integer，y As Integer

4. 执行下面的过程 s1 后，消息框的输出结果是(　　)。

```
Sub s1()
    Dim a As Boolean
    MsgBox a
End Sub
```

A. 0　　B. True　　C. False　　D. 运行出错

5. 执行下面的过程 s2 后，消息框的输出结果是(　　)。

```
Private Sub s2()
    a = 75
    If a > 60 Then i = 1
    If a > 70 Then i = 2
    If a > 80 Then i = 3
    If a > 90 Then i = 4
    MsgBox i
End Sub
```

A. 1　　B. 2　　C. 3　　D. 4

6. 下列 Case 语句中错误的是(　　)。

A. Case 0 To 10　　B. Case Is>10

C. Case Is>10 and Is<20　　D. Case 3,5,Is>10

7. 由“For i=1 To 13 Step 3”决定的循环结构,其循环体将会执行(　　)次。

A. 3　　B. 4　　C. 5　　D. 6

8. 默认情况下,语句 Dim a%(10,10)的作用是(　　)。

A. 定义了一个 10 行 10 列的 Integer 型数组

B. 定义了一个 11 行 11 列的 Integer 型数组

C. 定义了一个 10 行 10 列的 Variant 型数组

D. 定义了一个 11 行 11 列的 Variant 型数组

9. 如果在被调过程中改变了形参的值,但不影响实参值,这种参数传递方式称为(　　)。

A. 按值传递　　B. 按地址传递　　C. ByRef 传递　　D. 按形参传递

10. 已知有如下程序代码段,如果先执行过程 s1,再执行过程 s2,则输出结果是(　　)。

```
Dim x As Integer
Sub s1()
    Dim y As Integer
    y = 10
    x = x + y
End Sub
Sub s2()
    Dim y As Integer
    Debug.Print x, y
End Sub
```

A. 10　10　　B. 0　0　　C. 0　10　　D. 10　0

二、填空题

1. VBA 中,使用关键字________来定义符号常量。

2. VBA 中,双精度型的类型标识是________。

3. 已知有字符串 s= "VBA 程序设计",使用函数________可以获取其中的子串"程序"。

4. 程序的基本流程控制结构有 3 种,分别是顺序结构、分支结构和________。

5. 在 Do…Loop 循环的循环体内,可以使用________语句强制结束循环。

6. 执行下面的过程后,输出结果是________。

```
Sub s1()
    Dim a As Integer
    a = 10
    a = a - 5
    MsgBox a
End Sub
```

7. 执行如下 VBA 过程后,变量 s 的值是________,变量 i 的值是________。

```
Sub s2()
    Dim i As Integer, s As Integer
    s = 1
```

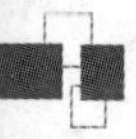


```
    For i = 1 To 10 Step 4
        i = i + 2
        s = s * i
    Next i
    Debug.Print s, i
End Sub
```

8. 下面的程序代码段执行后，变量 k 的值为________。

```
Dim i%, j%, k%
i = 1
Do
    For j = 1 To i Step 3
        k = k + j
    Next j
    i = i + 3
Loop Until i > 9
```

9. 下面的程序代码段执行后，变量 k 的值为________。

```
Dim i%, k%
For i = 1 To 5
    If i Mod 2 = 0 Then
        k = k + 2
    Else
        k = k + 1
    End If
Next i
```

10. 已知有如下过程 s3 和函数过程 f，在 s3 内部调用了函数 f，则执行过程 s3 后，输出结果为________。

```
Function f(a)
    Select Case a
        Case 1, 3
            f = 1
        Case 2, 4
            f = 2
        Case Else
            f = 3
    End Select
End Function
Sub s3()
    Dim i As Integer, s As Integer
    s = 0
    For i = 1 To 5
        s = s + f(i)
    Next i
    Debug.Print s
End Sub
```

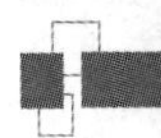

一、实验内容

1. 在数据库中创建一个名为“实验 4”的模块，本章实验所有的代码都写在该模块中。

2. 编写一个名为 P2 的过程，要求用户输入一个字符串，在 Debug 窗口输出这个字符串的大写形式、长度和前 5 个字符。若用户输入的字符串为"abcAAA123ss"，则输出结果如图 4-33 所示。

3. 编写一个名为 P3 的过程，随机产生两个 1～100 的整数，用消息框输出这两个整数的和与差，输出形式如图 4-34 所示。

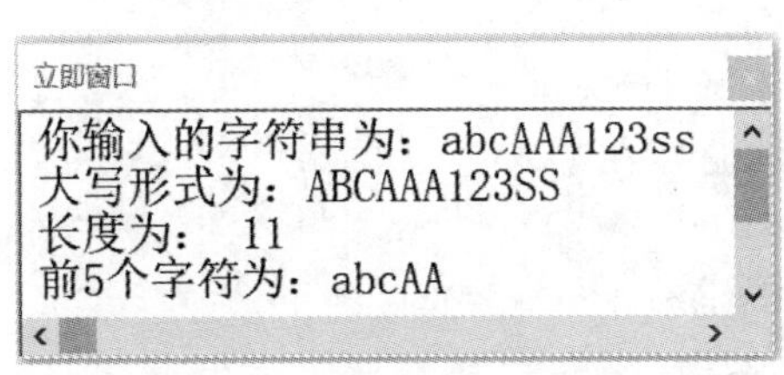

图 4-33　过程 P2 的运行结果

图 4-34　过程 P3 的运行结果

4. 编写一个名为 P4 的过程，根据用户输入的半径，计算并输出圆的周长和面积、球的表面积和体积，输出结果保留 2 位小数。

5. 编写一个名为 P5 的过程，要求用户输入一个三位正整数，并将其逆序后输出，若用户输入 123，则输出 321。

6. 编写一个名为 P6 的过程，要求用户输入一个正整数，判断并输出该数是奇数还是偶数。

7. 编写一个名为 P7 的过程，实现如下分段函数：

$$y=\begin{cases} x & (x<1) \\ 2x-1 & (1\leqslant x<10) \\ 3x-11 & (x\geqslant 10) \end{cases}$$

要求输入 $\boldsymbol{x}$ 的值，输出相应 $\boldsymbol{y}$ 的值。

8. 编写过程，实现工资调整。工资调整策略为：若原工资大于或等于 10 000 元，工资增加 10%；若原工资小于 10 000 元而大于或等于 8000 元，工资增加 12%；若原工资小于 8000 元而大于或等于 6000 元，工资增加 15%，若原工资小于 6000 元，工资增加 18%。输入原工资，计算并输出调整以后的工资，要求分别使用 If…Then…ElseIf…语句和 Select Case 语句实现，过程名分别为 P8_1 和 P8_2。

9. 编写一个名为 P9 的过程，要求用户输入年份和月份，判断并输出该月有多少天。

提示：先判断月份，对于 2 月份，再根据年份判断是否为闰年。闰年的判断条件为：年份能被 4 整除但不能被 100 整除，或者年份能被 400 整除。

10. 编写一个名为 P10 的过程，随机产生 3 个三位正整数，求这 3 个数的最大值并输出。

11. 编写过程，求 1×2×3 + 2×3×4 + 3×4×5 +…+8×9×10。要求分别使用 For…Next 循环和 Do…Loop 循环实现，过程名分别为 P11_1 和 P11_2。

12. 编写一个名为 P12 的过程，输出 10～99 的同构数。所谓同构数，是指一个整数出现在它的平方数的右端，如 25 的平方是 625，25 是 625 右端的数，所以 25 是一个同构数。

13. 利用格里高利公式求圆周率 π 的近似值：

$$\frac{\pi}{4}=1-\frac{1}{3}+\frac{1}{5}-\frac{1}{7}+\cdots$$

直到最后一项的绝对值小于 0.000 001。

提示：本例属于循环次数未知的情况，更适合使用 Do…Loop 循环实现。可以用一个变量 i 表示每一个累加项的分母，i 的值依次为 1，3，5，7，…，再用一个变量 f 表示每一项的符号，f 的值为 1，−1，1，−1，…，则每一个累加项可表示为 f/i，每加完一项，需要为 f 和 i 重新赋值，即执行语句 f=−f 和 i=i+2。

14. 编写一个名为 P14 的过程，求 2!+4!+6!…+20!。

15. 编写一个名为 P15 的过程，使用双重循环在 Debug 窗口输出如图 4-35 所示的图形。

```
*********
 *******
  *****
   ***
    *
```

图 4-35 过程 P15 的运行结果

16. 编写一个名为 P16 的过程，随机产生一个 10～99 的质数。提示：利用 Do…Loop 循环每次随机产生一个数，判断其是否为质数，直到产生的数是质数为止。

17. 编写一个名为 P17 的过程，随机产生 20 个三位正整数，存放于一个数组中，输出这个数组的元素值，并输出数组元素的最小值和最小元素的位置（即下标）。

18. 编写一个名为 P18 的过程，随机产生 25 个两位正整数，存放于一个 5 行 5 列的二维数组中，输出这个二维数组，并求数组中所有元素之和，以及主对角线上的元素之和。

19. 编写一个名为 P19 的过程，实现如下功能：已知有两个一维数组 A 和 B，其中数组 A 中有 20 个元素，分别为 11，12，13，…，30；数组 B 有 20 个元素，分别为 21，22，23，…，40，计算并输出 $\sum_{i=1}^{20} A(i)\times B(i)$。

20. 编写一个名为 P20 的过程，输出所有两位正整数，每行输出 10 个数，每行数据下方输出一行星号，输出结果如图 4-36 所示。要求先编写一个名为 Line1 的 Sub 子过程，输出一行 40 个星号，然后在主调程序 P20 中调用 Line1。

21. 编写一个名为 P21 的过程，实现奇偶判断。要求先编写一个函数过程 F1，参数为整数，返回值为判断结果，然后在主调过程 P21 中要求用户输入一个整数，再调用 F1 进行判断，并输出判断结果。

22. 编写一个名为 P22 的过程，输出所有满足条件的四位数：四位数平方根恰好是它的中间两位数字，如 2500 的平方根是 50，恰好是 2500 的中间两位。要求先编写一个名为 F2 的函数过程，判断任意给定的一个四位数是否符合条件，若符合条件，则返回 True，否则

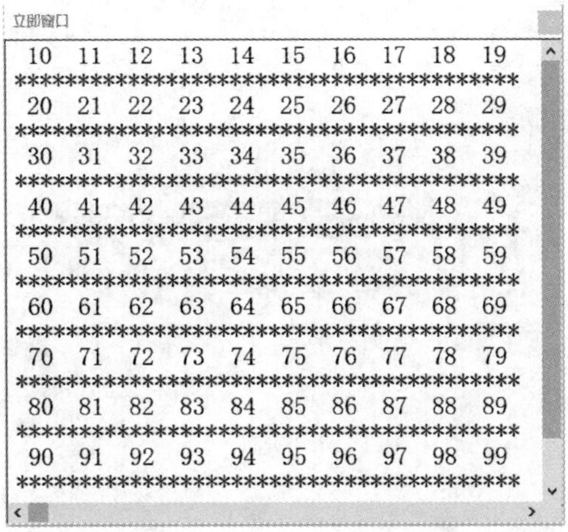

```
立即窗口
 10  11  12  13  14  15  16  17  18  19
****************************************
 20  21  22  23  24  25  26  27  28  29
****************************************
 30  31  32  33  34  35  36  37  38  39
****************************************
 40  41  42  43  44  45  46  47  48  49
****************************************
 50  51  52  53  54  55  56  57  58  59
****************************************
 60  61  62  63  64  65  66  67  68  69
****************************************
 70  71  72  73  74  75  76  77  78  79
****************************************
 80  81  82  83  84  85  86  87  88  89
****************************************
 90  91  92  93  94  95  96  97  98  99
****************************************
```

图 4-36　过程 P20 的运行结果

返回 False。

23. 编写一个名为 P23 的过程，输出 1000 之内的所有完数。所谓完数，是指一个数恰好等于它的所有因子(包含 1 但不包含本身)之和，如 6 的因子为 1、2、3，6＝1＋2＋3，6 就是一个完数。要求先编写一个名为 F3 的函数过程，求参数的因子和。

二、实验要求

1. 完成实验内容第 1～23 题的程序设计任务，并按照题目的要求为过程命名。

2. 假设某学生的学号为 10010001，姓名为王萌，则更改数据库文件名为“实验 4-10010001 王萌”，并将此数据库文件作为实验结果提交到指定的实验平台。

3. 将在实验 4 中遇到的问题以及解决方法、收获与体会等写入 Word 文档，保存文件名为“实验 4 分析-10010001 王萌”，并将此文件作为实验结果提交到指定的实验平台。

第5章 创建窗体

窗体是用户与数据库中的数据进行交互的界面，用户通过操作多样化的界面即窗体，可以实现对数据库表中记录的显示、输入、更新或删除等一系列操作。实际上，当一个数据库应用软件在交付给用户使用时，除了系统管理员之外，一般的用户是不允许直接操作后台的数据表或者查询的，用户只能通过操作窗体上的各种控件对象来实现对数据的访问，如通过文本框输入学号查询学生的成绩、单击命令按钮执行打印成绩单等操作。可以与数据库交互的窗体通常会和数据表或查询相绑定作为其数据源，从而保证数据访问的一致性和安全性。

本章主要介绍窗体对象的基本概念、窗体的创建方法、常用控件的使用以及在窗体中使用 VBA 访问数据库的方法。

5.1 窗体概述

Access 的窗体对象同查询对象一样本身并不存储数据，但是它可以将数据表和查询设置为数据源，通过窗体使用数据库中的数据，窗体是用户和数据库之间的接口。同时，窗体还可以使用函数与过程，通过编写 VBA 代码控制应用程序的流程，完成特定的功能。

1. 窗体的分类

按照数据的显示方式，可以将窗体分成纵栏式窗体、表格式窗体、数据表窗体、分割窗体和主/子窗体。

1）纵栏式窗体

纵栏式窗体的特点是在一个窗体中只显示一条记录，如图 5-1 所示。每个字段占一行，左侧是字段名称，右侧是字段内容。

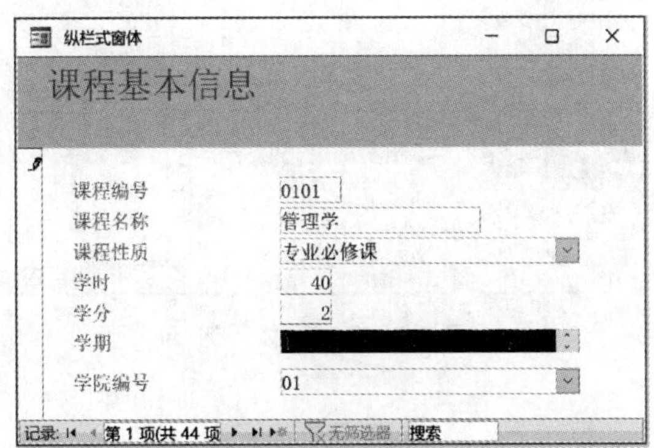

图 5-1　纵栏式窗体示例

2）表格式窗体

表格式窗体可以在一个窗体中连续显示多条记录，当记录数很多时，窗体将自动添加滚动条，如图 5-2 所示。

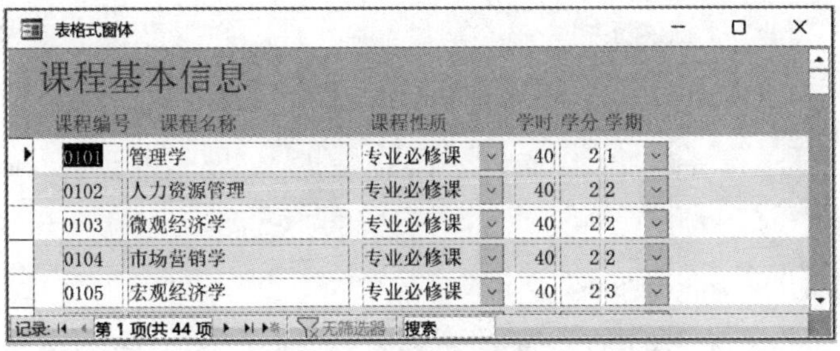

表格式窗体

课程基本信息

课程编号	课程名称	课程性质	学时	学分	学期
0101	管理学	专业必修课	40	2	1
0102	人力资源管理	专业必修课	40	2	2
0103	微观经济学	专业必修课	40	2	2
0104	市场营销学	专业必修课	40	2	2
0105	宏观经济学	专业必修课	40	2	3

记录: 第 1 项(共 44 项　无筛选器　搜索

图 5-2　表格式窗体示例

3）数据表窗体

数据表窗体的外观和数据表视图相同，通常作为子窗体出现在主/子窗体中，如图 5-3 所示。

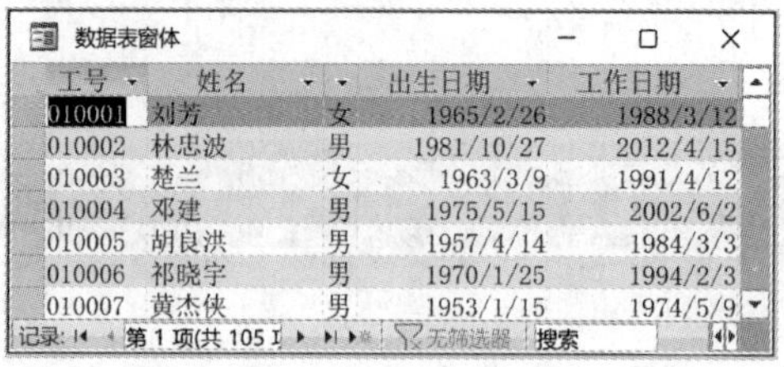

数据表窗体

工号	姓名		出生日期	工作日期
010001	刘芳	女	1965/2/26	1988/3/12
010002	林忠波	男	1981/10/27	2012/4/15
010003	楚兰	女	1963/3/9	1991/4/12
010004	邓建	男	1975/5/15	2002/6/2
010005	胡良洪	男	1957/4/14	1984/3/3
010006	祁晓宇	男	1970/1/25	1994/2/3
010007	黄杰侠	男	1953/1/15	1974/5/9

记录: 第 1 项(共 105 项) 无筛选器 搜索

图 5-3　数据表窗体示例

4）分割窗体

分割窗体上部的分区中显示数据表中一个记录，下部的分区中显示的是整个数据表，两部分来自同一个数据源，并且数据保持同步更新，如图 5-4 所示。

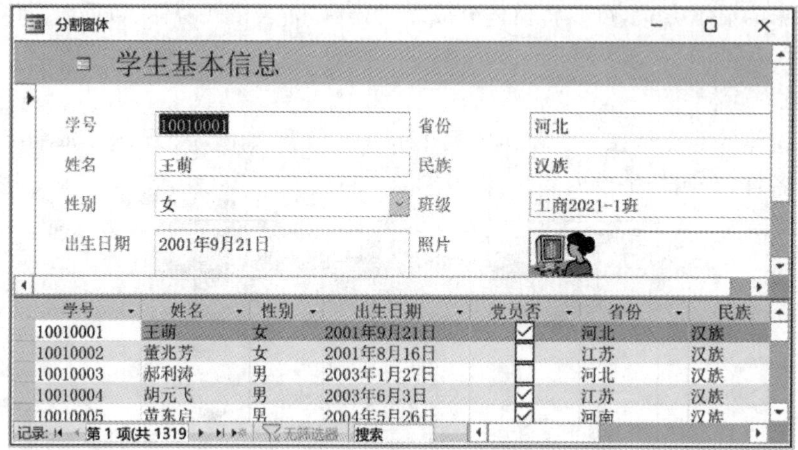

图 5-4　分割窗体示例

5）主/子窗体

主/子窗体是指一个窗体中嵌入另一个窗体，通常用于反映数据库中的“一对多”关系，“一”方的数据显示在主窗体中，“多”方的数据显示在子窗体中，如图 5-5 所示。

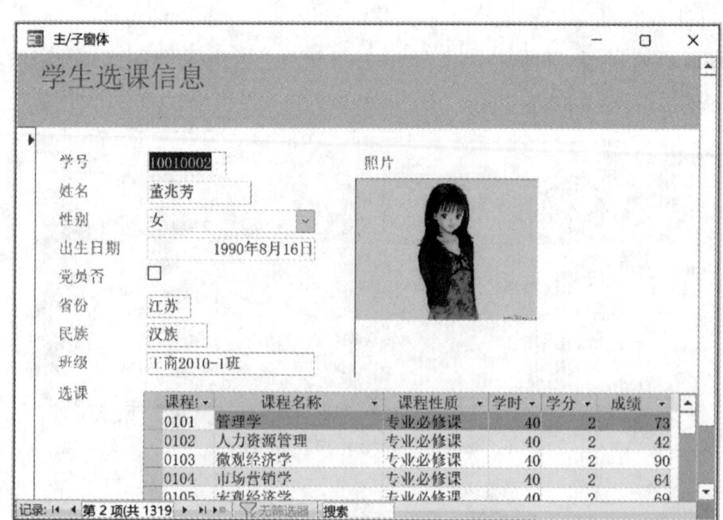

图 5-5　主/子窗体示例

2. 窗体的视图

窗体有 4 种视图，分别是窗体视图、数据表视图、布局视图和设计视图。单击“创建”选项卡中的“窗体设计”按钮，此时单击“开始”选项卡中的“视图”按钮，从打开的下拉列表中可以切换到其他视图，如图 5-6 所示。需要说明的是，窗体的视图类型随用户建立窗体的种类发生变化，并不是所有的视图类型都会显示在图 5-6 所示的下拉列表中，比如，在建立分割窗体时，视图的类型只显示 3 种：窗体视图、布局视图和设计视图。

1）窗体视图

窗体视图是窗体的运行视图，用来查看窗体的运行结果，用户可以在窗体视图中浏览、添加和修改数据，如图 5-1 所示。

2）数据表视图

窗体的数据表视图和第 2 章中的数据表视图的外观相同，以行和列的格式显示表中的多条记录，如图 5-3 所示。在数据表视图中可以浏览、添加和修改数据。

3）布局视图

布局视图的外观同窗体视图相同，区别是在布局视图中可以对控件的位置和大小进行调整，而在窗体视图中不可以。

4）设计视图

设计视图提供了创建窗体的各种工具和控件。在设计视图中用户可以自行设计创建窗体，也可以对已经创建好的窗体进行修改。图 5-7 显示了图 5-1 所示窗体的设计视图。

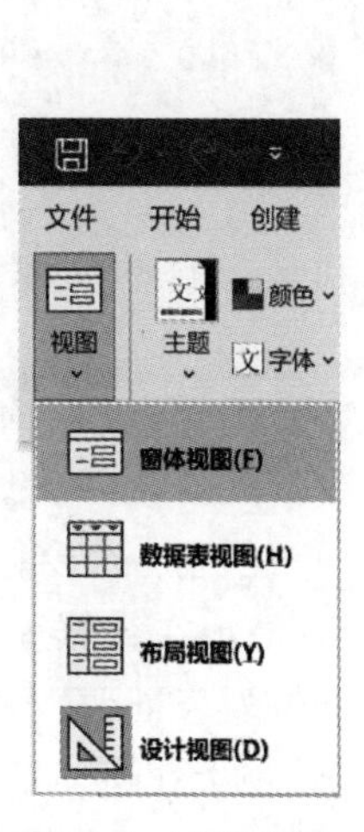

图 5-6 窗体视图

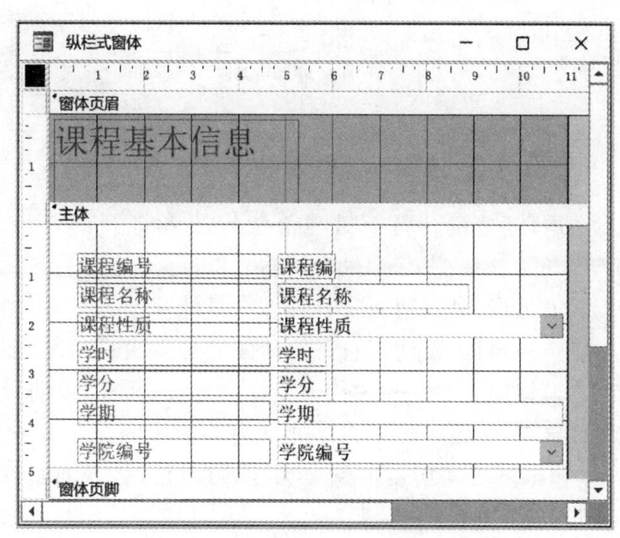

图 5-7 图 5-1 所示窗体的设计视图

3. 窗体的组成

窗体由窗体页眉、页面页眉、主体、页面页脚和窗体页脚 5 节组成，其中主体是必不可少的。图 5-7 所示的窗体设计视图仅包括窗体页眉、主体和窗体页脚 3 节，要添加其他节，只需在设计视图中右击，在弹出的快捷菜单中选择“页面页眉/页脚”命令即可。窗体各个节的作用如下。

(1) 窗体页眉。用于显示窗体标题、说明、命令按钮等信息，其内容不因记录内容的改变而改变。窗体页眉出现在窗体视图的顶部，窗体打印输出时出现在打印第一页的顶部。

(2) 页面页眉。一般用于显示页面标题信息，打印多页时出现在每个打印页的上方。页面页眉只出现在窗体打印页中，运行窗体时，屏幕上不显示页面页眉内容。

(3) 主体。最常用、最主要的部分，用于显示一条或若干条记录的内容。开发数据库应用程序主要针对主体节设计用户界面。

(4) 页面页脚。一般用于输出打印页的页码、总页数、打印日期等，打印多页时出现在每个打印页的下方。页面页脚只出现在窗体打印页中，运行窗体时，屏幕上不显示页面页脚内容。

(5) 窗体页脚：用于输出一些提示性信息、命令按钮、记录导航等。窗体页脚出现在窗体视图的底部，窗体打印输出时出现在最后一页的底部。

5.2 创建窗体

Access 2021 提供了更多和更快捷的创建窗体的方法。打开某数据库，选择“创建”选项卡，可以看到“窗体”组提供了多种创建窗体的按钮，如图 5-8 所示。各个按钮的功能如下。

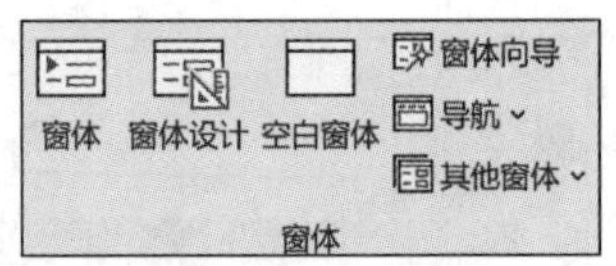

图 5-8 “创建”选项卡中的“窗体”组

(1) “窗体”按钮。用于对当前选定或者打开的表、查询、窗体和报表自动创建一个窗体。

(2) “窗体设计”按钮。打开窗体的设计视图，通过添加控件或表中字段创建一个窗体。

(3) “空白窗体”按钮。打开窗体的布局视图，通过添加控件或表中字段创建一个窗体。

(4) “窗体向导”按钮。打开“窗体向导”对话框，以向导方式指导用户创建一个窗体。

(5) “导航”按钮。可以将需要的窗体或报表添加到导航窗体中，方便地在数据库中的各种窗体和报表之间切换。单击“导航”按钮即打开如图 5-9 所示的下拉列表框，显示 6 种不同的布局，用户在创建导航窗体时可从这些布局中进行选择，将导航选项卡在窗体顶部排列成一行，或者排列在窗体的左侧或右侧。

(6) “其他窗体”按钮。单击“其他窗体”按钮，打开如图 5-10 所示的下拉列表框，显示创建特定窗体的按钮，单击其中的任一选项即可打开相应的窗体视图从而创建一个窗体。

1. 使用“窗体”按钮创建窗体

【例 5-1】 以“教师”表作为数据源，使用“窗体”按钮自动创建窗体。

操作步骤如下。

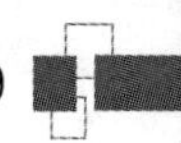

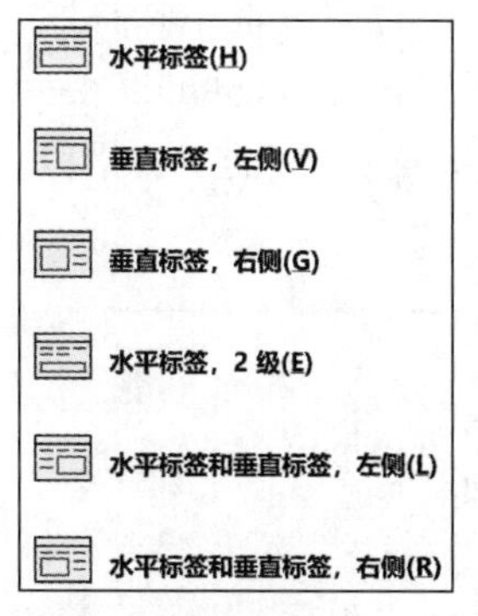

图 5-9 “导航”按钮的下拉列表

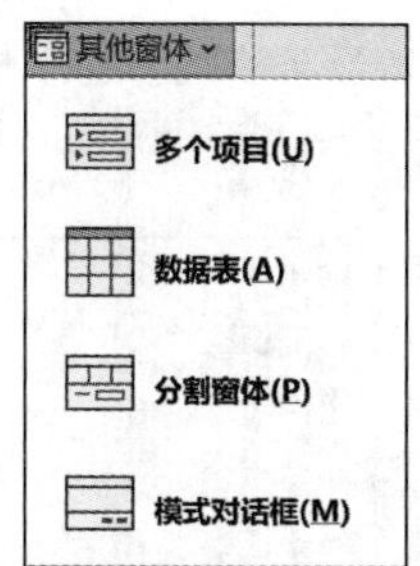

图 5-10 “其他窗体”按钮的下拉列表

(1) 选择数据源。打开“教学管理系统”数据库，从导航窗格中选择“教师”表。

(2) 创建窗体。单击“创建”选项卡中“窗体”组的“窗体”按钮，自动生成“教师”窗体，如图 5-11 所示。

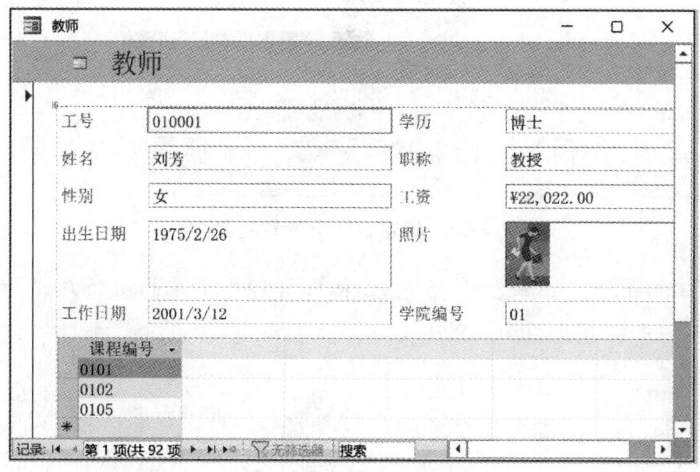

图 5-11 “教师”窗体

(3) 保存窗体。单击“教师”窗体的“关闭”按钮，弹出询问是否保存的对话框，单击“是”按钮，弹出“另存为”对话框，输入窗体名称“例 5-1”，单击“确定”按钮，保存窗体。

【说明】 由于在第 2 章中已经建立了“教师”表和“授课”表之间的一对多关系，因此“教师”窗体的下半部分显示了当前教师所授课程的课程编号信息。

2. 使用“窗体向导”按钮创建窗体

使用“窗体向导”按钮可以打开“窗体向导”对话框，创建基于单表、多表或查询的窗体，还可以选择需要的字段和窗体的布局。

【例 5-2】 使用“窗体向导”按钮创建基于“课程”表的表格式窗体。

操作步骤如下。

(1) 使用“窗体向导”按钮，打开“窗体向导”对话框。打开“教学管理系统”数据库，单击“创建”选项卡中“窗体”组的“窗体向导”按钮，即打开“窗体向导”对话框。

(2) 确定表和字段。如图5-12所示,从"表/查询"下拉列表框中选择"表：课程",单击 >> 按钮,可以将"课程"表的所有字段添加到"选定字段"列表框,也可以在"可用字段"列表框中双击需要的字段到"选定字段"列表框中,本例选择"课程"表的所有字段,单击"下一步"按钮。

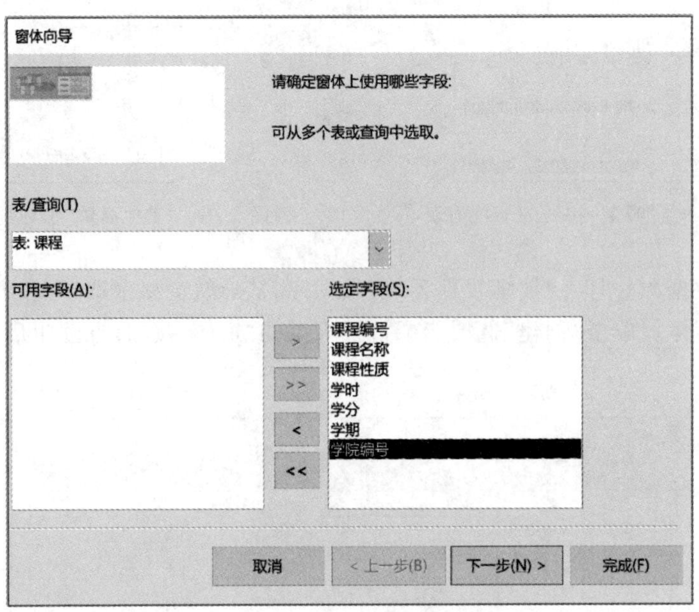

图 5-12 确定窗体上使用的字段

(3) 确定窗体的布局。如图5-13所示,窗体向导提供了4种布局方式,本例选中"表格"单选按钮,单击"下一步"按钮。

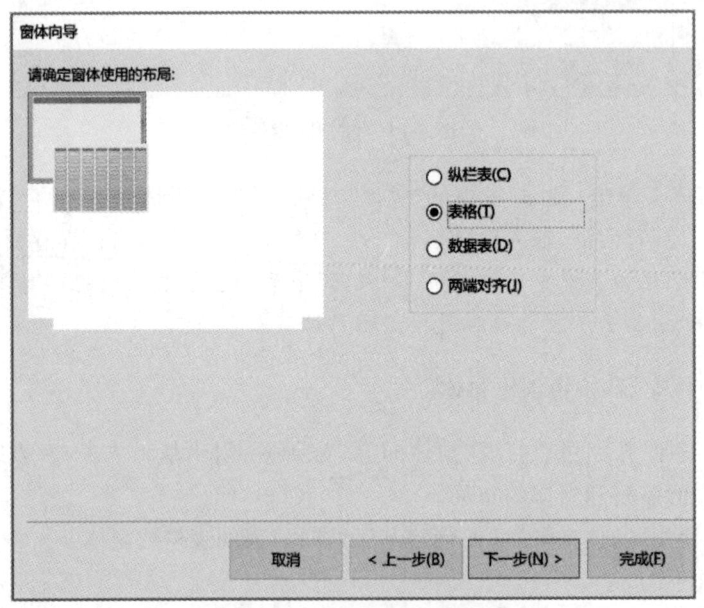

图 5-13 确定窗体的布局方式

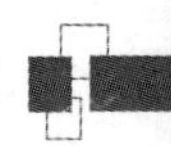

(4) 指定窗体标题。如图 5-14 所示，指定窗体标题为“例 5-2”，在“请确定是要打开窗体还是要修改窗体设计”选项栏中，默认选中“打开窗体查看或输入信息”单选按钮，如果要进一步修改窗体，则选中“修改窗体设计”单选按钮，本例采用默认值，单击“完成”按钮，即得到如图 5-15 所示的表格式窗体。

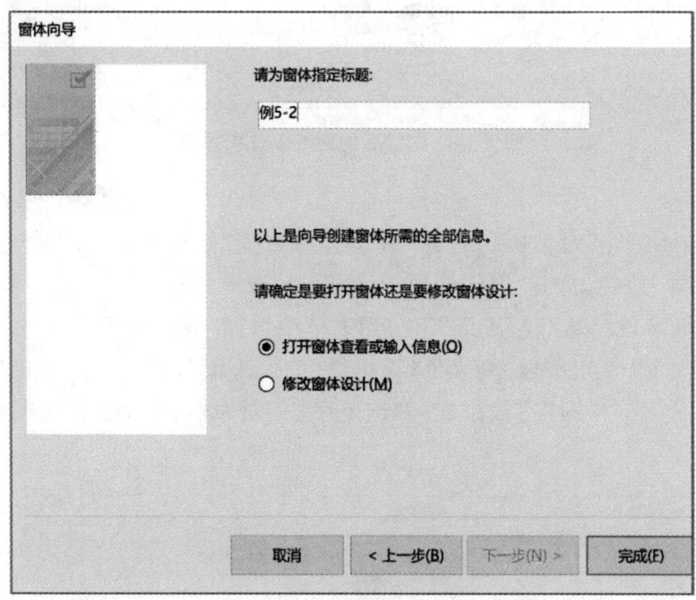

图 5-14 指定窗体的标题

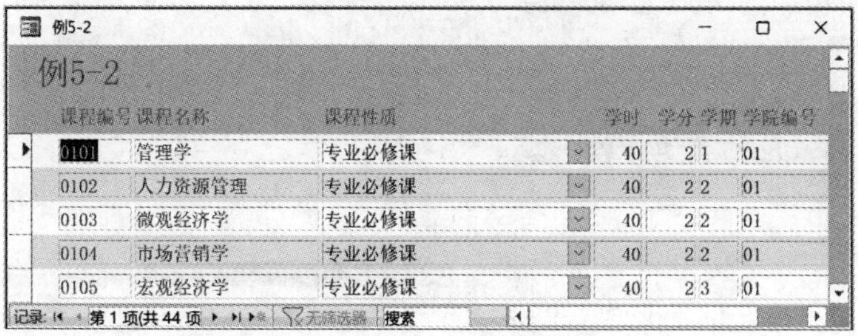

例5-2

课程编号	课程名称	课程性质	学时	学分	学期	学院编号
0101	管理学	专业必修课	40	2	1	01
0102	人力资源管理	专业必修课	40	2	2	01
0103	微观经济学	专业必修课	40	2	2	01
0104	市场营销学	专业必修课	40	2	2	01
0105	宏观经济学	专业必修课	40	2	3	01

记录: 第 1 项(共 44 项 无筛选器 搜索

图 5-15 例 5-2 的窗体视图

(5) 修改窗体标题，调整窗体布局。单击“开始”选项卡中“视图”组的“视图”按钮，切换至布局视图。将标题“例 5-2”修改为“课程基本信息”，并进一步调整各个字段名称及其值的位置和大小，调整后的效果如图 5-16 所示。

(6) 保存窗体。单击图 5-16 所示窗体的“关闭”按钮，弹出消息对话框，询问是否保存对窗体例 5-2 的设计的更改，单击“是”按钮即可。

【例 5-3】 使用“窗体向导”按钮创建教师授课情况窗体，要求显示教师的工号、姓名及讲授课程的课程编号、课程名称、课程性质和学时。

【例题分析】 工号、姓名来源于“教师”表，课程编号、课程名称、课程性质和学时来源于“课程”表，所以窗体的数据源来自多个表。可以直接基于多个表建立窗体，也可以先建立查询，再基于查询建立窗体。

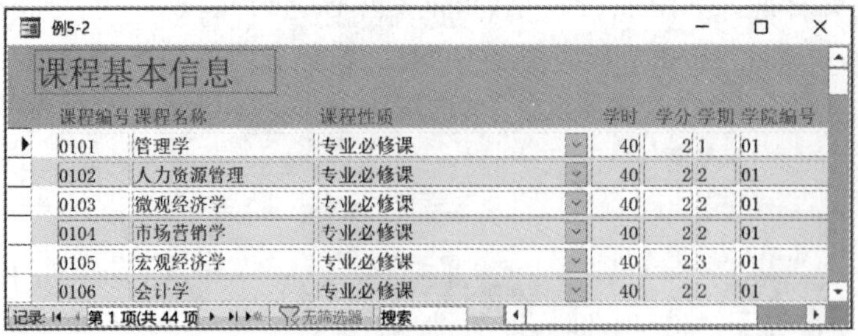

例5-2

课程基本信息

课程编号	课程名称	课程性质	学时	学分	学期	学院编号
0101	管理学	专业必修课	40	2	1	01
0102	人力资源管理	专业必修课	40	2	2	01
0103	微观经济学	专业必修课	40	2	2	01
0104	市场营销学	专业必修课	40	2	2	01
0105	宏观经济学	专业必修课	40	2	3	01
0106	会计学	专业必修课	40	2	2	01

记录: 第1项(共44项) 无筛选器 搜索

图 5-16 调整后的例 5-2 布局视图

操作步骤如下。

(1) 打开“窗体向导”对话框。打开“教学管理系统”数据库，单击“创建”选项卡中“窗体”组的“窗体向导”按钮，打开“窗体向导”对话框。

(2) 确定表和字段。从“表/查询”下拉列表框中选择“表：教师”，将“教师”表的“工号”和“姓名”字段添加到“选定字段”列表框，再选择“表：课程”，将“课程”表的“课程编号”“课程名称”“课程性质”和“学时”字段添加到“选定字段”列表框，单击“下一步”按钮，如图 5-17 所示。

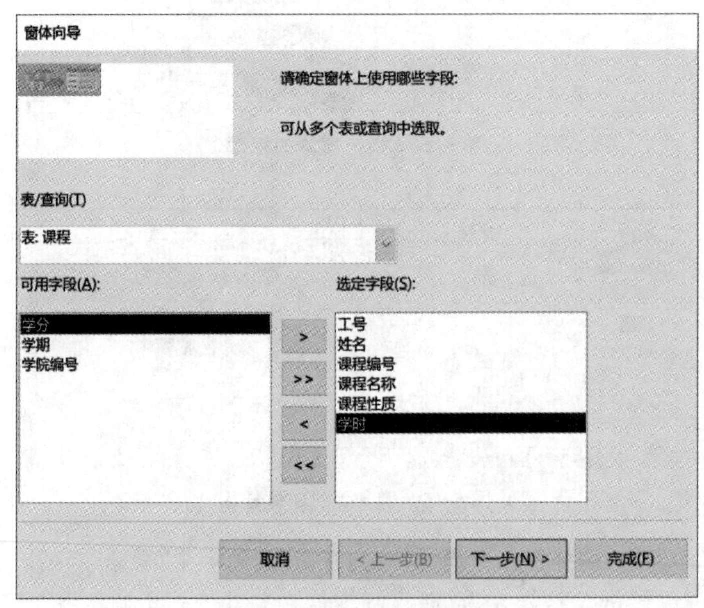

图 5-17 确定窗体上的字段

(3) 确定查看数据的方式。如图 5-18 所示，可以选择“通过 教师”或“通过 课程”查看数据，本例选择“通过 教师”查看教师讲授哪几门课程，如果要查看某门课程由哪几位教师讲授，则选择“通过 课程”查看数据。另外，子窗体的显示形式有两个选项，分别是“带有子窗体的窗体”和“链接窗体”，默认选项为“带有子窗体的窗体”。“链接窗体”选项是在主窗体中添加一个按钮，通过单击按钮打开子窗体，本例采用默认值，单击“下一步”按钮。

(4) 确定子窗体的布局。如图 5-19 所示，窗体向导提供了两种布局方式，本例选择“数据表”，单击“下一步”按钮。

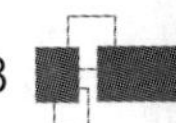

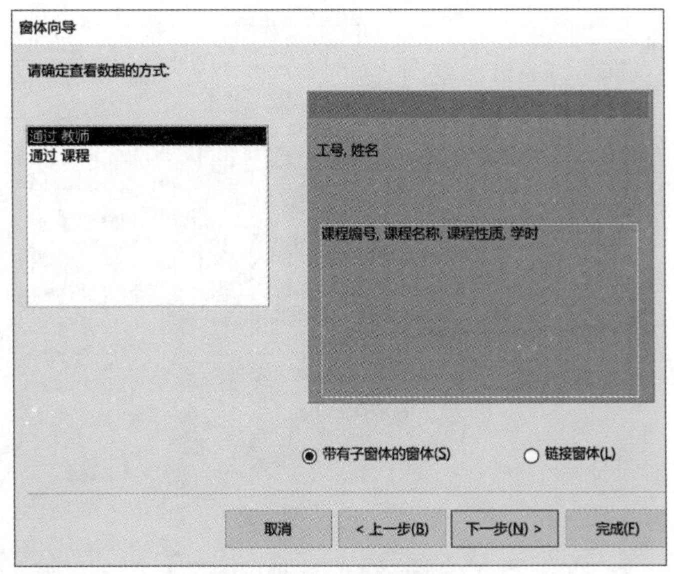

图 5-18　指定查看数据的方式

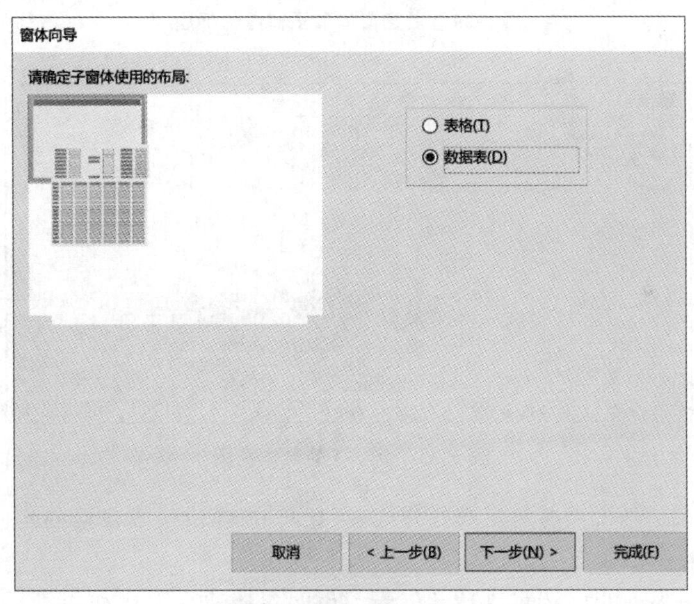

图 5-19　确定窗体的布局

（5）指定窗体标题。如图 5-20 所示，指定窗体标题为“例 5-3”，子窗体标题为“授课情况”。在“请确定是要打开窗体还是要修改窗体设计”选项栏中，选中默认值“打开窗体查看或输入信息”单选按钮，单击“完成”按钮，得到如图 5-21 所示的窗体。此时，导航窗格的“窗体”对象组中增加了一个名称为“授课情况”的窗体。

3. 使用“其他窗体”按钮创建窗体

“其他窗体”按钮的下拉列表框中提供了“多个项目”“数据表”“分割窗体”和“模式对话框”4 个特殊窗体创建选项，如图 5-10 所示。其中，各个选项的功能如下。

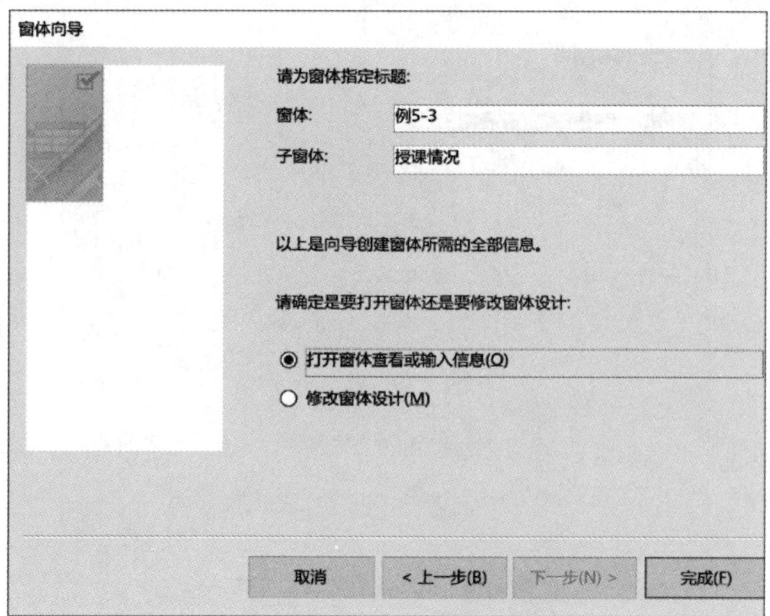

图 5-20 指定窗体和子窗体的标题

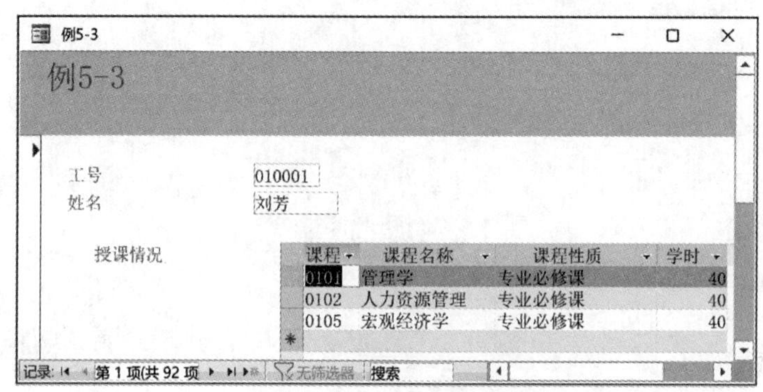

图 5-21 例 5-3 的窗体视图

(1) 多个项目：基于当前选定或打开的表、查询、窗体或报表自动创建一个包含多条记录的表格式窗体。

(2) 数据表：基于当前选定或打开的表、查询、窗体或报表自动创建一个数据表窗体。使用“多个项目”选项创建窗体与使用“数据表”选项相比，前者可以灵活地调整各个项目的布局并且提供了添加徽标、标题和日期时间等更多的自定义选项。

(3) 分割窗体：基于当前选定或打开的表、查询、窗体或报表自动创建一个同时提供窗体视图和数据表视图的窗体，并且两个视图的操作保持同步。

(4) 模式对话框：创建一个带有“确定”和“取消”按钮的对话框窗体，用户可以根据需要自行添加控件和字段。

【说明】 在以上 4 种特殊窗体的创建选项中，前 3 种是自动创建方式，操作简便快捷，具体操作同例 5-1 使用“窗体”按钮创建窗体类似，“模式对话框”窗体的创建将在例 5-10 中介绍，在此不再赘述。

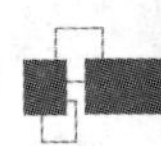

4. 使用“窗体设计”按钮创建窗体

使用“窗体”按钮、“窗体向导”按钮等创建窗体虽然快捷方便，但是生成的窗体往往不能完全满足用户的要求，所以在开发数据库应用系统时，通常需要通过设计视图进一步修改窗体或者完全从零开始新建窗体，以达到令用户满意的效果。

【例 5-4】 使用“窗体设计”按钮创建一个“教师基本信息”窗体，显示教师的工号、姓名、性别、出生日期、工作日期、学历、职称、工资和照片信息，如图 5-22 所示。

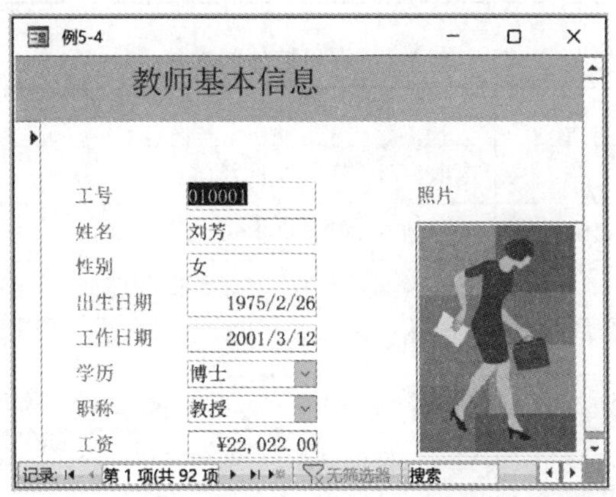

图 5-22 例 5-4 的窗体视图

操作步骤如下。

(1) 打开窗体设计视图。单击“创建”选项卡中“窗体”组的“窗体设计”按钮，打开窗体设计视图，默认窗体标题为“窗体 1”，只包含主体节，如图 5-23 所示。功能区出现了 3 个新的选项卡，分别是“表单设计”“排列”和“格式”，其中“表单设计”选项卡各组的主要功能如表 5-1 所示，常用控件的功能如表 5-2 所示。

图 5-23 窗体设计视图

表 5-1 "表单设计"选项卡的功能

组名称	功　能
视图	切换窗体视图
主题	选择窗体的主题样式、选择或新建窗体的主题颜色和字体
控件	提供了设计窗体时所需的各种控件，用于显示数据、执行操作、修饰窗体等
页眉/页脚	提供了可以在窗体页眉、页脚部分使用的徽标、标题、日期时间控件
工具	打开或关闭"字段列表"对话框、"属性表"对话框，打开"Tab 键次序"对话框、Microsoft Visual Basic for Applications 代码窗口等

表 5-2 常用控件的功能

控　件	名　称	功　能
	选择对象	选取窗体、节和控件对象
abl	文本框	显示、输入和编辑数据
Aa	标签	显示说明性信息，例如窗体标题、字段名称等
	（命令）按钮	通过单击完成各种操作
	选项卡控件	使一个窗体实现多页切换，存放和显示更多的信息
XYZ	选项组	实现控件的分组，与选项按钮一起使用可以实现单选
	复选框	显示、输入和编辑"是/否"型字段，多个复选框一起可以实现一组数据的多选
	选项按钮	显示、输入和编辑"是/否"型字段，多个选项按钮配合选项组使用，可以实现一组数据的单选
	切换按钮	显示、输入和编辑"是/否"型字段，按下代表"是"，弹起代表"否"
	列表框	显示一列或多列数据
	组合框	文本框和列表框的组合，可以显示一列或多列数据
	子窗体/子报表	在一个窗体或报表中嵌入另一个窗体或报表，通常用于显示来自多表的数据
	直线	在窗体上绘制直线
	矩形	在窗体上绘制矩形
XYZ	绑定对象框	显示与记录源字段绑定的 OLE 对象
	未绑定对象框	显示未绑定 OLE 对象，如图形、图像、声音等
	图表	在窗体中插入图表对象
	插入分页符	打印窗体时，对窗体进行分页
	链接	在文档中创建链接以快速访问网页和文件，超链接还可以转到文档的其他位置
	图像	显示静态图片
	附件	使用附件控件将其绑定到基础数据中的附件字段，例如，可以使用此控件显示图片或附加其他文件
	Web 浏览器	例如，可以使用 Web 浏览器控件来显示表中存储的地址的地图

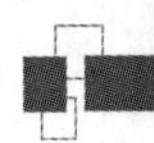

续表

控　件	名　称	功　能
	控件向导	打开或关闭"控件向导"对话框，当该按钮处于选中状态时，创建文本框、选项组、组合框、列表框、命令按钮、子窗体/子报表时都会打开相应的"向导"对话框
	ActiveX 控件	打开一个"插入 ActiveX 控件"对话框，可以将其中的控件添加到窗体中

(2) 选择数据源，添加显示字段。单击"表单设计"选项卡中"工具"组的"添加现有字段"按钮，打开"字段列表"对话框。单击"字段列表"对话框中的"显示所有表"项，则列出当前数据库中的所有表对象，单击"教师"表前的"＋"号，展开"教师"表中的所有字段，依次双击"工号""姓名""性别""出生日期""工作日期""学历""职称""工资"和"照片"字段将其添加到窗体的设计视图中，如图 5-24 所示。

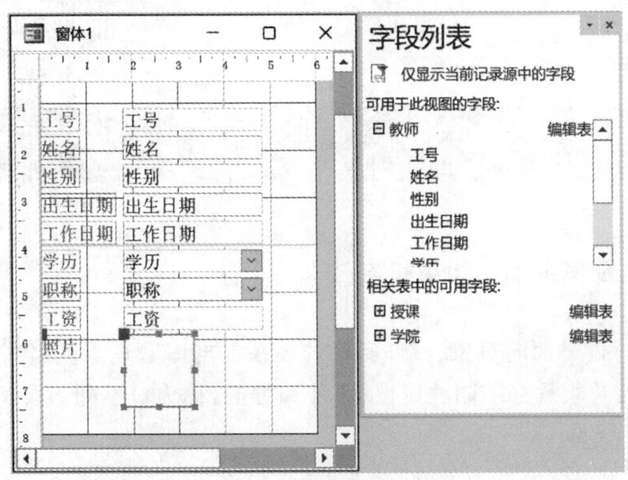

图 5-24　添加显示字段

(3) 调整"照片"显示控件位置和大小。如图 5-24 所示，在窗体的设计视图中被选中控件的左上角会出现一个灰色方块(也称移动控点)，四周出现黄色小方块(也称尺寸控点)，在黄色小方块四周移动鼠标指针使鼠标指针呈✥状，按住左键拖曳至合适的位置，如图 5-25 所示。如果只是移动"照片"标签控件而不移动其右侧的控件，则将鼠标指针移至要移动控件的移动控点(灰色方块)，按住左键拖曳即可。

(4) 调整"主体"节的边界。若"主体"节的边界需要调整，则将鼠标指针移至"主体"节下边界，使鼠标指针呈✛形状，按住左键拖曳至合适的位置；以同样的方式调整其右边界至合适的位置。

(5) 为窗体添加标题。单击"表单设计"选项卡"页眉/页脚"组中的"标题"按钮，在窗体的"主体"节上部和下部分别增加一个"窗体页眉"节和一个"窗体页脚"节，"窗体页眉"节默认显示一个名称为"窗体 1"的标题，将其修改为"教师基本信息"，并调整"窗体页脚"节的下边界使其高度为 0，如图 5-26 所示。

(6) 保存窗体。单击快速访问工具栏中的"保存"按钮，弹出"另存为"对话框，输入窗体名称"例 5-4"，单击"确定"按钮保存窗体。

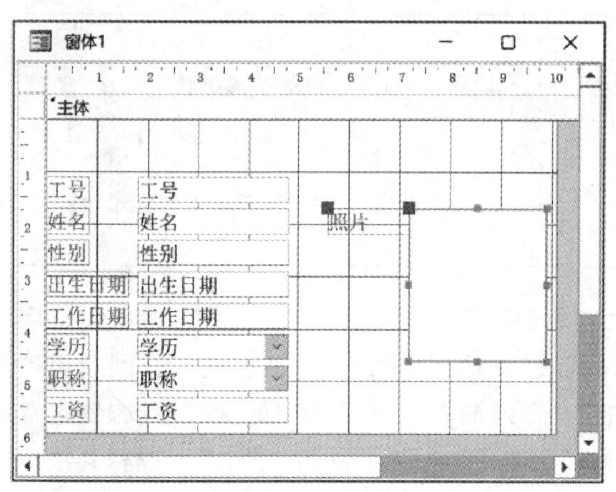

图 5-25 移动“照片”字段对应控件的位置

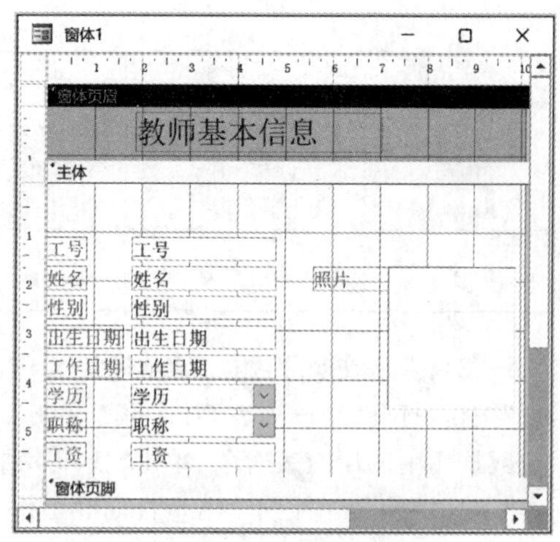

图 5-26 添加窗体标题

5.3 窗体和常用控件

5.3.1 对象及其属性、事件和方法

Microsoft Access 是面向对象、事件驱动的关系数据库管理系统，窗体和窗体上的控件都称为对象，不同的对象具有不同的属性、事件和方法，称为对象的三要素。

1. 对象

窗体是最基本的对象，它就像一个容器，可以在窗体上添加不同的控件。控件是用于修饰窗体、显示数据、执行操作、扩展窗体功能的对象。窗体上的常用控件有标签、文本框、命令按钮、列表框、组合框、复选框、选项组、选项按钮、选项卡等，这些控件都可以在“表单设计”选项卡的“控件”组中找到。

按照窗体上的控件与数据库中数据的关系，通常分为绑定控件、未绑定控件和计算控件3 种，其作用如表 5-3 所示。

表 5-3 控件的类型及作用

控件类型	与数据源的关系	作　用	举　例
绑定	与表或查询中的字段联系在一起	用于显示、输入或更新数据库中的字段值	文本框、复选框、组合框
未绑定	没有数据源	用于显示文本信息、线条、矩形和图片	标签、文本框、选项组、命令按钮、直线、矩形
计算	可以使用窗体数据源中的字段数据，也可以使用窗体上其他控件的数据	用于显示计算表达式的结果	文本框、复选框、组合框

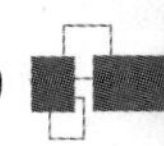

【说明】 有些控件并没有被严格地划分到绑定、未绑定和计算的某一种类型中，只是根据实际需要在不同的场合表现为不同的类型，如文本框控件既可以和数据源中的字段绑定，也可以只显示输入的文本，还可以显示计算表达式的结果。

2. 属性

属性是对象具有的特征，窗体及窗体中的控件都有一系列属性，如名称、标题、边框样式、控件来源等，这些属性标识了不同的对象。表 5-4 列出了窗体的常用属性。

表 5-4　窗体的常用属性

属性名称	属性标识	说　明	默认值
标题	Caption	指定在窗体视图中标题栏上显示的文本	
滚动条	ScrollBars	指定是否在窗体上显示垂直滚动条和水平滚动条	两者都有
记录选择器	RecordSelectors	指定在窗体视图中是否显示记录选择器	是
导航按钮	NavigationButtons	指定窗体上是否显示导航按钮和记录号文本框	是
分隔线	DividingLines	指定是否使用分隔线分隔窗体上的节或连续窗体上显示的记录	否
自动调整	AutoResize	指定在打开窗体时，是否自动调整窗口大小以显示整条记录	是
自动居中	AutoCenter	指定在窗体打开时，是否在应用程序窗口中将窗体自动居中	否
边框样式	BorderStyle	指定用于窗体的边框样式	可调边框
“最大/最小化”按钮	MinMaxButtons	指定窗体上的“最大化”或“最小化”按钮是否可见	两者都有
“关闭”按钮	CloseButton	指定是否启用窗体上的“关闭”按钮	是
宽度	Width	指定窗体的宽度，从边框的内侧开始度量	12.335cm
图片	Picture	指定窗体的背景图片，可以是位图或其他类型的图片	（无）
图片类型	PictureType	指定 Access 是将图片存储为链接对象还是嵌入对象	嵌入
图片缩放模式	PictureSizeMode	指定窗体中图片调整大小的方式	剪辑
记录源	RecordSource	指定窗体的数据源。属性值可以是表名称、查询名称或者 SQL 语句	

【说明】 表中空白单元格表明该属性没有给定默认值。

设置对象的属性有两种方法。

(1) 使用“属性表”对话框：在窗体的设计视图中，单击“表单设计”选项卡中“工具”组的“属性表”按钮，即可打开“属性表”对话框，如图 5-27 所示。

“属性表”对话框包含“格式”“数据”“事件”“其他”“全部”5 个选项卡。“格式”选项卡用于设置窗体或控件的外观属性；“数据”选项卡用于设置数据源、筛选等和数据操作相关的属性；“事件”选项卡用于添加事件过程；“其他”选项卡用于设置名称及其他属性；“全部”选项卡包含了前 4 个选项卡的全部内容。设置对象属性的方法是从图 5-27 中“所选内容的

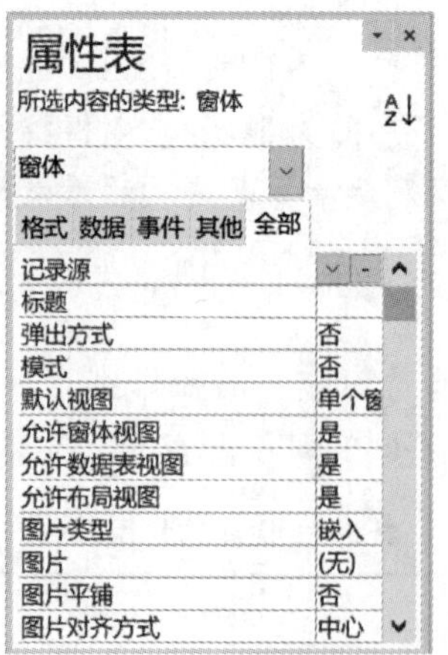

图 5-27 “属性表”对话框

类型：窗体”下拉列表框中选择要设置的对象，在相应的选项卡中找到该对象需要设置的属性，通过键盘输入或者从系统提供的选项中选择合适的属性值。

(2) 通过代码窗口：在窗体的设计视图中，单击“表单设计”选项卡中“工具”组的“查看代码”按钮，即可打开 Microsoft Visual Basic for Applications 代码窗口，可以在代码窗口中输入赋值语句设置对象的属性，语法格式为：

```
[对象名.]属性名 = 属性值
```

图 5-28 所示的代码窗口中，语句 Form. Caption＝"我的窗体"的作用是设置当前窗体的标题属性为“我的窗体”，当切换至窗体视图时，窗体的标题栏显示为“我的窗体”。

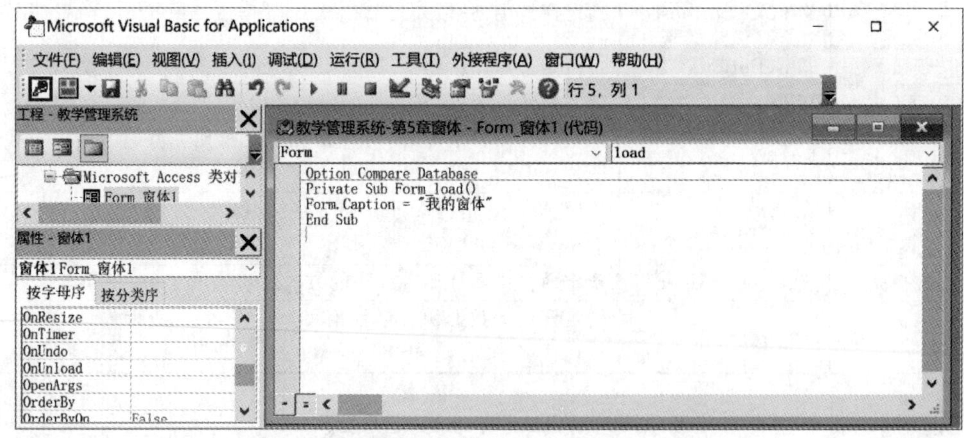

图 5-28 Microsoft Visual Basic for Applications 代码窗口

【说明】 赋值语句中的对象名也可以用 Me，还可以省略对象名，默认对象是当前窗体。

3. 事件

事件是指作用在对象上，能够被对象识别的动作。Access 中的事件分为用户事件和系统事件。用户事件是由用户的操作触发的，如单击、双击事件；系统事件是由系统内部触发的，如窗体的加载事件、计时器事件。窗体的事件是指窗体能够识别的动作，窗体的常用系统事件如表 5-5 所示。

表 5-5 窗体的常用系统事件

事件名称	事件标识	发生时间
打开	Open	当窗体打开但尚未在屏幕上出现时发生
加载	Load	当把窗体加载到内存工作区时发生
激活	Activate	当窗体成为当前活动窗口时发生
计时器触发	Timer	当窗体的 TimerInterval 属性所指的时间间隔已到时发生
卸载	Unload	当窗体关闭、从内存工作区中卸载时发生
关闭	Close	当窗体关闭、从屏幕上消失时发生

每个对象都有一系列预先定义好的事件,用户可以编写相应的代码对此事件进行响应,称为事件过程。事件过程的语法格式为:

```
Private Sub 对象名_事件名([参数列表])
    (事件过程代码)
End Sub
```

图 5-28 中的事件过程是通过在代码窗口的“对象”列表框中选中要添加事件过程的对象 Form,再从“事件”列表框中选中该对象要响应的事件 Load,由系统自动生成的。其中,Sub 为事件过程开始语句;End Sub 为事件过程结束语句;Private 是关键字表示该事件过程为局部过程;Form_Load 是事件过程名,由对象名、下画线和事件名三部分组成。用户只需要在事件过程中编写相应的事件代码就可以了。

【例 5-5】 创建一个窗体,利用窗体的 Timer 事件设计窗体,当运行窗体时,主体节的背景色每隔 1s 随机变化颜色。

操作步骤如下。

(1) 创建窗体。单击“创建”选项卡中“窗体”组的“窗体设计”按钮,打开“窗体 1”设计视图。

(2) 设置窗体的外观属性。单击“表单设计”选项卡中“工具”组的“属性表”按钮,打开“属性表”对话框。“属性表”对话框此时默认为“所选内容的类型:窗体”,如图 5-27 所示。单击“格式”中“标题”属性后面的文本框,输入属性值为“例 5-5”。

(3) 设置计时器属性。如图 5-29 所示,在“属性表”对话框中选择“事件”选项卡,设置“计时器间隔”为 1000(单位默认是毫秒),在“计时器触发”下拉列表框中选择“[事件过程]”。

(4) 为窗体的 Timer 事件编写代码。单击“事件过程”右侧的…按钮,打开代码窗口,添加代码如图 5-30 所示。

(5) 保存并运行窗体。单击快速访问工具栏中的“保存”按钮,弹出“另存为”对话框,窗体名称为“例 5-5”,单击“确定”按钮保存窗体。单击“表单设计”选项卡中“视图”组的“窗体视图”按钮即可运行窗体,如图 5-31 所示,窗体主体节的背景色会每秒切换一次随机色。

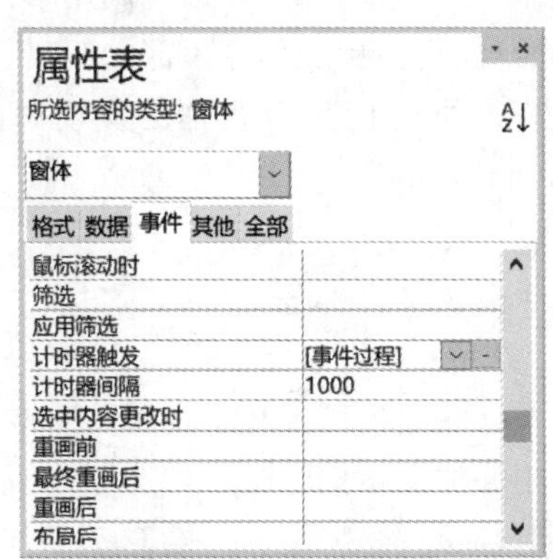

图 5-29 设置计时器属性

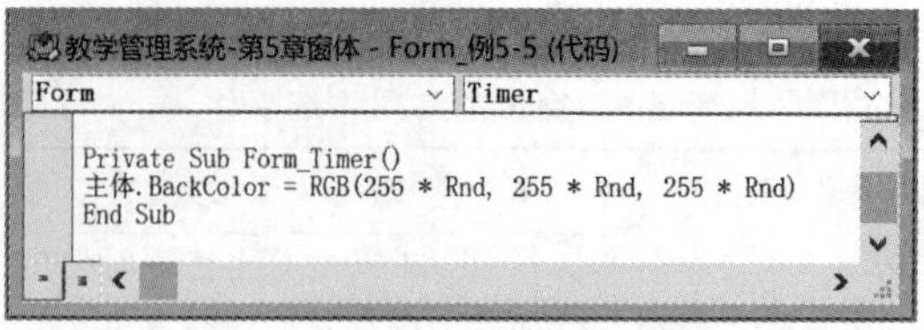

```
Private Sub Form_Timer()
主体.BackColor = RGB(255 * Rnd, 255 * Rnd, 255 * Rnd)
End Sub
```

图 5-30　编写 Timer 事件代码

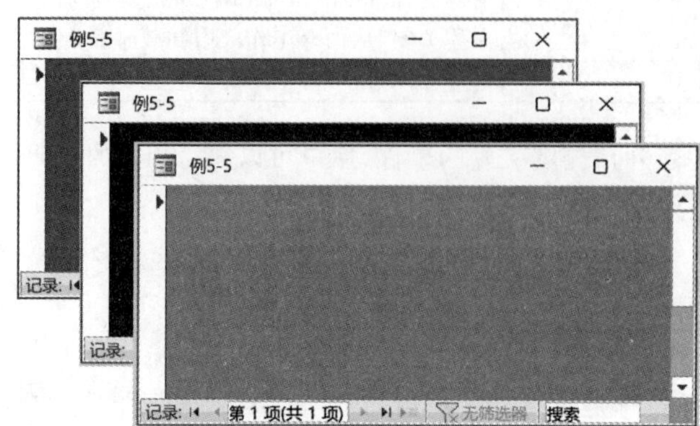

图 5-31　例 5-5 运行结果

4. 方法

方法是对象可以完成的操作,例如,Debug 窗口的 Print 方法就可以输出表达式的值。方法实际上是为对象事先定义好的通用过程,其中的代码已经编写好,用户在需要的时候调用即可。方法的调用格式为:

[对象名.]方法名 [参数列表]

例如,有如下事件过程:

```
Private Sub Form_Load()
    Form.Move 0, 0, 8000, 6000
End Sub
```

其中,事件过程的程序语句调用了窗体的 Move 方法,4 个参数分别表示窗体到工作区左边的距离、窗体到工作区顶部的距离、窗体的宽度和高度。当切换至窗体视图时,窗体移动至工作区的左上角,且窗体的宽度和高度分别为 8000twip 和 6000twip(twip 为单位,1cm=567twip)。

5.3.2　标签

标签主要用于显示说明性文本,为窗体或者其他控件添加解释说明性的文字。当向窗体中添加文本框、选项组、选项按钮、复选框、组合框、列表框、绑定对象框、子窗体/子报表控件时,Microsoft Access 会自动添加一个标签控件。标签的常用属性如表 5-6 所示。标签的常用事件是 Click 事件。

表 5-6 标签的常用属性

属性名称	属性标识	说　明	默认值
名称	Name	指定标签的名称，在程序代码中用来指明引用的控件	Label0
标题	Caption	指定标签的标题文本	由输入内容决定
可见	Visible	指定是否显示控件	是
背景样式	BackStyle	指定控件是否透明，当背景色改变时，自动设置为常规	透明
背景色	BackColor	指定标签中的背景颜色	背景 1
特殊效果	SpecialEffect	指定是否将特殊格式应用于控件	平面
前景色	ForeColor	指定标签中的文字颜色	文字 1，淡色 50%
字体名称	FontName	指定标签中的文字字体	宋体(主体)
字号	FontSize	指定标签中的文字字号	11
字体粗细	FontBold	指定标签中的文字字体是否加粗	正常
倾斜字体	FontItalic	指定标签中的文字字体是否倾斜	否
下画线	FontUnderline	指定标签中的文字是否添加下画线	否
文本对齐	TextAlign	指定标签中文字的对齐方式	常规

【例 5-6】 建立窗体，要求当运行窗体时，显示如图 5-32 所示的窗体视图。窗体以及标签控件的属性设置如表 5-7 所示。要求：当在标签上单击时，显示如图 5-33 所示的窗体视图：标签的标题显示为“我是标签”，文字颜色显示为红色，字体采用华文楷体并倾斜字体；双击标签时，关闭窗体。

图 5-32 例 5-6 的窗体视图

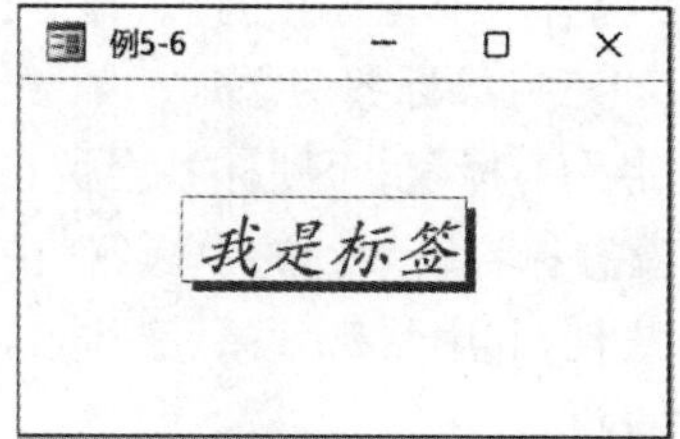

图 5-33 单击例 5-6 中的标签后

表 5-7 例 5-6 窗体及标签控件的属性设置

<table>
<tr><th>设置对象</th><th>属性名称</th><th>属性值</th></tr>
<tr><td rowspan="4">窗体</td><td>标题</td><td>例 5-6</td></tr>
<tr><td>滚动条</td><td>两者均无</td></tr>
<tr><td>记录选择器</td><td>否</td></tr>
<tr><td>导航按钮</td><td>否</td></tr>
<tr><td rowspan="7">标签</td><td>名称</td><td>Mylab</td></tr>
<tr><td>标题</td><td>欢迎使用</td></tr>
<tr><td>特殊效果</td><td>阴影</td></tr>
<tr><td>字体名称</td><td>黑体</td></tr>
<tr><td>字号</td><td>20</td></tr>
<tr><td>字体粗细</td><td>加粗</td></tr>
<tr><td>文本对齐</td><td>居中</td></tr>
</table>

操作步骤如下。

(1) 打开窗体设计视图。打开“教学管理系统”数据库，单击“创建”选项卡中“窗体”组的“窗体设计”按钮，打开窗体设计视图。

(2) 设置窗体的外观属性。适当调整窗体“主体”节的大小，单击“表单设计”选项卡中“工具”组的“属性表”按钮，打开“属性表”对话框，按表 5-7 设置窗体的各个属性，如图 5-34 所示。

图 5-34　设置窗体的外观属性

【说明】 单击窗体设计视图左上角的“窗体”选定器，如图 5-34 所示，“属性表”对话框中即显示“窗体”对象的所有属性。

(3) 添加标签控件。单击“表单设计”选项卡中“控件”组的 *Aa* 按钮，光标呈 ⁺A 状，移动光标至“主体”节的适当位置，按住鼠标左键向右下方拖曳，形成一个矩形标签区域，松开鼠标，在标签内有一个光标在闪烁，即等待用户输入。输入标题“欢迎使用”，单击空白处或按 Enter 键，即可完成标签的添加。需要说明的是，在窗体上创建标签控件时，必须为标签输入一些文字作为标题，否则标签会被自动取消。

(4) 设置标签属性。选中标签，在“属性表”对话框中按表 5-7 所示的内容分别设置标签的各个属性，其中特殊效果、字体名称、字号、字体加粗和文本对齐也可以直接在“格式”选项卡中进行设置。

【说明】 在设置字号为 20 后，若发现文字太大不能完整显示，可以选中标签控件，将鼠标指针移至控件右下角的“尺寸控点”上，使鼠标指针呈↖↘状，按住左键调整其尺寸至合适大小；也可以在标签上右击，在弹出的快捷菜单中选择“大小”→“正好容纳”命令，如图 5-35 所示，使文字和标签尺寸刚好匹配。单击“排列”选项卡中“调整大小和排序”组的“大小/空格”按钮，从下拉列表中选择“正好容纳”选项也可以实现同样的操作。

(5) 为标签 Mylab 的 Click 事件添加代码。单击“表单设计”选项卡中“工具”组的“查看代码”按钮，打开代码窗口，在“对象”下拉列表框中选择标签对象 Mylab，代码编辑窗口中自动生成 Mylab_Click 事件过程框架，完整事件过程如下。

```
Private Sub Mylab_Click()
    Mylab.Caption = "我是标签"
    Mylab.ForeColor = vbRed
    Mylab.FontName = "华文楷体"
    Mylab.FontItalic = True
End Sub
```

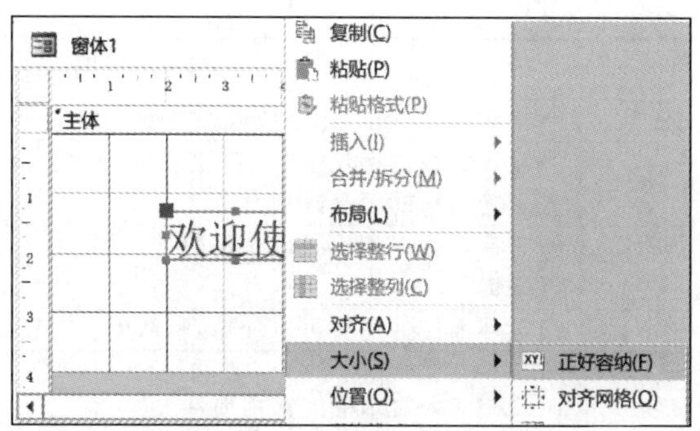

图 5-35 调整标签大小

(6) 为标签 Mylab 的 DblClick 事件添加代码。在代码窗口的“过程”下拉列表框中选择过程 DblClick,代码编辑窗口中自动生成 Mylab_DblClick 事件过程框架,完整事件过程如下。

```
Private Sub Mylab_DblClick(Cancel As Integer)
    DoCmd.Close '使用 DoCmd 对象的 Close 方法关闭当前活动窗体
End Sub
```

【说明】 VBA 的 DoCmd 对象允许用户调用其方法执行各种操作,DoCmd 对象两个最常用的方法是打开和关闭 Access 对象。打开 Access 对象要用 DoCmd 对象的 OpenObject 方法,其中 Object 代表要打开的对象的名称。例如,可用 OpenForm 方法打开一个窗体,用 OpenQuery 方法打开一个查询。使用 DoCmd 对象的 Close 方法可以关闭 Access 对象。

(7) 保存并运行窗体。单击快速访问工具栏中的“保存”按钮,弹出“另存为”对话框,窗体名称为“例 5-6”,单击“确定”按钮保存窗体。单击“表单设计”选项卡中“视图”组的“窗体视图”按钮运行窗体,单击窗体中的标签,标签中的文字发生变化,双击标签则关闭窗体。

5.3.3 文本框

文本框控件用于显示、输入和编辑数据,它与标签的最大区别在于可以更新数据。文本框的常用属性与标签基本一致,此外还有几个常用属性,如表 5-8 所示。其中,Value 属性是文本框最重要的属性,通常在代码中进行设置。文本框的常用事件如表 5-9 所示。除了常用的属性和事件外,文本框还有一个常用方法是 SetFocus,即得到插入点。

表 5-8 文本框的常用属性

属性名称	属性标识	说明
值	Value	用于指定文本框的值(在代码窗口中进行设置,“属性表”对话框中无此属性)
控件来源	ControlSource	用于显示和编辑绑定到表、查询或 SQL 语句中的数据,也可以显示表达式的结果
输入掩码	InputMask	可以使数据输入更容易,并且可以控制用户在文本框控件中输入的值
默认值	DefaultValue	指定在新建记录时自动输入到控件或字段中的文本或表达式

续表

属性名称	属性标识	说　明
有效性规则	ValidationRule	指定对输入到记录、字段或控件中的数据的限制条件
有效性文本	ValidationText	当输入的数据违反了"有效性规则"的设置时，可以使用该属性指定显示给用户的消息
是否锁定	Locked	指定是否可以编辑控件中的数据，默认值为"否"，代表数据未锁定可以编辑
可用	Enabled	指定当前控件是否可以使用，默认值为"是"

表 5-9　文本框的常用事件

事件名称	事件标识	发生时间
获得焦点	GotFocus	当文本框控件接收焦点时发生
失去焦点	LostFocus	当文本框控件失去焦点时发生
单击	Click	当在文本框上单击时发生
改变	Change	当文本框内的文本发生变化时发生
击键	KeyPress	当文本框有焦点时，按下并释放键盘上的任意键时发生

【例 5-7】 建立如图 5-36 所示的窗体，要求用文本框控件显示学生的学号、姓名以及年龄，窗体及各控件的属性设置如表 5-10 所示。

图 5-36　例 5-7 的窗体视图

表 5-10　例 5-7 中的窗体及各控件的属性设置

设置对象	属性名称	属性值
窗体	标题	例 5-7
	记录源	学生
	滚动条	两者均无
	记录选择器	否
	图片	D:\图片\背景.jpg
	图片类型	嵌入
	图片缩放模式	拉伸
3 个文本框	标签的标题	分别为学号、姓名、年龄
	名称	分别为 txtID、txtName、txtAge
	控件来源	分别为学号、姓名、=Year(Now())-Year([出生日期])
	字体名称	宋体
	字号	12
	字体粗细	加粗
	文本对齐	居中

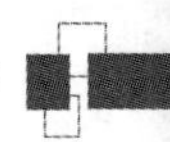

【例题分析】 本例中的“学号”“姓名”字段来源于“学生”表，可以事先设置窗体的记录源为“学生”，再将文本框与“学生”表中的相应字段联系在一起，这两个文本框是绑定控件，“年龄”是“学生”表中没有的字段，可以使用日期/时间函数 Year 和 Now，结合“出生日期”字段计算得到，这个文本框是计算型控件。

操作步骤如下。

(1) 打开窗体设计视图。打开“教学管理系统”数据库，单击“创建”选项卡中“窗体”组的“窗体设计”按钮，打开窗体设计视图。

(2) 设置窗体的外观属性。适当调整窗体“主体”节的大小，单击“表单设计”选项卡中“工具”组的“属性表”按钮，打开“属性表”对话框，按表 5-10 设置窗体的各个属性。

(3) 添加文本框控件。首先使“表单设计”选项卡中“控件”组中的“使用控件向导”按钮呈未选中状态，然后单击“表单设计”选项卡中“控件”组的文本框按钮 ab|，光标呈 +ab| 状，在窗体“主体”节中单击，即添加一个带标签对象的文本框对象，以同样的方法再添加两个文本框对象。

【说明】 设置了窗体记录源后，也可以单击“表单设计”选项卡中“工具”组的“添加现有字段”按钮，打开“字段列表”对话框，拖动字段到窗体中，Access 根据所拖字段的数据类型为字段创建适当的控件，并设置某些属性。本例就可以在“字段列表”对话框中依次选择“学号”和“姓名”字段，按住鼠标左键将字段拖至窗体的适当位置，窗体设计视图中会自动添加相应的标签和文本框控件。

(4) 设置标签和文本框的外观属性。依次选择添加到窗体中的标签控件，将其标题分别修改为“学号”“姓名”和“年龄”。从表 5-10 可知，3 个标签和 3 个文本框的字体名称等外观属性相同，可以先全部选中，然后统一在“属性表”对话框或“格式”选项卡中进行设置。

(5) 调整标签控件和文本框控件的位置和大小。如果要让添加的标签控件整齐排列，可以选中所有标签控件，鼠标指针呈 ⇕ 状时右击，在弹出的快捷菜单中选择“对齐”→“靠左”命令，如图 5-37 所示，再选择“大小”→“至最宽”命令，可以使所有标签控件对齐且大小一致。

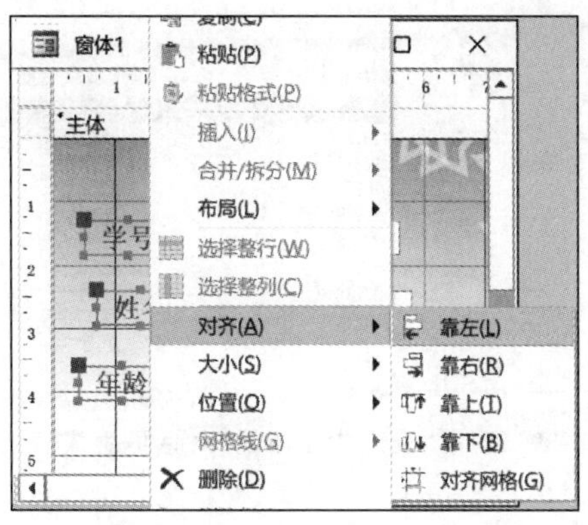

图 5-37 调整标签控件的对齐方式

【说明】 若要同时调整多个控件的大小、布局、水平间距和垂直间距，可以先选中控件，然后单击“排列”选项卡中“调整大小和排序”组的“对齐”“大小/空格”按钮，从下拉列表中选择相应的选项实现相应的操作。

(6) 设置文本框的名称和控件来源属性。选择第一个文本框控件,在"属性表"对话框的"其他"选项卡中将"名称"属性设置为 txtID,在"数据"选项卡中通过单击"控件来源"属性右侧的下拉按钮从下拉列表中选择"学号"。以同样的方式将第二个文本框的"名称"属性设置为 txtName,"控件来源"属性设置为"姓名"。第三个文本框的"名称"属性设置为 txtAge,"控件来源"属性设置为计算表达式"=Year(Now())-Year([出生日期])",如图 5-38 所示。

图 5-38　输入计算表达式

【说明】 计算表达式可以直接输入也可以通过表达式生成器得到,具体操作方法是:单击"数据"选项卡中"控件来源"属性右侧的空白区域,出现 ,再单击右侧的 按钮,打开"表达式生成器"对话框,如图 5-39 所示。

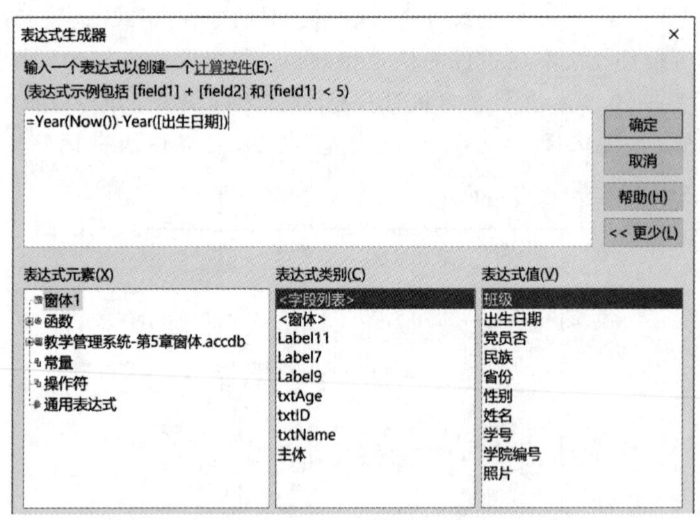

图 5-39　利用"表达式生成器"对话框生成表达式

操作步骤如下。

① 单击"表达式元素"列表框中"函数"项前的"+"按钮或者双击"函数"项,展开折叠的文件夹,单击"内置函数",所有可用的函数分类出现在"表达式类别"列表框中,单击"日期/时间",所有可用的日期/时间函数出现在"表达式值"列表框中,双击 Year,文本框中呈现"Year(≪date≫)";

② 单击文本框中的 date,选中≪date≫,在"表达式值"列表框中找到 Now,双击,文本框中呈现"Year (Now ())";

③ 光标移至 Year(Now())之后,单击"表达式元素"列表框中"操作符"项,在"表达式值"列表框中双击"-",文本框中呈现"Year(Now())-";

④ 重复步骤①,文本框中呈现"Year(Now())-Year(≪date≫)";

⑤ 单击文本框中的"date",选中"≪date≫",选择"表达式元素"列表框中的"窗体 1",所有的对象出现在"表达式类别"列表框中,单击"字段列表",所有可用字段出现在"表达式值"列表框中,双击"出生日期",文本框中呈现"Year(Now())-Year([出生日期])";

⑥ 单击"确定"按钮,生成的表达式自动添加到"控件来源"属性中。

(7) 保存窗体。单击快速访问工具栏中的"保存"按钮,弹出"另存为"对话框,窗体名称为"例 5-7",单击"确定"按钮保存窗体。

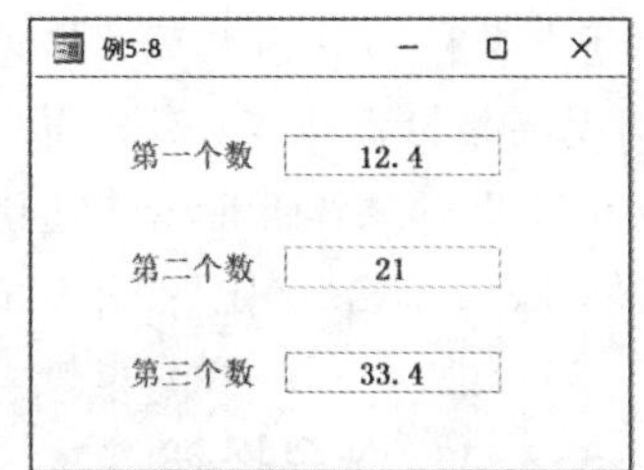

图 5-40 例 5-8 的窗体运行结果

【例 5-8】 建立如图 5-40 所示的窗体,要求在前两个文本框中分别输入两个数,当第三个文本框获得焦点时显示两个数的和。窗体及各控件的属性设置如表 5-11 所示。

表 5-11 例 5-8 窗体及各控件的属性设置

设置对象	属性名称	属性值
窗体	标题	例 5-8
	滚动条	两者均无
	记录选择器	否
	导航按钮	否
3 个文本框	标签的标题	分别为第一个数、第二个数、第三个数
	名称	分别为 txtData1、txtData2、txtSum
	字体名称	宋体
	字号	12
	字体粗细	加粗
	文本对齐	居中

【例题分析】 本例中前两个文本框用于接收输入的数据,是未绑定型控件,第三个文本框显示计算结果是计算型控件。文本框获得焦点即在文本框中单击,或通过键盘上的 Tab 键将光标移至文本框,这时会触发文本框的 GotFocus 事件,为此事件编写求和的代码即可。

操作步骤如下。

(1) 打开窗体设计视图。打开"教学管理系统"数据库,单击"创建"选项卡中"窗体"组的"窗体设计"按钮,打开窗体设计视图。

(2) 设置窗体的外观属性。适当调整窗体"主体"节的大小,单击"表单设计"选项卡中"工具"组的"属性表"按钮,打开"属性表"对话框,按表 5-11 设置窗体的各个属性。

(3) 添加文本框控件,并按表 5-11 设置文本框的属性。

(4) 为文本框 txtSum 的 Gotfocus 事件添加代码。单击"表单设计"选项卡中"工具"组

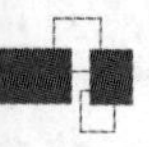

的“查看代码”按钮，打开 Microsoft Visual Basic for Applications 代码窗口，在“对象”下拉列表框中选择文本框对象 txtSum，在“过程”下拉列表框中选择过程 GotFocus，代码编辑窗口中自动生成 txtSum_GotFocus 事件过程框架，完整的事件过程如下。

```
Private Sub txtSum_GotFocus()
    txtSum.Value = Val(txtData1.Value) + Val(txtData2.Value)
End Sub
```

【说明】 Val 函数用于将文本框中的字符串转换为数值，如果不进行转换执行的是字符串的连接运算而非加法运算。另外，Value 属性是文本框的默认属性，可以省略不写。

(5) 保存窗体。单击快速访问工具栏中的“保存”按钮，弹出“另存为”对话框，窗体名称为“例 5-8”，单击“确定”按钮保存窗体。

5.3.4 命令按钮

命令按钮最常用的事件是单击事件，通过单击命令按钮可以执行某些操作。用户既可以创建命令按钮，为其 Click 事件编写代码，也可以通过 Access 提供的“命令按钮向导”生成可以直接使用的命令按钮。命令按钮的常用属性如表 5-12 所示。

表 5-12 命令按钮的常用属性

属性名称	属性标识	说　明	默认值
标题	Caption	指定按钮上显示的文本	Command0
图片	Picture	指定按钮的背景图片	(无)
可用	Enabled	指定当前控件是否可以使用	是
可见	Visible	指定是否显示控件	是
默认	Default	指定按下 Enter 键相当于单击该按钮	否
取消	Cancel	指定按下 Esc 键相当于单击该按钮	否

【例 5-9】 修改例 5-8，在窗体上添加两个命令按钮：“计算”和“清除”。要求：单击“计算”按钮或按下 Enter 键时，对第一个文本框和第二个文本框中的数求和并将结果显示在第三个文本框中，如图 5-41 所示；单击“清除”按钮或按下 Esc 键时，将三个文本框中的数据清除，并将光标插入第一个文本框等待输入数据。窗体及两个命令按钮的属性设置如表 5-13 所示。

图 5-41 例 5-9 的窗体运行结果

表 5-13 例 5-9 窗体及两个命令按钮的属性设置

设置对象	属性名称	属性值
窗体	标题	例 5-9
"计算"按钮	标题	计算
	名称	cmdCompute
	默认	是
	字体名称	微软雅黑
	字号	12
	字体粗细	加粗
	前景色	红色
"清除"按钮	标题	清除
	名称	cmdClear
	取消	是
	字体名称	微软雅黑
	字号	12
	字体粗细	加粗
	前景色	红色

操作步骤如下。

(1) 复制例 5-8。打开"教学管理系统"数据库,从导航窗格中选择窗体对象中的"例 5-8",右击,在弹出的快捷菜单中选择"复制"命令,再次在导航窗格中右击,在弹出的快捷菜单中选择"粘贴"命令,弹出"粘贴为"对话框,将窗体名称重命名为"例 5-9"。

(2) 打开窗体设计视图。从导航窗格中选择"例 5-9"窗体,右击,在弹出的快捷菜单中选择"设计视图"命令,打开窗体设计视图,按表 5-13 设置窗体的标题属性。

(3) 添加命令按钮,并设置其属性。首先使"表单设计"选项卡中"控件"组的"使用控件向导"按钮呈未选中状态,并适当调整窗体大小,单击"控件"组的命令按钮▭控件,光标呈+▭,在窗体中单击,即添加一个命令按钮对象,以同样的方法添加另一命令按钮,按表 5-13 设置两个命令按钮的属性。

(4) 为命令按钮 cmdCompute 的 Click 事件添加代码。打开代码窗口,在"对象"下拉列表框中选择命令按钮对象 cmdCompute,代码编辑窗口中自动生成 cmdCompute_Click 事件过程框架,将文本框 txtSum_GotFocus 事件过程中的代码剪切并粘贴至 cmdCompute_Click 事件过程,代码如下。

```
Private Sub cmdComputer_Click()
    txtSum.Value = Val(txtData1.Value) + Val(txtData2.Value)
End Sub
```

(5) 为命令按钮 cmdClear 的 Click 事件添加代码。在代码窗口的"对象"下拉列表框中选择命令按钮对象 cmdClear,代码编辑窗口就会自动生成 cmdClear_Click 事件过程框架,代码如下。

```
Private Sub cmdClear_Click()
    '清空各个文本框
    txtData1 = ""
```

```
        txtData2 = ""
        txtSum = ""
        txtData1.SetFocus '让第一个文本框获得焦点
    End Sub
```

（6）保存并运行窗体。单击快速访问工具栏中的“保存”按钮，保存对窗体所做的修改。单击“表单设计”选项卡上的“视图”按钮，切换至窗体视图，依次输入第一个数和第二个数，按键盘上的 Enter 键，两数的和显示在第三个文本框。按键盘上的 Esc 键，三个文本框清空，光标插入点在第一个文本框中闪烁等待重新输入。

【例 5-10】 建立如图 5-42 所示的窗体，要求在对应的文本框中输入正确的用户名和密码，当输入的用户名为 Admin，密码为“123456”时，单击“确定”按钮，关闭当前窗体，打开例 5-6 的窗体；当输入的用户名或密码错误时，单击“确定”按钮，弹出消息对话框显示“信息输入有误，请重新输入！”，并清空文本框中的内容，同时“用户名”文本框得到插入点等待用户重新输入。单击“取消”按钮，关闭当前窗体。窗体及各控件的属性设置如表 5-14 所示。

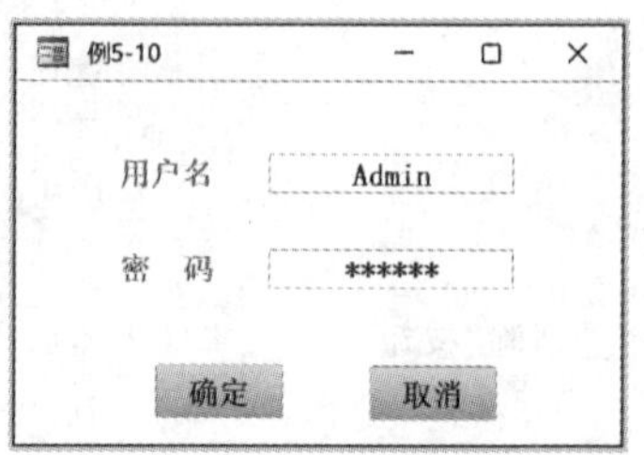

图 5-42 例 5-10 的窗体视图

表 5-14 例 5-10 窗体及各控件的属性设置

设置对象	属性名称	属性值
窗体	标题	例 5-10
“用户名”文本框	名称	txtUserName
“密码”文本框	名称	txtPassWord
	输入掩码	密码
“确定”按钮	名称	cmdConfirm

操作步骤如下。

（1）打开窗体设计视图。本例包含“确定”和“取消”按钮，可以通过创建“模式对话框”窗体来实现。打开“教学管理系统”数据库，单击“创建”选项卡中“窗体”组的“其他窗体”按钮，从下拉列表中选择“模式对话框”选项，打开窗体设计视图，如图 5-43 所示。

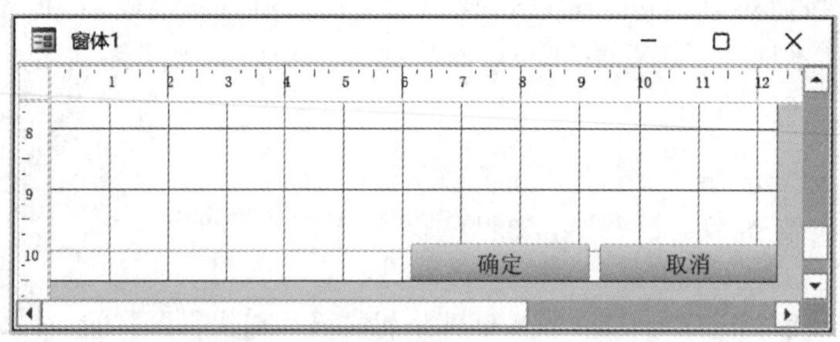

图 5-43 “模式对话框”窗体的设计视图

（2）设置窗体和命令按钮的属性。适当调整“确定”和“取消”按钮的位置和大小，进一步调整窗体“主体”节的大小，单击“表单设计”选项卡中“工具”组的“属性表”按钮，打开“属性表”对话框，按表 5-14 设置窗体的标题属性和命令按钮的名称属性。

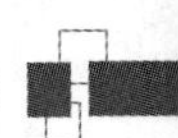

(3) 添加文本框控件,并按表 5-14 设置文本框的属性。

(4) 为命令按钮 cmdConfirm 的 Click 事件添加代码。打开代码窗口,在"对象"下拉列表框中选择命令按钮对象 cmdConfirm,代码编辑窗口中自动生成 cmdConfirm_Click 事件过程框架,代码如下。

```
Private Sub cmdConfirm_Click()
    If txtUserName = "Admin" And txtPassWord = "123456" Then
        DoCmd.Close                                   '关闭当前窗体
        DoCmd.OpenForm "例 5-6"                       '打开例 5-6 的窗体
    Else
        MsgBox "信息输入有误!请重新输入!"              '弹出错误提示信息
        txtUserName = ""
        txtPassWord = ""
        txtUserName.SetFocus
    End If
End Sub
```

(5) 更改命令按钮 cmdConfirm 的"单击"事件。在"属性表"对话框中选择命令按钮 cmdConfirm,其"事件"选项卡中的"单击"事件默认为"[嵌入的宏]",单击右侧下拉按钮,选择"[事件过程]"。

(6) 保存窗体。单击快速访问工具栏中的"保存"按钮,弹出"另存为"对话框,窗体名称为"例 5-10",单击"确定"按钮保存窗体。

【例 5-11】 修改例 5-7,使用命令按钮向导为其添加两个命令按钮,如图 5-44 所示。当单击"上一条记录"按钮时,文本框中显示上一条学生记录的信息;当单击"下一条记录"按钮时,文本框中显示下一条学生记录的信息。窗体及两个命令按钮的属性设置如表 5-15 所示。

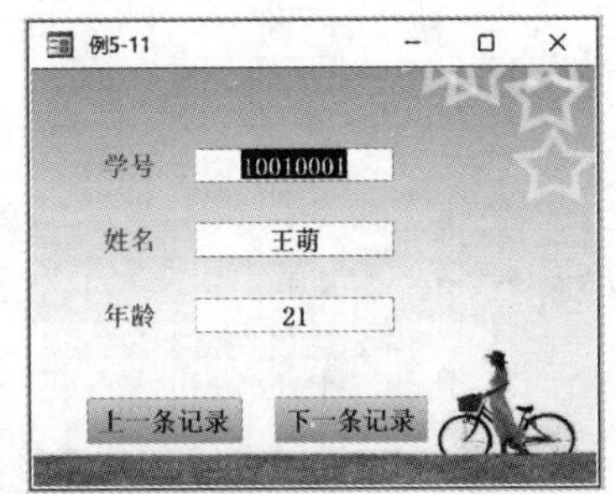

图 5-44 例 5-11 的窗体视图

表 5-15 例 5-11 窗体及两个命令按钮的属性设置

设置对象	属性名称	属性值
窗体	标题	例 5-11
	导航按钮	否
两个命令按钮	标题	分别为上一条记录、下一条记录
	名称	分别为 cmdPrevious、cmdNext
	字体名称	宋体
	字号	12
	字体粗细	加粗

操作步骤如下。

(1) 复制窗体。将例 5-7 创建的窗体复制一份,保存为"例 5-11"。

(2) 打开窗体设计视图。从导航窗格中选择"例 5-11"窗体,右击,在弹出的快捷菜单中选择"设计视图"命令,打开窗体设计视图,按表 5-15 设置窗体的标题属性。

(3) 添加命令按钮。适当调整窗体大小,首先使"表单设计"选项卡中"控件"组中的"使用控件向导”按钮呈选中状态，然后单击“控件”组中的按钮，光标呈状，在窗体中单击，即添加一个命令按钮对象，同时打开“命令按钮向导”对话框，如图 5-45 所示，左侧的“类别”列表框列出了可以选择的操作类别，默认类别为“记录导航”，右侧“操作”列表框列出了具体的操作，本例选择“转至前一项记录”选项，单击“下一步”按钮。

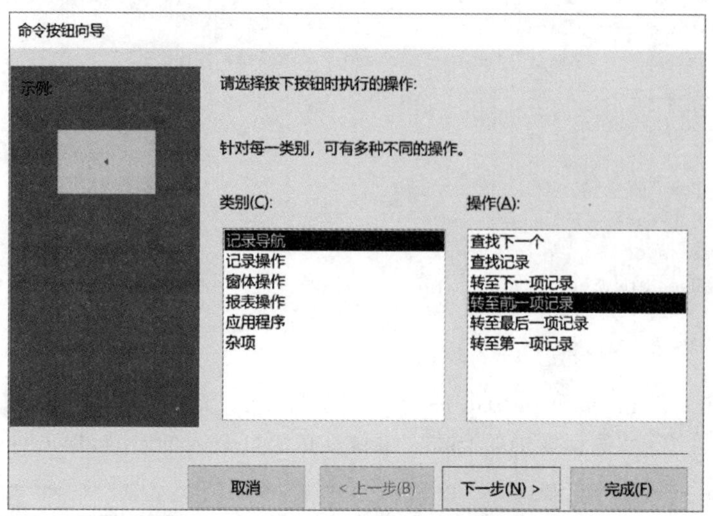

图 5-45 “确定”命令按钮执行的操作

(4) 确定命令按钮上显示的内容。如图 5-46 所示，选择“文本”选项，修改其文本内容为“上一条记录”，单击“下一步”按钮。

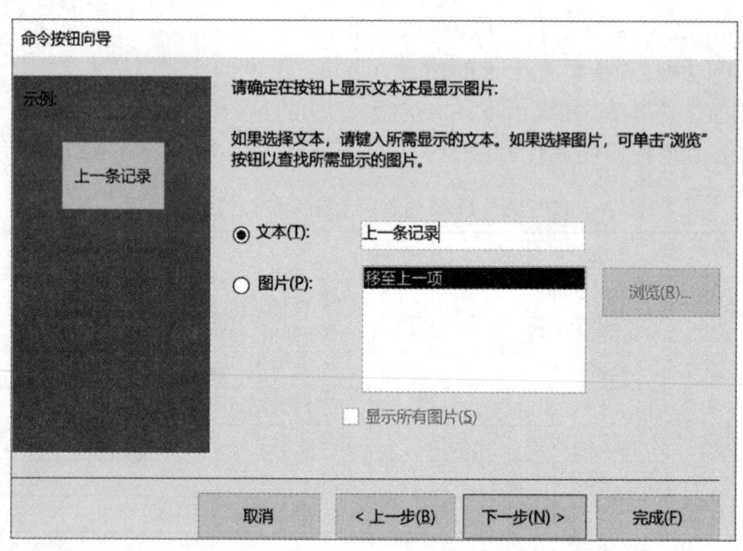

图 5-46 “确定”命令按钮上显示的内容

(5) 指定按钮名称。如图 5-47 所示，指定按钮的名称为 cmdPrevious，单击“完成”按钮，“上一条记录”按钮添加完毕。

(6) 使用同样的方法添加“下一条记录”按钮。

(7) 保存窗体。单击快速访问工具栏中的“保存”按钮，保存对窗体所做的修改。

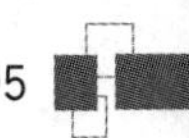

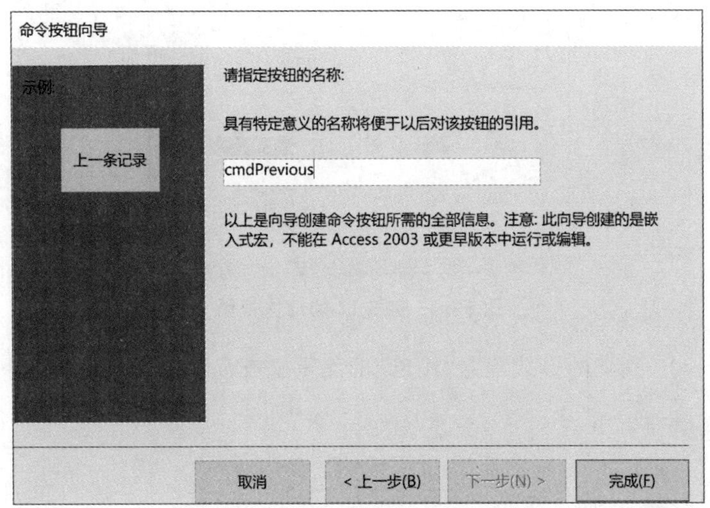

图 5-47 指定按钮名称

5.3.5 列表框和组合框

列表框控件用于显示一组预定的数据,用户可以直接在列表中选择所需的数据。组合框控件是文本框和列表框的组合,以下拉列表框的形式出现,既可以选择数据也可以输入数据。列表框和组合框的常用属性如表 5-16 所示。列表框和组合框的常用事件是 AfterUpdate,当控件中的数据更新之后发生,通常用于从列表框或组合框中选择某一选项时,给出相应的选择结果。

表 5-16 列表框和组合框的常用属性

属性名称	属性标识	说　明	默认值
行来源类型	RowSourceType	指定控件来源的数据类型,有表/查询、值列表和字段列表供选择	表/查询
行来源	RowSource	配合“行来源类型”属性一起使用,如果“行来源类型”设为“表/查询”,则指定表、查询或 SQL 语句的名称；如果“行来源类型”设置为“值列表”,则指定列表的输入项(多项之间以英文标点符号；分隔)；如果“行来源类型”设置为“字段列表”,则指定表或查询的名称	(无)

【例 5-12】 如图 5-48 所示,创建窗体显示学生的基本信息：学号、姓名、省份和民族,其中“省份”和“民族”字段分别以组合框和列表框控件的形式显示或者修改其记录内容。

操作步骤如下。

(1) 创建“省份”组合框和“民族”列表框的查询数据源。使用 SQL 视图的方式建立“省份”的无重复查询,其 SQL 语句如下。

```
SELECT DISTINCT 学生.省份
FROM 学生;
```

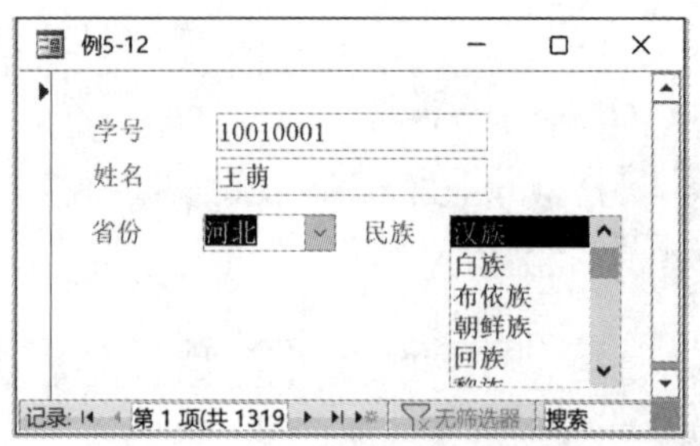

图 5-48　例 5-12 的窗体视图

同样，使用 SQL 视图的方式建立“民族”的无重复查询，其 SQL 语句如下。

```
SELECT DISTINCT 学生.民族
FROM 学生;
```

查询名分别保存为省份和民族。

(2) 创建窗体并指定窗体的记录源。使用窗体设计方式创建一个窗体，在“属性表”对话框中指定窗体的“标题”为“例 5-12”，指定窗体的“记录源”属性为“学生”表。

(3) 添加“学号”和“姓名”文本框。单击“表单设计”选项卡中“工具”组的“添加现有字段”按钮，在“学生”表中将学号和姓名字段直接拖动到窗体“主体”节，并调整其位置和基本外观属性。

(4) 添加“省份”组合框控件。首先使“表单设计”选项卡中“控件”组的“使用控件向导”按钮呈选中状态，并适当调整窗体大小，单击“控件”组中的组合框按钮，光标呈，在窗体中单击，即添加一个标签控件和一个组合框控件，同时打开“组合框向导”对话框，如图 5-49 所示，要求确定组合框获取数值的方式，这里列出了 3 种方式。

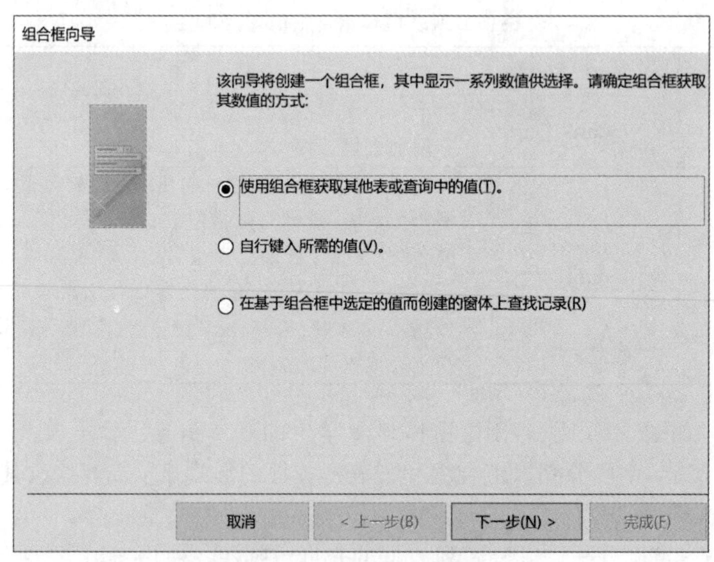

图 5-49　确定组合框获取数值的方式

① 使用组合框获取其他表或查询中的值。要在窗体上显示输出表或查询中的数据时选择此方式，组合框中会列出所选字段的实际值，如果选择的是非主键字段，数据往往存在

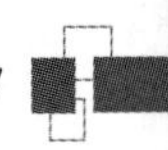

重复。

② 自行键入所需的值。如果用户要通过窗体输入或修改表中的记录，则选择此方式自行输入要显示的数值。

③ 在基于组合框中选定的值而创建的窗体上查找记录。

本例选择第一种方式，选中“使用组合框获取其他表或查询中的值”单选按钮，单击“下一步”按钮。

(5) 指定组合框的数据源。如图 5-50 所示，在“视图”中选中“查询”单选按钮，然后在列表框中选择“查询：省份”选项，单击“下一步”按钮。

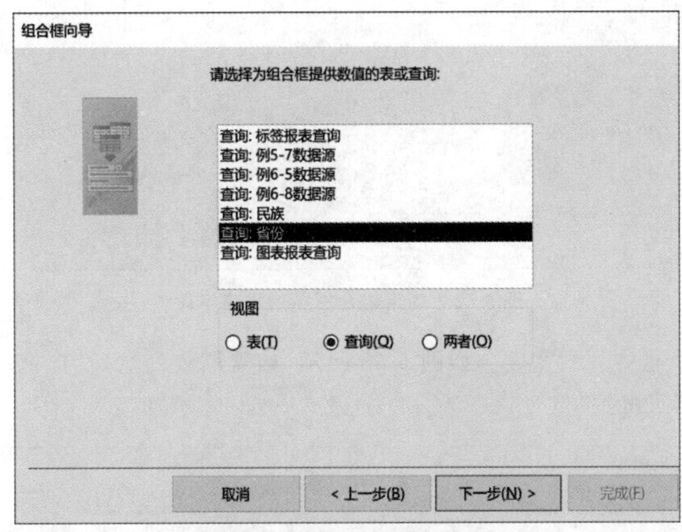

图 5-50 指定组合框的数据源

(6) 确定组合框中显示的字段。在“可用字段”中双击“省份”，则“省份”字段会自动添加到“选定字段”中，如图 5-51 所示，单击“下一步”按钮。

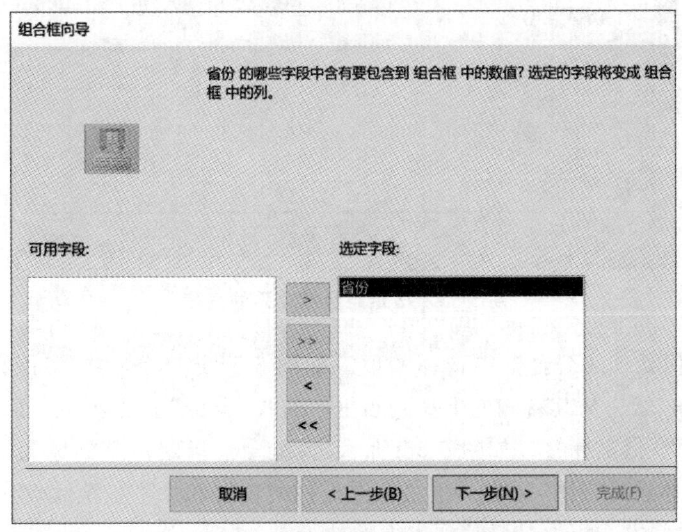

图 5-51 确定组合框中显示的字段

(7) 确定组合框中的排序字段。如图 5-52 所示，选择“省份”的升序作为排序方式，单击“下一步”按钮。

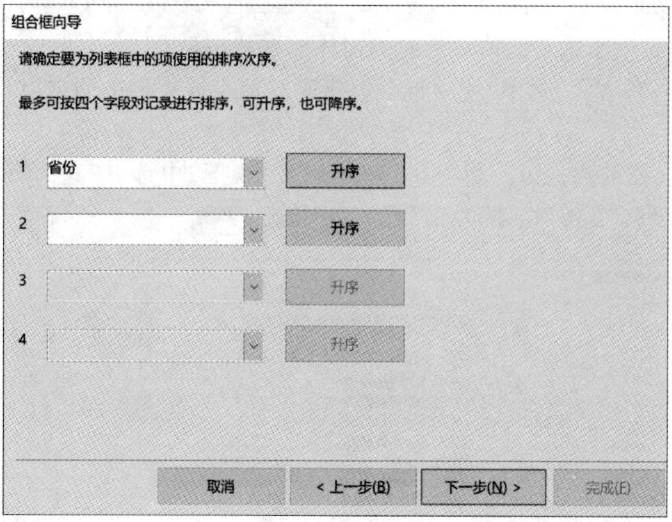

组合框向导

请确定要为列表框中的项使用的排序次序。

最多可按四个字段对记录进行排序，可升序，也可降序。

1 省份 升序

2 升序

3 升序

4 升序

取消 < 上一步(B) 下一步(N) > 完成(F)

图 5-52　确定组合框中的排序字段

(8) 指定组合框中列的宽度。如图 5-53 所示，如需调整列宽，直接拖动列的右边缘即可，单击“下一步”按钮。

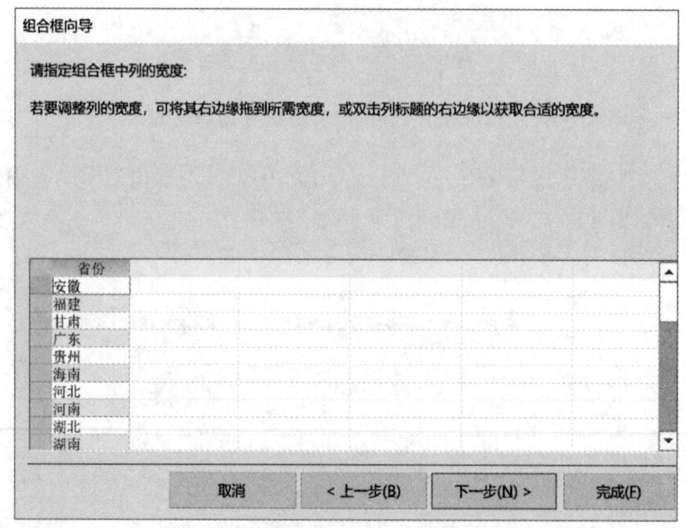

图 5-53　指定组合框中列的宽度

(9) 确定如何处理从组合框中选择的值。如图 5-54 所示，选中“将该数值保存在这个字段中”单选按钮，然后从其右侧的下拉列表框中选择“省份”字段，单击“下一步”按钮。

(10) 为组合框指定标签。如图 5-55 所示，为组合框指定标签标题为“省份”，单击“完成”按钮，返回窗体设计视图，适当调整组合框控件的位置和大小。至此，组合框添加完毕。

(11) 以同样的方式添加“民族”列表框控件。

(12) 保存窗体。单击快速访问工具栏中的“保存”按钮，保存对窗体所做的修改。

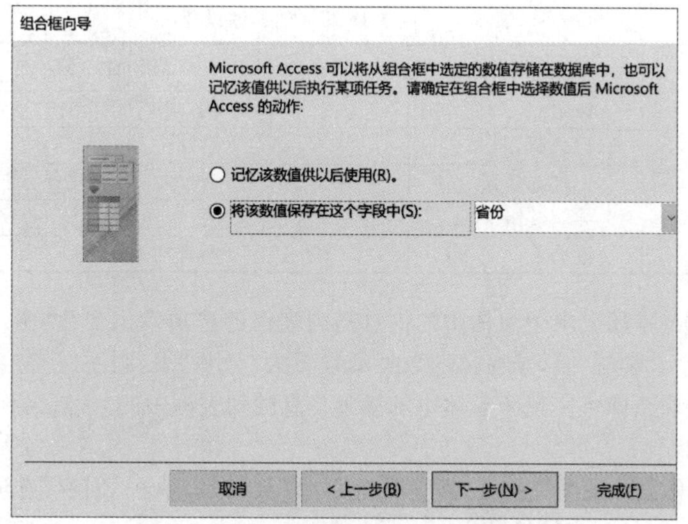

图 5-54 确定将选择的值保存在某个字段中

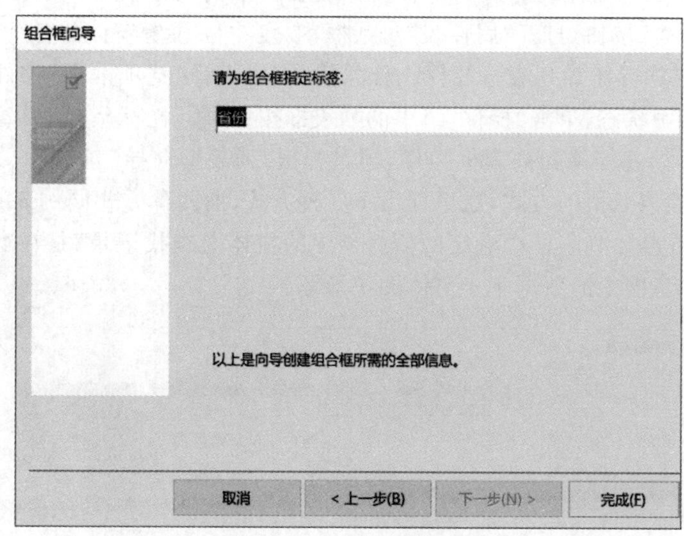

图 5-55 为组合框指定标签

【例 5-13】 创建如图 5-56 所示的窗体，左侧列表框用于显示所有学院的名称，右侧的子窗体用于显示所选学院的教师信息。窗体的属性设置如表 5-17 所示。

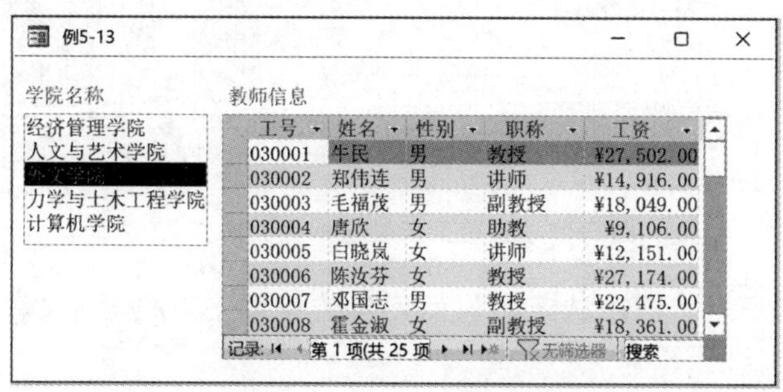

图 5-56 例 5-13 的窗体视图

表 5-17　例 5-13 窗体的属性设置

设置对象	属性名称	属性值
窗体	标题	例 5-13
	记录源	学院
	记录选择器	否
	导航按钮	否
	滚动条	两者均无

【例题分析】 本题要求子窗体中的信息随列表框的选项发生变化，实现方式是将主窗体的数据源设置为“学院”表，子窗体的数据源设置为“教师”表，则主/子窗体的数据源通过“学院编号”建立联系即可实现子窗体中的教师信息随列表框中的“学院名称”同步变化。

操作步骤如下。

(1) 打开窗体设计视图。打开“教学管理系统”数据库，单击“创建”选项卡中“窗体”组的“窗体设计”按钮，打开窗体设计视图。

(2) 设置窗体的外观属性。适当调整窗体“主体”节的大小，单击“表单设计”选项卡中“工具”组的“属性表”按钮，打开“属性表”对话框，按表 5-17 设置窗体的各个属性。

(3) 使用控件向导添加列表框控件。首先使“表单设计”选项卡中“控件”组的“使用控件向导”按钮呈选中状态，单击“控件”组中的列表框按钮，光标呈，在窗体的适当位置单击，即添加一个标签控件和列表框控件，同时弹出“列表框向导”对话框，如图 5-57 所示，要求确定列表框获取数值的方式，这里列出了 3 种方式，前两种方式同例 5-12 中步骤(4)相同，第 3 种方式“在基于列表框中选定的值而创建的窗体上查找记录”是在窗体设置了记录源后出现的，即列表框中的数据基于窗体的记录源。

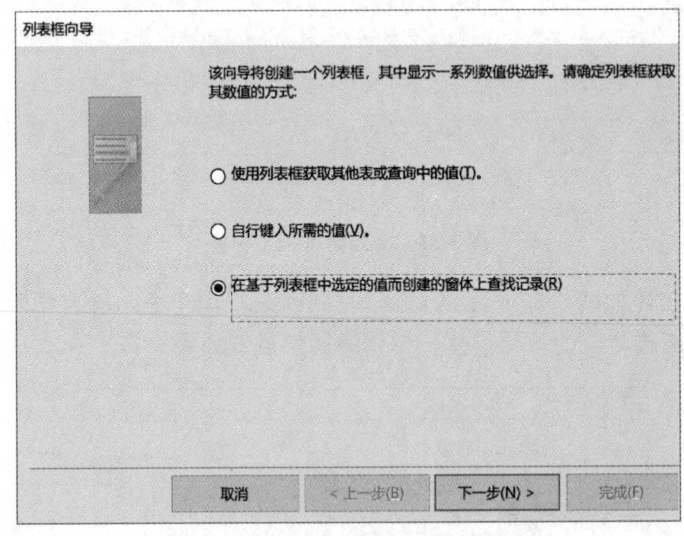

图 5-57　确定列表框获取数据的方式

本例选中“在基于列表框中选定的值而创建的窗体上查找记录”单选按钮，单击“下一步”按钮。

(4) 确定列表框中的列。如图 5-58 所示，选择包含到列表框中的字段为“学院名称”，

单击“下一步”按钮。

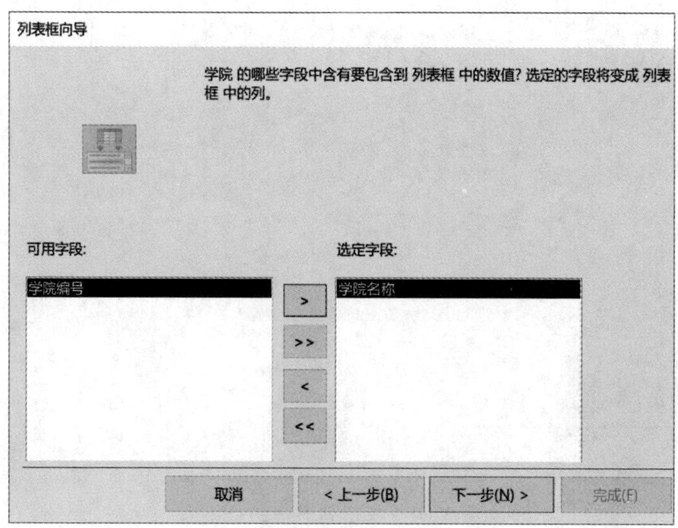

图 5-58 确定列表框中的列

(5) 确定列表框中列的宽度。如图 5-59 所示,列出了“学院”表中“学院名称”字段对应的值,要求指定列表框中列的宽度,本例采用默认值,单击“下一步”按钮。

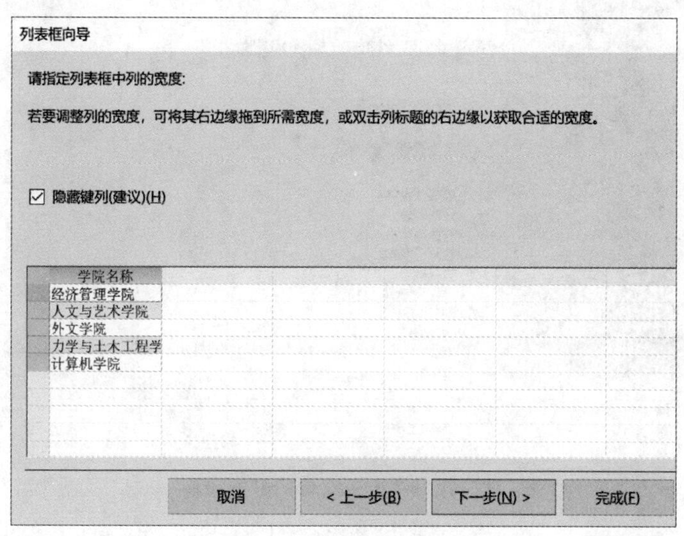

图 5-59 确定列表框中列的宽度

(6) 指定列表框的标签。如图 5-60 所示,为列表框指定标签名称为“学院名称”,单击“完成”按钮,列表框添加完毕。

(7) 使用控件向导添加子窗体控件。单击“控件”组中的子窗体/子报表按钮,光标呈状,在窗体的适当位置单击,即添加一个标签控件和子窗体控件,同时弹出“子窗体向导”对话框。如图 5-61 所示,要求选择用于子窗体的数据来源,可以是使用“现有的表和查询”,也可以是“使用现有的窗体”,本例采用默认值“使用现有的表和查询”,单击“下一步”按钮。

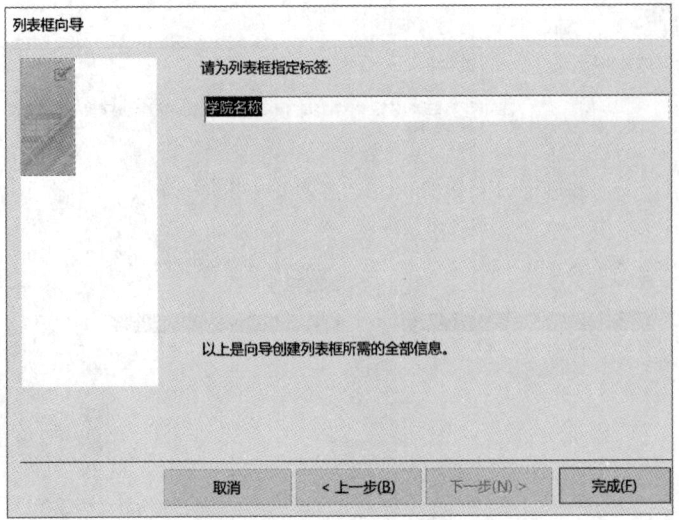

图 5-60　指定列表框的标签

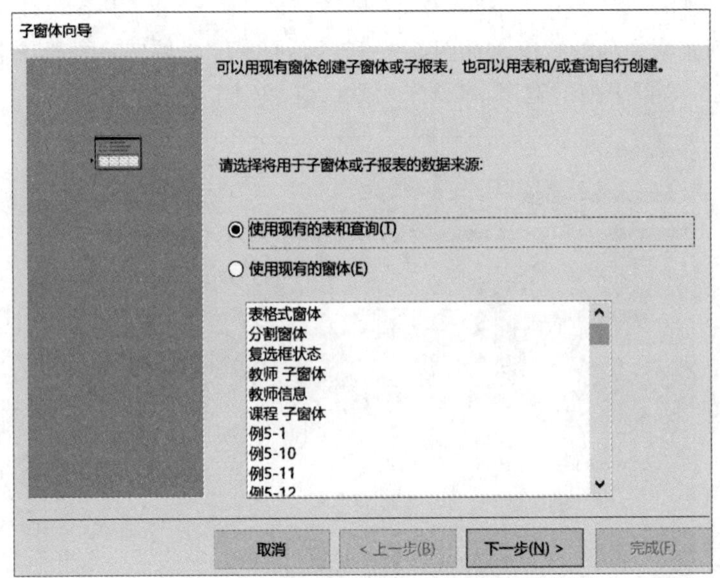

图 5-61　选择子窗体的数据来源

(8) 确定子窗体中包含的字段。如图 5-62 所示，选择子窗体中包含的字段为“教师”表中的“工号”“姓名”“性别”“职称”“工资”，单击“下一步”按钮。

(9) 确定主窗体链接到子窗体的字段。如图 5-63 所示，选中主窗体链接到子窗体的字段的方式为“从列表中选择”单选按钮，即“对学院中的每个记录用学院编号显示教师”，单击“下一步”按钮。

(10) 指定子窗体的名称。如图 5-64 所示，指定子窗体的名称为“教师信息”，单击“完成”按钮，子窗体添加完毕。

(11) 保存窗体。单击快速访问工具栏中的“保存”按钮，弹出“另存为”对话框，窗体名称为“例 5-13”，单击“确定”按钮，保存窗体。

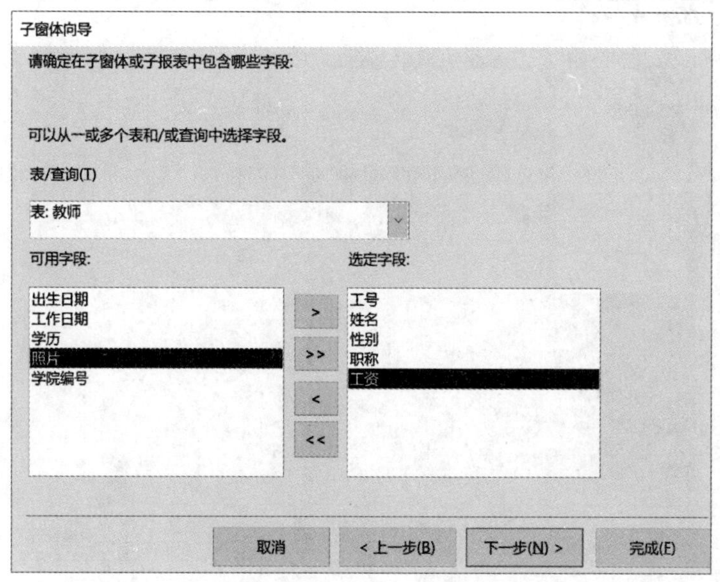

图 5-62 确定子窗体中包含的字段

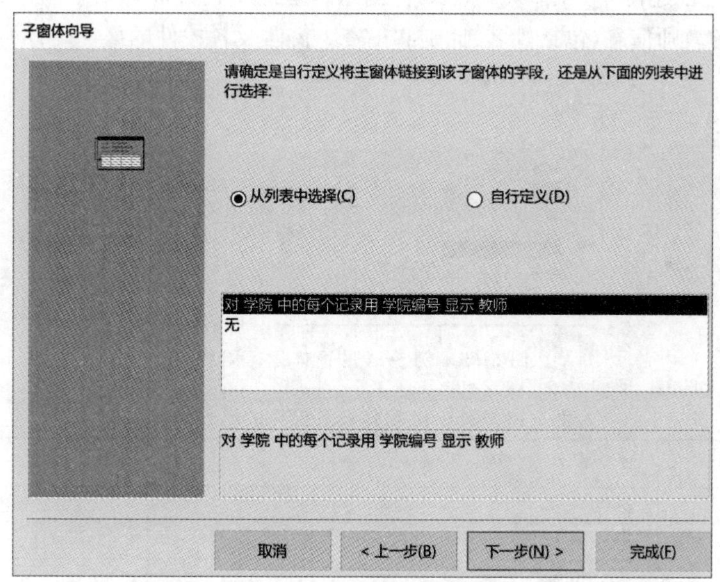

图 5-63 确定主窗体链接到子窗体的字段

(12) 运行并修改窗体。单击“视图”按钮,运行例 5-13 的窗体时,会发现在还未选择列表框中的任何一个学院名称时,子窗体中默认显示了“经济管理学院”的教师信息,这是由于打开窗体时,记录指针会指向窗体记录源的第一条记录,第一条记录的学院名称即“经济管理学院”,此时子窗体随之显示当前学院中的教师信息。而实际上当前子窗体中不应该出现教师信息,应该随列表框中选项的变化发生变化,如何实现？回到窗体设计视图,在“属性表”对话框中,修改子窗体“数据”选项卡中的“链接主字段”为列表框的名称,即可使子窗体的内容完全随列表框的选择进行相应变化。

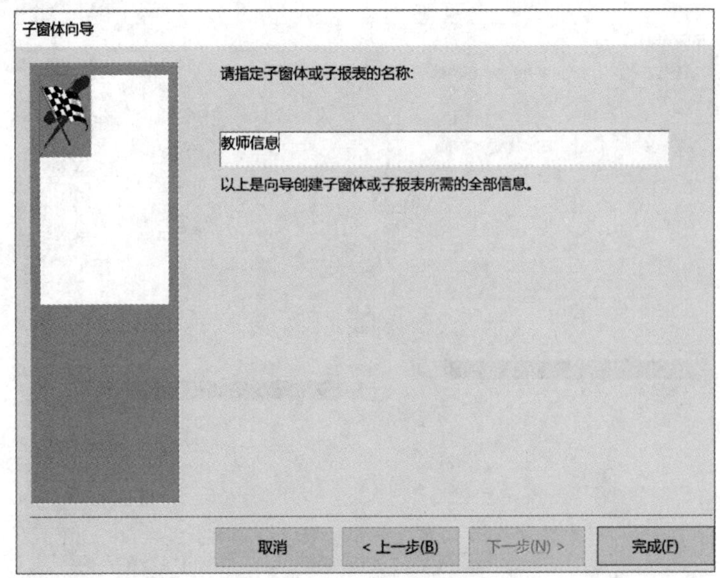

图 5-64 指定子窗体的名称

【例 5-14】 创建窗体如图 5-65 所示,左侧组合框用于选择职称名称,右侧的列表框用于显示相应职称的教师信息,包括姓名、性别和工资。窗体及各控件的属性设置如表 5-18 所示。

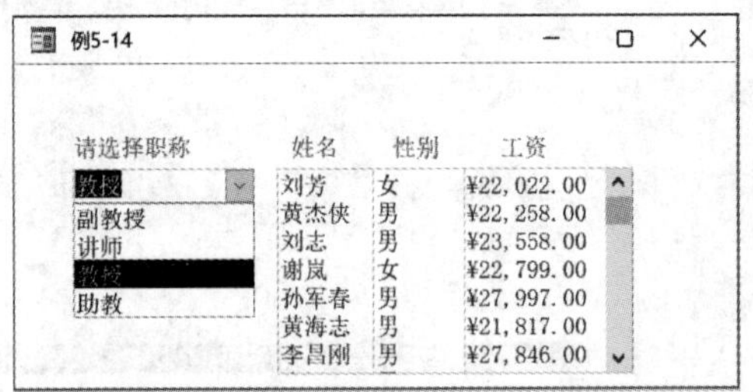

图 5-65 例 5-14 的窗体运行结果

表 5-18 例 5-14 窗体及各控件的属性设置

设置对象	属性名称	属性值
窗体	标题	例 5-14
	记录选择器	否
	导航按钮	否
	滚动条	两者均无
4 个标签	标题	分别为请选择职称、姓名、性别、工资
组合框	名称	cboPost
	行来源类型	表/查询
	行来源	SELECT DISTINCT 教师.职称 FROM 教师;
列表框	名称	lstTeacher
	行来源类型	表/查询
	列数	3
	列宽	1.6cm; 1.501cm; 1.6cm

操作步骤如下。

(1) 打开窗体设计视图。打开“教学管理系统”数据库，单击“创建”选项卡中“窗体”组的“窗体设计”按钮，打开窗体设计视图。

(2) 设置窗体的外观和属性。按表 5-18 设置窗体的各个属性。

(3) 添加组合框控件，并设置其属性。首先使“表单设计”选项卡中“控件”组的“使用控件向导”按钮呈未选中状态，然后单击“控件”组中的组合框按钮，光标呈+▤状，在窗体中单击，即添加一个带标签的组合框控件，按表 5-18 设置组合框控件的属性，修改其标签标题为“请选择职称”。

(4) 添加列表框控件和标签控件。单击“控件”组中的列表框按钮，光标呈+▤状，在窗体的适当位置单击，即添加一个带标签的列表框控件，按表 5-18 设置列表框控件的属性，修改其标签标题为“姓名”。再添加两个标签控件，将标题分别设置为“性别”和“工资”。

【说明】 因为要在列表框中显示教师的姓名、性别和工资信息，所以将其“列数”属性设置为 3，另外“列宽”属性是根据实际显示字段的宽度设置的。

(5) 为组合框的 AfterUpdate 事件编写代码。在代码窗口的“对象”下拉列表框中选择组合框控件对象 cboPost，在“过程”下拉列表框中选择过程 AfterUpdate，代码编辑窗口中自动生成 cboPost_AfterUpdate 事件过程框架，代码如下。

```
Private Sub cboPost_AfterUpdate()
'将列表框的行来源设置为 SQL 语句，其值随组合框中职称的内容变化
ListTeacher.RowSource = "SELECT 姓名,性别,工资 FROM 教师 WHERE 职称 = cboPost.Value"
End Sub
```

【说明】 Value 属性是组合框的默认属性，该属性值表示当前组合框中被选中选项的文本内容。

(6) 保存窗体。单击快速访问工具栏中的“保存”按钮，弹出“另存为”对话框，窗体名称为“例 5-14”，单击“确定”按钮，保存窗体。

5.3.6 复选框

复选框可以作为绑定型控件显示表或查询中的“是/否”型字段，多个复选框组合在一起可以实现多选。它的常用属性是 Value，反映选项的状态，如图 5-66 所示。

【例 5-15】 在例 5-7 建立的窗体上，添加一个复选框，显示该学生是否是党员，如图 5-67 所示。

复选框	Value属性
☑选中	-1
☐未选中	0
■不表态	NULL

图 5-66　复选框的状态及其 Value 属性

图 5-67　例 5-15 的窗体视图

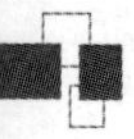

操作步骤如下。

(1) 复制窗体。将例 5-7 创建的窗体复制一份,保存为"例 5-15"。

(2) 打开窗体设计视图。从导航窗格中选择"例 5-15"窗体,右击,在弹出的快捷菜单中选择"设计视图"命令,打开窗体设计视图,将窗体标题修改为"例 5-15"。

(3) 添加复选框控件。首先使"表单设计"选项卡中"控件"组的"使用控件向导"按钮呈未选中状态,并适当调整窗体大小。选中"控件"组中的复选框按钮☑,光标呈⁺☑状,在窗体的适当位置单击,即添加一个带标签的复选框控件。

(4) 设置复选框控件的属性。选中复选框控件,打开其"属性表"对话框,在"数据"选项卡中选择"控件来源"属性下拉列表框中的"党员否"字段,另外选中复选框右侧的标签控件将其"标题"属性设置为"党员否",并适当调整控件的位置、大小等属性,使其与"学号""姓名"文本框外观保持一致。

【说明】 打开"添加现有字段"对话框,按住鼠标左键将"党员否"字段拖至窗体可以直接添加一个"党员否"复选框控件。

(5) 保存窗体。单击快速访问工具栏中的"保存"按钮,保存窗体。

5.3.7 选项按钮和选项组

选项按钮同复选框一样有 3 种状态：选中、未选中和不表态,对应的 Value 值分别为−1、0 和 Null。与复选框不同的是,选项按钮通常作为单选按钮成组出现,使用时需放在选项组中,一个时刻只能选中一个选项按钮。

选项组又称为框架(frame),用于对某些在功能上相关的控件进行分组。选项组的标签位于方框的左上角,可以输入说明性文字,也可以删除。选项组的常用属性是 Value,常用事件是 Click。选项组和选项按钮结合起来使用时,可以实现单选操作。

【例 5-16】 建立如图 5-68 所示的窗体。要求：首先在"数据"选项组的"第一个数"文本框和"第二个数"文本框中输入要计算的数据,然后选中"计算"选项组中相应的单选按钮,计算结果显示在"结果"文本框中。各控件的属性设置如表 5-19 所示。

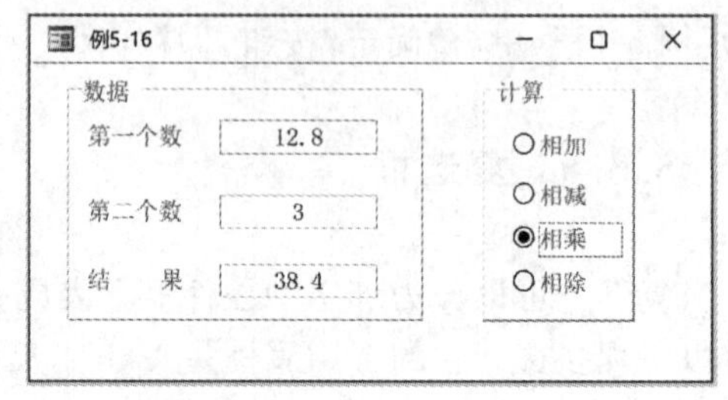

图 5-68　例 5-16 的窗体运行结果

表 5-19　例 5-16 各控件的属性设置

设置对象	属性名称	属性值
窗体	标题	例 5-16
	滚动条	两者均无
	记录选择器	否
	导航按钮	否
3 个文本框	标签的标题	分别为第一个数、第二个数、结果
	名称	分别为 txtData1、txtData2、txtResult
	文本对齐	居中

续表

设置对象	属性名称	属性值
“数据”选项组	标签的标题	数据
“计算”选项组	标签的标题	计算
	名称	fraCompute
	特殊效果	凸起
4个选项按钮	标签的标题	分别为相加、相减、相乘、相除

【例题分析】 从题目要求可知,“数据”选项组用于将输入数据和输出结果的文本框控件分在一组,“计算”选项组和选项按钮结合实现计算功能,需要对其Click事件编写代码以实现加、减、乘、除操作。

操作步骤如下。

(1) 打开窗体设计视图。打开“教学管理系统”数据库,单击“创建”选项卡中“窗体”组的“窗体设计”按钮,打开窗体设计视图。

(2) 调整窗体外观。按表5-19设置窗体各属性。

(3) 添加文本框控件。首先使“表单设计”选项卡中“控件”组的“使用控件向导”按钮呈未选中状态,然后向窗体中添加3个文本框,按表5-19设置各标签和文本框控件的属性。

(4) 添加“数据”选项组。单击“控件”组中的选项组按钮,光标呈状,在窗体上按住鼠标左键拖曳将3个文本框容纳其中,然后按表5-19设置该选项组的属性。

(5) 添加“计算”选项组。在“数据”选项组右侧添加“计算”选项组控件,按表5-19设置该选项组的属性。

(6) 添加选项按钮。选中“控件”组中的选项按钮,光标呈状,将光标移至刚刚添加的“计算”选项组,选项组呈黑色背景,单击,一个选项按钮添加至选项组,依次添加另外3个选项按钮,按表5-19设置各控件的属性。

【说明】 设置4个选项按钮对应标签的标题属性时,一定要按照添加控件的先后顺序进行设置,添加控件的顺序决定了选项组控件的Value属性对应的是哪个选项按钮,例如,如果选中的是添加的第2个选项按钮,则选项组的Value值就为2;反之,如果将选项组的Value值设为3,则添加的第3个选项按钮被选中。

(7) 为“计算”选项组fraCompute的Click事件添加代码。打开代码窗口,在“对象”下拉列表框中选择选项组对象fraCompute,在“过程”下拉列表框中选择过程Click,代码编辑窗口中自动生成fraCompute_Click事件过程框架,代码如下。

```
Private Sub fraCompute_Click()
'通过选项组的Value值判断选择的是哪一个按钮,Value是选项组的默认属性,可省略
Select Case fraCompute.Value
    Case 1
        txtResult = Val(txtData1) + Val(txtData2)
    Case 2
        txtResult = txtData1 - txtData2
    Case 3
        txtResult = txtData1 * txtData2
    Case 4
        txtResult = txtData1 / txtData2
```

```
    End Select
End Sub
```

(8) 保存窗体。单击快速访问工具栏中的“保存”按钮,弹出“另存为”对话框,窗体名称为“例 5-16”,单击“确定”按钮,保存窗体。

【例 5-17】 建立一个窗体,其设计视图和运行视图分别如图 5-69 和图 5-70 所示。要求:加载窗体时,在文本框中显示信息“我们的校园可是真美呀!”,选中“颜色”选项组中的某一种颜色时,文本框中文字的颜色随之发生变化,选中“格式”选项组中的复选框时,文字格式相应改变。窗体及各控件的属性设置如表 5-20 所示。

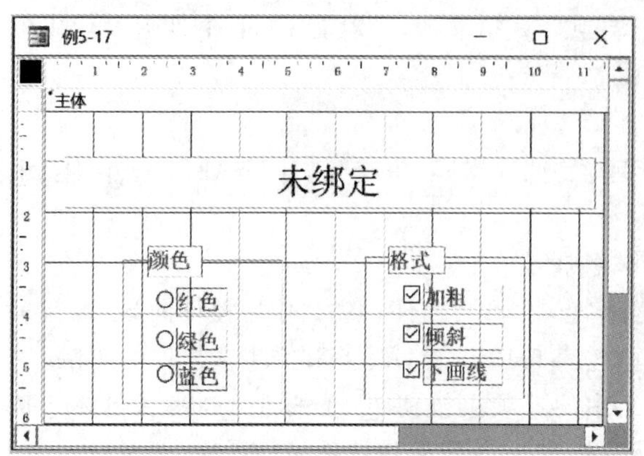

图 5-69 例 5-17 的窗体设计视图

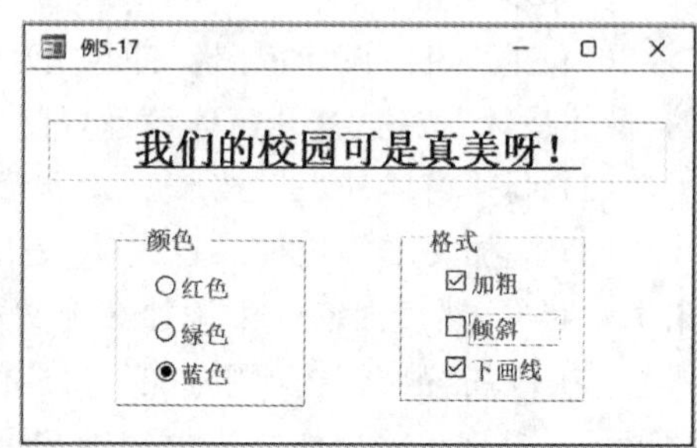

图 5-70 例 5-17 的运行结果

表 5-20 例 5-17 窗体及各控件的属性设置

设置对象	属性名称	属性值
窗体	标题	例 5-17
	滚动条	两者均无
	记录选择器	否
	导航按钮	否
文本框	名称	Text0
	字体名称	宋体
	字号	20
	文本对齐	居中
“颜色”选项组	标签的标题	颜色
	名称	fraColor
3 个选项按钮	标签的标题	分别为红色、绿色、蓝色
3 个复选框	标签的标题	分别为:加粗、倾斜、下画线
	名称	分别为 chkBold、chkItalic、chkUnderline
“格式”选项组	标签的标题	格式
所有标签	字体名称	宋体
	字号	12
	字体粗细	加粗

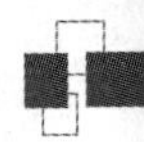

【例题分析】 “颜色”选项组中的3种颜色同一时刻只能指定一种颜色，即是“单选”，要实现“单选”功能，必须将选项按钮放置在选项组控件中，否则将失去“单选”的意义。“格式”选项组中的3种格式可以同时作用于相同的文本，即可“多选”，所以复选框的添加过程应该是：先在窗体上放置3个复选框，再套上一个选项组，此处的“格式”选项组仅起修饰作用，否则会把复选框当作单选按钮。

操作步骤如下。

(1) 打开窗体设计视图。打开“教学管理系统”数据库，单击“创建”选项卡中“窗体”组的“窗体设计”按钮，打开窗体设计视图。

(2) 调整窗体外观。适当调整窗体大小，按表5-20设置窗体各属性。

(3) 添加文本框控件。首先使“表单设计”选项卡中“控件”组的“使用控件向导”按钮呈未选中状态，然后向窗体中添加一个文本框，选中文本框的标签，按Delete键删除文本框所带的标签控件，然后按表5-20所示的内容设置文本框的属性。

(4) 添加“颜色”选项组和选项按钮。首先添加一个选项组控件到窗体中，然后依次添加3个选项按钮，按表5-20设置各控件的属性。

(5) 添加复选框。向窗体中依次添加3个复选框控件，按表5-20所示的内容设置其属性。

(6) 添加“格式”选项组。添加一个选项组控件到窗体中，将步骤(5)中的复选框容纳其中，按表5-20设置选项组的属性。

(7) 为窗体的Load事件编写代码。打开代码窗口，在“对象”下拉列表框中选择对象Form，代码编辑窗口中自动生成Form_Load事件过程框架，代码如下。

```
Private Sub Form_Load()
    Text0 = "我们的校园可是真美呀!" '初始化文本框的值
    fraColor = Null '将选项按钮初始化为Null
    '下面将3个复选框初始化为Null,Value是复选框的默认属性,可省略
    chkBold.Value = Null
    chkItalic.Value = Null
    chkUnderline.Value = Null
End Sub
```

(8) 为“颜色”选项组fraColor的Click事件编写代码。在“对象”下拉列表框中选择对象fraColor，在“过程”下拉列表框中选择过程Click，代码编辑窗口中自动生成fraColor_Click事件过程框架，代码如下。

```
Private Sub fraColor _Click()
    Select Case fraColor
        Case 1: Text0.ForeColor = vbRed
        Case 2: Text0.ForeColor = vbGreen
        Case 3: Text0.ForeColor = vbBlue
    End Select
End Sub
```

(9) 为3个复选框的Click事件编写代码。依次在“对象”下拉列表框中选择3个复选框对象，代码窗口中自动生成3个复选框控件的Click事件过程框架，代码如下。

```
'下面是"加粗"复选框的 Click 事件
Private Sub chkBold _Click()
    If chkBold =  - 1 Then
        Text0.FontBold = True
    Else
        Text0.FontBold = False
    End If
End Sub
'下面是"倾斜"复选框的 Click 事件
Private Sub chkItalic _Click()
    If chkItalic =  - 1 Then
        Text0.FontItalic = True
    Else
        Text0.FontItalic = False
    End If
End Sub
'下面是"下画线"复选框的 Click 事件
Private Sub chkUnderline _Click()
    If chkUnderline =  - 1 Then
        Text0.FontUnderline = True
    Else
        Text0.FontUnderline = False
    End If
End Sub
```

(10) 保存窗体。单击快速访问工具栏中的“保存”按钮,弹出“另存为”对话框,窗体名称为“例 5-17”,单击“确定”按钮保存窗体。

5.3.8 选项卡

选项卡的作用是生成一个多页的窗体,通常每一页都可以包含若干控件,单击选项卡上的标签就可以在不同的页面间切换。单击“控件”组中的选项卡控件按钮,光标呈状,在窗体上拖动,生成的选项卡默认有两页,选项卡上的页数、页顺序可通过在选项卡上右击,在弹出快捷菜单中设定,如图 5-71 所示。

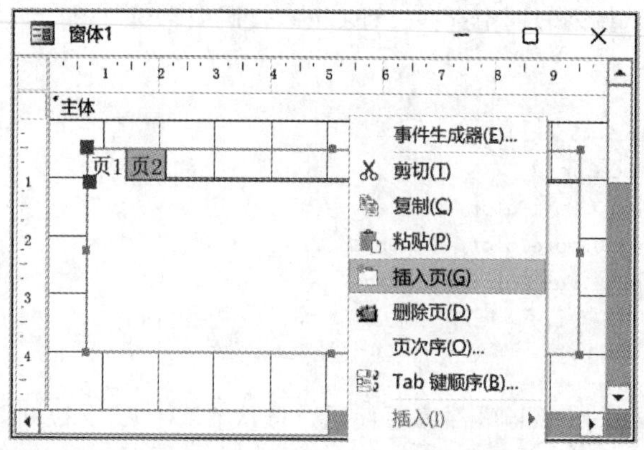

图 5-71　选项卡控件及其快捷菜单

【**例 5-18**】 建立一个窗体，在窗体上添加一个包含 3 个页的选项卡，分别显示“教师”“学生”“课程”表的信息且表中的信息只能查看不能修改，如图 5-72 所示。

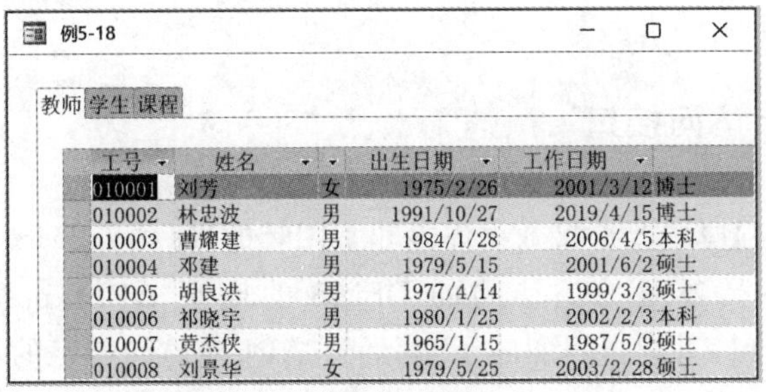

例5-18

教师 学生 课程

工号	姓名		出生日期	工作日期	
010001	刘芳	女	1975/2/26	2001/3/12	博士
010002	林忠波	男	1991/10/27	2019/4/15	博士
010003	曹耀建	男	1984/1/28	2006/4/5	本科
010004	邓建	男	1979/5/15	2001/6/2	硕士
010005	胡良洪	男	1977/4/14	1999/3/3	硕士
010006	祁晓宇	男	1980/1/25	2002/2/3	本科
010007	黄杰侠	男	1965/1/15	1987/5/9	硕士
010008	刘景华	女	1979/5/25	2003/2/28	硕士

图 5-72 例 5-18 的窗体运行结果

操作步骤如下。

(1) 打开窗体设计视图。打开“教学管理系统”数据库，单击“创建”选项卡中“窗体”组的“窗体设计”按钮，打开窗体设计视图。

(2) 调整窗体外观。将窗体的“滚动条”属性设置为“两者均无”，将“记录选择器”属性和“导航按钮”属性均设置为“否”。

(3) 添加选项卡控件。适当调整窗体大小，添加一个选项卡控件到窗体中，在选项卡上右击，在弹出的快捷菜单中选择“插入页”命令插入一个新页面，将选项卡页面的标题依次设置为“教师”“学生”“课程”。

(4) 为“教师”选项卡添加子窗体控件。首先使“表单设计”选项卡中“控件”组的“使用控件向导”按钮呈选中状态，然后选择“子窗体/子报表”控件添加到“教师”选项卡中，弹出“子窗体向导”对话框，选中“使用现有的表和查询”单选按钮，单击“下一步”按钮，选择“教师”表中的“工号”“姓名”“性别”“出生日期”“工作日期”“学历”和“职称”字段作为子窗体的数据源，单击“下一步”按钮，采用默认的子窗体名称，单击“完成”按钮，添加完毕。删除子窗体控件的标签，只保留子窗体控件，打开“属性表”对话框设置子窗体控件的“是否锁定”属性为“是”，以禁止对子窗体中的数据进行更改。

(5) 以同样的方法为“学生”和“课程”选项卡添加相应的子窗体。其中，“学生”选项卡显示学生的学号、姓名、性别、出生日期、党员否、省份、民族和班级信息，“课程”选项卡显示课程的课程编号、课程名称、课程性质、学时、学分、学期、学院编号信息。

(6) 保存窗体。单击快速访问工具栏中的“保存”按钮，弹出“另存为”对话框，窗体名称为“例 5-18”，单击“确定”按钮保存窗体。

5.4 在窗体中用 VBA 访问数据库

前面几节内容中，涉及操作数据库中的数据时，都是借助窗体向导、控件向导或者通过设计视图中的“属性表”对话框设置窗体和控件的数据源，以达到显示、输入和编辑数据库中数据的目的。实际上，在 Access 数据库应用系统的开发中，要想实现更复杂的功能、更快速有效地处理数据库中的数据，还需要了解和掌握 VBA 的数据库编程方法。

本节主要介绍如何通过 VBA 程序代码，借助数据库访问接口实现对数据库中数据的查询等操作。

5.4.1 数据库访问接口

早期的程序员在程序中要连接数据库是非常困难的，每种 DBMS 产生的数据库文件的格式都不一样，程序员要对他们访问的 DBMS 的底层 API（application programming interface，应用程序接口）有相当程度的了解，通过 API 来访问特定的 DBMS。微软推出的 ODBC（open database connectivity，开放式数据库互连）技术为异构数据库的访问提供了统一的接口。ODBC 是通用 API 的早期技术，基于 SQL，并把它作为访问数据库的标准。大多数 DBMS 提供了面向 ODBC 的驱动程序，包括 Access、MS-SQL Server、Oracle、Informix 等。

但是 ODBC 并不完美，它虽然统一了对多种常用 DBMS 的访问，但是这个“访问”的过程是非常困难的，仍然存在大量的低级调用，程序员必须将大量的精力放在底层的数据通信中，而不能专注于所要处理的数据，所以微软后来又发展出来 DAO（data access object，数据访问对象）、RDO（remote data object，远程数据对象）、ADO（ActiveX data object，ActiveX 数据对象）这些数据库接口，使用这些数据库接口开发程序更容易。

DAO 是微软的第一个面向对象的数据库接口。DAO 对象封装了 Access 的 Jet 函数，通过 Jet 函数，可以直接连接 Access 数据表，还可以访问其他的 SQL 数据库。DAO 最适用于单系统应用程序或小范围本地分布使用。

RDO 是微软为了弥补 DAO 访问远程数据库能力的不足而推出的数据库访问接口，可以方便地用来访问远程数据库（网络数据库）。它封装了 ODBC API 的对象层，因此在访问 ODBC 兼容数据库时，具有比 DAO 更高的性能，而且比 ODBC 更易使用。但同样由于和 ODBC 的紧密结合，使得它只能以 ODBC 的方式访问关系数据库，RDO 只是从 DAO 向 ADO 迈进的一个过渡产品。

ADO 是 DAO/RDO 的后继产物。ADO 扩展了 DAO 和 RDO 所使用的对象模型，这意味着它包含较少的对象和更多的属性、方法（和参数）、事件，大幅减少了数据库访问的工作量，提供了一个更易于操作、更友好的接口。由于 ADO 是现在用得最多的面向对象的数据访问模型，因此本书重点介绍通过 ADO 对象模型访问数据库的过程。

5.4.2 用 ADO 访问数据库

1. ADO

ADO 是目前 Microsoft 通用的数据访问技术，以编程方式访问数据源。ADO 对象模型有 9 个对象，即 Connection、RecordSet、Record、Command、Parameter、Field、Property、Stream 和 Error。这里只介绍最常用的两个 ADO 对象——Connection 和 Recordset。

Connection 对象是 ADO 对象模型中最高级的对象，用于实现应用程序与数据源的连接。Recordset 对象是最常用的对象，它表示的是来自表或命令执行结果的记录全集，包括

记录和字段,具有其特定的属性和方法,利用这些属性和方法就可以编程处理数据库中的记录。用记录集 Recordset 可执行的操作包括:对表中的数据进行查询和统计,在表中添加、更新或删除记录。

要在程序中通过 ADO 访问数据库,需要经过以下几个步骤。

(1) 声明 Connection 对象,建立与数据源的连接;

(2) 声明 Recordset 对象,打开数据源对象;

(3) 编程完成各种数据访问操作;

(4) 关闭、回收 Recordset 对象和 Connection 对象。

【说明】 Access 提供了多个 ADO 对象库供用户使用,但第一次使用时需要用户自行添加,方法是在 Microsoft Visual Basic for Applications 代码窗口中,选择“工具”→“引用”命令,打开“引用-教学管理系统”对话框,从“可使用的引用”下拉列表框中找到要引用的对象库,选中相应复选框使其呈“√”状态,如图 5-73 所示,单击“确定”按钮即可。本书中的示例都是引用了 Microsoft ActiveX Data Objects 6.1 Library。

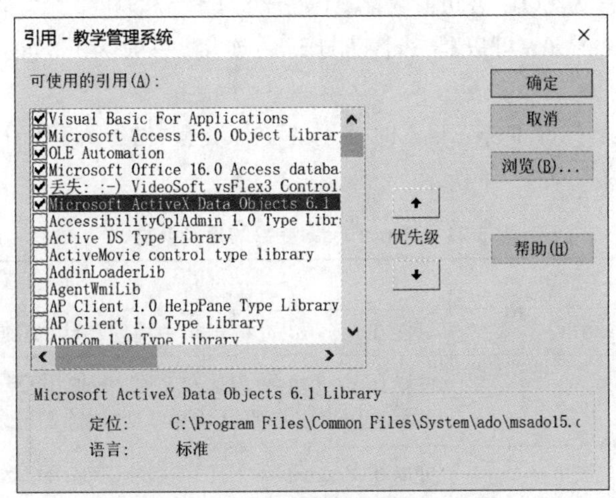

图 5-73 “引用-教学管理系统”对话框

2. Connection 对象和 Recordset 对象的使用

1) 声明与初始化 Connection 对象

要创建与数据源的连接,首先要声明一个 Connection 对象 ,再初始化 Connection 对象,以决定 Connection 对象与哪个数据库相连接。具体设置如下。

```
Dim cn As ADODB.Connection
Set cn = CurrentProject.Connection
```

上面的代码先用 Dim 语句声明了一个 Connection 类型的对象变量 cn,然后用 Set 命令将其初始化为 CurrentProject,即与当前数据库连接,本书使用的当前数据库为“教学管理系统”。

2) 声明与打开 Recordset 对象

连接到数据源后,需要声明并初始化一个新的 Recordset 对象,然后打开该对象,从数

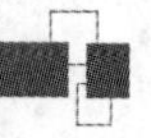

据源获取的数据就存放在 Recordset 对象中，使用 Recordset 对象的方法就可以查询、编辑和删除记录集中的数据了，这些数据是从打开的表或查询对象中返回的。具体设置如下。

```
Dim rs As ADODB.Recordset
Set rs = New ADODB.Recordset
rs.Open "教师", cn, , , adCmdTable
```

上面的代码先用 Dim 语句声明了一个 Recordset 类型的对象变量 rs，然后用 Set 命令将其初始化为 ADO 的 Recordset 对象，即创建该记录集的一个新实例，第 3 条语句使用 Recordset 对象的 Open 方法打开当前数据库中的“教师”表，其中“教师”是要打开的表的名称，cn 是 Connection 对象变量的名称，adCmdTable 说明打开的是表对象。实际上，Recordset 对象的 Open 方法有 5 个参数，其完整的语法格式如下。

```
Recordset.open Source,ActiveConnection,CursorType,LockType,Options
```

各参数的含义如下。

(1) Source：通常为 SQL 语句或表名。

(2) ActiveConnection：可以是一个已打开的连接，一般为有效的 Connection 对象变量名。

(3) CursorType：打开 Recordset 时使用的游标类型(游标即记录指针)，用于指向要操作的记录，其具体含义如表 5-21 所示。

表 5-21　CursorType 参数的值及其含义

值	常　量	说　明
0	adOpenForwardOnly	只能在 Recordset 的记录中向前移动，但速度最快
1	adOpenKeyset	可以在 Recordset 中任意移动，其他用户所做的修改记录可见，但其他用户添加的记录不可见，删除的记录字段值不能被使用
2	adOpenDynamic	可以在 Recordset 中任意移动，其他用户增加、删除、修改的记录都可见，但速度最慢
3	adOpenStatic	可以在 Recordset 中任意移动，其他用户增加、删除、修改的记录都不可见

(4) LockType：打开 Recordset 时使用的锁定(并发)类型，其具体含义如表 5-22 所示。

表 5-22　LockType 参数的值及其含义

值	常　量	说　明
0	adLockReadOnly	只读，Recordset 的记录为只读，数据不能被改变
1	adLockPessimistic	保守式锁定，只要保持 Recordset 为打开，别人就无法编辑该记录集中的记录，直到数据编辑完成才释放
2	adLockOptimistic	开放式锁定，即编辑数据时不锁定，只是当调用 Update 方法提交 Recordset 中的记录时，将记录加锁
3	adLockBatchOptimistic	开放式更新，以成批模式更新记录时加锁

 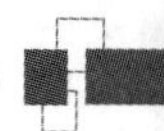

(5) Options：指定 Source 传递命令的类型，其具体含义如表 5-23 所示。

表 5-23 Options 参数的值及其含义

值	常 量	说 明
1	adCmdText	SQL 语句
2	adCmdTable	表
4	adCmdStoredProc	存储过程
8	adCmdUnknown	未知类型

3) 关闭 Recordset 和 Connection 对象

记录集使用完毕后，应该执行 Recordset 对象和 Connection 对象的 Close 方法关闭对象，并将对象设置为 Nothing，以释放所占用的内存空间。具体设置方法如下。

```
rs.Close
cn.Close
Set rs = Nothing
Set cn = Nothing
```

【说明】 如果省略以上语句，Access 应用程序终止运行时，系统会自动关闭并清除 Recordset 和 Connection 对象。

3. 浏览记录集中的数据

从数据源获取数据后，就可以对记录集中的数据进行浏览、插入、删除和更新等操作了。任何对记录集的访问都是针对当前记录进行的，打开记录集时默认的当前记录为第一条记录，如何访问到记录集中的其他记录呢？Recordset 对象提供了 4 种移动记录指针的方法，如表 5-24 所示。

表 5-24 移动记录指针的方法

方 法	说 明
MoveFirst	记录指针移到第一条记录
MoveNext	记录指针移到当前记录的下一条记录
MovePrevious	记录指针移到当前记录的上一条记录
MoveLast	记录指针移到最后一条记录

Recordset 对象还提供了 BOF 属性和 EOF 属性用于判断记录指针当前的位置。BOF 属性用于检测记录指针是否在第一条记录之前，如果是，则 BOF 属性为 True，否则为 False。EOF 属性用于检测记录指针是否在最后一条记录之后，如果是，则 EOF 属性为 True，否则为 False。如果 BOF 和 EOF 属性的值均为 True，则表示记录集为空。

【例 5-19】 修改例 5-10，要求在"教学管理系统"数据库中建立一张"用户"表用于存放用户登录信息，当用户输入用户名和密码后，单击"确定"按钮，将输入的用户名与密码和"用户"表中的数据进行对照，如果找到相同的记录，说明该用户合法，则关闭当前窗体，打开例 5-6 的窗体；否则弹出消息对话框显示"信息输入有误！请重新登录！"，并清空文本框中的内容，将光标定位于"用户名"文本框，等待重新输入。单击"取消"按钮，关闭当前窗体。

【例题分析】 本题与例 5-10 的相同点是实现用户登录，区别是本例中的用户名和密码

是存放在“用户”表中，需要通过编程访问表中的数据，采用 ADO 可以实现对“用户”表的访问。

操作步骤如下。

(1) 建立“用户”表并添加部分用户记录，其结构如表 5-25 所示。

表 5-25 “用户”表结构

字 段 名	类 型	字段大小
ID	自动编号	长整型
用户名	文本	12
密码	文本	6

(2) 复制窗体。将例 5-10 创建的窗体复制一份，保存为“例 5-19”。

(3) 打开窗体设计视图。从导航窗格中选择“例 5-19”窗体，右击，在弹出的快捷菜单中选择“设计视图”命令，打开窗体设计视图，将窗体的标题属性设置为“例 5-19”。

(4) 修改“确定”按钮的 Click 事件代码。打开代码窗口，修改 cmdConfirm_Click 事件代码如下。

```
Private Sub cmdConfirm_Click()
    Dim cn As ADODB.Connection              '声明 Connection 类型的对象变量 cn
    Dim rs As ADODB.Recordset               '声明 Recordset 类型的对象变量 rs
    Set cn = CurrentProject.Connection      '初始化 Connection 对象
    Set rs = New ADODB.Recordset            '初始化 Recordset 对象
    Dim SQL As String                       '定义字符串类型的变量 SQL,用于存放 SQL 语句
    SQL = "select * from 用户 where 用户名 = '" & txtUserName & "'and 密码 = '" & txtPassWord &
"'" '从"用户"表中查询与文本框中的用户名和密码相等的记录
    rs.Open SQL, cn, adOpenDynamic, adLockOptimistic, adCmdText
    If Not rs.EOF Then
        DoCmd.Close                         '关闭当前窗体
        DoCmd.OpenForm "例 5 - 6"           '打开例 5 - 6 的窗体
    Else
        MsgBox "信息输入有误!请重新登录!"'弹出错误提示信息
        txtUserName = ""
        txtPassWord = ""
        txtUserName.SetFocus
    End If
End Sub
```

(5) 保存窗体。单击快速访问工具栏中的“保存”按钮，保存对窗体所做的修改。

【例 5-20】 修改例 5-7，为窗体添加两个命令按钮，如图 5-74 所示。编程实现当单击“上一条记录”按钮时，文本框中显示上一条记录的信息，当单击“下一条记录”按钮时，文本框中显示下一条记录的信息。窗体及两个命令按钮的属性设置如表 5-26 所示。

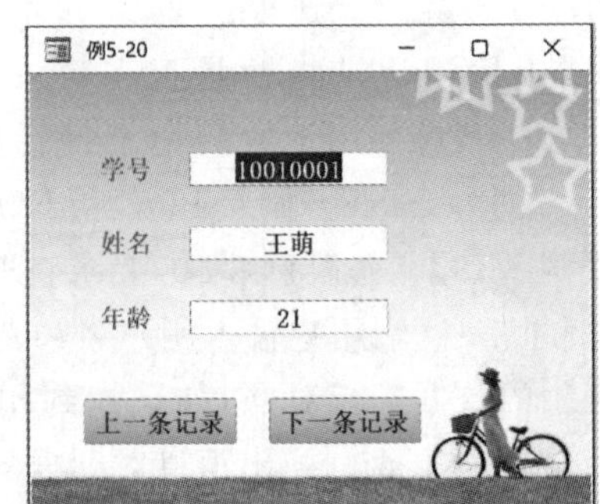

图 5-74 例 5-20 的窗体视图

表 5-26 例 5-20 窗体及两个命令按钮的属性设置

设 置 对 象	属 性 名 称	属 性 值
窗体	标题	例 5-20
	导航按钮	否
两个命令按钮	名称	分别为 cmdPrevious、cmdNext
	标题	分别为上一条记录、下一条记录

【说明】 本例功能同例 5-11 完全相同，但实现方法不同，例 5-11 用向导生成命令按钮，本例采用编程方式实现相应功能。

操作步骤如下。

(1) 复制窗体。将例 5-7 创建的窗体复制一份，保存为“例 5-20”。

(2) 打开窗体设计视图。从导航窗格中选择“例 5-20”窗体，右击，在弹出的快捷菜单中选择“设计视图”命令，打开窗体设计视图。按表 5-26 设置窗体各属性，并清除窗体的“记录源”属性和 3 个文本框控件的“控件来源”属性。

(3) 添加命令按钮。首先使“表单设计”选项卡中“控件”组的“使用控件向导”按钮呈未选中状态，然后向窗体中添加两个命令按钮，按表 5-26 设置各按钮的属性。

(4) 通过 ADO 连接数据源。因为本例要对两个命令按钮的 Click 事件编写代码，为了避免重复，在代码窗口的通用声明段定义 Connection 对象和 Recordset 对象，在 Form_Load 事件中完成数据库连接操作和打开表的操作，并在 3 个文本框中分别显示第一个学生的学号、姓名和年龄。具体的 Form_Load 事件代码如下。

```
Private Sub Form_load()
    Set cn = CurrentProject.Connection
    Set rs = New ADODB.Recordset
    rs.Open "学生", cn, adOpenKeyset, adLockPessimistic, adCmdTable
    txtID.Value = rs!学号
    txtName.Value = rs!姓名
    txtAge.Value = Year(Date) - Year(rs!出生日期)
End Sub
```

【说明】 在记录集对象中引用字段名称也可以使用 Fields 属性，如程序语句“txtID = rs! 学号”也可以写成“txtID = rs.Fields("学号")”。

(5) 为“上一条记录”命令按钮的 Click 事件编写代码。

```
Private Sub cmdPrevious_Click()
    rs.MovePrevious                '将记录指针向上移动一条记录
    If rs.BOF Then                 '判断记录指针是否指向第一条记录之前
        rs.MoveFirst               '将记录指针定位到第一条记录
    End If
    '下面在窗体的文本框中显示学生的学号、姓名和年龄
    txtID = rs!学号
    txtName = rs!姓名
    txtAge = Year(Date) - Year(rs!出生日期)
End Sub
```

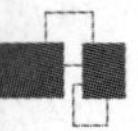

(6) 为"下一条记录"命令按钮的 Click 事件编写代码。

```
Private Sub cmdNext_Click()
    rs.MoveNext                    '将记录指针向下移动一条记录
    If rs.EOF Then                 '判断记录指针是否指向最后一条记录之后
        rs.MoveLast                '将记录指针定位到最后一条记录
    End If
    '下面在窗体的文本框中显示学生的学号、姓名和年龄
    txtID = rs!学号
    txtName = rs!姓名
    txtAge = Year(Date) - Year(rs!出生日期)
End Sub
```

(7) 保存窗体。单击快速访问工具栏中的"保存"按钮,保存对窗体所做的修改。

4. 编辑记录集中的数据

ADO 的 Recordset 对象提供了一系列属性和方法用于添加、更新和删除记录集中的数据。AddNew 方法用于添加新记录,Update 方法用于保存新添加的记录或修改后的记录,Delete 方法用于删除记录。

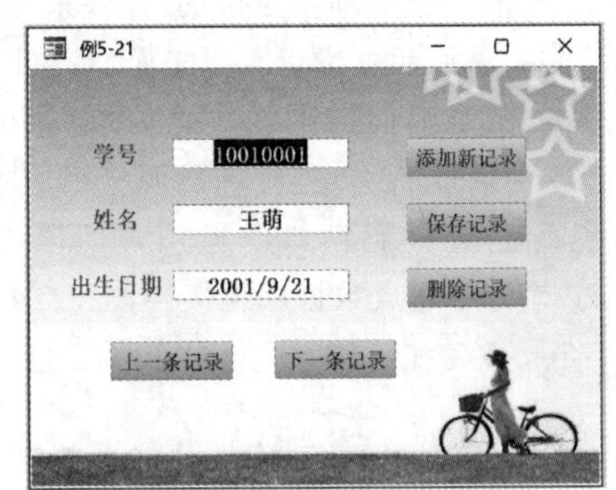

图 5-75 例 5-21 的窗体视图

【例 5-21】 进一步修改例 5-20 创建的窗体,将"年龄"文本框修改为"出生日期"文本框,添加 3 个编辑记录的命令按钮,如图 5-75 所示。要求:单击"添加新记录"按钮时,清空 3 个文本框,等待用户输入内容;单击"保存记录"按钮时,保存新添加的记录或修改后的记录到"学生"表;单击"删除记录"按钮时,从"学生"表中删除当前记录。窗体及各控件的属性设置如表 5-27 所示。

表 5-27 例 5-21 窗体及各控件的属性设置

设 置 对 象	属 性 名 称	属 性 值
窗体	标题	例 5-21
第 3 个文本框	标签的标题	出生日期
	名称	txtBirth
3 个命令按钮	名称	分别为 cmdAddNew、cmdUpdate、cmdDelete
	标题	分别为添加新记录、保存记录、删除记录

操作步骤如下。

(1) 复制窗体。将例 5-20 的窗体复制一份,保存为"例 5-21"窗体。

(2) 打开窗体设计视图。从导航窗格中选择"例 5-21"窗体,右击,在弹出的快捷菜单中选择"设计视图"命令,打开窗体设计视图,按表 5-27 设置窗体的标题属性。

(3) 修改第 3 个文本框。由于例 5-21 的窗体中显示的"年龄"信息是计算字段,不是表中的原始字段,不能将输入的年龄保存到"学生"表中,因此本例将"年龄"字段修改为"出生日期"字段,其属性设置如表 5-27 所示。

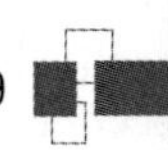

(4) 修改事件代码。由于“年龄”字段已经修改为“出生日期”字段，为了正确显示学生的出生日期，将例 5-20 中出现的语句“txtAge = Year(Date) - Year(rs! 出生日期)”全部修改为“txtBirth = rs! 出生日期”。

(5) 添加 3 个命令按钮。按表 5-27 设置 3 个命令按钮的属性。

(6) 为“添加新记录”按钮的 Click 事件编写代码。

```
Private Sub cmdAddNew_Click()
    '下面清空 3 个文本框
    txtID = ""
    txtName = ""
    txtBirth = ""
    txtID.SetFocus              '"学号"文本框获得焦点
    rs.AddNew                   '添加新记录
End Sub
```

(7) 为“保存记录”按钮的 Click 事件编写代码。

```
Private Sub cmdUpdate_Click()
    '下面将 3 个文本框中的数据输入记录集
    rs!学号 = txtID
    rs!姓名 = txtName
    rs!出生日期 = txtBirth
    rs.Update                 '保存记录至数据库
End Sub
```

(8) 为“删除记录”按钮的 Click 事件编写代码。

```
Private Sub cmdDelete_Click()
    rs.Delete                 '删除记录集中的当前记录
    rs.MoveNext               '使被删除记录的下一条记录成为当前记录
    If rs.EOF Then
        rs.MoveLast
    End If
    '下面在 3 个文本框中显示当前记录的信息
    txtID = rs!学号
    txtName = rs!姓名
    txtBirth = rs!出生日期
End Sub
```

(9) 保存窗体。单击快速访问工具栏中的“保存”按钮，保存对窗体所做的修改。

习题 5

一、选择题

1. 下面关于窗体页眉/页脚和页面页眉/页脚的描述中，正确的是(　　)。

   A. 页面页眉在窗体打印输出时只出现在第 1 页上方

B. 页面页脚出现在窗体的最后一页上

C. 打印时窗体页眉只出现在第 1 页的顶部

D. 打印时窗体页脚只出现在第 1 页的底部

2. 关于窗体数据源的说法,错误的是(　　)。

A. 窗体的数据源可以是表

B. 窗体的数据源可以是查询

C. 窗体的数据源可以是子窗体/子报表

D. 窗体的数据源不可以是子窗体

3. 新建一个窗体,要设置其标题栏的标题为“登录窗口”,需要设置窗体的(　　)。

A. 菜单栏属性　　B. 工具栏属性　　C. 名称属性　　D. 标题属性

4. 只能显示数据,但是不能编辑数据的控件是(　　)。

A. 列表框　　B. 文本框　　C. 组合框　　D. 复选框

5. 若字段的数据类型为是/否型,通过拖动字段的方式向窗体添加的控件默认为(　　)。

A. 标签　　B. 文本框　　C. 组合框　　D. 复选框

6. 要向窗体的“主体”节上添加一个标题,通常使用的控件是(　　)。

A. 标签　　B. 文本框　　C. 组合框　　D. 复选框

7. 若要在文本框内输完学号之后,按 Tab 键光标可以自动跳转到下一个控件,应设置(　　)属性。

A. 制表位　　B. Tab 键顺序　　C. Alt 键索引　　D. 可以扩大

8. 可以显示与窗体关联的数据源中字段值的控件类型是(　　)。

A. 非关联型　　B. 绑定型　　C. 非绑定型　　D. 关联型

9. 在打开的“属性表”对话框中可以更改属性的对象是(　　)。

A. 窗体　　B. 控件　　C. “主体”节　　D. 以上全部

10. 关于列表框和组合框的说法中,错误的是(　　)。

A. 组合框控件用于显示一组预定的数据

B. 列表框控件可以显示数据,但不能输入数据

C. 列表框控件兼有文本框和列表框的功能

D. 组合框控件既可以选择数据也可以输入数据

二、填空题

1. 窗体有 4 种视图,分别是窗体视图、数据表视图、________和设计视图。

2. 语句 Form. ________ = "我的窗体"的作用是设置当前窗体的标题属性为“我的窗体”,当切换至窗体视图时,窗体的标题栏显示为“我的窗体”。

3. 若要实现每隔 1s 窗体“主体”节的背景色随机变化,需要在窗体的“属性表”对话框中选中“事件”,设置“计时器间隔”为________。

4. 单击窗体“主体”节的空白处,标签 Mylab 的文字颜色显示为红色,完成其代码:

```
Mylab.________ = vbRed
```

5. 使用 DoCmd 对象的 Close 方法关闭当前活动窗体的代码为________。

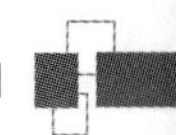

6. ________函数用于将文本框中的字符串转换为数值，如果不进行转换，则执行的是字符串的连接运算而非加法运算。

7. 使用语句 txtData1. ________可以让文本框 txtData1 获得焦点。

8. 复选框常用的属性是 Value，当复选框处于被选中状态时，其 Value 值为________。

实验 5

一、实验内容

1. 参考例 5-5 的设计步骤创建一个窗体，利用窗体的 Timer 事件设计窗体，当运行窗体时，“主体”节的背景色每隔 0.5s 在红色和蓝色两种颜色之间变化，窗体名保存为 F1。

2. 创建窗体并添加一个标签控件。要求：当在窗体“主体”节空白处单击时，标签的文字由“欢迎使用”变为“我是标签”，颜色为蓝色并加粗；当在标签上单击时，窗体“主体”节的背景色变为红色，双击标签时，关闭窗体，窗体名保存为 F2。

3. 参考例 5-8 创建一个窗体，要求：在前两个文本框中分别输入两个数，当单击第三个文本框时显示两个数相除的结果(注意，除数不能为 0，否则将会弹窗提示错误，并清空第二个文本框，要求用户重新输入)；单击“主体”节，3 个文本框清空，第一个文本框获得焦点，用户可以再次计算。窗体及各控件的属性设置可参考表 5-11，窗体名保存为 F3。

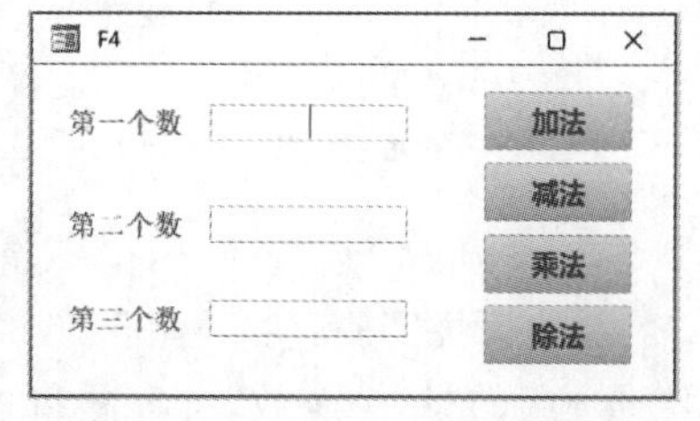

图 5-76　窗体 F4 的运行结果

4. 参考例 5-9 创建一个窗体，如图 5-76 所示，在窗体上添加 4 个命令按钮：“加法”“减法”“乘法”“除法”。要求：单击相应命令按钮时，对第一个文本框和第二个文本框中的数做相应的计算并将结果显示在第三个文本框中；当在“主体”节空白处单击时，将 3 个文本框中的数据清除，并将光标插入到第一个文本框等待输入数据，窗体名保存为 F4。

5. 创建一个窗体实现 10 以内加法的口算功能，窗体的运行结果如图 5-77 和图 5-78 所示，具体要求如下。

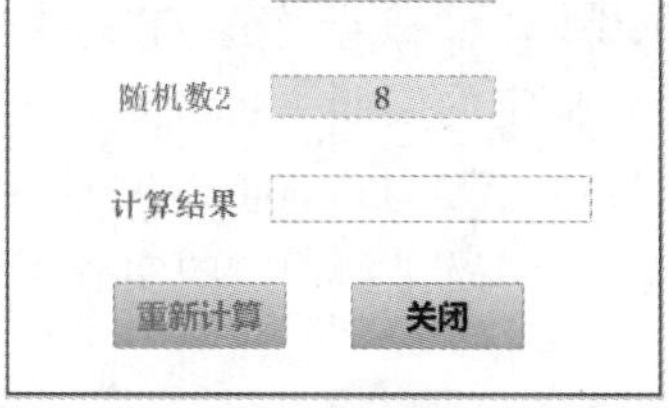

图 5-77　等待用户计算

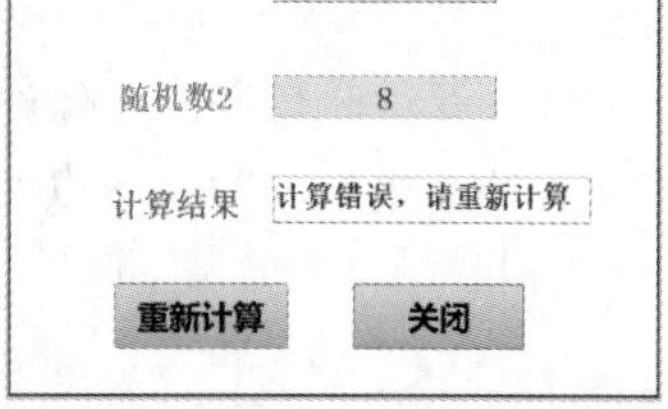

图 5-78　用户出现计算错误

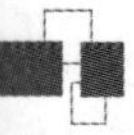

（1）窗体初始运行界面。3 个文本框及其标签：随机数 1、随机数 2 和计算结果。其中，文本框“随机数 1”和“随机数 2”的“可用”属性为“否”；两个命令按钮分别为“重新计算”和“关闭”。其中“重新计算”命令按钮的“可用”属性为“否”。

（2）功能要求。

窗体运行时，产生两个 10 以内的随机整数，等待用户输入结果并按 Enter 键后，如果计算的结果正确，则在“计算结果”文本框自动清空的同时，再次产生两个 10 以内的随机整数，用户输入计算结果后再次判断是否正确；若计算结果不正确，则在“计算结果”文本框中显示“计算错误，请重新计算”，同时，“重新计算”按钮由灰色变为正常可用状态，单击该按钮，清空“计算结果”文本框，等待用户重新输入结果，同时“重新计算”按钮重新变为灰色不可用状态。单击“关闭”按钮退出窗体，窗体名保存为 F5。

6. 参考例 5-13 创建窗体，如图 5-79 所示。左侧列表框用于显示教师的工号和姓名，右侧的子窗体用于显示该教师所授课程的课程编号、课程名称、学时和学期，窗体名保存为 F6。

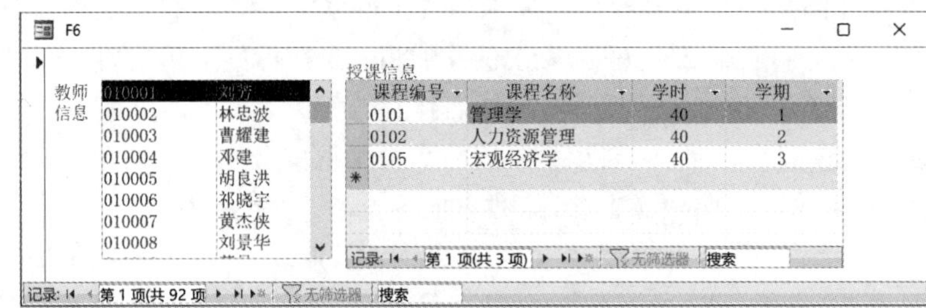

图 5-79　窗体 F6 的运行结果

7. 验证性实验：参考例 5-16 的设计步骤建立如图 5-68 所示的窗体。要求：首先在“数据”选项组的“第一个数”文本框和“第二个数”文本框中输入要计算的数据，然后选中“计算”选项组中相应的单选按钮，计算结果显示在“结果”文本框中。各控件及其属性如表 5-19 所示，窗体名保存为 F7。

8. 验证性实验：参考例 5-17 的设计步骤，建立一个窗体，其设计视图和运行视图分别如图 5-69 和图 5-70 所示。要求加载窗体时，在文本框中显示信息“我们的校园可是真美呀！”，单击“颜色”选项组中的某一种颜色时，文本框中文字的颜色随之发生变化，选中“格式”选项组中的复选框时，文字格式相应改变，窗体名保存为 F8。

二、实验要求

1. 完成实验内容第 1～8 题的窗体设计任务，并按照题目的要求保存窗体。

2. 假设某学生的学号为 10010001，姓名为王萌，则更改数据库文件名为“实验 5-10010001 王萌”，并将此数据库文件作为实验结果提交到指定的实验平台。

3. 将在实验 5 中遇到的问题以及解决方法、收获与体会等写入 Word 文档，保存文件名为“实验 5 分析-10010001 王萌”，并将此文件作为实验结果提交到指定的实验平台。

第6章 创建报表

在 Microsoft Access 中，报表是数据输出的重要形式之一，用户利用报表，可以对数据进行管理、计算和统计，并将数据库中的数据按照一定的格式显示并打印输出。报表的特点是便于打印和输出数据，一份设计精美的报表可以将数据库中的数据按照指定的格式，以更加清晰、更有条理的形式呈现给用户。

本章主要介绍报表对象的基本概念、报表的创建方法和报表的打印预览。

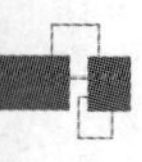

6.1 报表概述

报表同窗体一样是一个容器对象，可以包含一系列控件对象，报表和窗体的区别在于窗体主要用于显示和编辑数据，报表则主要用于打印和输出数据，不能修改或输入数据。报表的数据来源同窗体一样也可以是表、查询或SQL语句。报表的功能包括可以实现数据分组输出，可以对多组数据进行比较、小计和汇总，可以生成各种形式的图表和标签。

1. 报表的视图

报表有4种视图，分别是报表视图、打印预览视图、布局视图和设计视图。打开某数据库窗口，从导航窗格中选择“报表”对象组，直接双击某报表对象，打开的通常是报表视图，此时，单击“开始”选项卡中的“视图”按钮上半部图标部分，可直接切换至布局视图，单击“视图”按钮下半部文字部分，则打开报表视图的下拉列表，可以从中选择要切换的视图，如图6-1所示。

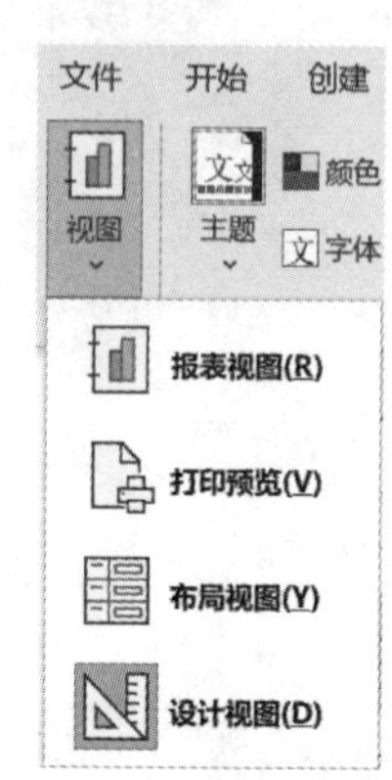

图 6-1　报表的视图

1）报表视图

报表视图用于显示报表，用户可以在报表视图中浏览数据，还可以筛选和查找数据。

2）打印预览视图

打印预览视图用来查看报表的打印输出效果，和实际的打印结果完全一致，所见即所得。

3）布局视图

布局视图的外观和报表视图相同，区别是在布局视图中可以对控件的位置和大小进行调整，在报表视图中不可以。

4）设计视图

报表的设计视图提供了各种工具和控件，在设计视图中用户既可以自行设计报表也可以对已经创建好的报表进行修改。

2. 报表的组成

报表的组成与窗体的组成类似，一般也有5个节：报表页眉、页面页眉、主体、页面页脚、报表页脚，其中“主体”节是必不可少的。与窗体的组成不同的是，报表还可以增加显示分组信息的组页眉和组页脚。图6-2所示的报表设计视图中，“学院名称页眉”和“学院名称页脚”就分别显示了分组字段“学院名称”和按“学院名称”进行统计的“开课门数”信息，图6-3是其打印预览视图。

报表各个节的作用如下。

（1）报表页眉：出现在首页的最上方，通常用于输出整个报表的标题。

（2）页面页眉：出现在每一页的上方，通常用于输出每一页的标题或每列的标题(即字段名称)。

各学院开设选修课
报表页眉
各学院开设选修课情况
页面页眉
学院名称
课程编号
课程名称
学时
学分
学院名称页眉
学院名称
主体
课程编号
课程名称
学时
学分
学院名称页脚
开课门数
=Count([课程编号])
页面页脚
=Date()
="共 " & [Pages] & " 页，第 " & [Page] & " 页"
报表页脚
总计开课门数
=Count([课程编号])

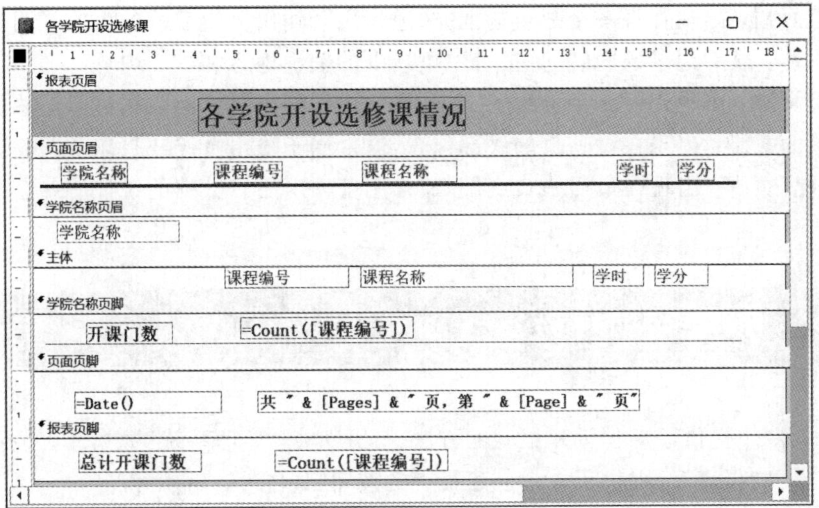

图 6-2 报表的设计视图

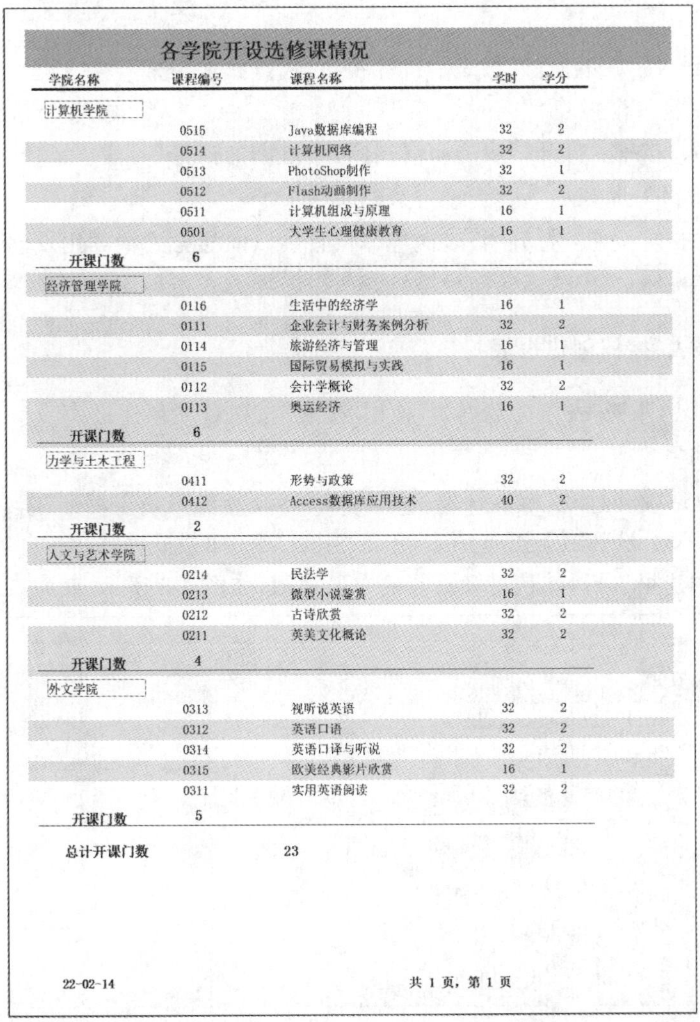

各学院开设选修课情况
学院名称 课程编号 课程名称 学时 学分
计算机学院
0515 Java数据库编程 32 2
0514 计算机网络 32 2
0513 PhotoShop制作 32 1
0512 Flash动画制作 32 2
0511 计算机组成与原理 16 1
0501 大学生心理健康教育 16 1
开课门数 6
经济管理学院
0116 生活中的经济学 16 1
0111 企业会计与财务案例分析 32 2
0114 旅游经济与管理 16 1
0115 国际贸易模拟与实践 16 1
0112 会计学概论 32 2
0113 奥运经济 16 1
开课门数 6
力学与土木工程
0411 形势与政策 32 2
0412 Access数据库应用技术 40 2
开课门数 2
人文与艺术学院
0214 民法学 32 2
0213 微型小说鉴赏 16 1
0212 古诗欣赏 32 2
0211 英美文化概论 32 2
开课门数 4
外文学院
0313 视听说英语 32 2
0312 英语口语 32 2
0314 英语口译与听说 32 2
0315 欧美经典影片欣赏 16 1
0311 实用英语阅读 32 2
开课门数 5
总计开课门数 23
22-02-14
共 1 页，第 1 页

图 6-3 报表的打印预览视图

(3) 组页眉：出现在每一个分组的上方，通常用于输出分组字段的值或说明信息。

(4) 主体：显示记录的内容，是报表不可缺少的关键内容和核心内容。

(5) 组页脚：出现在每一个分组的下方，通常用于输出对分组数据进行汇总的信息。

(6) 页面页脚：出现在每一页的底部位置，通常用于输出页码或打印日期等。

(7) 报表页脚：出现在最后一页底部，通常用于输出所有数据的统计信息。

6.2 报表的创建方法

Access 2021 提供了多种创建报表的方法，打开“教学管理系统”数据库，选择“创建”选项卡，可以看到“报表”组提供了 5 个创建报表的按钮，如图 6-4 所示。

各个按钮的功能如下。

(1) “报表”按钮：用于对当前选定或者打开的表、查询、窗体或报表自动创建一个报表。

(2) “报表设计”按钮：打开报表的设计视图，通过添加控件或表中字段创建一个报表。

(3) “空报表”按钮：打开报表的布局视图，通过添加控件或表中字段创建一个报表。

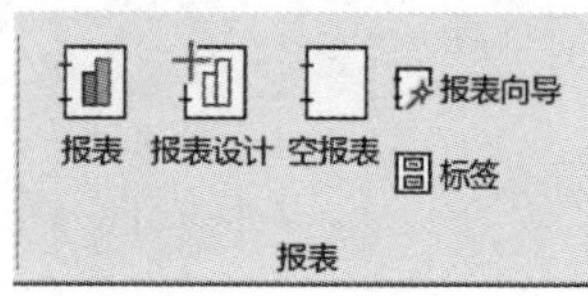

图 6-4 “创建”选项卡中的“报表”组

(4) “报表向导”按钮：打开“报表向导”对话框，以向导方式指导用户创建一个报表。

(5) “标签”按钮：打开“标签向导”对话框，以向导方式指导用户创建一个标签报表。

1. 使用“报表”按钮创建报表

【例 6-1】 以“课程”表作为数据源，使用“报表”按钮自动创建报表。

操作步骤如下。

(1) 选择数据源。打开“教学管理系统”数据库，在导航窗格中选择“课程”表。

(2) 创建报表。选择“创建”选项卡，单击“报表”组中的“报表”按钮，自动生成“课程”报表。这种方式创建报表后，默认打开报表的布局视图，如图 6-5 所示。

课程

2022年2月10日 10:43:18

课程编号	课程名称	课程性质	学时	学分	学期	学院编号
0101	管理学	专业必修课	40	2	1	01
0102	人力资源管理	专业必修课	40	2	2	01
0103	微观经济学	专业必修课	40	2	2	01
0104	市场营销学	专业必修课	40	2	2	01
0105	宏观经济学	专业必修课	40	2	3	01
0106	会计学	专业必修课	40	2	2	01
0107	金融学	专业必修课	40	2	3	01
0108	电子商务基础	专业必修课	40	2	4	01
0109	企业战略管理	专业必修课	40	2	4	01
0111	企业会计与财务案例分析	选修课	32	2	2	01
0112	会计学概论	选修课	32	2	1	01
0113	奥运经济	选修课	16	1	1	01

图 6-5 “课程”报表的布局视图

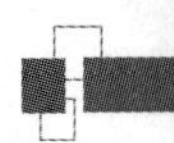

(3) 调整报表布局。在图 6-5 所示的报表布局视图中，部分控件列的宽度过大或过小，可以适当调整，方法是单击要调整的字段，将光标移动至右侧边线，光标呈↔状，按住鼠标左键拖曳调整至合适大小松开鼠标。调整后的“课程”报表如图 6-6 所示。调整列宽时，尽量将所有列都移动到右侧虚线内部，这样所有字段在同一页内。

课程

课程 2022年2月10日 10:48:14

课程编号	课程名称	课程性质	学时	学分	学期	学院编号
0101	管理学	专业必修课	40	2	1	01
0102	人力资源管理	专业必修课	40	2	2	01
0103	微观经济学	专业必修课	40	2	2	01
0104	市场营销学	专业必修课	40	2	2	01
0105	宏观经济学	专业必修课	40	2	3	01
0106	会计学	专业必修课	40	2	2	01
0107	金融学	专业必修课	40	2	3	01
0108	电子商务基础	专业必修课	40	2	4	01
0109	企业战略管理	专业必修课	40	2	4	01
0111	企业会计与财务案例分析	选修课	32	2	2	01
0112	会计学概论	选修课	32	2	1	01
0113	奥运经济	选修课	16	1	1	01

图 6-6 调整后的“课程”报表布局视图

(4) 保存报表。单击快速访问工具栏中的“保存”按钮，弹出“另存为”对话框，输入报表名称“例 6-1”，单击“确定”按钮保存报表。

2. 使用“空报表”按钮创建报表

【例 6-2】 以“教师”表作为数据源，使用“空报表”按钮创建报表，显示教师的工号、姓名、性别、工作日期、学历和职称，如图 6-7 所示。

例6-2

工号	姓名	性别	工作日期	学历	职称
010001	刘芳	女	2001/3/12	博士	教授
010002	林忠波	男	2019/4/15	博士	助教
010004	邓建	男	2001/6/2	硕士	讲师
010005	胡良洪	男	1999/3/3	硕士	副教授
010006	祁晓宇	男	2002/2/3	本科	讲师
010007	黄杰侠	男	1987/5/9	硕士	教授
010008	刘景华	女	2003/2/28	硕士	讲师
010009	萧丹	女	2020/10/10	博士	助教
010010	陆绍举	男	1999/6/5	博士	副教授
010011	刘志	男	2009/9/16	博士	教授
010012	窦萌	女	1999/11/27	硕士	副教授
010013	安思思	女	2017/6/19	博士	讲师
010014	陈世学	男	2005/2/1	博士	副教授
010015	谢岚	女	2002/5/10	博士	教授
010003	曹耀建	男	2006/4/5	本科	讲师
020001	张洋洋	女	2016/11/15	博士	副教授

图 6-7 例 6-2 报表的报表视图

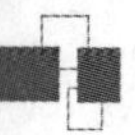

操作步骤如下。

(1) 打开空白报表。打开"教学管理系统"数据库,单击"创建"选项卡中"报表"组的"空报表"按钮,打开名为"报表 1"的空白报表布局视图,同时界面右侧显示"字段列表"窗格,单击"字段列表"窗格中的"显示所有表",可以看到当前数据库中的所有表,如图 6-8 所示。

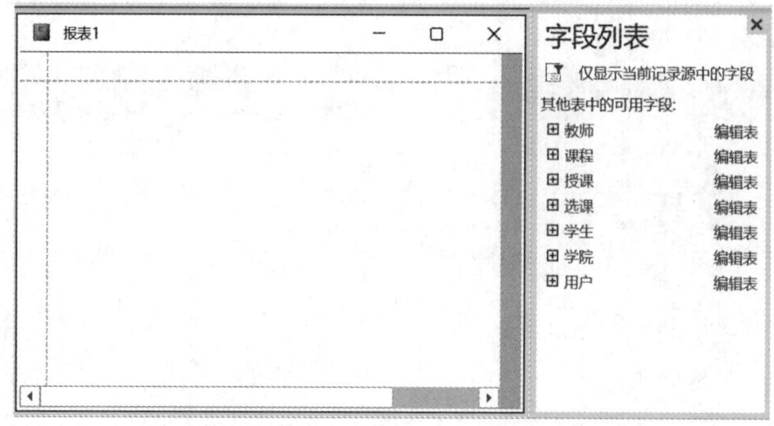

图 6-8　空白报表和"字段列表"窗格

(2) 选择数据源。在图 6-8 所示的字段列表中,单击"教师"表前的"+"号,展开"教师"表中的所有字段。

(3) 添加显示字段。从"教师"表的字段列表中选择"工号",按住鼠标左键将其拖曳至空白报表中松开鼠标,报表中自动添加了字段名称"工号"和"教师"表中所有教师的工号,如图 6-9 所示。直接在字段列表中双击字段名也可以实现添加操作,依次添加"姓名""性别""出生日期""工作日期""学历"和"职称"字段。

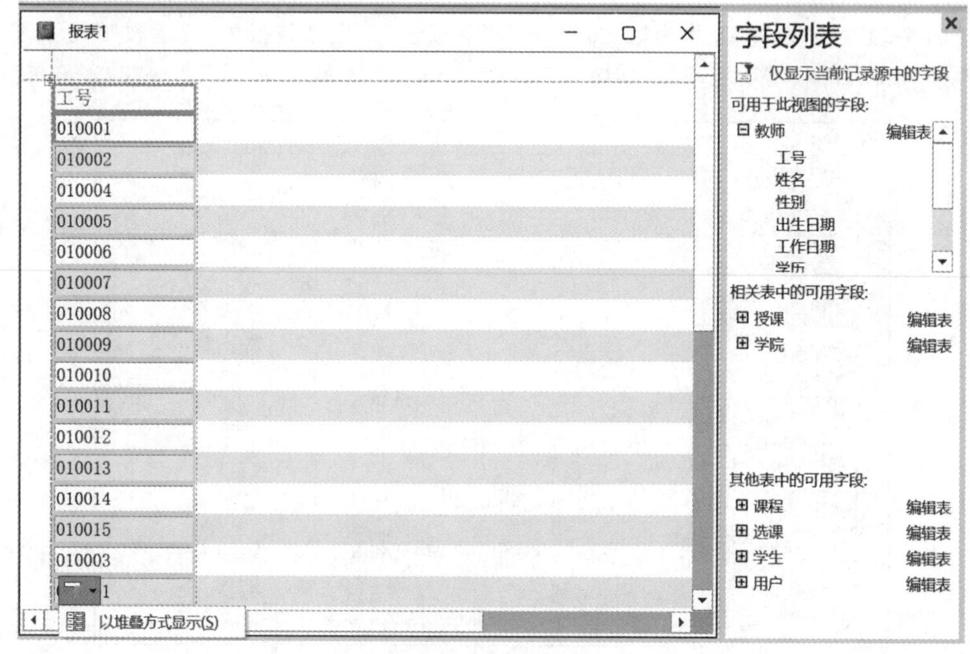

图 6-9　添加了"工号"字段的报表和"字段列表"窗格

【说明】　图 6-9 中，“工号”列还出现了一个图标，单击该图标会出现一个“以堆叠方式显示”选项，选择该选项，则报表布局发生变化，字段名称“工号”在左侧单独形成一列，所有教师的工号在字段名称“工号”的右侧单独形成一列。

(4) 保存报表。单击快速访问工具栏中的“保存”按钮，弹出“另存为”对话框，输入报表名称“例 6-2”，单击“确定”按钮保存报表。

(5) 查看报表运行结果。单击“开始”选项卡中“视图”组的“视图”按钮，在其下拉列表中选择“报表视图”，切换到报表视图查看报表的运行结果。

3. 使用“报表向导”按钮创建报表

使用“报表向导”按钮可以打开“报表向导”对话框创建基于单表、多表或查询的报表，还可以选择需要的字段和报表的布局。

【例 6-3】　使用报表向导创建基于“学生”表的报表，要求以“学院编号”“班级”和“党员否”字段分组显示学生的学号、姓名、性别，并按照“学号”字段的升序排列。

操作步骤如下。

(1) 打开“报表向导”对话框。打开“教学管理系统”数据库，单击“创建”选项卡中“报表”组的“报表向导”按钮，即打开“报表向导”对话框。

(2) 确定表和字段。如图 6-10 所示，在“报表向导”对话框中，从“表/查询”下拉列表框中选择“表：学生”，在“可用字段”列表框中双击需要输出的字段到“选定的字段”列表框中，本例选择“学号”“姓名”“性别”“党员否”“班级”“学院编号”字段，单击“下一步”按钮。

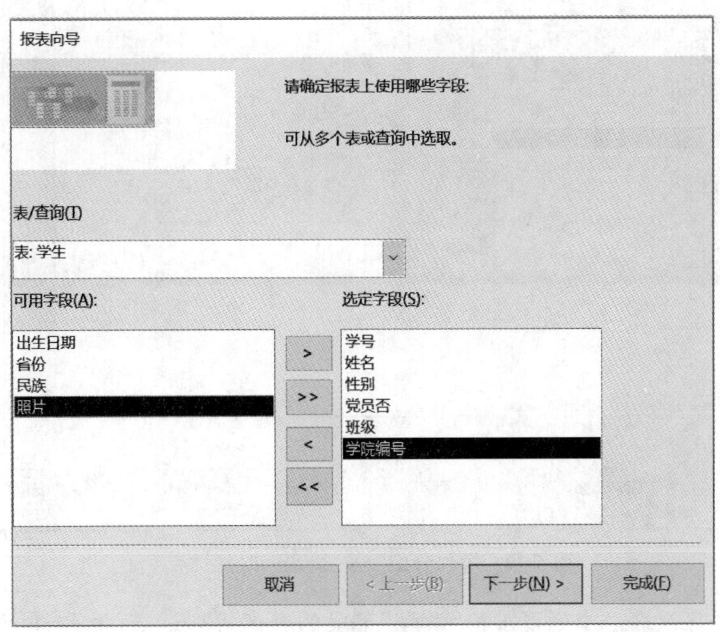

图 6-10　确定报表中使用的字段

(3) 确定分组级别。如图 6-11 所示，系统已经将“学院编号”字段自动设置为分组字段，本例还需要“班级”和“党员否”两个分组字段，在左侧列表框中分别双击“班级”和“党员否”字段将其添加到右侧的预览框中，如图 6-12 所示，单击“下一步”按钮。

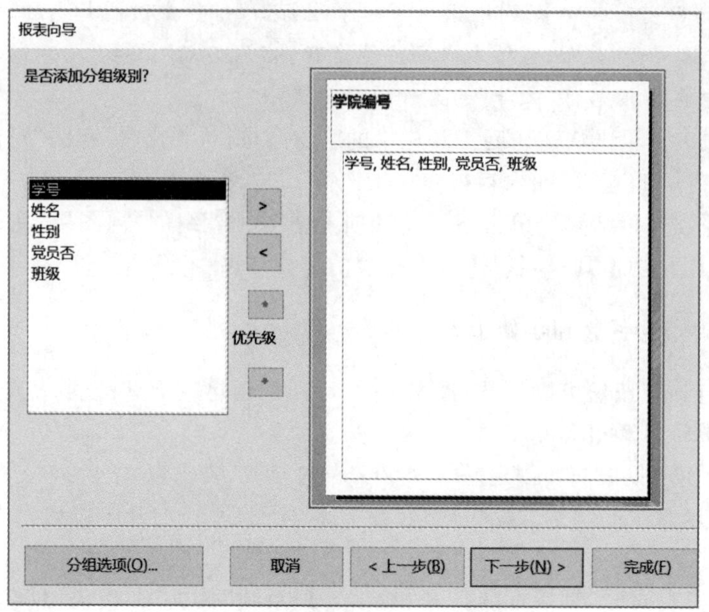

图 6-11　系统默认分组字段为“学院编号”

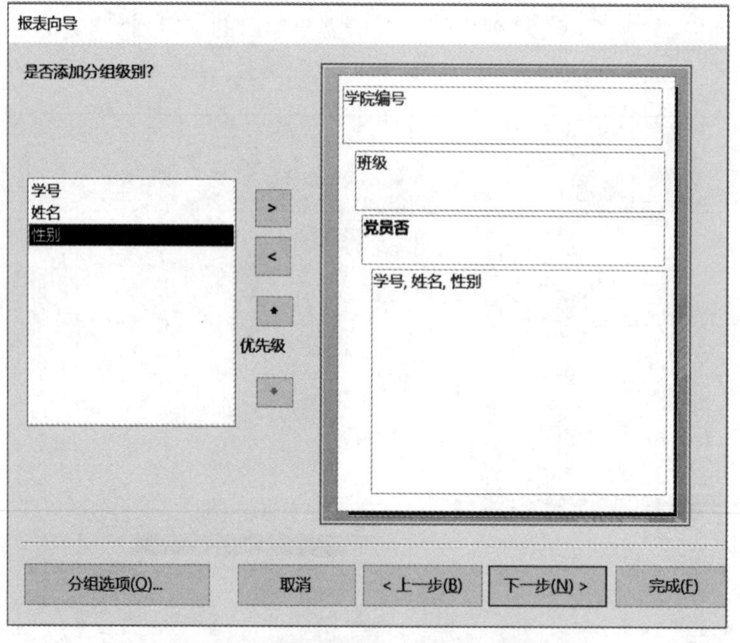

图 6-12　添加分组字段“班级”和“党员否”

(4) 确定排序次序。本例要求按“学号”字段的升序排列记录，报表向导中最多可以设置 4 个排序字段，从第一个下拉列表框中选择“学号”字段，如图 6-13 所示，单击“下一步”按钮。如果要求按“降序”排列记录，单击排序字段后的“升序”按钮即可改为“降序”。

(5) 确定报表的布局方式。报表向导提供了 3 种布局方式，如图 6-14 所示，选择报表的“布局”方式为“大纲”，默认“方向”为“纵向”，单击“下一步”按钮。

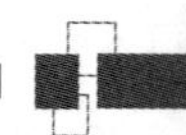

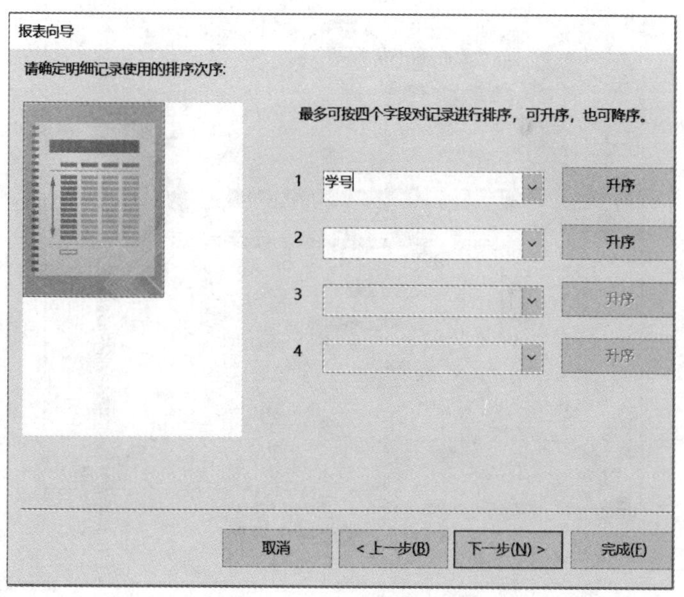

图 6-13 确定排序次序

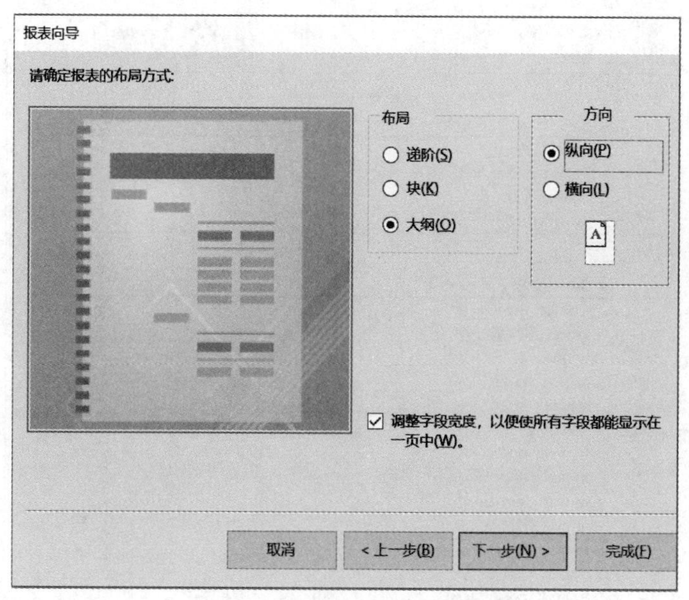

图 6-14 确定报表的布局方式

(6) 指定报表标题。如图 6-15 所示，指定报表标题为“例 6-3”，单击“完成”按钮，得到图 6-16 所示的打印预览视图。

【例 6-4】 使用报表向导创建学生选课情况汇总报表，显示学生的学号、姓名及其所选课程的课程编号、课程名称、课程性质、学时和学分，按“课程编号”的升序排列记录，并统计每个学生所选课程的总学分。

【例题分析】 “学号”和“姓名”字段来源于“学生”表，“课程编号”“课程名称”“课程性质”“学时”和“学分”字段来源于“课程”表，所以报表的数据源来自多个表，可以直接基于多

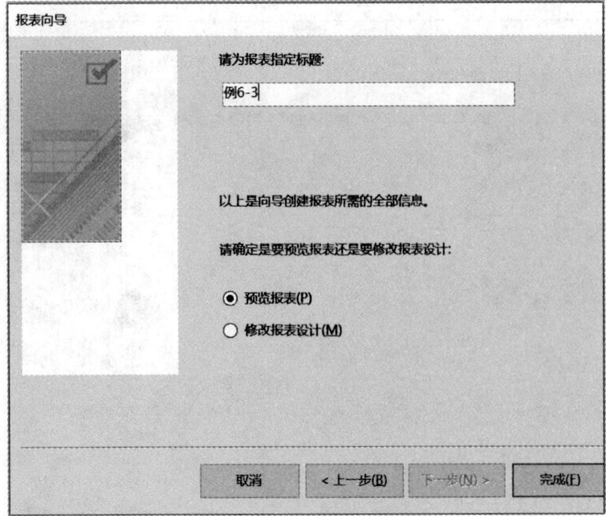

图 6-15　指定报表标题

例6-3

学院编号　01

班级　工商2021-10班

党员否　Yes

学号	姓名	性别
10010261	万海伟	男
10010266	段若琤	女
10010272	田芳	女
10010275	张迪	女

党员否　No

学号	姓名	性别
10010254	胡甄	男
10010255	户红旗	男
10010256	贾华伟	男
10010257	贾兴涛	男
10010258	邱书书	男
10010259	时博	男
10010260	宋志成	男
10010262	徐海峰	男
10010263	张刚	男
10010264	张蒙	男
10010265	陈俊霞	女
10010267	管荷	女
10010268	李圣娟	女
10010269	卢翠霞	女
10010270	任晓倩	女
10010271	陶荣	女
10010273	田瑞红	女
10010274	许锦	女
10010276	张海燕	女
10010277	张维	女

班级　工商2021-11班

2022年2月10日　　共 44 页，第 1 页

图 6-16　例 6-3 的报表打印预览视图

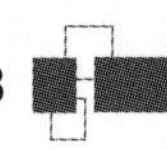

个表创建报表，也可以先建立查询从多张表中提取所需字段，再基于这个查询创建报表。

操作步骤如下。

(1) 打开“报表向导”对话框。打开“教学管理系统”数据库，单击“创建”选项卡中“报表”组的“报表向导”按钮，打开“报表向导”对话框。

(2) 确定表和字段。先从“表/查询”下拉列表框中选择“表：学生”选项，将“学生”表中的“学号”“姓名”字段添加到“选定字段”列表框，再从“表/查询”下拉列表框中选择“表：课程”，将“课程”表中的“课程编号”“课程名称”“课程性质”“学时”和“学分”字段添加到“选定字段”列表框中，如图 6-17 所示，单击“下一步”按钮。

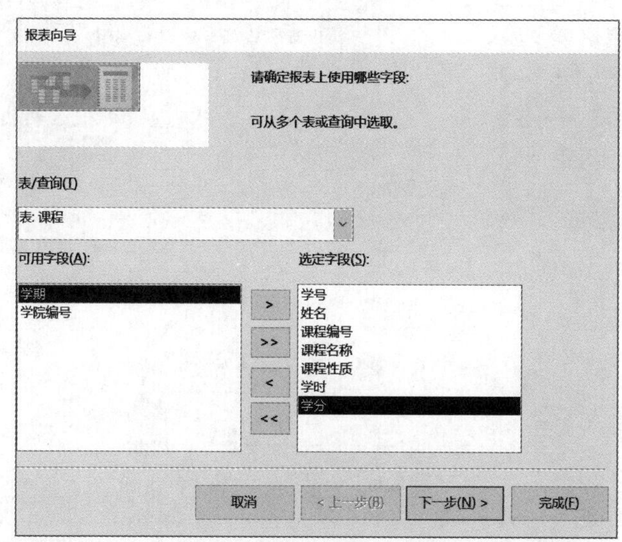

图 6-17 确定数据表和字段

(3) 确定查看数据的方式。如图 6-18 所示，可以选择“通过 课程”或“通过 学生”查看数据，本例选择“通过 学生”，查看该学生选择了哪几门课程，如果要查看某门课程有哪些学

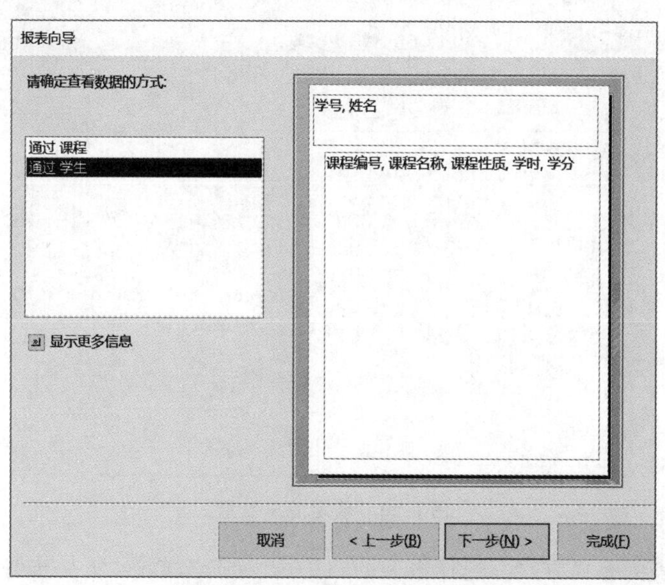

图 6-18 确定查看数据的方式

生选择，则选择“通过 课程”查看数据，单击“下一步”按钮。

(4) 添加分组级别。本例不设置分组字段，直接单击“下一步”按钮。

(5) 确定排序次序和汇总信息。如图 6-19 所示，选择排序字段为“课程编号”，默认为“升序”，单击“汇总选项”按钮，弹出“汇总选项”对话框，如图 6-20 所示，选择对“学分”字段进行“汇总”，即统计总的学分数，并设置“显示”为“明细和汇总”，单击图 6-20 中的“确定”按钮，关闭“汇总选项”对话框，返回“报表向导”对话框，单击“下一步”按钮。

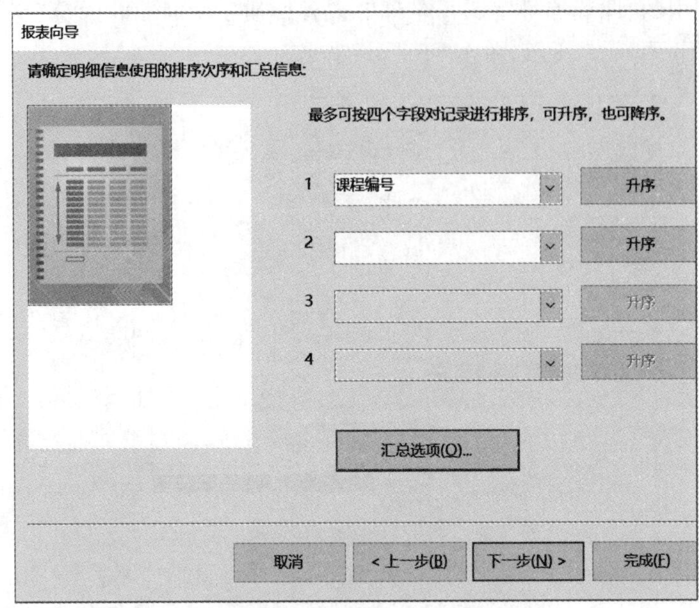

图 6-19 确定排序次序

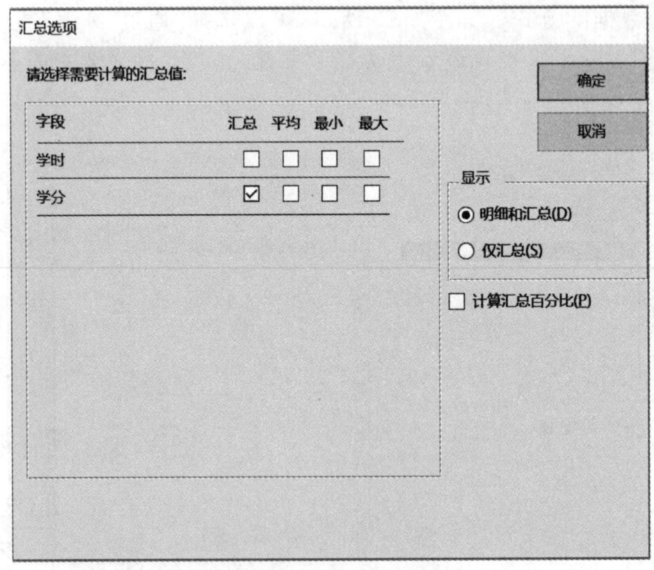

图 6-20 确定汇总信息

(6) 确定报表的布局方式。选择报表的布局为“递阶”，单击“下一步”按钮。

(7) 指定报表标题。指定报表标题为"例 6-4",单击"完成"按钮,打开报表的打印预览视图,如图 6-21 所示。

例6-4

学号	姓名	课程编号	课程名称	课程性质	学时	学分
10010001	王萌					
		0101	管理学	专业必修课	40	2
		0102	人力资源管理	专业必修课	40	2
		0103	微观经济学	专业必修课	40	2
		0104	市场营销学	专业必修课	40	2
		0105	宏观经济学	专业必修课	40	2
		0106	会计学	专业必修课	40	2
		0107	金融学	专业必修课	40	2
		0108	电子商务基础	专业必修课	40	2
		0109	企业战略管理	专业必修课	40	2
		0201	思想道德修养与法律基	公共必修课	40	3
		0202	马克思主义原理	公共必修课	40	3
		0212	古诗欣赏	选修课	32	2
		0301	思想道德修养与法律基	公共必修课	48	4
		0302	中国近现代史纲要	公共必修课	32	2
		0303	英语语言学概论	公共必修课	48	3
		0304	翻译理论与实践	公共必修课	48	3
		0311	实用英语阅读	选修课	32	2
		0313	视听说英语	选修课	32	2
		0314	英语口译与听说	选修课	32	2
		0401	高等数学A(1)	公共必修课	32	1
		0402	高等数学A(2)	公共必修课	32	1
		0501	大学生心理健康教育	选修课	16	1
		0502	军事理论	公共必修课	40	2
汇总 '学号' = 10010001 (23 项明细记录)						
合计						49
10010002	董兆芳					
		0101	管理学	专业必修课	40	2
		0102	人力资源管理	专业必修课	40	2
		0103	微观经济学	专业必修课	40	2
		0104	市场营销学	专业必修课	40	2
		0105	宏观经济学	专业必修课	40	2
		0106	会计学	专业必修课	40	2
		0107	金融学	专业必修课	40	2
		0108	电子商务基础	专业必修课	40	2
		0109	企业战略管理	专业必修课	40	2
		0201	思想道德修养与法律基	公共必修课	40	3
		0202	马克思主义原理	公共必修课	40	3
		0212	古诗欣赏	选修课	32	2
		0301	思想道德修养与法律基	公共必修课	48	4
		0302	中国近现代史纲要	公共必修课	32	2
		0303	英语语言学概论	公共必修课	48	3

2022年2月10日　　　　共 542 页, 第 1 页

图 6-21　例 6-4 报表的打印预览视图

4. 使用"报表设计"按钮创建报表

使用"报表"按钮、"报表向导"按钮等创建报表虽然速度快,但是创建的报表样式固定,很多情况下,不能完全按照用户的需求来设计报表。而使用 Access 提供的"报表设计"按钮,可以直接打开报表设计视图,并且可以根据实际情况设置报表数据源、更改报表布局、添

加报表控件和设计数据分组等,能更灵活、更容易地满足用户需求。

打开“教学管理系统”数据库,单击“创建”选项卡中“报表”组的“报表设计”按钮,可以打开报表设计视图,如图 6-22 所示。报表设计视图和窗体设计视图相似,提供了一组专门用于报表设计的选项卡,分别是“报表设计”“排列”“格式”“页面设置”,其中“报表设计”选项卡增加了一个“分组和汇总”组,用于设置排序与分组字段、为分组添加总计、显示/隐藏分组记录。

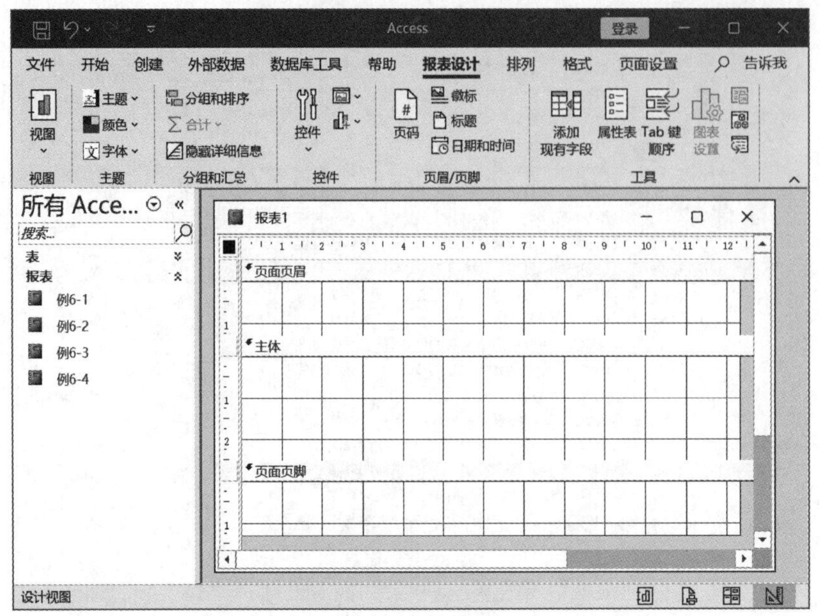

图 6-22　报表设计视图

【说明】 如图 6-22 所示,直接打开报表设计视图创建报表时,报表设计视图中默认只有页面页眉、主体和页面页脚 3 个节。在报表设计视图中右击,在弹出的快捷菜单中选择“报表页眉/页脚”命令,可以添加“报表页眉”和“报表页脚”节。“组页眉”和“组页脚”节可以通过单击“报表设计”选项卡中“分组和汇总”组的“分组和排序”按钮,打开“分组、排序和汇总”对话框进行设置。

【例 6-5】 使用“报表设计”按钮创建如图 6-23 所示的报表,要求输出各学院的名称及教师的姓名、性别、出生日期、职称和工资字段,并统计所有教师的最高工资、最低工资、工资总额和平均工资。报表的设计视图如图 6-24 所示。

【例题分析】 从输出内容看,学院名称字段来自“学院”表,“姓名”“性别”“出生日期”“职称”和“工资”字段来自“教师”表,可以先建立一个查询,得到以上各个字段,再基于查询建立报表。

操作步骤如下。

(1) 建立查询。基于“学院”表和“教师”表建立“例 6-5 数据源” 查询,输出“学院名称”“姓名”“性别”“出生日期”“职称”“工资”字段。

(2) 打开报表设计视图。单击“创建”选项卡中“报表”组的“报表设计”按钮,打开报表设计视图,默认报表标题为“报表 1”,如图 6-22 所示。

(3) 设置报表的数据源。单击“报表设计”选项卡中“工具”组的“属性表”按钮,打开“属

各学院教师工资情况汇总					
学院名称	姓名	性别	出生日期	职称	工资
经济管理学院	刘芳	女	1975/2/26	教授	¥22,022.00
经济管理学院	林忠波	男	1991/10/27	助教	¥9,678.00
经济管理学院	邓建	男	1979/5/15	讲师	¥15,216.00
经济管理学院	胡良洪	男	1977/4/14	副教授	¥18,722.00
经济管理学院	祁晓宇	男	1980/1/25	讲师	¥12,199.00
经济管理学院	黄杰侠	男	1965/1/15	教授	¥22,258.00
经济管理学院	刘景华	女	1979/5/25	讲师	¥15,485.00
经济管理学院	萧丹	女	1992/7/8	助教	¥9,572.00
经济管理学院	陆绍举	男	1973/12/16	副教授	¥18,040.00
经济管理学院	刘志	男	1981/5/26	教授	¥23,558.00
经济管理学院	窦萌	女	1977/11/26	副教授	¥17,093.00
经济管理学院	安思思	女	1987/3/19	讲师	¥14,317.00
经济管理学院	陈世学	男	1977/3/14	副教授	¥19,321.00
经济管理学院	谢岚	女	1976/6/20	教授	¥22,799.00
经济管理学院	曹耀建	男	1984/1/28	讲师	¥12,975.00
人文与艺术学院	张洋洋	女	1988/7/15	副教授	¥18,592.00
人文与艺术学院	孙军春	男	1974/9/20	教授	¥27,997.00
人文与艺术学院	安宏子	女	1979/10/29	讲师	¥15,451.00
人文与艺术学院	黄涵	女	1987/1/28	讲师	¥12,272.00
人文与艺术学院	司马军明	男	1986/3/9	讲师	¥12,262.00
人文与艺术学院	白国保	男	1985/6/12	讲师	¥14,320.00
人文与艺术学院	廉勇成	男	1977/12/16	副教授	¥18,224.00
人文与艺术学院	方芳	女	1977/3/17	副教授	¥17,628.00
人文与艺术学院	黄海志	男	1989/11/15	教授	¥21,817.00
人文与艺术学院	李洁	女	1978/12/14	副教授	¥17,866.00
人文与艺术学院	毕田	男	1976/1/17	副教授	¥18,119.00
人文与艺术学院	张朋	女	1991/3/29	助教	¥9,839.00
人文与艺术学院	曹应东	男	1976/4/12	副教授	¥18,100.00
人文与艺术学院	艾学	女	1981/2/23	副教授	¥19,160.00
人文与艺术学院	于莎莎	女	1991/8/3	讲师	¥14,304.00
人文与艺术学院	李昌刚	男	1982/7/24	教授	¥27,846.00
人文与艺术学院	裘平铁	男	1987/9/10	讲师	¥14,856.00
人文与艺术学院	王文	女	1978/5/31	副教授	¥18,095.00
外文学院	牛民	男	1976/12/30	教授	¥27,502.00
外文学院	郑伟连	男	1991/10/2	讲师	¥14,916.00
外文学院	毛福茂	男	1975/2/12	副教授	¥18,049.00
外文学院	唐欣	女	1994/9/16	助教	¥9,106.00
外文学院	白晓岚	女	1987/6/1	讲师	¥12,151.00
外文学院	陈汝芬	女	1987/2/26	教授	¥27,174.00
外文学院	邓国志	男	1976/11/20	教授	¥22,475.00
外文学院	霍金淑	女	1976/11/23	副教授	¥18,361.00
外文学院	胡鹏德	男	1979/11/16	副教授	¥18,210.00

第 1 页，共 3 页　　　　2022/6/1

图 6-23　例 6-5 的报表打印预览视图

性表”对话框，从“选项”下拉列表中选择“报表”选项，设置“数据”选项卡的“记录源”属性为“例 6-5 数据源”。此时，单击“工具”组的“添加现有字段”按钮，打开“字段列表”对话框，“例 6-5 数据源”查询中的所有字段出现在该对话框中。

(4) 添加报表标题。首先，在“报表 1”的设计视图中右击，在弹出的快捷菜单中选择“报表页眉/页脚”命令，设计视图中出现“报表页眉”节和“报表页脚”节。然后，单击“报表设计”选项卡中“控件”组的 ***Aa*** 按钮(即标签控件)，将其添加到“报表页眉”节，并设置标题为“各学院教师工资情况汇总”，按图 6-24 设置其格式，字体为“华文细黑”，字号为“16”，并“加粗”。

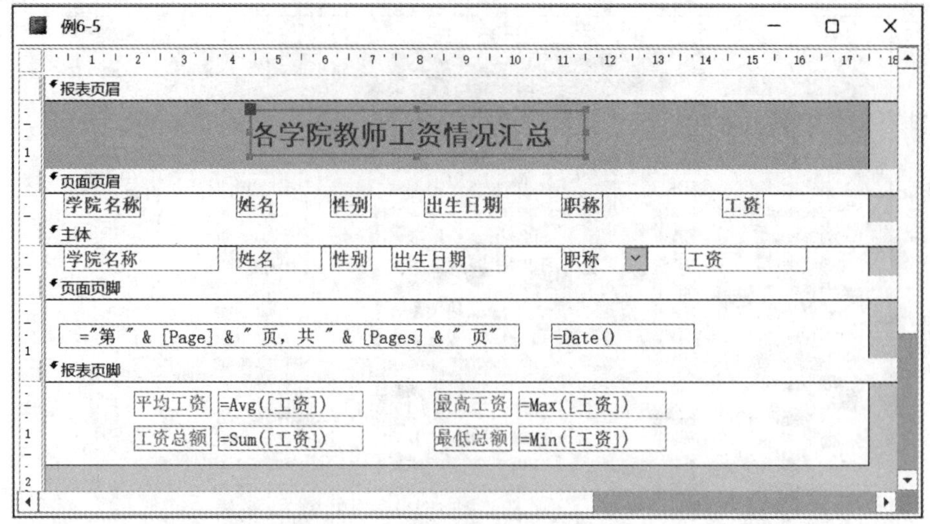

图 6-24　例 6-5 的报表设计视图

(5) 添加要输出的字段名称和字段内容。在“字段列表”对话框中，按住鼠标左键将各个字段拖至“主体”节，然后按住 Shift 键依次选择各个表示字段名称的标签，将其剪切并复制至“页面页眉”节，按图 6-24 所示设置各控件格式，字体为“宋体”，大小为 11，并将表示字段名称的文字“加粗”，将表示字段内容的文本框的“边框样式”属性设置为“透明”，适当调整“页面页眉”节和“主体”节中各控件的大小和位置。

(6) 添加统计汇总信息。在“报表页脚”节，添加 4 个文本框，按照图 6-24 修改各个标签的内容，并依次设置各个文本框的“控件来源”属性，以统计平均工资、工资总额、最高工资和最低工资。设置完“控件来源”属性，再将 4 个文本框的“格式”属性设置为“货币”，使汇总信息以货币形式显示。

【提示】 汇总表达式可以手动输入，也可以打开“表达式生成器”对话框，依次选择“函数”→“内置函数”→“SQL 聚合函数”中相应的函数自动生成各个汇总表达式。

(7) 添加页码和日期。在“页面页脚”节，添加两个文本框控件，删除其自带的标签，将文本框的“边框样式”属性设置为“透明”，并按照图 6-24 设置两个文本框的“控件来源”属性。

【说明】 日期时间和页码也可以通过单击“报表设计”选项卡中“页眉/页脚”组的“日期和时间”按钮、“页码”按钮，分别打开相应的对话框进行添加。

(8) 保存。单击快速访问工具栏中的“保存”按钮，弹出“另存为”对话框，输入报表名称“例 6-5”，单击“确定”按钮，保存报表。

5. 使用“标签”按钮创建报表

单击“创建”选项卡中“报表”组的“标签”按钮，可以打开“标签向导”对话框，借助向导的提示可以快速创建一种特殊的报表，即标签报表。标签报表可以将少量小区域显示的数据按照一定的格式打印输出到特殊的标签纸上。

【例 6-6】 基于“教师”表，使用“标签”按钮创建如图 6-25 所示的标签报表，其中的教师信息按“姓名”升序排列。

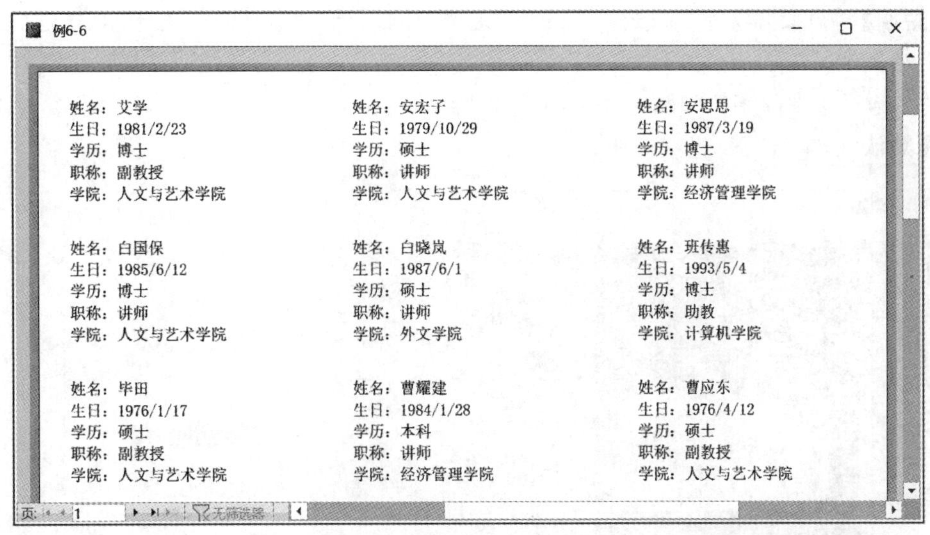

图 6-25　例 6-6 的标签报表

【例题分析】 从图 6-25 所示的标签报表可知，建立该报表需要的字段有姓名、出生日期、学历、职称和学院名称，其中前 4 个字段来自于“教师”表，“学院名称”字段来自于“学院”表，可以先建立一个查询得到以上 5 个字段，再基于该查询建立标签报表。

操作步骤如下。

(1) 建立查询。打开“教学管理系统”数据库，基于“教师”表和“学院”表建立“例 6-6 数据源”查询，输出“姓名”“出生日期”“学历”“职称”“学院名称”字段。

(2) 打开“标签向导”对话框。从导航窗格的“查询”对象中选择“例 6-6 数据源”，单击“创建”选项卡中“报表”组的“标签”按钮，即打开“标签向导”对话框。

(3) 指定标签尺寸。如图 6-26 所示，在“标签向导”对话框中可以选择标签的型号、尺寸、度量单位等，本例选择的标签型号为 AE(3×8)，单击“下一步”按钮。

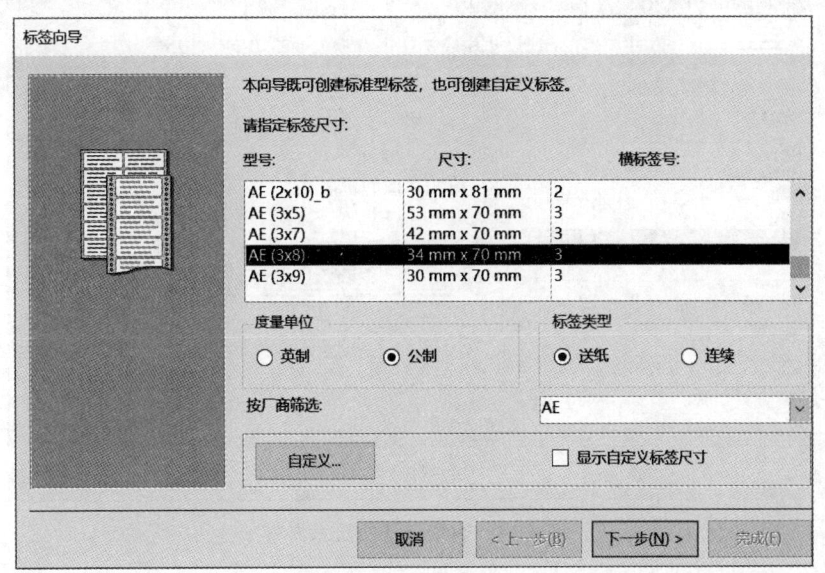

图 6-26　指定标签尺寸

【说明】 如果需要也可以通过单击“自定义”按钮，打开“新建标签尺寸”对话框，自行定义标签的尺寸。

（4）选择文本的字体和颜色。如图 6-27 所示，将字体设置为“宋体”，字号设置为 11，其余采用默认值，单击“下一步”按钮。

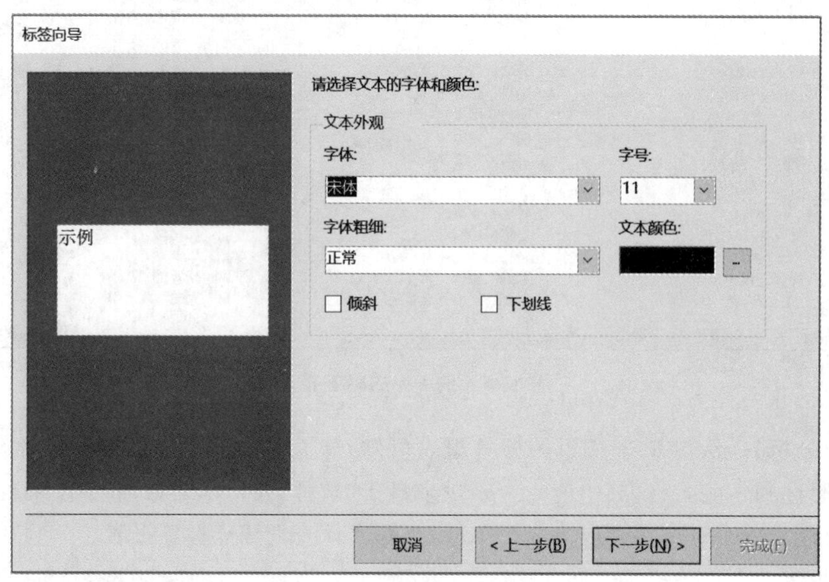

图 6-27　选择文本的字体和字号

（5）确定标签的显示内容。在“原型标签”列表框中，手动输入“姓名：”，然后双击“可用字段”列表框中的“姓名”字段，将其添加至输入的文本“姓名：”右侧，再依次添加生日、学历、职称和学院信息，如图 6-28 所示，单击“下一步”按钮。

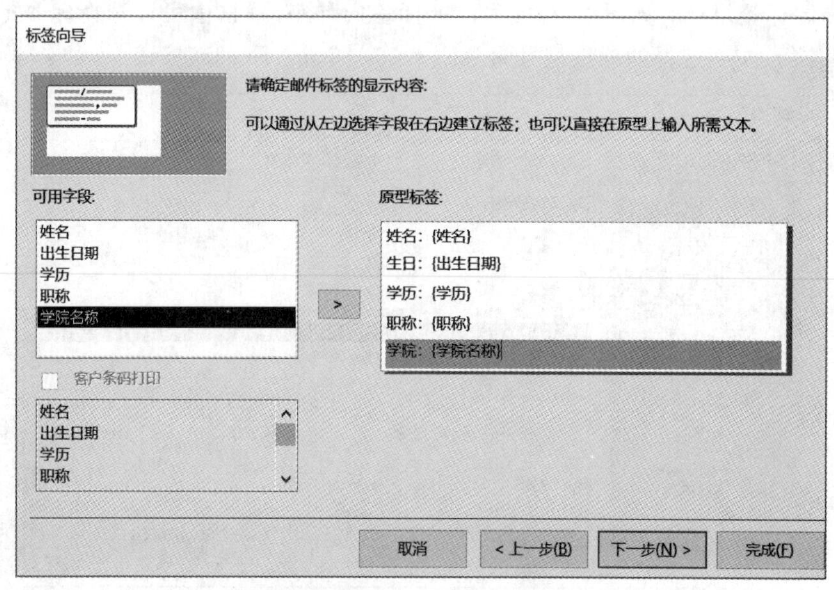

图 6-28　确定标签的显示内容

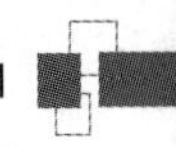

（6）确定排序依据。如图 6-29 所示，选择“姓名”字段作为排序依据，单击“下一步”按钮。

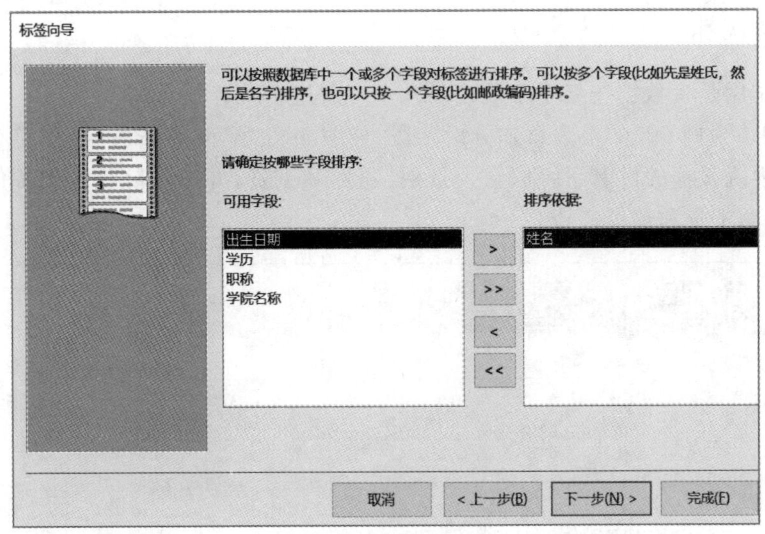

图 6-29　确定排序字段

（7）指定报表的名称。如图 6-30 所示，指定报表的名称为“例 6-6”。单击“完成”按钮，打开标签报表的打印预览视图，如图 6-25 所示。

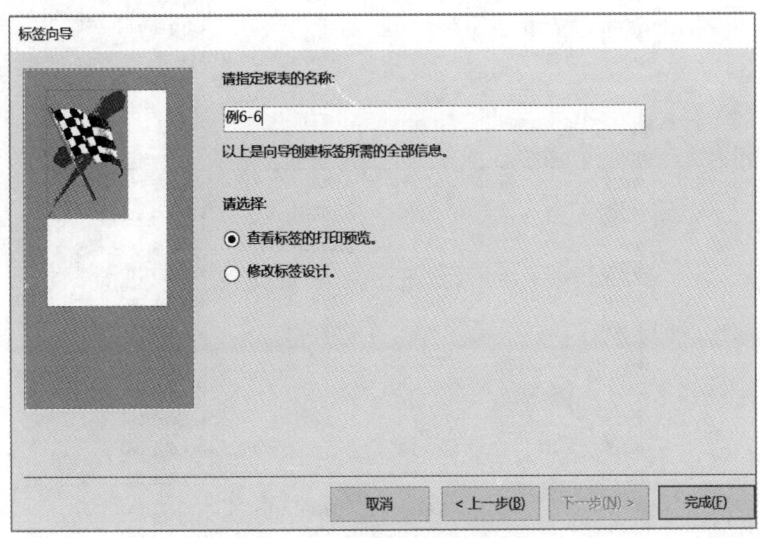

图 6-30　指定标签报表的标题

6.3 报表的分组和排序

在使用报表对数据进行统计输出时，分组和排序是经常使用的重要功能，实现排序和分组既可以通过报表向导进行设置，也可以直接在报表设计视图中通过“分组、排序和汇总”对话框进行设置。

1. 报表的分组

分组的作用是将数据按某个字段或某几个字段进行统计汇总。

【例 6-7】 为例 6-5 的报表添加分组字段，如图 6-31 所示，要求按照“学院名称”字段分组输出各个学院教师的姓名、性别、出生日期、职称和工资，并按学院统计教师的平均工资、工资总额、最高工资和最低工资。

各学院教师工资情况汇总

计算机学院	姓名	性别	出生日期	职称	工资
	贺小均	女	1979/10/27	讲师	¥15,727.00
	刘晓晓	女	1987/3/1	讲师	¥13,400.00
	郑明	男	1973/10/13	副教授	¥19,820.00
	舒伟延	男	1978/11/6	副教授	¥18,781.00
	班传惠	男	1993/5/4	助教	¥9,472.00
	欧阳家波	男	1979/3/14	教授	¥27,188.00
	王建	男	1975/7/25	副教授	¥18,170.00
	吴海	男	1969/9/10	教授	¥27,728.00
	李驰骋	男	1978/4/9	副教授	¥18,100.00
	高云飞	男	1976/12/11	副教授	¥19,100.00
	姜来	男	1985/12/19	讲师	¥14,700.00
	孙伟峰	男	1987/10/9	讲师	¥13,650.00
	张相庆	男	1990/7/14	讲师	¥14,300.00
平均工资	¥17,702.77		最高工资	¥27,728.00	
工资总额	¥230,136.00		最低总额	¥9,472.00	
经济管理学院	**姓名**	**性别**	**出生日期**	**职称**	**工资**
	曹耀建	男	1984/1/28	讲师	¥12,975.00
	陆绍举	男	1973/12/16	副教授	¥18,040.00
	胡良洪	男	1977/4/14	副教授	¥18,722.00
	祁晓宇	男	1980/1/25	讲师	¥12,199.00
	黄杰侠	男	1965/1/15	教授	¥22,258.00
	刘景华	女	1979/5/25	讲师	¥15,485.00
	萧丹	女	1992/7/8	助教	¥9,572.00
	刘志	男	1981/5/26	教授	¥23,558.00
	窦萌	女	1977/11/26	副教授	¥17,093.00
	安思思	女	1987/3/19	讲师	¥14,317.00
	陈世学	男	1977/3/14	副教授	¥19,321.00
	邓建	男	1979/5/15	讲师	¥15,216.00
	谢岚	女	1976/6/20	教授	¥22,799.00
	林忠波	男	1991/10/27	助教	¥9,678.00
	刘芳	女	1975/2/26	教授	¥22,022.00
平均工资	¥16,883.67		最高工资	¥23,558.00	
工资总额	¥253,255.00		最低总额	¥9,572.00	

第 1 页，共 4 页　　2022/2/14

图 6-31 例 6-7 报表的打印预览视图

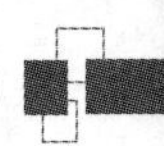

操作步骤如下。

(1) 复制报表。将例 6-5 创建的报表复制一份,保存为"例 6-7"。

(2) 打开报表设计视图。在导航窗格中右击"例 6-7"报表,在弹出的快捷菜单中选择"设计视图"命令,打开报表设计视图。

(3) 添加分组字段。单击"报表设计"选项卡中"分组和汇总"组的"分组和排序"按钮,设计视图下方出现"分组、排序和汇总"对话框,单击其中的"添加组"按钮,对话框中出现"分组形式"矩形框,同时显示一个下拉列表框用于选择分组字段,本例选择"学院名称",如图 6-32 所示。此时,报表设计视图中增加了"学院名称页眉"节。

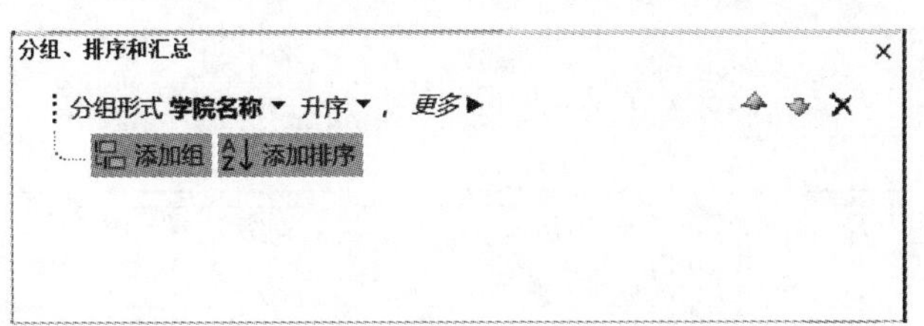

图 6-32 添加分组字段

(4) 设置组页脚及分组记录显示方式。在图 6-32 所示对话框中,单击"分组形式"矩形框右侧的"更多"按钮,展开更多设置,如图 6-33 所示,本例设置"有页脚节"和"将整个组放在同一页上"。此时,报表设计视图中增加了"学院名称页脚"节。

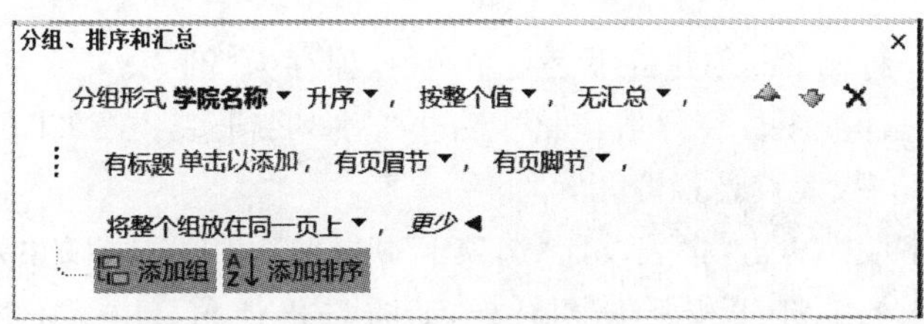

图 6-33 设置组页脚及分组记录显示方式

(5) 设置"学院名称页眉"节。如图 6-34 所示,将"页面页眉"节中的"学院名称"标签删除掉,其余表示字段名称的标签全部剪切并复制至"学院名称页眉"节,将"主体"节中的"学院名称"文本框剪切并复制至"学院名称页眉"节,为了突出显示,将"学院名称"文本框的文字"加粗"。另外,在"学院名称页眉"节所有字段名称下方添加一个直线控件,用于修饰报表。

(6) 设置"学院名称页脚"节。如图 6-34 所示,将"报表页脚"节中的 4 个用于统计汇总的文本框和对应的标签复制到"学院名称页脚"节,以分别统计各学院的工资情况,并适当调整其位置。

(7) 保存报表。单击快速访问工具栏中的"保存"按钮,保存对报表所做的修改。

2. 报表的排序

排序是将表中的记录按照某一个或某几个字段的值重新进行排列。

【例 6-8】 为例 6-7 建立的报表添加排序字段,使记录依次按"学院名称"字段的升序、"性别"字段的降序、"职称"字段的升序和"工资"字段的降序排列。

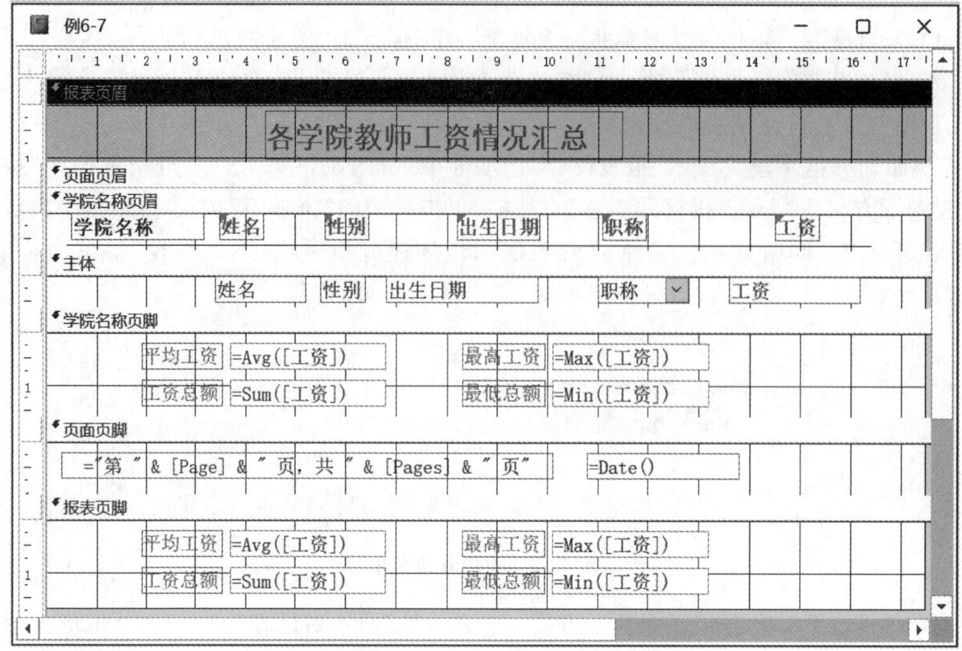

图 6-34　例 6-7 报表的设计视图

操作步骤如下。

(1) 复制报表。将例 6-7 创建的报表复制一份,保存为“例 6-8”。

(2) 打开报表设计视图。在导航窗格中右击“例 6-8”报表,在弹出的快捷菜单中选择“设计视图”命令,打开报表设计视图。

(3) 添加排序字段。单击“报表设计”选项卡中“分组和汇总”组的“分组和排序”按钮,设计视图下方出现“分组、排序和汇总”对话框,如图 6-32 所示。由于在例 6-7 设置“学院名称”为“分组”字段,系统默认按“学院名称”字段的升序排列。单击图 6-32 中的“添加排序”按钮,在“分组形式”矩形框下出现“排序依据”矩形框,同时显示一个下拉列表框用于选择排序字段,选择“性别”字段,设置为“降序”,再依次添加“职称”字段,默认为“升序”,添加“工资”字段,设置为“降序”,如图 6-35 所示。

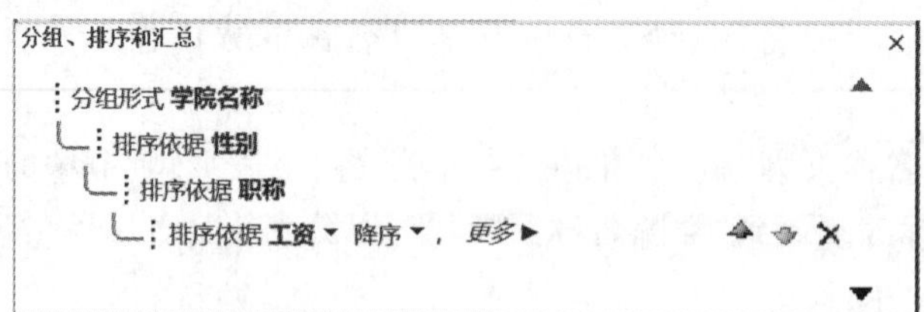

图 6-35　添加排序字段

(4) 预览报表。单击“报表设计”选项卡中“视图”组的“视图”按钮下半部分,在弹出的下拉列表中选择“打印预览”选项,切换至报表的打印预览视图,得到排序后的报表,如图 6-36 所示。对比图 6-31,发现“性别”“职称”“工资”列按照步骤(3)的设置进行了排序。

(5) 保存报表。单击快速访问工具栏中的“保存”按钮,保存对报表所做的修改。

各学院教师工资情况汇总

计算机学院	姓名	性别	出生日期	职称	工资
	贺小均	女	1979/10/27	讲师	¥15, 727.00
	刘晓晓	女	1987/3/1	讲师	¥13, 400.00
	郑明	男	1973/10/13	副教授	¥19, 820.00
	高云飞	男	1976/12/11	副教授	¥19, 100.00
	舒伟延	男	1978/11/6	副教授	¥18, 781.00
	王建	男	1975/7/25	副教授	¥18, 170.00
	李驰骋	男	1978/4/9	副教授	¥18, 100.00
	姜来	男	1985/12/19	讲师	¥14, 700.00
	张相庆	男	1990/7/14	讲师	¥14, 300.00
	孙伟峰	男	1987/10/9	讲师	¥13, 650.00
	吴海	男	1969/9/10	教授	¥27, 728.00
	欧阳家波	男	1979/3/14	教授	¥27, 188.00
	班传惠	男	1993/5/4	助教	¥9, 472.00

平均工资	¥17, 702.77	最高工资	¥27, 728.00
工资总额	¥230, 136.00	最低总额	¥9, 472.00

经济管理学院	姓名	性别	出生日期	职称	工资
	窦萌	女	1977/11/26	副教授	¥17, 093.00
	刘景华	女	1979/5/25	讲师	¥15, 485.00
	安思思	女	1987/3/19	讲师	¥14, 317.00
	谢岚	女	1976/6/20	教授	¥22, 799.00
	刘芳	女	1975/2/26	教授	¥22, 022.00
	萧丹	女	1992/7/8	助教	¥9, 572.00
	陈世学	男	1977/3/14	副教授	¥19, 321.00
	胡良洪	男	1977/4/14	副教授	¥18, 722.00
	陆绍举	男	1973/12/16	副教授	¥18, 040.00
	邓建	男	1979/5/15	讲师	¥15, 216.00
	曹耀建	男	1984/1/28	讲师	¥12, 975.00
	祁晓宇	男	1980/1/25	讲师	¥12, 199.00
	刘志	男	1981/5/26	教授	¥23, 558.00
	黄杰侠	男	1965/1/15	教授	¥22, 258.00
	林忠波	男	1991/10/27	助教	¥9, 678.00

平均工资	¥16, 883.67	最高工资	¥23, 558.00
工资总额	¥253, 255.00	最低总额	¥9, 572.00

第 1 页，共 4 页　　　　2022/2/14

图 6-36　例 6-8 的报表打印预览视图

6.4 报表的打印预览

报表的主要功能就是按照一定的格式打印输出数据库中的数据。报表设计完成后，就可以通过打印预览视图查看实际打印效果，若不满意则重新回到设计视图进行修改，直至满意，即可打印输出。

1. "打印预览"选项卡

打开报表的打印预览视图后，功能区会出现"打印预览"选项卡，如图 6-37 所示。该选项卡包含"打印""页面大小""页面布局""缩放""数据""关闭预览"6 个组，各组的功能如表 6-1 所示。

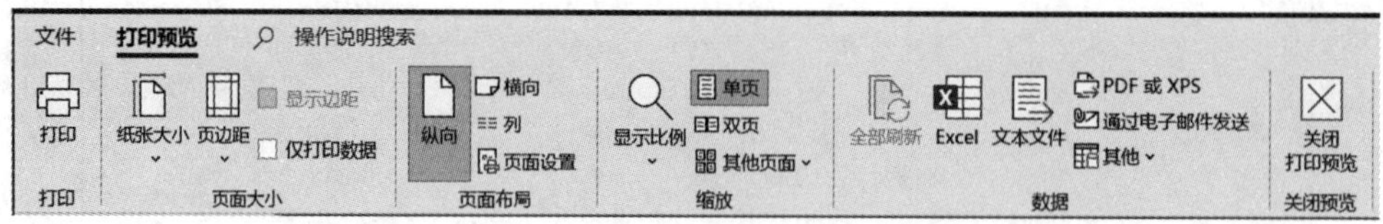

图 6-37 "打印预览"选项卡

表 6-1 "打印预览"选项卡各组的功能

组 名 称	功 能
打印	打印报表
页面大小	设置纸张大小、页边距及打印内容
页面布局	设置打印方向、进行页面设置
缩放	缩放报表
数据	将报表数据导出为 Excel、文本等格式的文件
关闭预览	关闭打印预览视图

2. 页面设置

为了得到一份满意的报表，设计完成报表后，常常需要设置报表的页面。单击"打印预览"选项卡中"页面布局"组的"页面设置"按钮，即可打开"页面设置"对话框，如图 6-38 所示。

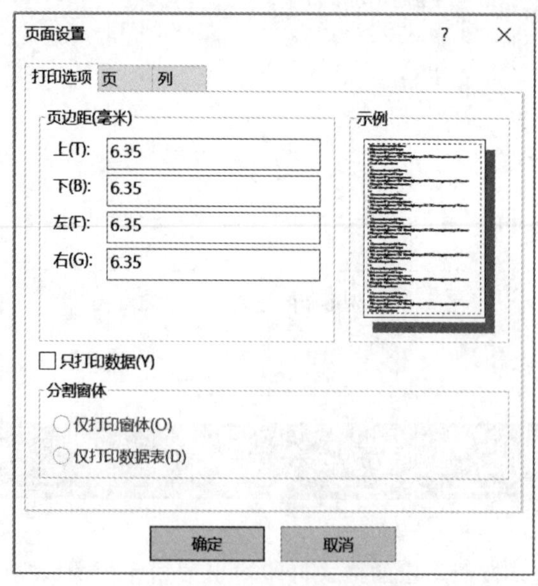

图 6-38 "页面设置"对话框

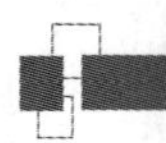

“页面设置”对话框有“打印选项”“页”“列”3 个选项卡，“打印选项”选项卡用于设置报表的上、下、左、右的页边距和确定是否“只打印数据”，其中的“只打印数据”指只打印来自表或查询中的数据以及页码和日期，其他与数据源无关的数据不打印；“页”选项卡用于设置打印方向、纸张大小和打印机；“列”选项卡用于设置报表列数、列尺寸和列布局，通常用于设置标签报表。

3. 打印报表

单击“打印预览”选项卡中“打印”组的“打印”按钮，打开“打印”对话框，如图 6-39 所示。在该对话框中，可以选择打印机，设置“打印范围”和“打印份数”，设置完毕，单击“确定”按钮即可打印。

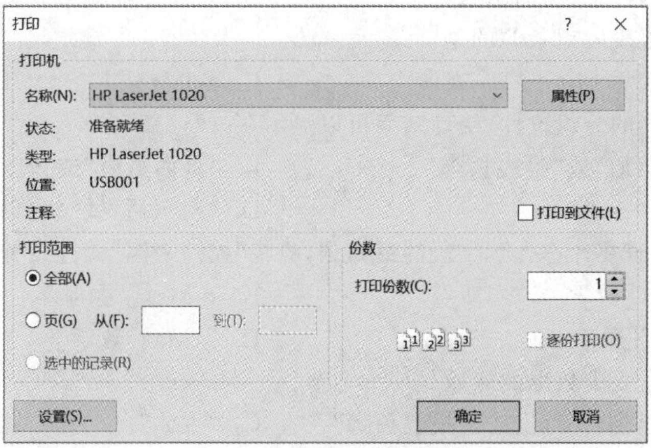

图 6-39　“打印”对话框

如果要直接打印，可以选择“文件”选项卡中的“打印”命令，如图 6-40 所示，右侧窗格中出现 3 个打印选项，其中，“快速打印”选项可以实现直接打印，“打印”选项用于打开“打印”对话框进行打印设置，“打印预览”选项切换至打印预览视图。

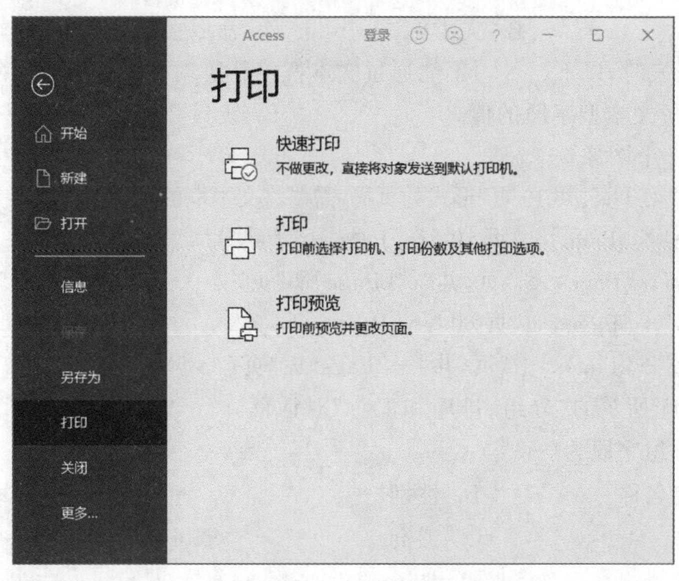

图 6-40　“打印”选项

习题 6

一、选择题

1. 下列关于报表的叙述中，正确的是(　　)。

A. 报表只能输入数据　　B. 报表只能输出数据
C. 报表可以输入和输出数据　　D. 报表不能输入或输出数据

2. 可以作为报表的记录源的是(　　)。

A. 数据表　　B. 查询　　C. Select 语句　　D. 以上都可以

3. 要实现报表的分组统计，统计结果可以显示在(　　)节中。

A. “报表页眉”或“报表页脚”　　B. “页面页眉”或“页面页脚”
C. “主体”　　D. “组页眉”或“组页脚”

4. 在报表中，若要计算数学字段的最高分，应将“控件来源”属性设置为(　　)。

A. =Max([数学])　　B. =Max["数学"]
C. =Max"[数学]"　　D. =Max[数学]

5. 报表中显示表中数据的区域是(　　)节。

A. “报表页眉”　　B. “报表页脚”　　C. “主体”　　D. “页面页脚”

6. 在报表的打印预览视图中，报表页眉节的内容在(　　)显示。

A. 第一页的顶部　　B. 每一页的顶部
C. 第一页的底部　　D. 每一页的底部

7. 在设计报表时，如果要显示表中某个字段的值，或者显示一个表达式的运行结果，可以使用(　　)控件。

A. 标签　　B. 文本框　　C. 命令按钮　　D. 选项按钮

8. 在设计报表时，以下(　　)不能通过文本框控件实现。

A. 显示短文本型字段的值　　B. 统计数值型字段的平均值
C. 显示一个图像　　D. 显示当前时间

9. 若要显示“第 1 页，共 10 页”形式的页码，需要将文本框的控件来源属性设置为(　　)。

A. ="第"&[Page]&"页，共"&[Pages]&"页"
B. ="第"&[Pages]&"页，共"&[Page]&"页"
C. ="第"+[Page]+"页，共"+[Pages]+"页"
D. ="第"+[Pages]+"页，共"+[Page]+"页"

10. 由图 6-41 所示的“分组、排序和汇总”对话框设置，可以看出分组字段为(　　)。

A. 学院名称　　B. 性别
C. 职称　　D. 工资

分组、排序和汇总
分组形式 **学院名称** ▾ 升序 ▾ ， *更多* ▶
排序依据 **性别**
排序依据 **职称**
排序依据 **工资**

图 6-41　“分组、排序和汇总”对话框

二、填空题

1. 报表有 4 种视图，分别是________、________、________和________。

2. 在报表的视图中，既可以显示表中数据，又可以调整控件的大小和位置的是________视图。

3. 报表有 5 个基本的节，分别是报表页眉、报表页脚、页面页眉、页面页脚和主体，其中，________节是必不可少的。若报表涉及对数据进行分组显示或分组统计，还可以添加________节和________节。

4. 在报表的每一页顶部都要显示的信息，应该放在________节中。

5. 设计报表时，若要将报表与某一个数据源表或查询进行绑定，则需要设置________属性。

6. 若要在报表每一页的底部显示当前日期和时间，则需要在________节中添加一个文本框控件，并将其控件来源属性设置为________。

7. 设计报表时，若要在页面页眉节下方添加一条横线，可以通过添加________控件来实现。

8. 若不希望显示文本框的边框线，可以将文本框的________属性设置为“透明”。

实验 6

一、实验内容

1. 参考例 6-2，使用“空报表”按钮创建报表，显示课程表中所有课程的“课程编号”“课程名称”“课程性质”“学时”“学分”“学期”字段。报表的打印预览视图如图 6-42 所示，报表名称保存为 R1。

R1

课程编号	课程名称	课程性质	学时	学分	学期
0101	管理学	专业必修课	40	2	1
0102	人力资源管理	专业必修课	40	2	2
0103	微观经济学	专业必修课	40	2	2
0104	市场营销学	专业必修课	40	2	2
0105	宏观经济学	专业必修课	40	2	3
0106	会计学	专业必修课	40	2	2
0107	金融学	专业必修课	40	2	3
0108	电子商务基础	专业必修课	40	2	4
0109	企业战略管理	专业必修课	40	2	4
0111	企业会计与财务案例分析	选修课	32	2	2
0112	会计学概论	选修课	32	2	1
0113	奥运经济	选修课	16	1	1
0114	旅游经济与管理	选修课	16	1	2

页: 1　无筛选器

图 6-42　报表 R1 的打印预览视图

2. 参考例 6-4,使用“报表向导”按钮创建报表,按照“学院名称”字段分组显示各学院开设课程的“课程编号”“课程名称”“学时”“学分”字段,按“课程编号”字段的升序排列,并统计每个学院开设课程的总学分,报表的布局方式为“递阶”,报表标题为“各学院开课情况”。报表的打印预览视图如图 6-43 所示,报表名称保存为 R2。

各学院开课情况

学院名称	课程编号	课程名称	学时	学分
经济管理学院				
	0101	管理学	40	2
	0102	人力资源管理	40	2
	0103	微观经济学	40	2
	0104	市场营销学	40	2
	0105	宏观经济学	40	2
	0106	会计学	40	2
	0107	金融学	40	2
	0108	电子商务基础	40	2
	0109	企业战略管理	40	2
	0111	企业会计与财务案例分	32	2
	0112	会计学概论	32	2
	0113	奥运经济	16	1
	0114	旅游经济与管理	16	1
	0115	国际贸易模拟与实践	16	1
	0116	生活中的经济学	16	1
汇总 '学院编号' = 01 (15 项明细记录)				
合计				26
人文与艺术学院				
	0201	思想道德修养与法律基	40	3
	0202	马克思主义原理	40	3
	0203	公共关系学	32	2
	0211	英美文化概论	32	2
	0212	古诗欣赏	32	2
	0213	微型小说鉴赏	16	1
	0214	民法学	32	2
汇总 '学院编号' = 02 (7 项明细记录)				
合计				15
外文学院				
	0301	思想道德修养与法律基	48	4
	0302	中国近现代史纲要	32	2
	0303	英语语言学概论	48	3
	0304	翻译理论与实践	48	3
	0311	实用英语阅读	32	2
	0312	英语口语	32	2
	0313	视听说英语	32	2
	0314	英语口译与听说	32	2
	0315	欧美经典影片欣赏	16	1
汇总 '学院编号' = 03 (9 项明细记录)				
合计				21
力学与土木工程				
	0401	高等数学A(1)	32	1

2022年5月21日　　共 2 页，第 1 页

图 6-43　报表 R2 的打印预览视图

3. 参考例 6-6,使用“标签”按钮创建标签报表,按“学号”升序显示“会计学”这门课程的学生成绩,报表的打印预览视图如图 6-44 所示,报表名称保存为 R3。

提示：先创建一个查询从多张数据源表中提取所需数据,再将该查询作为标签报表的数据源。

4. 参考例 6-5,使用“报表设计”按钮创建报表,输出课程“会计学”所有选课学生的班级、学号、姓名、性别和成绩,并添加报表标题、页码和日期。报表的打印预览视图如图 6-45 所示,报表名称保存为 R4。

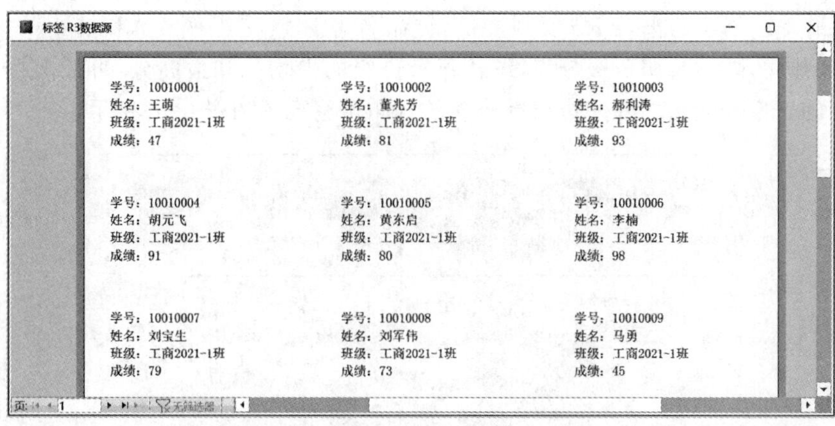

图 6-44 报表 R3 的打印预览视图

《会计学》考试成绩单

班级	学号	姓名	性别	成绩
工商2021-1班	10010001	王萌	女	47
工商2021-1班	10010002	董兆芳	女	81
工商2021-1班	10010003	郝利涛	男	93
工商2021-1班	10010004	胡元飞	男	91
工商2021-1班	10010005	黄东启	男	80
工商2021-1班	10010006	李楠	男	98
工商2021-1班	10010007	刘宝生	男	79
工商2021-1班	10010008	刘军伟	男	73
工商2021-1班	10010009	马勇	男	45
工商2021-1班	10010010	宋志慧	女	86
工商2021-1班	10010011	王超颖	女	91
工商2021-1班	10010012	王桃	女	61
工商2021-1班	10010013	徐紫曦	女	72
工商2021-1班	10010014	于宗民	男	81
工商2021-1班	10010015	张振涛	男	91
工商2021-1班	10010016	祝闯	男	95
工商2021-1班	10010017	范海丽	女	61
工商2021-1班	10010018	郝丽红	女	83
工商2021-1班	10010019	屈丽昀	女	80
工商2021-1班	10010020	宋冬梅	女	72
工商2021-1班	10010021	孙金侠	男	49
工商2021-1班	10010022	袁俊	男	70
工商2021-1班	10010023	戴建锋	男	58
工商2021-1班	10010024	刁大浪	男	81
工商2021-1班	10010025	范家雷	男	77
工商2021-1班	10010026	范永贵	男	72
工商2021-1班	10010027	高　杰	男	53
工商2021-1班	10010028	郭　臣	男	64
工商2021-1班	10010029	金雪松	男	100
工商2021-2班	10010030	李大海	男	71
工商2021-2班	10010031	刘春雷	男	64
工商2021-2班	10010032	路世平	男	62
工商2021-2班	10010033	钱征宇	男	73
工商2021-2班	10010034	申自强	男	87
工商2021-2班	10010035	吴恒宝	男	53
工商2021-2班	10010036	吴茂森	男	97
工商2021-2班	10010037	郑洋	男	65
工商2021-2班	10010038	曹明明	男	84
工商2021-2班	10010039	陈青	女	88
工商2021-2班	10010040	陈珊	女	71
工商2021-2班	10010041	陈海霞	女	61

第 1 页，共 13 页　　2022年5月21日

图 6-45 报表 R4 的打印预览视图

5. 将第 4 题创建的报表 R4 复制一份，重命名为 R5。参考例 6-7 和例 6-8，为报表 R5 设置分组和排序，要求按照班级分组，统计每个班级的平均分和最高分，再依次按照班级的升序、性别的升序和成绩的降序排列。报表的打印预览视图如图 6-46 所示。

《会计学》考试成绩单

	学号	姓名	性别	成绩
工商2021-10班				
	10010264	张蒙	男	88
	10010261	万海伟	男	84
	10010256	贾华伟	男	84
	10010258	邱书书	男	77
	10010254	胡甄	男	76
	10010257	贾兴涛	男	72
	10010262	徐海峰	男	70
	10010255	户红旗	男	70
	10010260	宋志成	男	67
	10010263	张刚	男	65
	10010259	时博	男	54
	10010277	张维	女	96
	10010271	陶荣	女	92
	10010268	李圣娟	女	91
	10010274	许锦	女	87
	10010275	张迪	女	84
	10010273	田瑞红	女	72
	10010269	卢翠霞	女	71
	10010272	田芳	女	70
	10010265	陈俊霞	女	69
	10010270	任晓倩	女	68
	10010276	张海燕	女	68
	10010267	管荷	女	63
	10010266	段若琤	女	47
	平均分	74.38	最高分	96.00
工商2021-11班				
	10010289	薛运起	男	94
	10010283	侯晓宁	男	92
	10010287	孙军	男	79
	10010281	陈炎清	男	78
	10010285	李小刚	男	78
	10010286	乔艳军	男	78
	10010293	逯健	男	77
	10010282	丁汝东	男	75
	10010292	朱灿华	男	67
	10010290	张喆	男	59
	10010280	曹坤	男	58
	10010291	赵成刚	男	57
	10010284	姜喜峰	男	55

第 1 页，共 15 页　　2022年5月21日

图 6-46　报表 R5 的打印预览视图

二、实验要求

1. 完成实验内容第 1～5 题的报表设计任务，并按照题目的要求保存报表。

2. 假设某学生的学号为 10010001，姓名为王萌，则更改数据库文件名为“实验 6-10010001 王萌”，并将此数据库文件作为实验结果提交到指定的实验平台。

3. 将在实验 6 中遇到的问题以及解决方法、收获与体会等写入 Word 文档，保存文件名为“实验 6 分析-10010001 王萌”，并将此文件作为实验结果提交到指定的实验平台。

第7章 宏的创建和使用

宏操作，简称为“宏”，是 Access 中的一个重要对象，宏并不直接处理数据库中的数据，它是一个工具，可以用于组织对表、查询、窗体和报表对象的操作。利用宏，Access 能够自动执行某些任务，使用户方便、快捷地操作数据库。宏的创建简单、方便、直观，灵活使用宏命令，可以快速完成大量看似复杂的操作。

本章主要介绍宏的基本概念、宏的创建和运行、创建条件宏和子宏以及常见宏操作。

7.1 宏的基本概念

宏被定义为一个或多个操作的集合。宏中的每个操作都可以完成一个特定的功能，如打开窗体、预览报表等。利用宏，可以让大量重复的操作按照一定的顺序自动完成。在Access 中，宏的主要功能有以下几方面。

(1) 链接多个窗体和报表。数据库中通常需要同时使用多个窗体或报表来浏览相关联的数据。例如，在“教学管理系统”数据库中已经建立了“学生信息”和“学生选课”两个窗体，使用宏可以在“学生信息”窗体中，通过与宏链接的命令按钮打开“学生选课”窗体，以了解学生选课情况。

(2) 自动查找和筛选记录。宏可以加快查找所需记录的速度。例如，在窗体中建立一个宏命令按钮，在宏的操作参数中指定筛选条件，可以快速查找到指定记录。

(3) 自动进行数据校验。在窗体中对特殊数据进行处理或校验时，使用宏可以方便地设置检查数据的条件，并可以给出相应的提示信息。

(4) 设置窗体和报表属性。使用宏可以设置窗体和报表的大部分属性。例如，使用宏可以改变窗体的大小和位置。

(5) 自定义工作环境。使用宏可以在打开数据库时自动打开窗体和其他对象，将几个对象联系在一起，执行一组特定的工作。使用宏还可以自定义窗体中的菜单栏和工具栏。

7.2 宏的创建和运行

7.2.1 宏的创建和编辑

创建宏和编辑宏的操作都是在宏的设计视图中完成的。下面通过案例介绍宏的创建和编辑过程。

【例 7-1】 创建一个名为“例 7-1”的宏，要求运行该宏时，以只读方式打开“教师”表，并为该宏添加注释信息：以只读方式浏览“教师”表。

操作步骤如下。

(1) 打开宏的设计视图。打开“教学管理系统”数据库，单击“创建”选项卡中“宏与代码”组的“宏”按钮，打开宏的设计视图，如图 7-1 所示。

【说明】 打开如图 7-1 所示的宏设计视图后，功能区出现“宏设计”选项卡，工作区出现名称为“宏 1”的宏设计视图窗口和“操作目录”窗格。宏设计视图窗口用于添加宏操作，“操作目录”窗格包括“程序流程”“操作”“在此数据库中”3 个目录，其中，“程序流程”目录用于添加注释、进行分组、设置条件和创建子宏，“操作”目录分类列出了可以执行的宏操作 ，“在

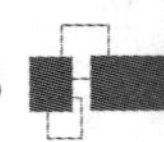

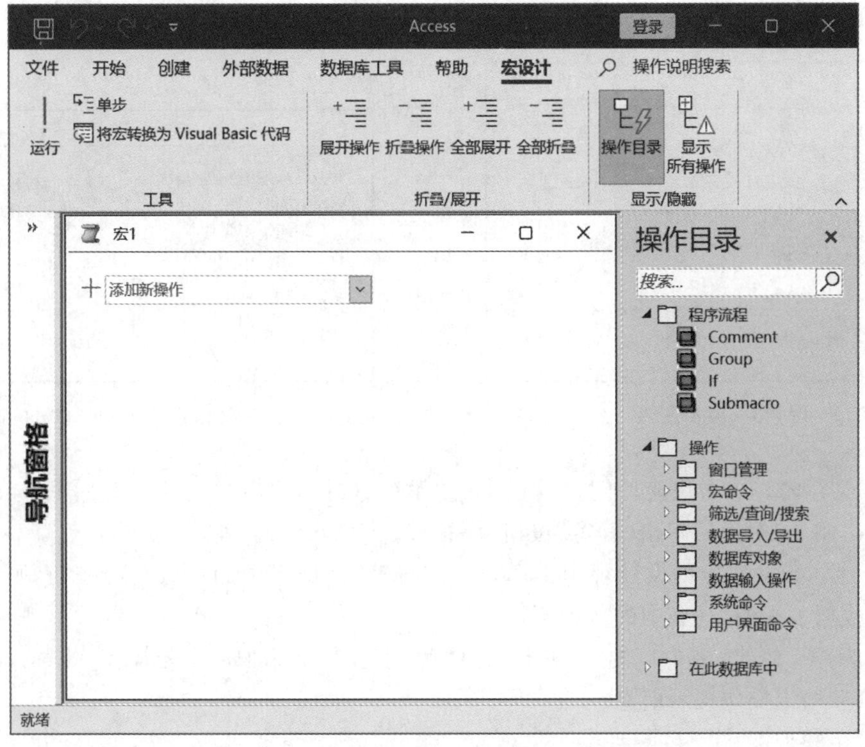

图 7-1　宏的设计视图

此数据库中"目录列出当前数据库中已有的宏对象。

(2) 添加宏操作。单击图 7-1 所示的宏设计视图窗口中"添加新操作"组合框右端的下拉按钮,从下拉列表框中选择宏操作 OpenTable。OpenTable 操作可以设置的 3 个参数,分别是"表名称""视图""数据模式"。"表名称"的下拉列表中列出了当前数据库中的所有表,用户从中选择要打开的表名称;"视图"的下拉列表框中列出了"数据表""设计""打印预览""数据透视表""数据透视图"5 种视图供用户选择;"数据模式"的下拉列表框中列出"增加""编辑""只读"3 个选项,"增加"模式允许增加新记录,"编辑"模式允许编辑现有记录或增加新记录,"只读"模式仅允许查看记录。本例各参数的设置如图 7-2 所示。

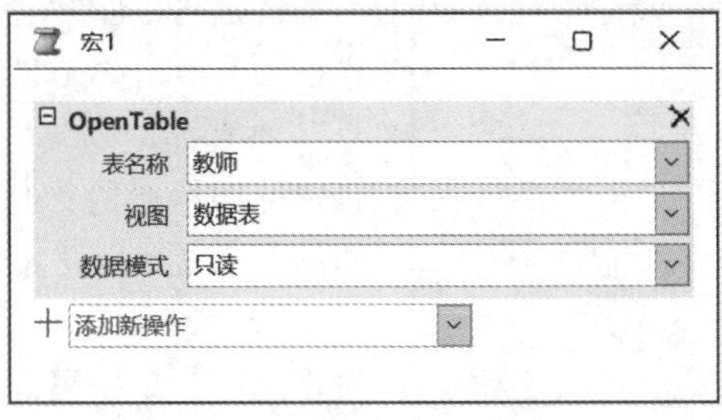

图 7-2　添加 OpenTable 宏操作

(3) 添加注释。双击"操作目录"窗格中"程序流程"目录下的 Comment 选项,宏设计视图中 OpenTable 操作下方出现一个矩形框,输入注释信息,如图 7-3 所示,单击矩形框右侧的 按钮,将注释信息移至 OpenTable 操作上方,单击空白处,注释信息呈绿色并由"/＊"

“*/”括起来(注释不执行),如图 7-4 所示。

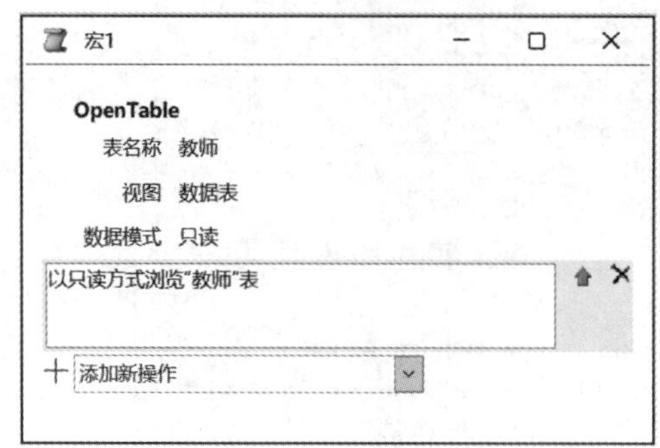

图 7-3 添加注释

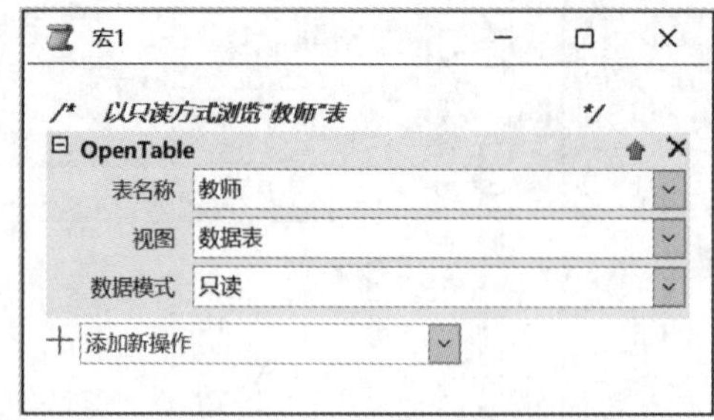

图 7-4 将注释信息移至 OpenTable 操作上方

(4) 保存宏。单击快速访问工具栏中的“保存”按钮,弹出“另存为”对话框。在该对话框中输入“例 7-1”,然后单击“确定”按钮,保存宏。

(5) 运行宏。在宏的设计视图中,单击“宏设计”选项卡中的!(运行)按钮,则打开“教师”表的数据表视图,且表中的数据不可编辑。

【例 7-2】 修改“例 7-1”的宏,在打开“教师”表操作前添加一个宏操作 MessageBox,代替注释信息给出操作提示信息。

操作步骤如下。

(1) 复制宏。将例 7-1 创建的宏复制一份,保存为“例 7-2”。

(2) 打开宏。在导航窗格中右击“例 7-2”宏,在弹出的快捷菜单中选择“设计视图”命令,打开宏设计视图。

(3) 删除注释信息。选择注释信息,出现编辑注释信息的矩形框,单击右侧的 ✕ 按钮将注释信息删除。

(4) 添加 MessageBox 操作。单击“添加新操作”组合框右端的下拉按钮,从下拉列表框中选择宏操作 MessageBox 选项,展开 MessageBox 操作可以设置的 4 个参数,分别是“消息”“发嘟嘟声”“类型”“标题”。“消息”文本框的内容必须输入,用于显示警告或提示信息;“发嘟嘟声”用于设置弹出消息框时是否发出嘟嘟声,有“是”和“否”两个选项;“类型”用于设置消息框的类型,有“无”“重要”“警告?”“警告!”“信息”5 种选择;“标题”文本框用于输入显示在消息框标题栏中的信息。本例对 MessageBox 操作的 4 个参数的设置如图 7-5 所示。

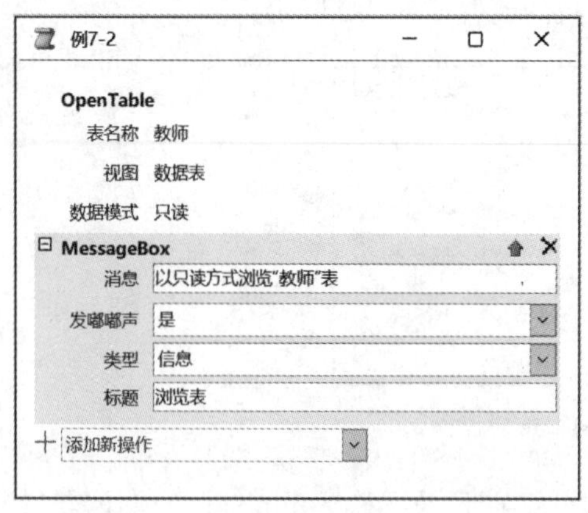

图 7-5 添加 MessageBox 操作

(5) 将 MessageBox 操作移至 OpenTable 操作之前。单击图 7-5 中 MessageBox 操作右侧的 ⬆ 按钮,将 MessageBox 操作移至 OpenTable 操作之前。

(6) 保存宏。单击快速访问工具栏中的“保存”按钮,保存对宏所做的修改。

(7) 运行宏。在宏的设计视图中，单击“宏设计”选项卡中“工具”组的 ! 按钮，运行该宏，首先出现消息提示框，如图 7-6 所示。单击消息提示框中的“确定”按钮，将继续运行后面的宏操作。

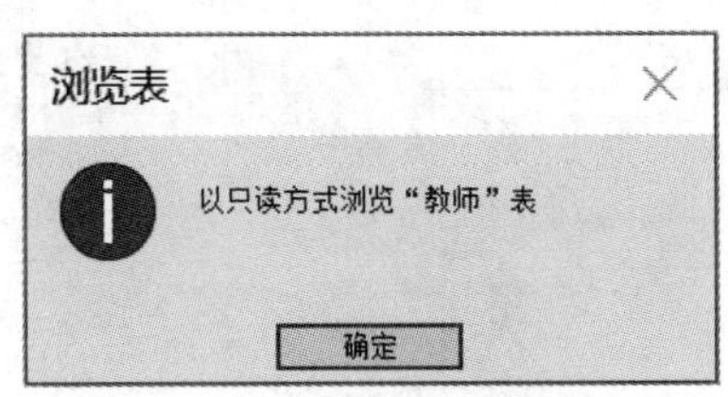

图 7-6 消息提示框

7.2.2 运行宏

运行宏时，系统将从宏的起始点开始，运行宏中所有操作直到结束。运行宏既可以直接运行宏对象，也可以将运行宏作为对窗体或报表控件发生事件所做出的响应，还可以设置在打开数据库时自动运行宏。

1. 直接运行宏

直接运行宏有以下两种方法：

(1) 在宏的设计视图中单击“宏设计”选项卡中的 !（运行）按钮运行宏。

(2) 在导航窗格中的“宏”对象组中右击要运行的宏，在弹出的快捷菜单中选择“运行”命令，或者双击要运行的宏对象。

2. 通过命令按钮运行宏

通常情况下，直接运行宏只是对宏进行测试。在确保宏的设计正确无误后，可以将宏附加到窗体、报表的控件中，以对事件做出响应。通过窗体、报表中的命令按钮来运行宏，只需要在窗体或报表的设计视图中，打开相应控件的“属性表”对话框，选择“事件”选项卡，在相应的事件属性上单击，从弹出的下拉列表框中选择相应的宏。当该事件发生时，系统将自动运行宏。

【例 7-3】 创建一个窗体，在窗体中添加一个命令按钮，单击该按钮则运行“例 7-2”宏。

操作步骤如下。

(1) 创建窗体。新建一个窗体，在窗体的“主体”节添加一个命令按钮，设置其标题属性为浏览“教师”表，名称默认为 Command0，如图 7-7 所示。

(2) 设置命令按钮的“单击”事件。在“属性表”对话框中，选择 Command0 命令按钮，在“事件”选项卡中选择“单击”事件，从右侧的下拉列表框中选择“例 7-2”，如图 7-8 所示。

(3) 保存窗体。单击快速访问工具栏中的“保存”按钮，弹出“另存为”对话框，设置窗体名称为“例 7-3”。

(4) 运行窗体。打开“例 7-3”的窗体视图，单击其中的命令按钮，系统会自动运行宏“例 7-2”。

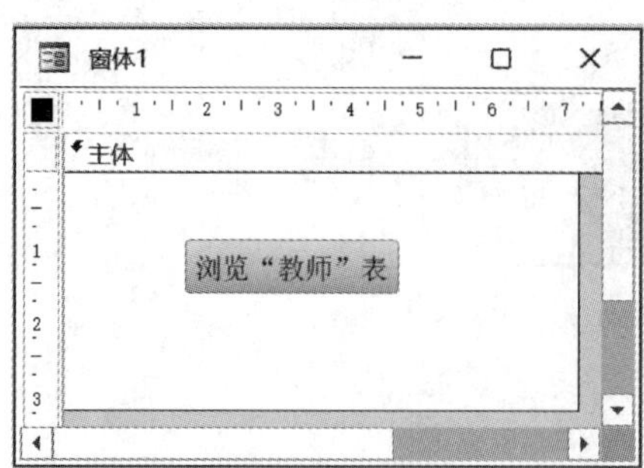

图 7-7 创建窗体

图 7-8 设置命令按钮的"单击"事件

3. 自动运行宏

Access 中,宏名为 AutoExec 的宏是一种特殊的宏,该宏在每次打开数据库时会自动运行。如果用户需要在打开数据库时自动运行某宏,只需要将该宏命名为 AutoExec 即可。

7.3 创建条件宏和子宏

7.3.1 创建条件宏

通常情况下,宏的执行顺序是从第一个宏操作依次往下执行到最后一个宏操作。但对于某些宏操作,可以对它们设置一定的条件,当条件满足时执行这些操作,当条件不满足时则不执行这些操作。

【例 7-4】 创建一个条件宏,当运行该宏时,根据计算机当前系统时间,弹出相应的消息框。如果时间在 6:00 至 12:00,弹出消息框显示"现在是上午,努力工作吧!";如果时间在 12:00 至 18:00,弹出消息框显示"现在是下午,抽空活动一下哦!";如果时间在 18:00 至 24:00,弹出消息框显示"现在是晚上,今天过得愉快吗?";如果时间在 0:00 至 6:00,弹出消息框显示"现在是凌晨,要早睡早起哦!"

【例题分析】 本例要求根据 4 个时间段,弹出不同的消息框,可以采用 If…Else If 的多分支结构实现。

操作步骤如下。

(1) 打开宏的设计视图。打开"教学管理系统"数据库,单击"创建"选项卡中"宏与代码"组的"宏"按钮,打开宏的设计视图。

(2) 添加宏操作。单击宏设计视图中"添加新操作"组合框右端的下拉按钮,从下拉列

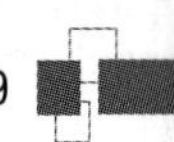

表框中选择宏操作 If 选项,或者双击"操作目录"窗格中"程序流程"目录中的 If 选项,展开 If 操作框,如图 7-9 所示。

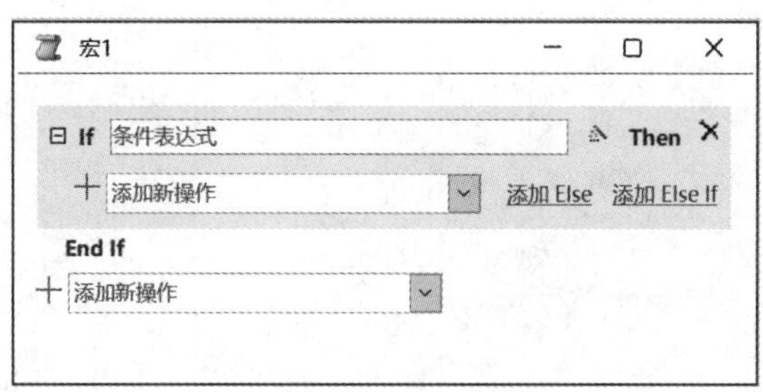

图 7-9　添加 If 操作

(3) 设置第一个条件及满足条件时的宏操作。在 If 文本框中输入条件表达式：Hour(Time())>=6 And Hour(Time())<12,该条件表达式也可以通过单击文本框右侧的按钮,在打开的"表达式生成器"对话框中生成。单击 If 和 End If 之间的"添加新操作"组合框右端的下拉按钮,从下拉列表框中选择宏操作 MessageBox 选项,在"消息"文本框中输入"现在是上午,努力工作吧!",在"标题"文本框中输入"例 7-4",如图 7-10 所示。

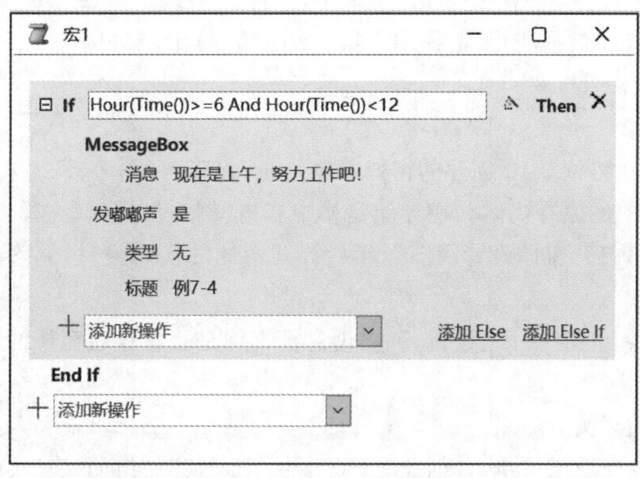

图 7-10　设置第一个条件及满足条件时的宏操作

(4) 设置其余条件及满足条件时的宏操作。单击图 7-10 中,If 和 End If 之间的"添加新操作"组合框右侧的"添加 Else If",展开 Else If 操作框,输入第二个条件表达式：Hour(Time())>=12 And Hour(Time())<18,对应的"消息"文本框中输入"现在是下午,抽空活动一下哦!",在"标题"文本框中输入"例 7-4",以同样的方式将其余两个条件及其操作添加完毕,单击每个 MessageBox 操作前的"－",将 4 个 MessageBox 操作折叠起来,结果如图 7-11 所示。

(5) 保存宏。单击快速访问工具栏中的"保存"按钮,弹出"另存为"对话框。在该对话框中输入宏的名称"例 7-4",然后单击"确定"按钮,保存宏。

(6) 运行宏。单击"宏设计"选项卡中"工具"组的"运行"按钮,假设当前系统时间为 10:40,弹出消息框,如图 7-12 所示。

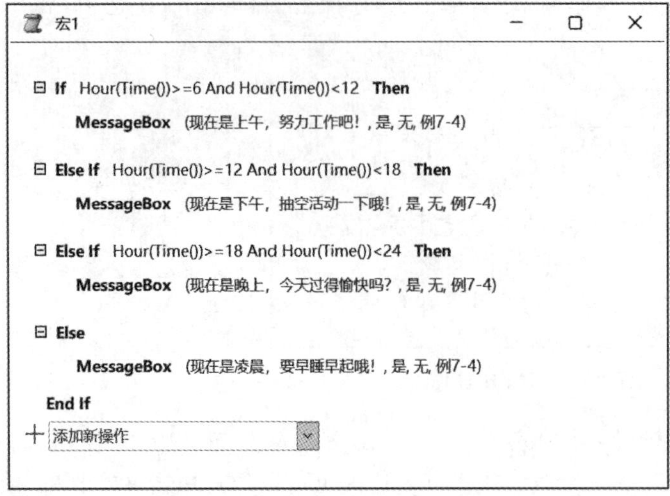

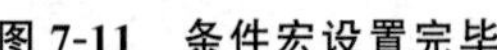
图 7-11　条件宏设置完毕

图 7-12　运行“例 7-4”

【例 7-5】 修改例 5-10，通过宏操作实现用户登录。要求：创建两个宏，将这两个宏分别添加到“确定”和“取消”按钮的“单击”事件中，条件宏“例 7-5-1”用于判断用户输入的用户名和密码是否正确，并根据判断结果分别执行相应的操作，宏“例 7-5-2”则用于关闭当前窗体。

操作步骤如下。

(1) 复制窗体。将例 5-10 创建的窗体复制一份，保存为“例 7-5”。

(2) 删除窗体中的原有代码。在导航窗格中右击“例 7-5”窗体，在弹出的快捷菜单中选择“设计视图”命令，打开窗体设计视图。然后打开窗体的代码窗口，删除所有代码，再关闭代码窗口。

(3) 关闭窗体。单击“关闭”按钮，弹出消息框询问是否保存对窗体的更改，单击“是”按钮，关闭窗体。

(4) 创建条件宏“例 7-5-1”。

① 打开宏的设计视图。单击“创建”选项卡中“宏与代码”组的“宏”按钮，打开宏的设计视图。

② 添加 If 操作条件。单击宏设计视图中“添加新操作”组合框右端的下拉按钮，从下拉列表框中选择宏操作 If 选项，或者在“操作目录”窗格中双击“程序流程”目录中的 If，添加 If 操作，在 If 后添加条件，如图 7-13 所示。

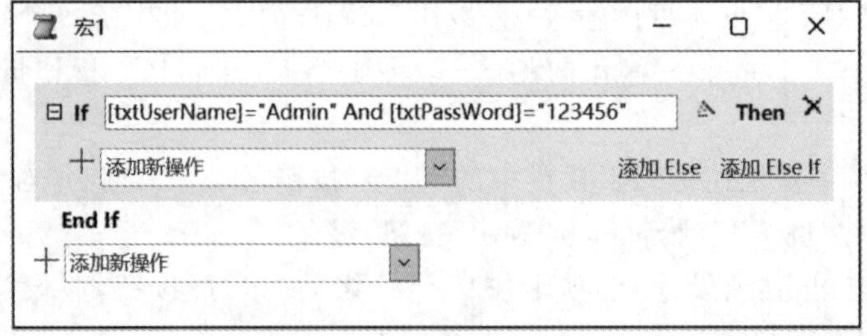

图 7-13　添加 If 操作条件

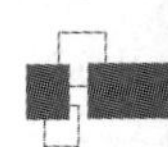

【说明】 在条件中引用窗体上的控件时，需要使用如下语法：

```
Forms![窗体名]![控件名]
```

或

```
[Forms]![窗体名]![控件名]
```

如果是当前窗体，[Forms]! [窗体名]!可以省略。

③ 添加 If 条件为真时执行的第一个宏操作。单击 If 和 End If 之间的“添加新操作”组合框右端的下拉按钮，从下拉列表框中选择宏操作 CloseWindow，展开 CloseWindow 操作可以设置的 3 个参数，分别是“对象类型”“对象名称”“保存”。“对象类型”下拉列表框列出要关闭的对象类型，包括表、查询、窗体、报表、宏和模块等，如果不给出对象类型，则关闭当前活动窗口；“对象名称”下拉列表框中列出“对象类型”中指定类型的当前数据库中的所有对象供用户进行选择；“保存”下拉列表框中有“提示”“是”“否”3 个选项，选择“提示”则在关闭时提示是否保存对象，选择“是”则在关闭前保存对象，选择“否”在关闭时不保存。本例各参数的设置如图 7-14 所示。

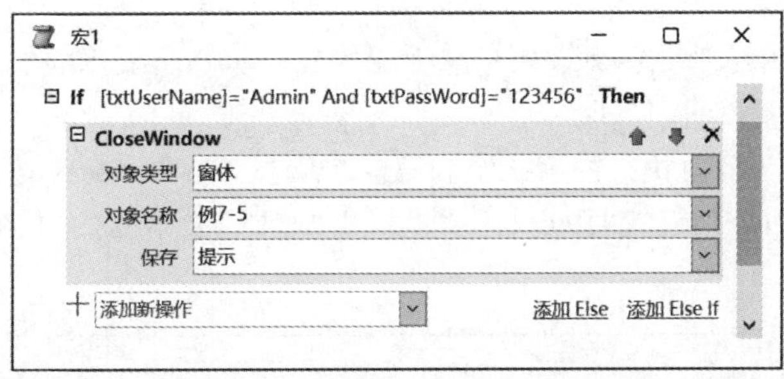

图 7-14　添加 CloseWindow 操作

④ 添加 If 条件为真时执行的第二个宏操作。单击图 7-14 中 CloseWindow 操作前的“－”，将 CloseWindow 操作折叠起来，然后单击 CloseWindow 操作下的“添加新操作”组合框右端的下拉按钮，从下拉列表框中选择宏操作 OpenForm，展开 OpenForm 操作可以设置的 6 个参数，分别是“窗体名称”“视图”“筛选名称”“当条件＝”“数据模式”“窗口模式”。“窗体名称”下拉列表框列出当前数据库的所有窗体名称供用户选择；“视图”下拉列表框列出“窗体”“设计”“打印预览”“数据表”“数据透视表”“数据透视图”和“布局”7 种视图供用户选择；“筛选名称”文本框要求用户输入要应用的筛选，可以是一个查询或 SQL 语句，设置筛选可以对窗体中的记录进行筛选或排序；“当条件＝”文本框要求用户输入一个条件表达式用于限制窗体的记录；“数据模式”下拉列表框列出“增加”“编辑”“只读”3 种操作数据的模式供用户选择，其含义同 OpenTable 操作相同；“窗口模式”下拉列表框列出“普通”“隐藏”“图标”“对话框”4 个选项用于设置窗体运行时的模式。其中，“普通”为默认选项，表示以窗体属性中设置的模式运行；“隐藏”表示运行时窗体被隐藏；“图标”表示运行时窗体被最小化，“对话框”表示运行时窗体以对话框的形式显示，不能更改窗体大小。本例各参数的设置如图 7-15 所示。

⑤ 添加 If 条件为假时执行的第一个宏操作。单击图 7-15 中 If 和 End If 之间的“添加新操作”组合框右侧的“添加 Else”，展开 Else 操作框，单击“添加新操作”组合框右端的下拉

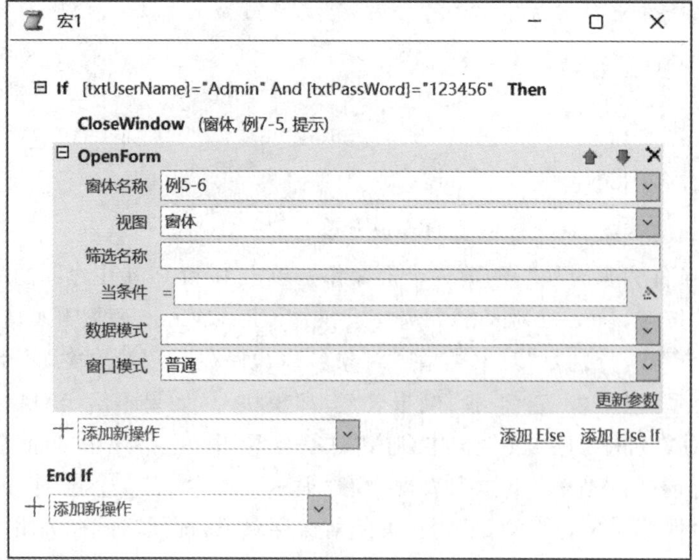

图 7-15 添加 OpenForm 操作

按钮，从下拉列表框中选择 MessageBox 选项，在 MessageBox 操作的“消息”文本框中输入“信息输入有误，请重新输入！”。

⑥ 添加 If 条件为假时执行的第二个和第三个宏操作。在 MessageBox 操作下添加两个 SetProperty 操作，分别设置“用户名”文本框和“密码”文本框的“值”为空，即清空文本框，如图 7-16 所示。

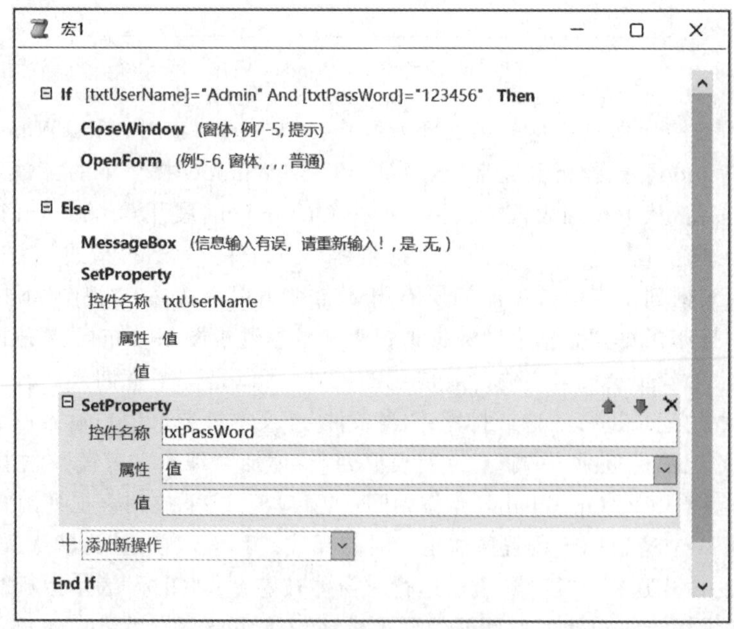

图 7-16 设置 SetProperty 操作

⑦ 添加 If 条件为假时执行的第四个宏操作。在 SetProperty 操作下添加 GoToControl 操作，设置“控件名称”为 txtUserName，即让“用户名”文本框获得焦点。If 操作设置完毕

后，结果如图 7-17 所示。

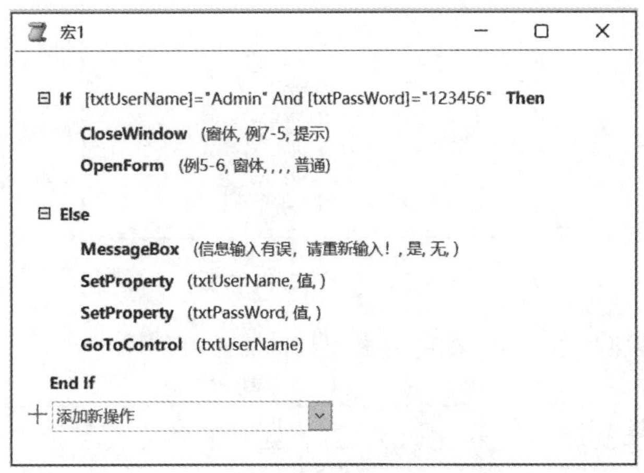

图 7-17 条件宏设置完毕

⑧ 保存条件宏。单击快速访问工具栏中的“保存”按钮，弹出“另存为”对话框。在该对话框中输入宏的名称“例 7-5-1”，然后单击“确定”按钮，保存宏。

(5) 创建宏“例 7-5-2”。新建一个宏，仅添加一个 CloseWindow 操作，各参数设置如图 7-14 所示，保存宏为“例 7-5-2”。

(6) 将宏添加到命令按钮的单击事件中。打开“例 7-5”窗体的设计视图，在“属性表”对话框中，将“确定”按钮的“单击”属性设置为“例 7-5-1”，“取消”按钮的“单击”属性设置为“例 7-5-2”。

(7) 保存窗体。单击快速访问工具栏中的“保存”按钮，保存对窗体所做的修改。

7.3.2 创建子宏

一个宏不仅可以是一组操作的集合，还可以是若干子宏的集合。在 Access 中将几个功能相关或相近的子宏组织到一起构成一个宏。宏中的每个子宏都有各自的名称，以便于分别调用。

【例 7-6】 创建一个宏，由“打开教师窗体”和“预览课程报表”两个子宏组成。“打开教师窗体”子宏用于打开第 5 章建立的“例 5-1”窗体，要求仅显示女教师的信息且按照工资由高到低显示，“预览课程报表”子宏用于打开第 6 章建立的“例 6-1”报表，要求以打印预览视图显示课程信息。另外创建一个窗体，在窗体中创建两个命令按钮，分别运行两个子宏。

操作步骤如下。

(1) 打开宏的设计视图。打开“教学管理系统”数据库，单击“创建”选项卡中“宏与代码”组的“宏”按钮，打开宏的设计视图。

(2) 添加“子宏”操作框。单击宏设计视图中“添加新操作”组合框右端的下拉按钮，从下拉列表框中选择宏操作 Submacro，或者双击“操作目录”窗格中“程序流程”目录下的 Submacro 选项，宏设计器窗口出现“子宏”操作框，如图 7-18 所示。

(3) 设置“打开教师窗体”子宏。将图 7-18 所示的“子宏”文本框中的 Sub1 修改为“打

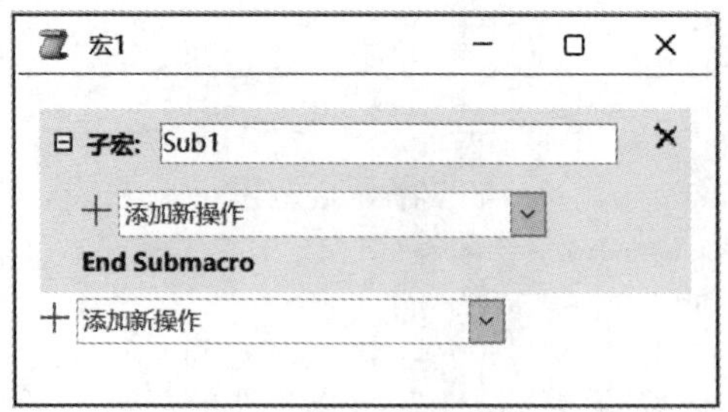

图 7-18 “子宏”操作框

开教师窗体”,并添加 OpenForm 操作,各参数的设置如图 7-19 所示。

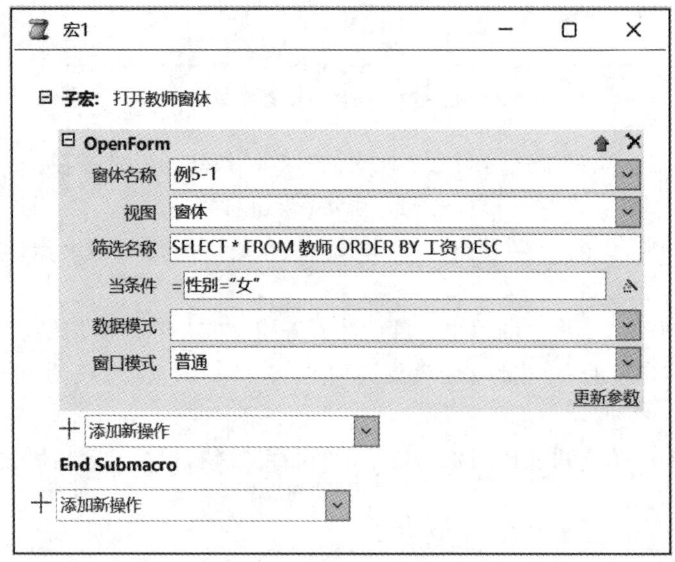

图 7-19 设置“打开教师窗体”子宏

(4) 添加“预览课程报表”子宏。在图 7-19 所示的 End Submacro 下的“添加新操作”组合框中选择 Submacro,出现子宏 Sub2,将 Sub2 修改为“预览课程报表”,并添加 OpenReport 操作,OpenReport 操作有“报表名称”“视图”“筛选名称”“当条件=”“窗口模式”5 个参数,“报表名称”下拉列表框列出当前数据库中的所有报表供用户选择;“视图”下拉列表框中列出“打印”“设计”“打印预览”“报表”“布局”5 种视图供用户选择;“筛选名称”“当条件=”和“窗口模式”与 OpenForm 操作相同。本例各参数的设置如图 7-20 所示。

(5) 保存宏。单击快速访问工具栏中的“保存”按钮,弹出“另存为”对话框。在该对话框中输入宏的名称“例 7-6”,然后单击“确定”按钮,保存宏。

【说明】 直接运行含有子宏的宏,只有第一个子宏可以被运行。要运行宏中不同的子宏,必须指明宏名和所要执行的子宏名,格式为:宏名.子宏名。

(6) 创建窗体。新建一个名为“例 7-6”的窗体,在窗体中添加两个命令按钮,标题分别是打开“教师”窗体、预览“课程”报表,对应命令按钮的名称分别为 Command0 和 Command1,如图 7-21 所示。

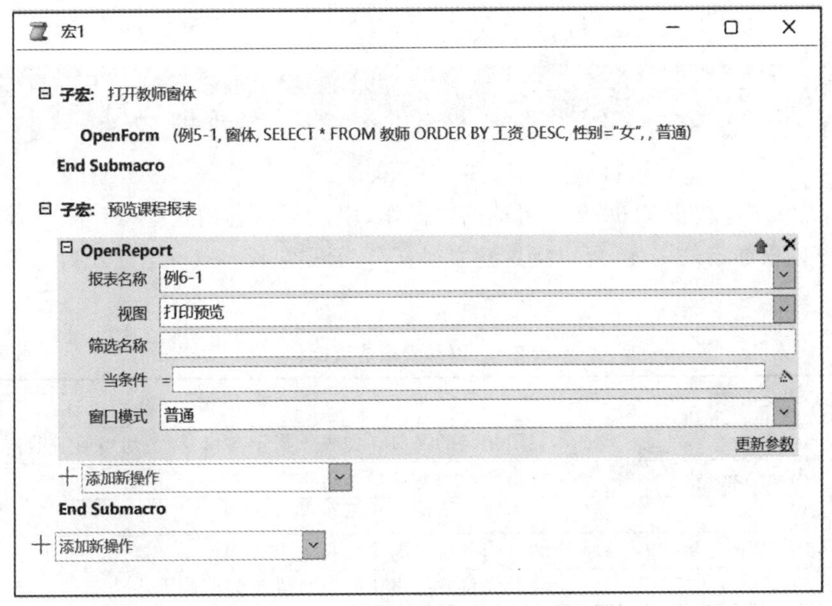

图 7-20 添加“预览课程报表”子宏

(7) 设置命令按钮 Command0 的“单击”事件。选择用于打开“教师”窗体的命令按钮 Command0,在其“属性表”对话框的“事件”选项卡中,选择“单击”属性为“例 7-6. 打开教师窗体”,如图 7-22 所示。

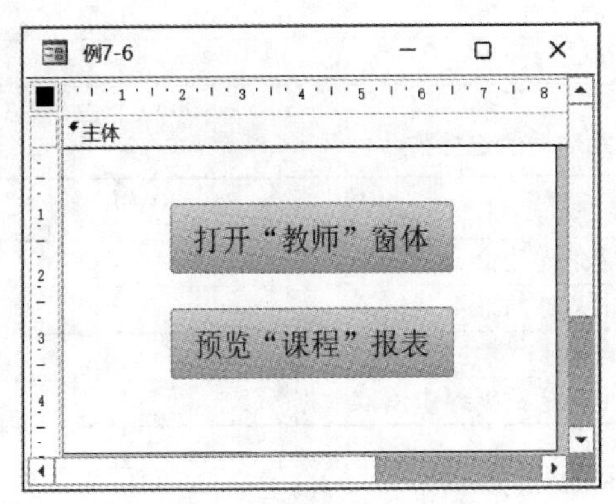

图 7-21 窗体设计视图

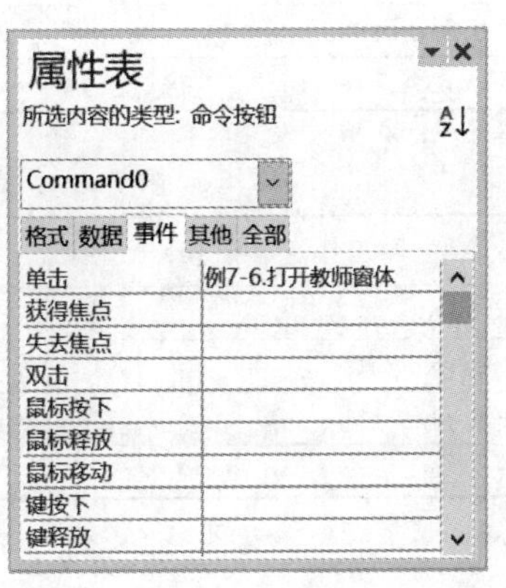

图 7-22 “打开‘教师’窗体”命令按钮的属性设置

(8) 设置命令按钮 Command1 的“单击”事件。选择用于预览“课程”报表的命令按钮 Command1,在其“属性表”对话框的“事件”选项卡中,选择“单击”属性为“例 7-6. 预览课程报表”。

(9) 保存窗体。单击快速访问工具栏中的“保存”按钮,弹出“另存为”对话框,在该对话框中输入窗体名称“例 7-6”,然后单击“确定”按钮,保存窗体。

(10) 运行窗体。切换到窗体视图,单击命令按钮可分别打开“例 5-1”窗体的窗体视图和“例 6-1”报表的打印预览视图。

7.4 常见宏操作

Access 2021 中提供了 60 多个可选的宏操作,用户可以利用这些操作来设计功能多样的应用程序。根据宏的用途,可以将这些宏操作分为 8 类,表 7-1～表 7-8 列出了常见的宏操作。

表 7-1　窗口管理的宏操作

宏 操 作	作　用
CloseWindow	关闭指定的窗口。如果无指定窗口,则关闭当前活动窗口
MaximizeWindow	将当前活动窗口最大化
MinimizeWindow	将当前活动窗口最小化
MoveAndSizeWindow	调整当前窗口的位置和大小
RestoreWindow	将最大化或最小化的窗口恢复到原始大小

表 7-2　宏命令

宏 操 作	作　用
RunCode	执行指定的 Access 函数
Runmacro	执行指定的宏
StopAllMacros	终止所有正在运行的宏
StopMacro	终止当前正在运行的宏

表 7-3　筛选、查询或搜索数据的宏操作

宏 操 作	作　用
FindRecord	查找满足指定条件的第一条记录
FindNextRecord	查找满足指定条件的下一条记录
OpenQuery	打开指定的查询
Requery	让指定控件重新从数据源中读取数据

表 7-4　数据导入/导出的宏操作

宏 操 作	作　用
ExportWithFormatting	将指定数据库对象中的数据导出为 Excel(.xls)、格式文本(.rtf)、文本(.txt)、HTML(.htm)或快照(.snp)格式

表 7-5　数据库对象的宏操作

宏 操 作	作　用
GoToControl	将焦点移到当前表或窗体的指定字段或控件上
GoToRecord	使表、窗体或查询结果集中的指定记录成为当前记录
OpenForm	在窗体视图、设计视图、打印预览视图或数据表视图中打开指定的窗体

续表

宏 操 作	作 用
OpenReport	在设计视图或打印预览视图中打开指定的报表或立即打印报表
OpenTable	在数据表视图、设计视图或打印预览视图中打开指定的表
SetProperty	设置控件属性

表 7-6　数据输入的宏操作

宏 操 作	作 用
DeleteRecord	删除当前记录
EditListItem	编辑查阅列表中的项
SaveRecord	保存当前记录

表 7-7　系统命令

宏 操 作	作 用
Beep	使计算机发出嘟嘟声
CloseDatabase	关闭当前数据库
QuitAccess	退出 Access

表 7-8　用户界面命令

宏 操 作	作 用
AddMenu	将菜单添加到自定义菜单栏
MessageBox	显示包含警告或提示信息的消息框

习题 7

一、选择题

1. 不能使用宏的数据库对象是(　　)。

A. 数据表　　B. 报表　　C. 窗体　　D. 宏

2. 如果希望根据满足的条件来决定执行宏中的哪一部分操作,应该使用(　　)。

A. 顺序执行的宏　　B. 宏组　　C. 自动运行宏　　D. 条件宏

3. 打开窗体应该使用的宏操作命令是(　　)。

A. OpenTable　　B. OpenQuery　　C. OpenForm　　D. OpenReport

4. 以下(　　)不是宏的运行方式。

A. 直接运行宏

B. 对窗体或报表控件的事件响应而运行宏

C. 为查询的事件响应而运行宏

D. 通过设置特殊的宏名,在打开数据库时自动运行宏

5. 关于宏操作 Message Box,下列叙述中错误的是(　　)。

A. 可以弹出消息框显示信息

B. 可以设置消息框中显示的命令按钮种类和数目

C. 可以设置消息框中显示的图标类型

D. 可以设置弹出消息框时发出嘟嘟声

6. 下列关于宏的叙述中,错误的是(　　)。

A. 一个宏只能包含一个宏操作

B. 宏是 Access 的数据库对象之一

C. 一个宏可以包含多个宏操作

D. 可以通过单击窗体上的命令按钮运行宏

7. 下列操作中,适合使用宏的是(　　)。

A. 修改数据表结构　　B. 打开或关闭窗体

C. 创建自定义过程　　D. 处理报表中的错误

8. 宏操作 QuitAccess 的功能是(　　)。

A. 关闭表　　B. 退出宏　　C. 退出查询　　D. 退出 Access

二、填空题

1. ________是指一个或多个操作的集合。

2. 如果想在每次打开数据库系统时自动运行宏,应该将宏的名称设置为________。

3. 如果要在宏中添加一个子宏,应该使用的宏操作命令是________。

4. 关闭当前窗体,应该使用的宏操作命令是________。

5. 在宏"打开窗体"中有"打开教师窗体"和"打开学生窗体"两个子宏,如果要在单击命令按钮时运行子宏"打开教师窗体",应该在属性表中将命令按钮的单击事件设置为________。

6. 如果在运行一个宏时,先打开了"教师"表,又弹出了一个消息框,则该宏中第一个宏操作是________,第二个宏操作是________。

实验 7

一、实验内容

1. 创建一个宏,先弹出消息框显示"浏览课程表",再以编辑方式浏览课程表。保存宏的名称为 M1。

2. 创建一个宏,打开"欢迎使用"窗体,保存宏的名称为 M2。再创建如图 7-23 所示的窗体,要求单击"打开窗体"按钮,运行宏 M2;单击"浏览数据表"按钮,运行宏 M1,保存窗体名称为 F2。

3. 创建一个窗体,界面如图 7-24 所示,保存窗体名称为 F3。再创建一个条件宏,根据用户在窗体的文本框中输入的数字进行奇偶判断,用户输入的如果是奇数,用消息框显示“你输入的是奇数”;如果是偶数,用消息框显示“你输入的是偶数”;如果不是整数,用消息框显示“你输入的不是整数”,保存宏的名称为 M3。要求当用户单击窗体上的“奇偶判断”按钮时,运行宏 M3 进行判断。

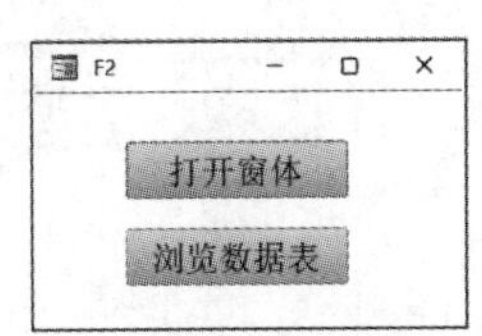

图 7-23　窗体 F2 的界面

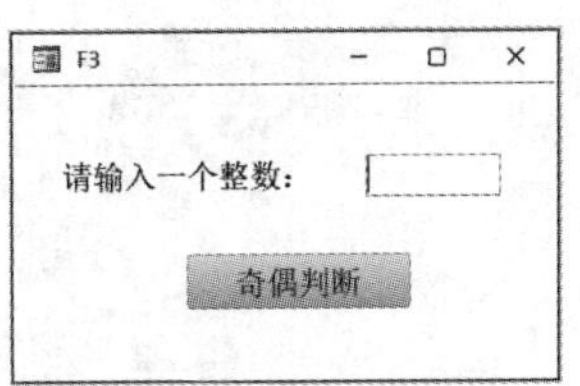

图 7-24　窗体 F3 的界面

4. 创建一个窗体,界面如图 7-25 所示,保存窗体名称为 F4。再编写一个条件宏,根据用户输入的半径和选择的选项按钮计算圆的周长或面积,计算结果显示在窗体上第二个文本框中,保存宏的名称为 M4。要求当用户在选择组中选择一个选项按钮以后,运行宏 M4 进行判断和计算。

5. 创建一个宏,在其中添加 3 个子宏:“浏览课程表”子宏,以只读方式浏览课程表;“打开教师窗体”子宏,打开教师信息窗体;“预览课程报表”子宏,打开课程信息报表的打印预览视图,且只显示选修课,保存宏的名称为 M5。再创建一个如图 7-26 所示的窗体,单击窗体上的命令按钮分别运行不同的子宏,保存窗体名称为 F5。

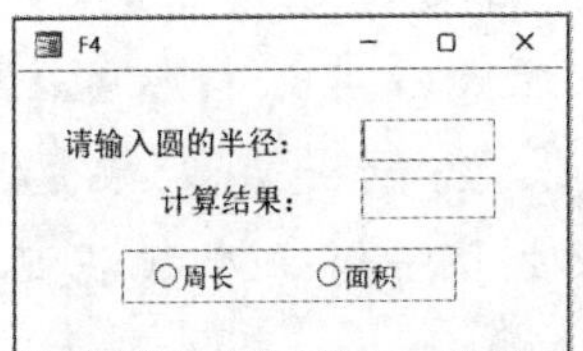

图 7-25　窗体 F4 的界面

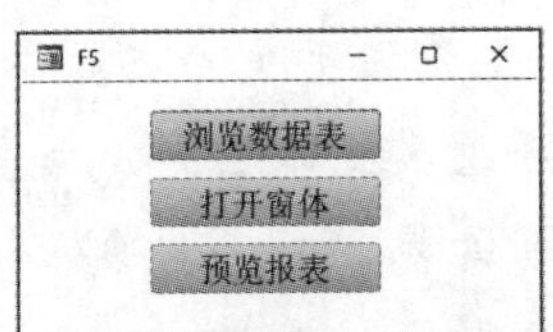

图 7-26　窗体 F5 的界面

二、实验要求

1. 完成实验内容第 1～5 题的宏和窗体的设计任务,并按照题目的要求保存宏和窗体。

2. 假设某学生的学号为 10010001,姓名为王萌,则更改数据库文件名为“实验 7-10010001 王萌”,并将此数据库文件作为实验结果提交到指定的实验平台。

3. 将在实验 7 中遇到的问题以及解决方法、收获与体会等写入 Word 文档,保存文件名为“实验 7 分析-10010001 王萌”,并将此文件作为实验结果提交到指定的实验平台。

第8章 数据库的安全与管理

数据库中通常存储了大量重要的数据，这些数据可能包括个人信息、客户清单或其他机密资料。有时，因系统或人为的原因（如操作不当）会造成数据丢失；更严重的是，有人未经授权非法侵入数据库并查看甚至修改数据，造成数据泄密等严重后果，特别是在银行、金融等系统中更是如此。所以，数据的安全与管理对于任何一个数据库管理系统来说都是至关重要的。

本章主要介绍 Access 数据库的保护、数据库的压缩和修复、数据库的备份以及数据的导入和导出。

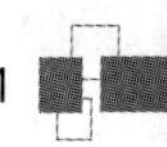

8.1 数据库的保护

数据库中存放的数据往往是大量的，而且是很有价值的，因此，保护好数据库就显得非常重要。保护数据库最简单的方法是为数据库设置密码，即在打开数据库时系统首先弹出一个输入密码的对话框，只有输入正确的密码，用户才能打开数据库。

1. 设置密码

【例 8-1】 为“教学管理系统”数据库设置密码。

操作步骤如下。

(1) 选择数据库。启动 Access 2021，单击左侧的“打开”命令，再单击“浏览”按钮，出现“打开”对话框，如图 8-1 所示，选择需要设置密码的“教学管理系统”数据库。

图 8-1 从“打开”对话框中选择打开数据库的方式

(2) 选择打开方式。在如图 8-1 所示的“打开”对话框中，单击下方“打开”按钮右侧的下拉按钮，在弹出的下拉列表中选择“以独占方式打开”选项打开数据库。

(3) 设置密码。选择“文件”→“信息”命令，如图 8-2 所示，单击“用密码进行加密”按钮，弹出“设置数据库密码”对话框，如图 8-3 所示，在“密码”文本框中设置密码(注意密码是区分大小写的)，然后在“验证”文本框中输入相同的密码进行确认，单击“确定”按钮，完成密码的设置。

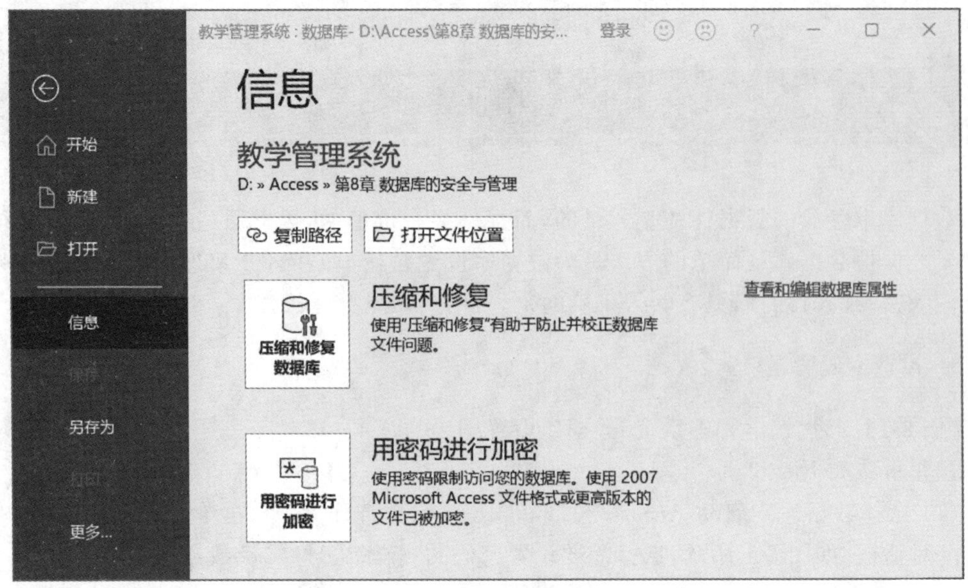

图 8-2 "信息"中的"用密码进行加密"按钮

（4）验证设置结果。关闭"教学管理系统"数据库后重新打开，弹出"要求输入密码"对话框，输入步骤(3)中设置的密码，如图 8-4 所示，单击"确定"按钮，打开"教学管理系统"数据库，说明密码设置成功。

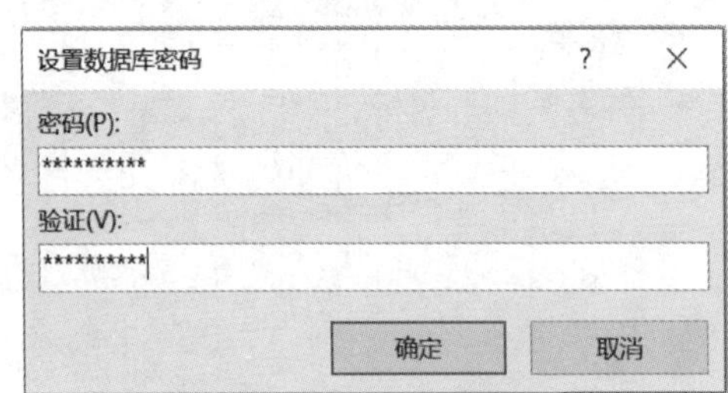

图 8-3 设置数据库密码

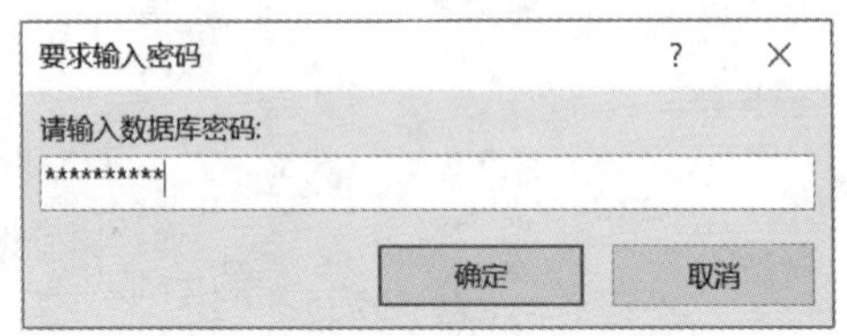

图 8-4 "要求输入密码"对话框

【说明】 如果输入错误的密码，单击"确定"按钮，则弹出"密码无效"的警告对话框，单击"确定"按钮，再次打开"要求输入密码"对话框，要求重新输入密码。

2. 撤销密码

【例 8-2】 撤销"教学管理系统"数据库的密码。

操作步骤如下。

（1）打开"教学管理系统"数据库。启动 Access 2021，单击左侧窗格中的"打开"命令，再单击"浏览"按钮，在"打开"对话框中选择需要撤销密码的"教学管理系统"数据库，单击"打开"按钮右侧的下拉按钮，在弹出的下拉列表中选择"以独占方式打开"选项打开数据库。

（2）输入密码打开数据库。在"要求输入密码"对话框中输入正确的密码，单击"确定"按钮打开数据库。

（3）撤销密码。选择"文件"→"信息"命令，如图 8-5 所示，单击"解密数据库"按钮，弹

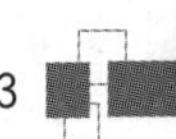

出“撤销数据库密码”对话框，输入数据库的密码，如图 8-6 所示，单击“确定”按钮即可。

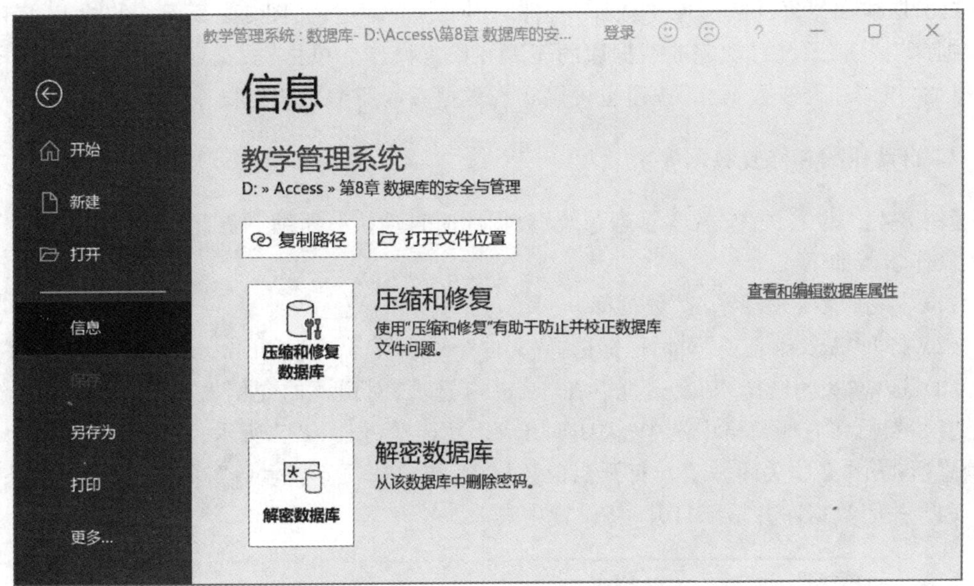

图 8-5　“信息”中的“解密数据库”按钮

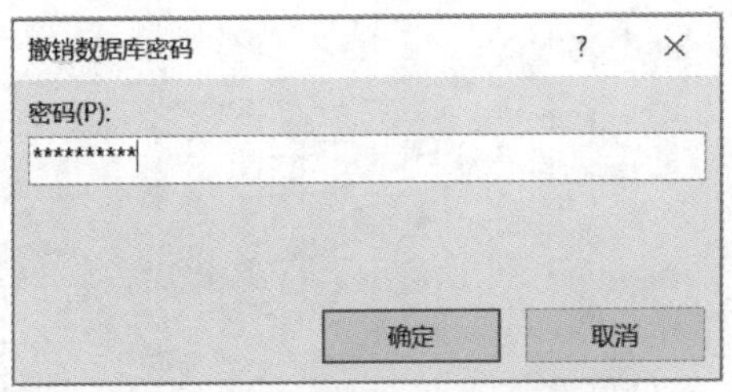

图 8-6　输入密码撤销数据库

8.2　数据库的压缩和修复

使用数据库通常要不断添加、修改、删除数据，这个过程会使数据库文件变得支离破碎，导致磁盘的利用率降低、数据库的访问性能变差，甚至会损坏数据库。压缩数据库文件实际上是复制该文件并重新组织文件在磁盘上的存储方式以降低文件的存储空间，提高文件的读取效率，从而优化数据库的性能。修复数据库文件则可以修复数据库中损坏的表、窗体、报表或模块。在 Access 数据库中，压缩和修复是同时进行的。

1. 压缩和修复数据库

【例 8-3】　对“教学管理系统”数据库进行压缩和修复。

操作步骤如下。

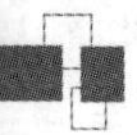

（1）打开“教学管理系统”数据库。

（2）压缩和修复的数据库。选择“文件”→“信息”命令，如图 8-2 所示，单击“压缩和修复数据库”按钮，系统自动完成数据库的压缩和修复操作。单击“数据库工具”选项卡中“工具”组的“压缩和修复数据库”按钮也可以实现数据库的压缩和修复操作。

2. 自动压缩和修复数据库

【例 8-4】 设置关闭“教学管理系统”数据库时自动执行压缩和修复。

操作步骤如下。

（1）打开“教学管理系统”数据库。

（2）打开“Access 选项”对话框。选择“文件”→“选项”命令，弹出“Access 选项”对话框。

（3）选中“关闭时压缩”复选框。在“Access 选项”对话框的左侧窗格中单击“当前数据库”选项，然后在右侧窗格中选中“关闭时压缩”复选框，如图 8-7 所示，单击“确定”按钮，弹出消息框提示“必须关闭并重新打开当前数据库，指定选项才能生效”，单击“确定”按钮。

（4）关闭数据库并重新打开，新设置生效。

图 8-7 设置“关闭时压缩”

8.3 数据库的备份

在 Access 中，数据备份主要是指数据库文件及其对象的备份。数据库系统中的数据是用户管理和使用的核心，为了防止数据的丢失和损坏，有必要定期对数据库进行备份。

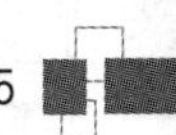

1. 数据丢失和损坏的主要原因

数据丢失和损坏的主要原因有以下几点：

(1) 系统硬件故障。系统磁盘的损坏可能导致数据不能访问、突然停电或死机，也可能导致数据的丢失或损坏。

(2) 应用程序或操作系统出错。由于操作系统或应用程序中可能存在不完善的地方，当遇到某种突发事件时，应用程序非正常终止或系统崩溃造成数据的丢失和损坏。

(3) 人为错误。一些人工的误操作，如格式化、删除文件、终止系统或应用程序进程，也可能导致数据的丢失或损坏。

(4) 计算机病毒、黑客入侵。由于目前的大多数计算机系统均连接在网络上，若缺少有效的防范机制，很容易遭受病毒的感染或黑客的入侵，轻者数据被破坏，重者系统瘫痪。

2. 数据库文件的备份

Access 数据库将所有对象都集中存放在一个. accdb 文件中，要实现. accdb 文件的备份很方便。在 Access 中，通过选择"文件"→"另存为"命令，可以选择多种方式备份数据库，也可以通过复制或压缩复制的方式将数据库文件存放到其他盘中。

【例 8-5】 备份"教学管理系统"数据库。

操作步骤如下。

(1) 打开"教学管理系统"数据库。

(2) 选择"备份数据库"选项。选择"文件"→"另存为"命令，右侧窗格中出现"数据库另存为"选项，其中包含"数据库文件类型"和"高级"选项，选择"高级"选项中的"备份数据库"，如图 8-8 所示。

(3) 备份数据库。单击图 8-8 中的"另存为"按钮，弹出"另存为"对话框，指定备份数据库的保存位置和文件名，其中，文件名默认为在原数据库文件名后加下画线和当前系统日期，如图 8-9 所示。本例采用默认的文件名，单击"保存"按钮，完成数据库文件的备份。

3. 数据库对象的备份

数据库是由表、查询、窗体、报表、宏和模块 6 种对象组成的。为了避免在对某个对象进行操作、编辑、修改时，因系统故障或人为误操作造成数据的丢失和损坏，及时对数据库对象进行备份是很有必要的。

在 Access 中可以通过打开数据库，选择数据库中的某个对象，然后选择"文件"→"另存为"→"对象另存为"命令或单击"外部数据"选项卡中"导出"组的命令按钮来实现对数据库对象的备份，其中"导出"操作是将数据库对象导出到其他数据库文件中或导出成其他类型的文件，具体操作见 8.4.2 节。

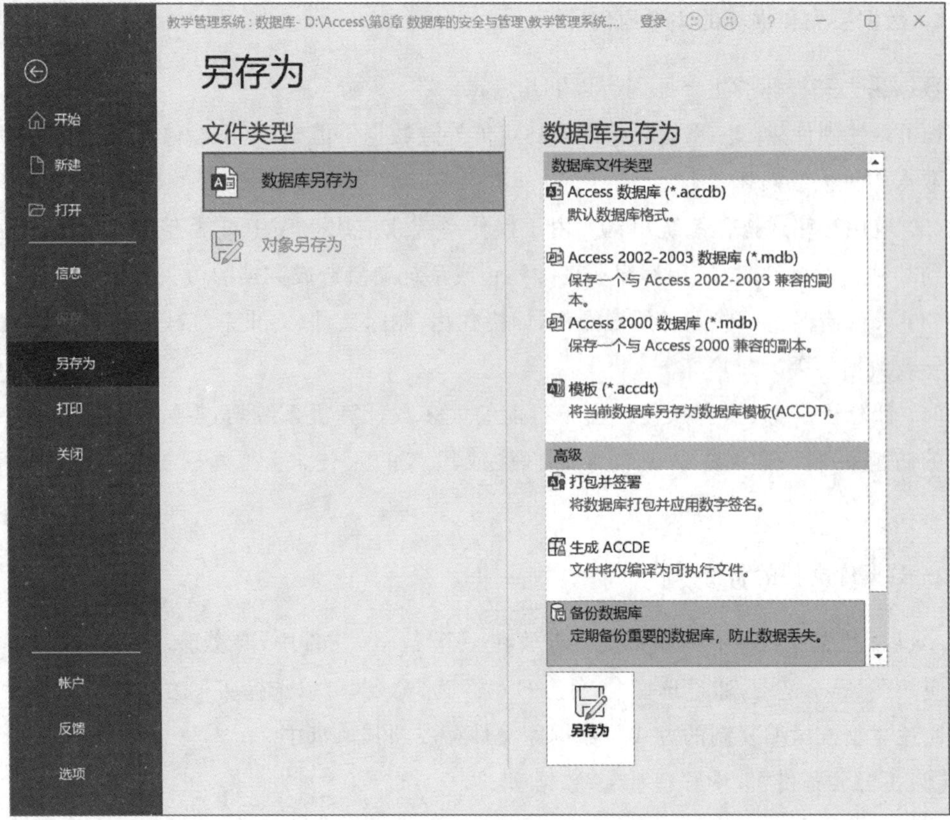

图 8-8　在“高级”选项中选择“备份数据库”选项

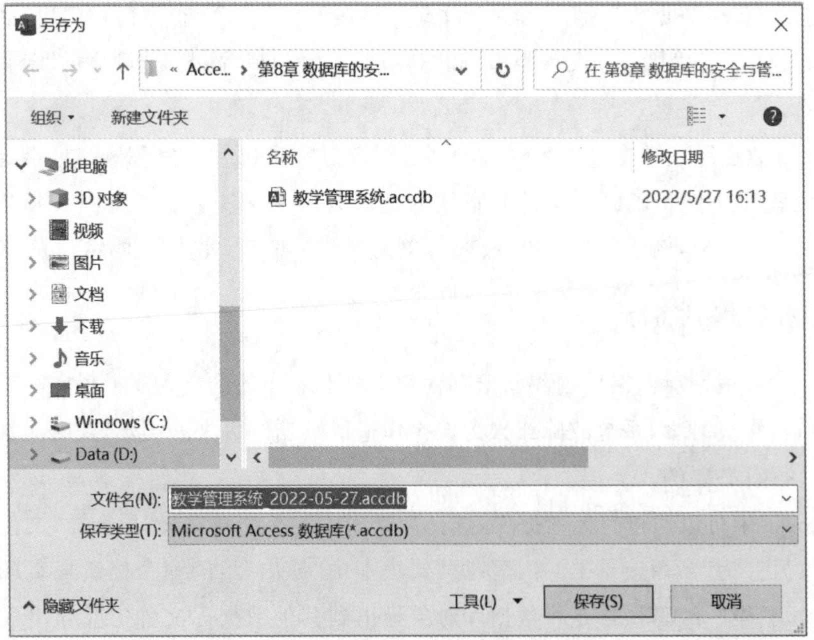

图 8-9　“另存为”对话框

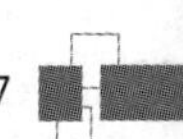

【例 8-6】 备份“教学管理系统”数据库中的“教师”表。

操作步骤如下。

(1) 打开要备份的表。打开“教学管理系统”数据库，在导航窗格中双击“表”对象组中的“教师”表，打开“教师”表。

(2) 选择“将对象另存为”选项。选择“文件”→“另存为”→“对象另存为”命令，右侧窗格中出现“保存当前数据库对象”选项，其中包含“数据库文件类型”和“高级”选项，选择“数据库文件类型”选项中的“将对象另存为”，如图 8-10 所示。

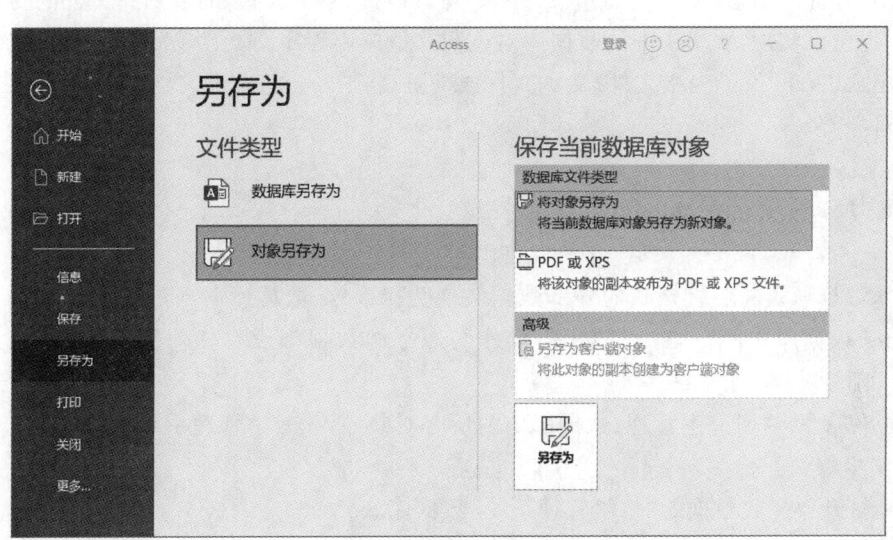

图 8-10 在“另存为”选项中选择“将对象另存为”选项

(3) 备份“教师”表。单击图 8-10 中的“另存为”按钮，弹出“另存为”对话框，如图 8-11 所示，可以指定对象名和保存类型。本例采用默认的对象名，单击“确定”按钮，生成“教师的副本”表，与“教师”表具有完全相同的结构和数据。

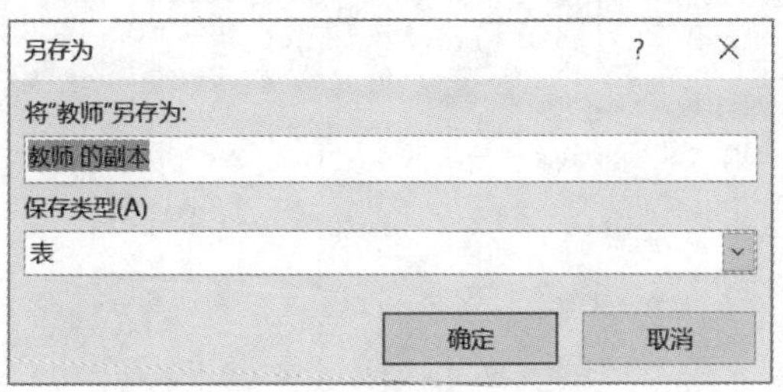

图 8-11 “另存为”对话框

8.4 数据的导入和导出

为了实现不同应用程序间数据资源的共享，Access 2021 提供了专门的“外部数据”选项卡实现数据的导入与导出操作，如图 8-12 所示。

图 8-12 “外部数据”选项卡

利用“外部数据”选项卡中的相应命令按钮，既可以在 Access 的数据库文件间传递数据库对象，也可以实现 Access 中的数据库对象同其他应用程序间文件格式的转换，例如，将表对象导出成 Excel 电子表格文件、文本文件或网页，将 Excel 的电子表格文件导入 Access 中生成表对象等。

8.4.1 数据的导入

导入数据就是将各种格式的外部数据转换为 Access 数据库内部的对象。数据一旦导入 Access 数据库中，对其进行的任何操作与原来的数据都没有任何关系，两者是相互独立的。

【例 8-7】 将“研究生管理”数据库中的所有对象导入“教学管理系统”数据库中。

操作步骤如下。

(1) 打开要接收数据的“教学管理系统”数据库。

(2) 打开“获取外部数据-Access 数据库”对话框。在图 8-12 中单击“外部数据”选项卡中“导入并链接”组的“新数据源”按钮，在其下拉列表中选择“从数据库”→Access 命令，打开“获取外部数据-Access 数据库”对话框，如图 8-13 所示。

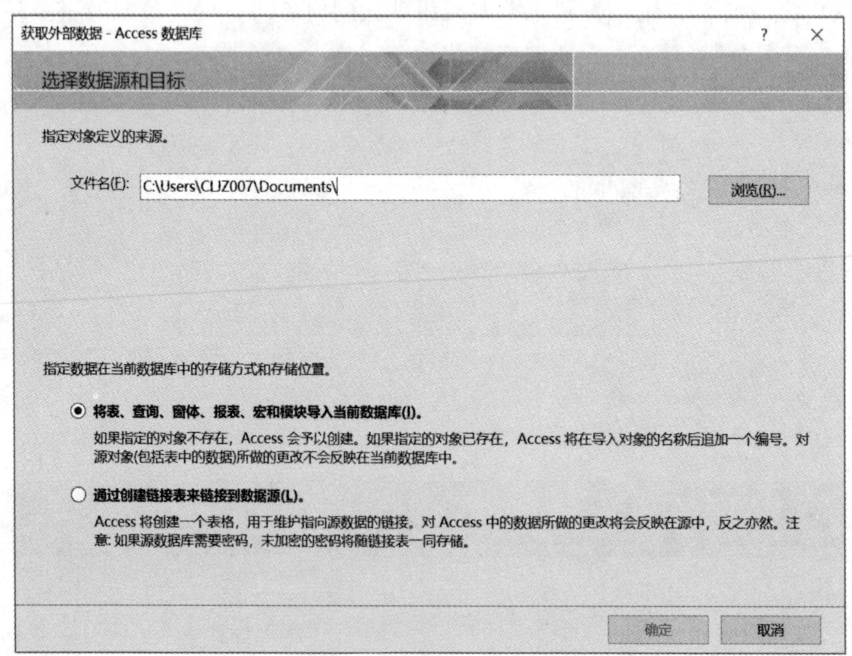

图 8-13 “获取外部数据-Access 数据库”对话框

(3) 指定对象定义的来源。单击图 8-13 中的“浏览”按钮，弹出“打开”对话框，选择要导入的文件，如图 8-14 所示，单击“打开”按钮，返回“获取外部数据-Access 数据库”对话框，此时“指定对象定义的来源”的“文件名”对话框中显示选中文件的完整路径和文件名。

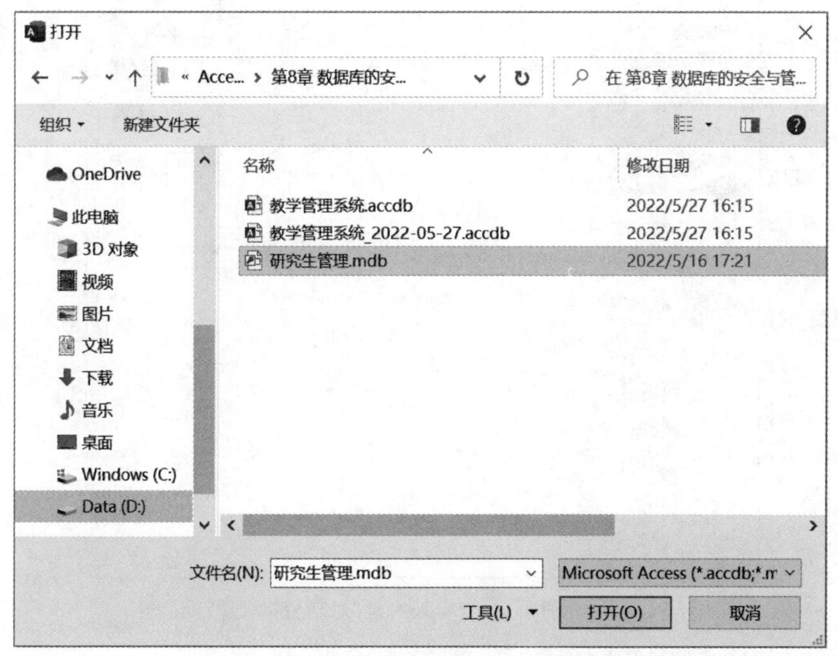

图 8-14　从“打开”对话框中选择要导入的数据库

(4) 指定数据在当前数据库中的存储方式和存储位置。图 8-13 中提供了“将表、查询、窗体、报表、宏和模块导入当前数据库”和“通过创建链接表来链接到数据源”两个选项，第一个选项是将指定数据源导入到当前数据库中，导入之后的数据与数据源没有任何关系，两者相互独立；第二个选项是在当前数据库中建立一个对指定数据源的链接，在当前数据库中所做的任何修改都将反映到数据源中，反之亦然。本例采用默认选项“将表、查询、窗体、报表、宏和模块导入当前数据库”。

(5) 选择需要导入的对象。单击“获取外部数据-Access 数据库”对话框中的“确定”按钮，弹出“导入对象”对话框，如图 8-15 所示，依次选择“表”选项卡中的表，或者直接单击“全选”按钮，选中“研究生管理”数据库中所有的“表”对象，以同样的方法选择“查询”“窗体”等其他选项卡中的所有对象，单击“确定”按钮，则系统开始执行导入操作，导入结束后，自动返回“获取外部数据-Access 数据库”对话框，提示“已成功导入所有对象”，并询问“是否要保存这些导入步骤”，如图 8-16 所示。

(6) 保存导入步骤。选中图 8-16 中的“保存导入步骤”复选框，“获取外部数据-Access 数据库”对话框中会显示“另存为”和“说明”文本框，还可以创建 Outlook 任务，本例设置如图 8-17 所示。

(7) 完成对象的导入。单击图 8-17 中的“保存导入”按钮，返回“教学管理系统”主窗口，在导航窗格中可以看到“研究生管理”数据库中的全部对象都导入“教学管理系统”数据库中。其中，“表”对象的导入结果如图 8-18 所示。

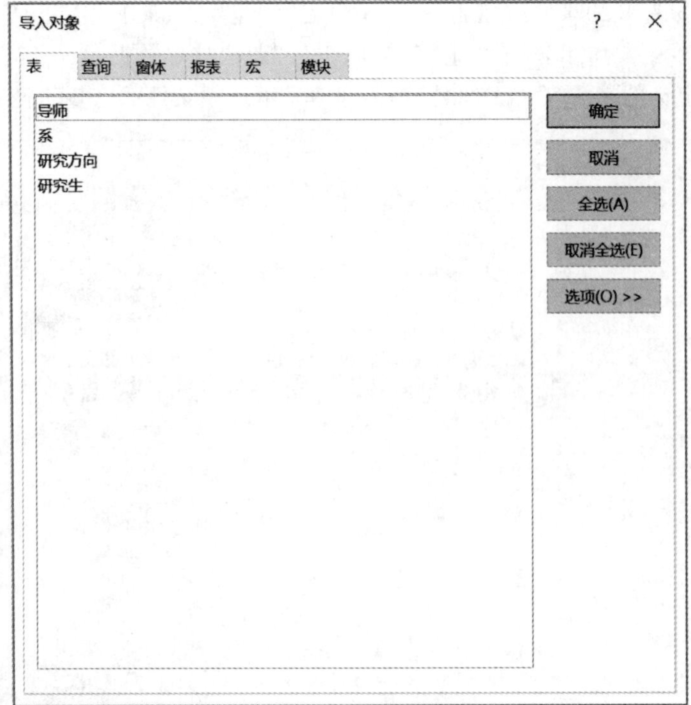

图 8-15 “导入对象”对话框

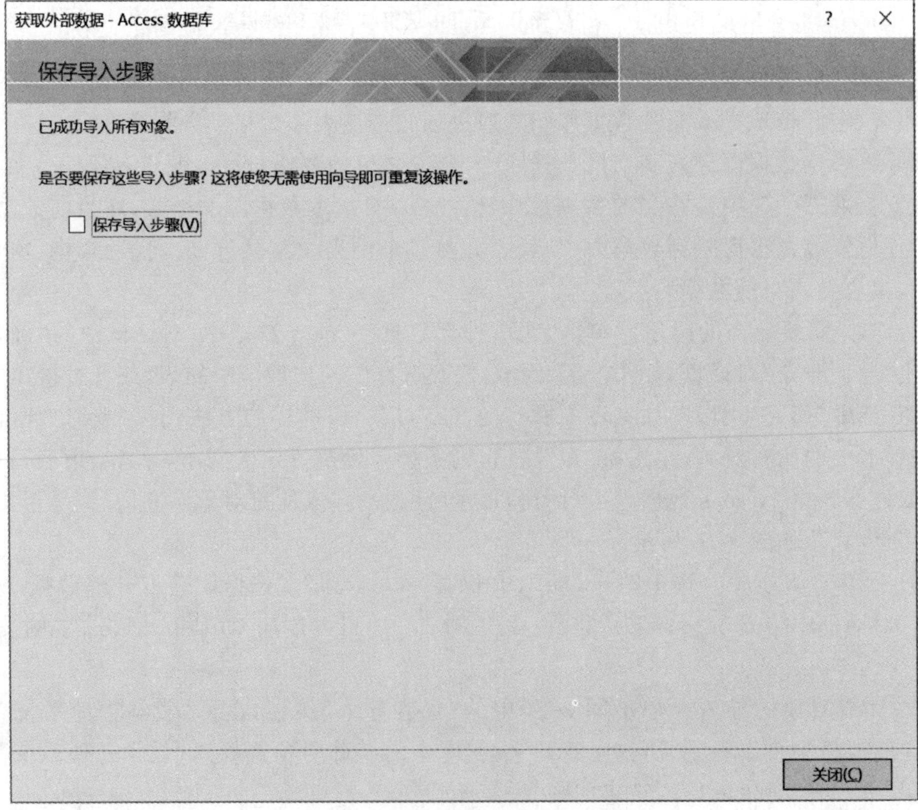

图 8-16 询问是否要保存导入步骤

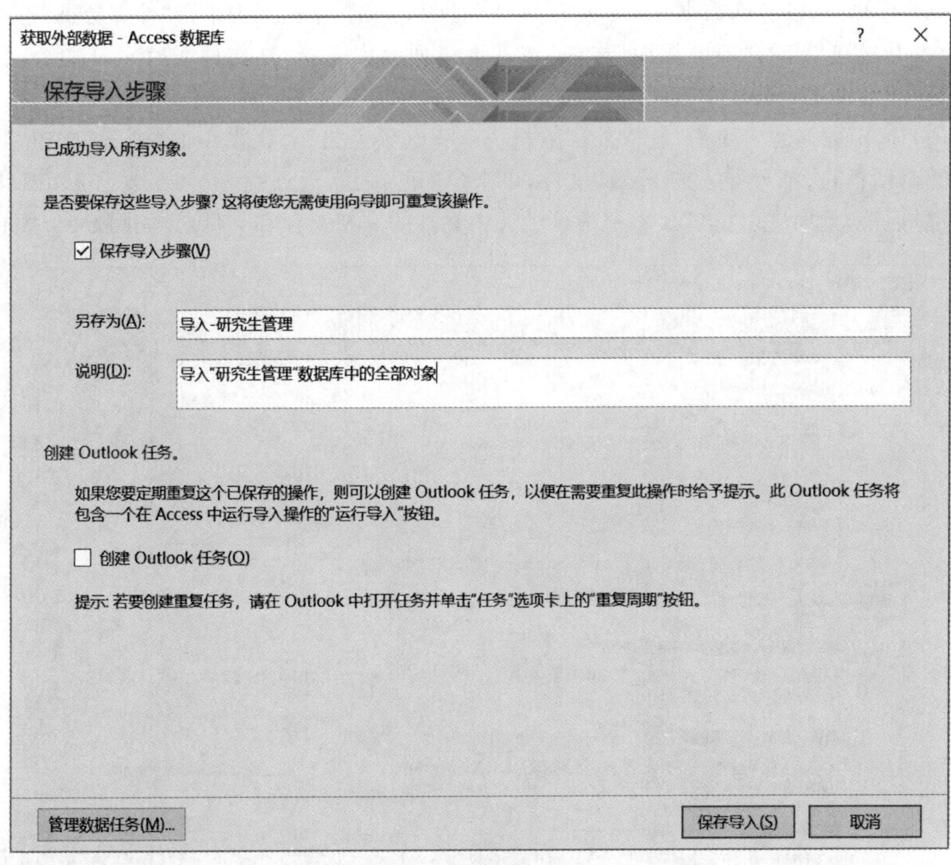

图 8-17　保存导入步骤

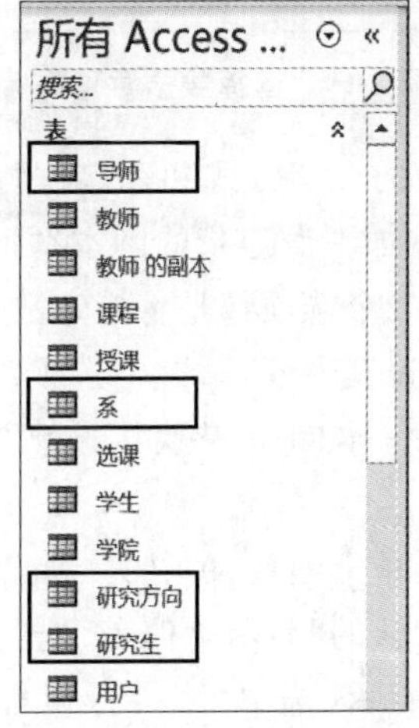

图 8-18　例 8-7 的导入结果

【例 8-8】 将"Access 成绩"Excel 文件导入"教学管理系统"数据库中。

操作步骤如下。

(1) 打开要接收数据的"教学管理系统"数据库。

(2) 打开“获取外部数据-Excel 电子表格”对话框。在图 8-12 中单击“外部数据”选项卡中“导入并链接”组的“新数据源”按钮，在其下拉列表中选择“从文件”→Excel 命令，打开“获取外部数据-Excel 电子表格”对话框。

(3) 指定数据源。单击“获取外部数据-Excel 电子表格”对话框中的“浏览”按钮，弹出“打开”对话框，选择要导入的 Excel 文件，单击“打开”按钮，返回“获取外部数据-Excel 电子表格”对话框，此时“文件名”文本框中显示选中文件的完整路径和文件名，如图 8-19 所示。

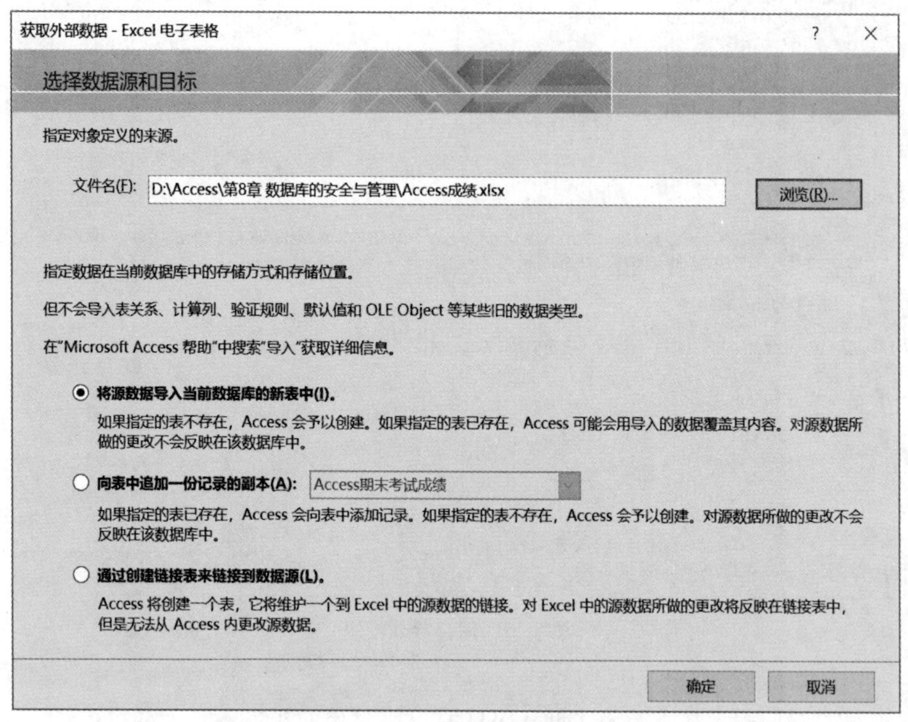

图 8-19　选择数据源和目标

(4) 指定数据在当前数据库中的存储方式和存储位置。图 8-19 中提供了“将源数据导入当前数据库的新表中”“向表中追加一份记录的副本”“通过创建链接表来链接到数据源”三个选项。其中，第一个选项和第二个选项都是将指定数据源导入当前数据库中，区别是当指定的表存在时，第一个选项将覆盖其内容，第二个选项将向表中追加记录，第三个选项同例 8-7 中步骤(4)，在此不再赘述。本例采用默认选项“将源数据导入当前数据库的新表中”。

(5) 选择需要导入的工作表。单击图 8-19 中的“确定”按钮，弹出“导入数据表向导”对话框，如图 8-20 所示。本例采用默认的“显示工作表”选项，直接单击“下一步”按钮。

(6) 指定列标题。如图 8-21 所示，选中“第一行包含列标题”复选框，即让“学号”“姓名”等成为表的字段名称，单击“下一步”按钮。

(7) 指定导入字段的信息。如图 8-22 所示，可以设置导入字段的字段名称、数据类型等信息，默认导入全部字段。如果某一列无须导入，可以选定该列，然后选中“不导入字段(跳过)”复选框；如果需要，还可以为导入的字段创建索引。本例采用默认设置，单击“下一步”按钮。

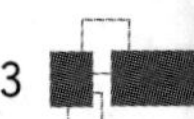

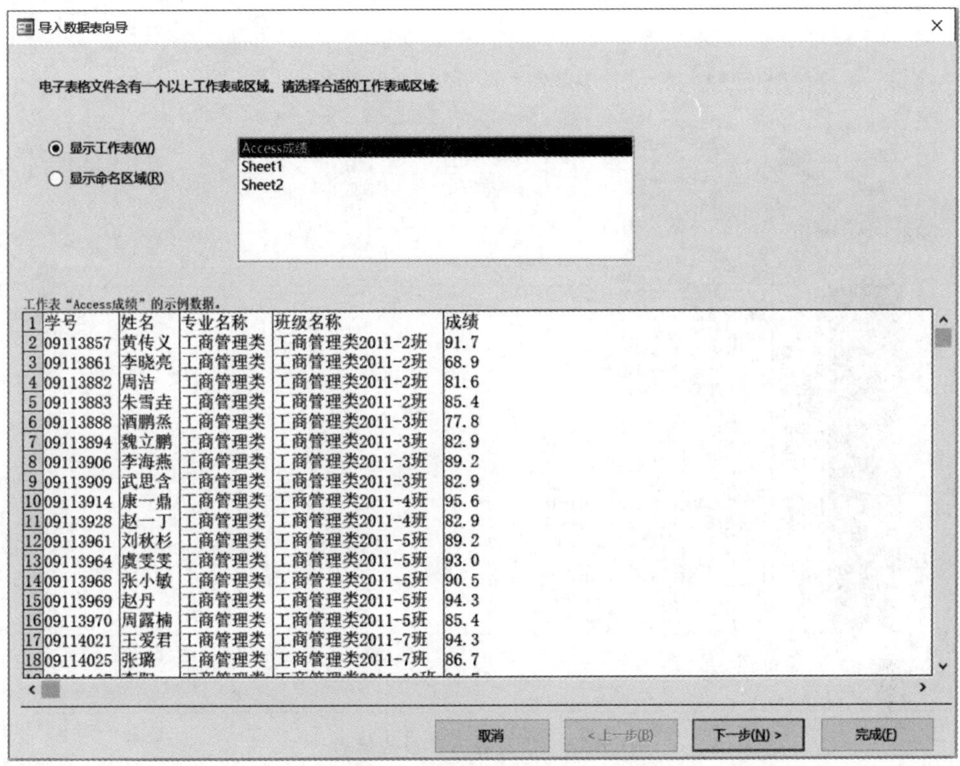

图 8-20 选择需要导入的工作表

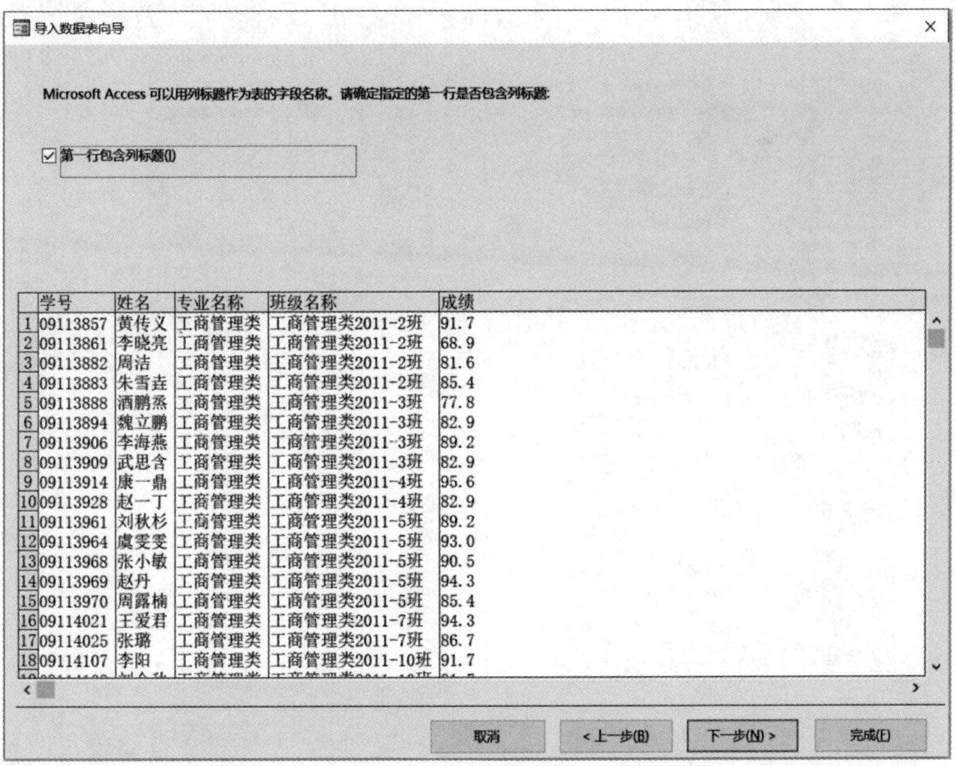

图 8-21 指定列标题

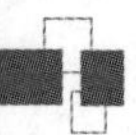

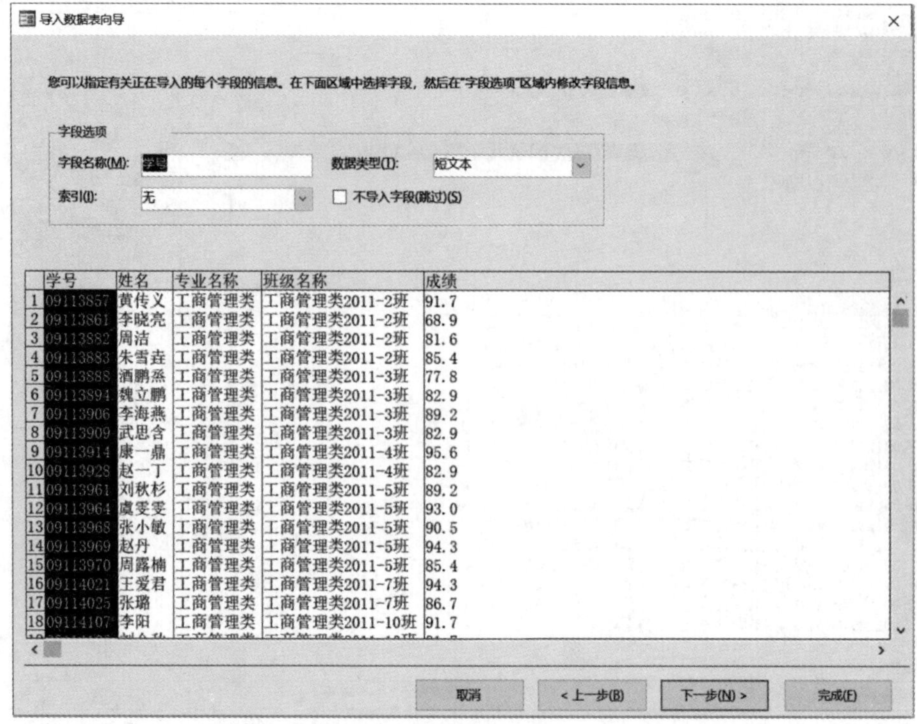

图 8-22 指定导入字段的信息

(8) 定义主键。如图 8-23 所示，要求选择是否需要设定主键。若选中"让 Access 添加主键"单选按钮，新表将新增一个 ID 字段，其值是从 1 开始的自然数，用以标识不同的记录。

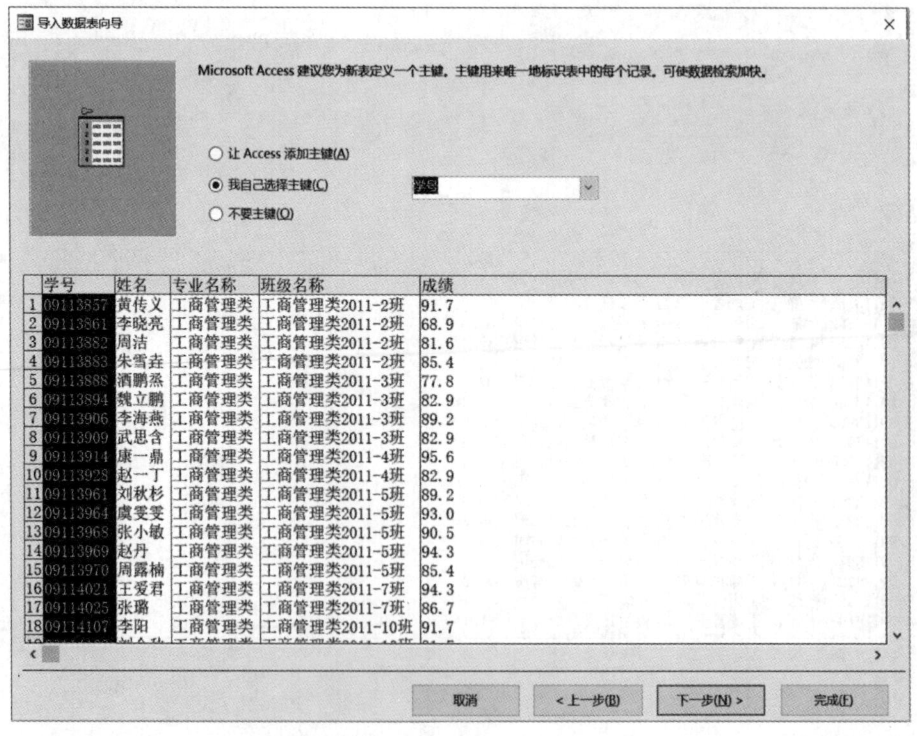

图 8-23 为新表建立主键

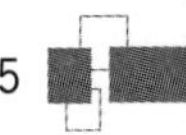

本例选中“我自己选择主键”单选按钮，并选择“学号”字段为表的主键，单击“下一步”按钮。

(9) 指定新表的名称。如图 8-24 所示，指定新表的名称为“Access 期末考试成绩”，单击“完成”按钮，返回“获取外部数据-Excel 电子表格”对话框，提示完成导入，并询问“是否要保存这些导入步骤”，本例不保存导入步骤，单击“关闭”按钮，结束导入工作。

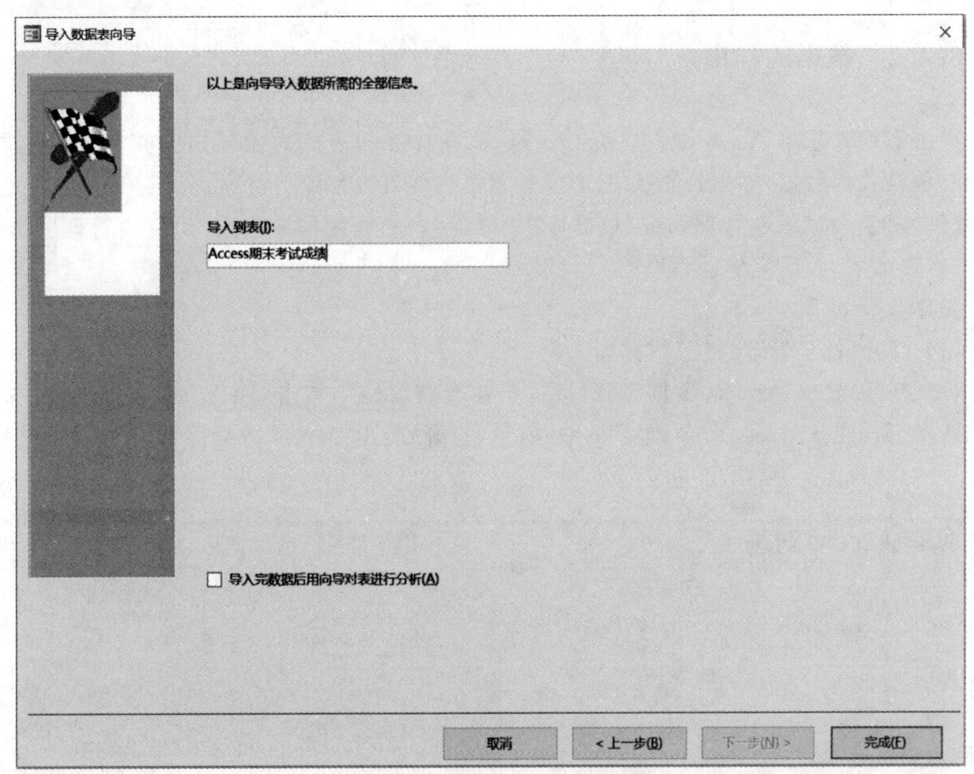

图 8-24 指定新表的名称

(10) 查看导入的新表。在导航窗格中双击导入的“Access 期末考试成绩”表，打开如图 8-25 所示的数据表视图。

Access期末考试成绩

学号	姓名	专业名称	班级名称	成绩	单击以添
09113857	黄传义	工商管理类	工商管理类2011-2班	91.7	
09113861	李晓亮	工商管理类	工商管理类2011-2班	68.9	
09113882	周洁	工商管理类	工商管理类2011-2班	81.6	
09113883	朱雪垚	工商管理类	工商管理类2011-2班	85.4	
09113888	酒鹏烝	工商管理类	工商管理类2011-3班	77.8	
09113894	魏立鹏	工商管理类	工商管理类2011-3班	82.9	
09113906	李海燕	工商管理类	工商管理类2011-3班	89.2	
09113909	武思含	工商管理类	工商管理类2011-3班	82.9	
09113914	康一鼎	工商管理类	工商管理类2011-4班	95.6	
09113928	赵一丁	工商管理类	工商管理类2011-4班	82.9	
09113961	刘秋杉	工商管理类	工商管理类2011-5班	89.2	
09113964	虞雯雯	工商管理类	工商管理类2011-5班	93.0	
09113968	张小敏	工商管理类	工商管理类2011-5班	90.5	
09113969	赵丹	工商管理类	工商管理类2011-5班	94.3	
09113970	周露楠	工商管理类	工商管理类2011-5班	85.4	

记录: 第 1 项(共 120 项 无筛选器 搜索

图 8-25 导入的“Access 期末考试成绩”表

【说明】 切换至“Access期末考试成绩”表的设计视图，用户可以发现“学号”“姓名”“专业名称”和“班级名称”字段的类型是短文本，字段大小都是255，是短文本类型允许的最大长度，成绩字段的类型则是双精度型，占用了大量的存储空间，可以根据实际情况对各字段的数据类型及字段属性进行修改。

8.4.2 数据的导出

导出数据就是将Access数据库的表、查询、窗体和报表等对象导出到其他数据库或转换为其他格式的数据，如Excel、XML文档、文本文件、HTML文档等。

【例8-9】 将“教学管理系统”数据库中“课程”表的表结构导出到“研究生管理”数据库中，并将表命名为“研究生课程”。

操作步骤如下。

(1) 打开“教学管理系统”数据库。

(2) 打开“导出-Access数据库”对话框。在导航窗格中右击“课程”表，在弹出的快捷菜单中选择“导出”→Access命令，如图8-26所示，打开“导出-Access数据库”对话框，如图8-27所示。

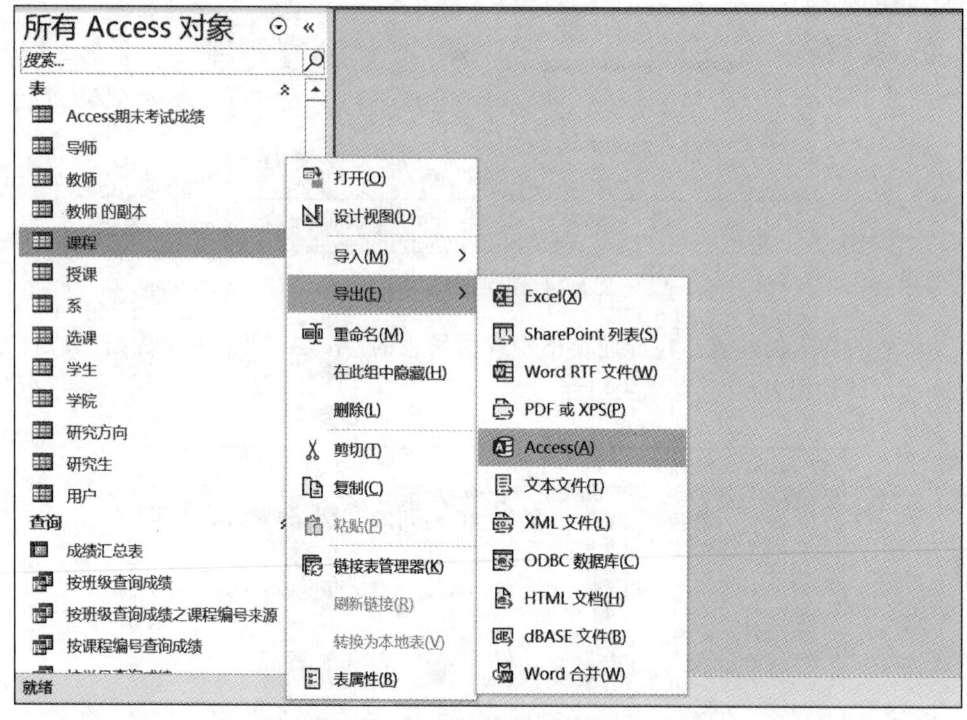

图8-26 选择“导出”Access命令

(3) 选择保存文件的数据库。单击图8-27中的“浏览”按钮，打开“保存文件”对话框，选择保存文件的数据库为“研究生管理.mdb”，如图8-28所示，单击“保存”按钮，返回“导出-Access数据库”对话框，此时“文件名”文本框中显示所选文件的完整路径和文件名。

(4) 设置导出信息。单击“导出-Access数据库”对话框中的“确定”按钮，弹出“导出”对

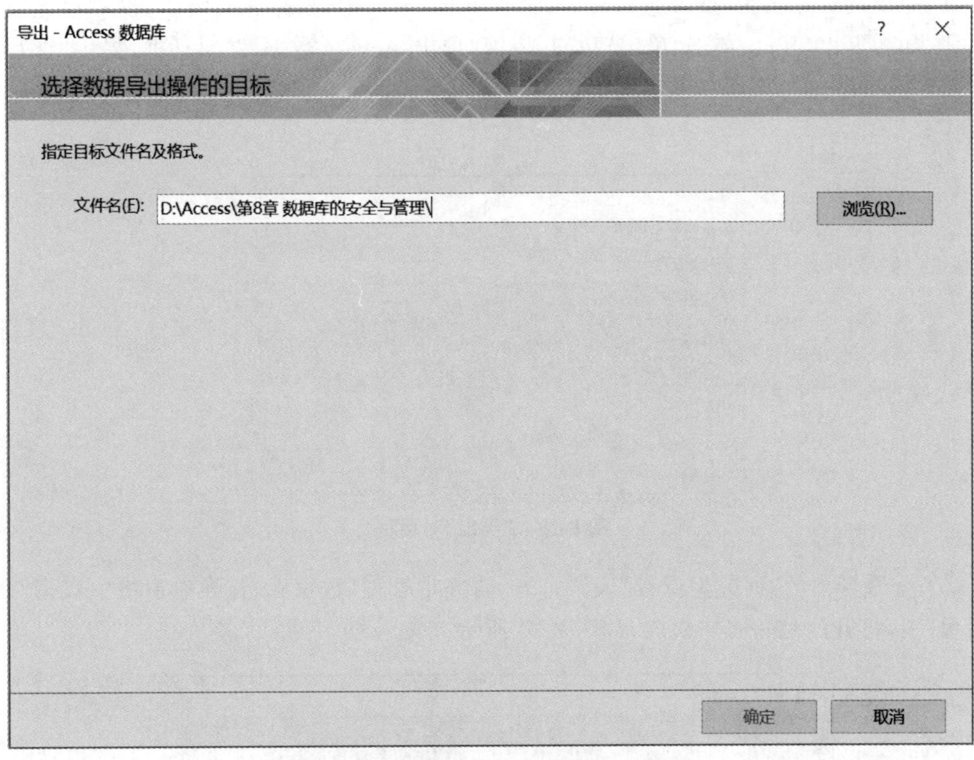

图 8-27 “导出-Access 数据库”对话框

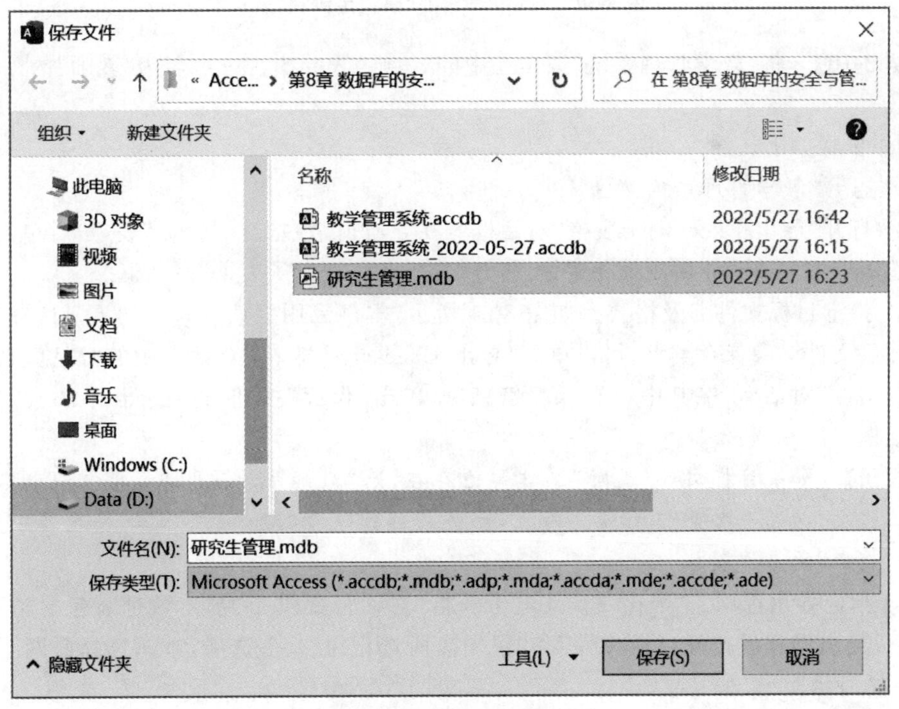

图 8-28 “保存文件”对话框

话框，将导出的表命名为“研究生课程”，在“导出表”选项中，根据题目要求选中“仅定义”单选按钮，如图 8-29 所示，单击“确定”按钮，返回“导出-Access 数据库”对话框，提示“课程”导出成功，并询问“是否要保存这些导出步骤”，本例不保存导出步骤，单击“关闭”按钮，完成导出操作。

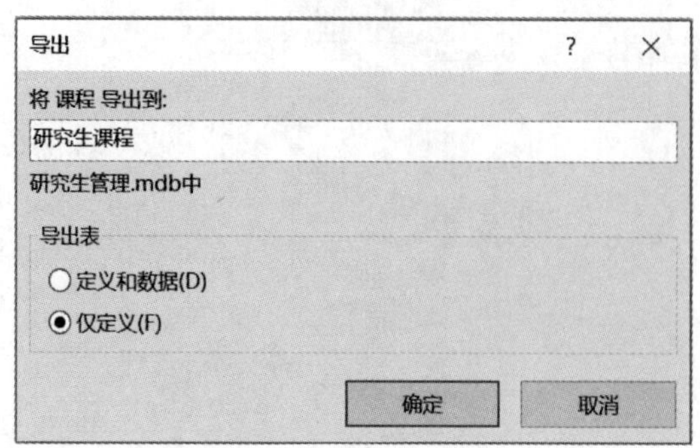

图 8-29 “导出”对话框

(5) 查看导出的“研究生课程”表。打开“研究生管理”数据库，在导航窗格中双击“研究生课程”表，打开的是一张空白表，如图 8-30 所示。

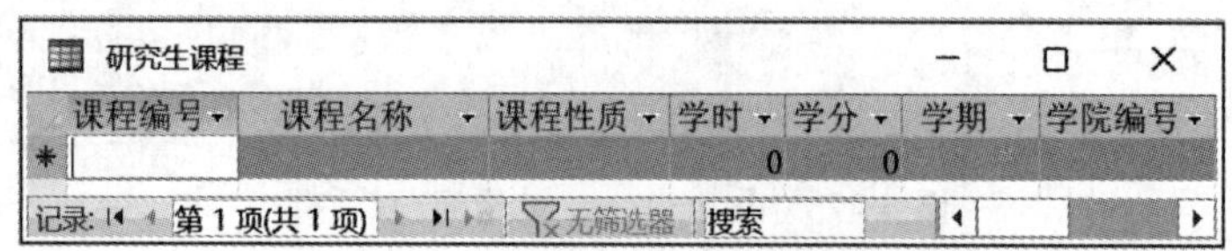

图 8-30 例 8-9 导出的“研究生课程”表

【例 8-10】 将“教学管理系统”数据库中的“教师”表导出为一个名为“教师”的 Excel 工作表。

操作步骤如下。

(1) 打开“教学管理系统”数据库。

(2) 打开“导出-Excel 电子表格”对话框。在导航窗格中选择“教师”表，然后单击“外部数据”选项卡中“导出”组的 Excel 按钮，打开“导出-Excel 电子表格”对话框。

(3) 指定目标文件名及格式。如图 8-31 所示，本例采用默认设置。如果要选择文件的保存位置、文件名及保存类型，可以单击“导出-Excel 电子表格”对话框中的“浏览”按钮，打开“保存文件”对话框，在其中设置保存信息后，单击“保存”按钮，返回“导出-Excel 电子表格”对话框。

【说明】 如果目标文件“教师”工作簿已存在，则“教师”表将复制成其中一个名为“教师”的工作表；如果“教师”工作簿不存在，系统将创建一个“教师”工作簿，并在其中建立一个名为“教师”的工作表。

(4) 指定导出选项。“导出-Excel 电子表格”对话框提供了“导出数据时包含格式和布局”“完成导出操作后打开目标文件”和“仅导出所选记录”3 个选项，本例选择前两个选项，如图 8-31 所示。

(5) 打开“教师. xlsx”工作簿。单击图 8-31 中的“确定”按钮，操作系统自动打开导出的“教师. xlsx”工作簿，其中包含一个名为“教师”的工作表，如图 8-32 所示。

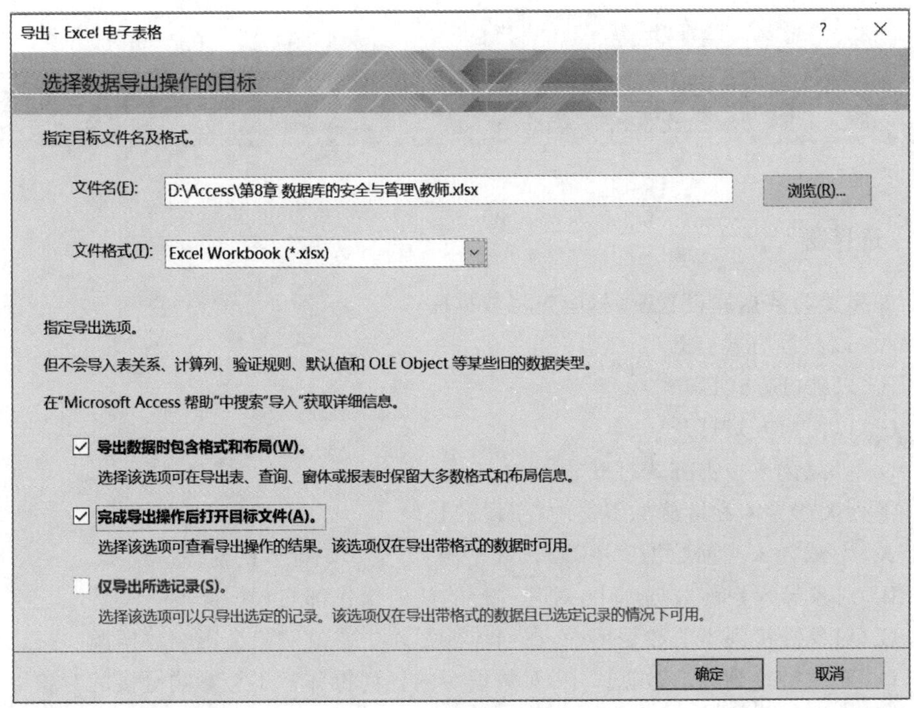

图 8-31　设置导出信息

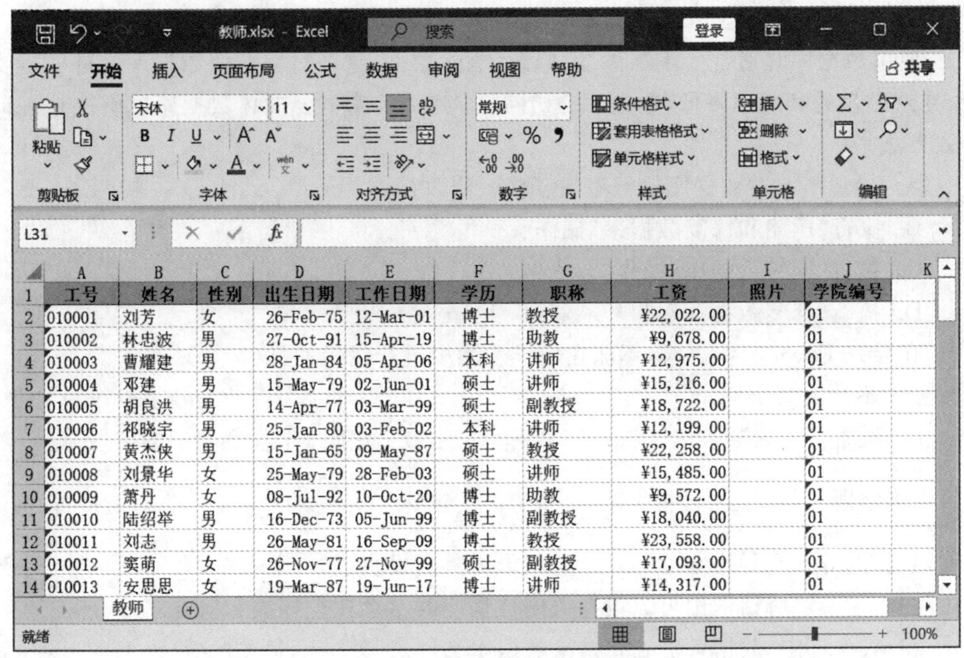

工号	姓名	性别	出生日期	工作日期	学历	职称	工资	照片	学院编号
010001	刘芳	女	26-Feb-75	12-Mar-01	博士	教授	¥22,022.00		01
010002	林忠波	男	27-Oct-91	15-Apr-19	博士	助教	¥9,678.00		01
010003	曹耀建	男	28-Jan-84	05-Apr-06	本科	讲师	¥12,975.00		01
010004	邓建	男	15-May-79	02-Jun-01	硕士	讲师	¥15,216.00		01
010005	胡良洪	男	14-Apr-77	03-Mar-99	硕士	副教授	¥18,722.00		01
010006	祁晓宇	男	25-Jan-80	03-Feb-02	本科	讲师	¥12,199.00		01
010007	黄杰俠	男	15-Jan-65	09-May-87	硕士	教授	¥22,258.00		01
010008	刘景华	女	25-May-79	28-Feb-03	硕士	讲师	¥15,485.00		01
010009	萧丹	女	08-Jul-92	10-Oct-20	博士	助教	¥9,572.00		01
010010	陆绍举	男	16-Dec-73	05-Jun-99	博士	副教授	¥18,040.00		01
010011	刘志	男	26-May-81	16-Sep-09	博士	教授	¥23,558.00		01
010012	窦萌	女	26-Nov-77	27-Nov-99	硕士	副教授	¥17,093.00		01
010013	安思思	女	19-Mar-87	19-Jun-17	博士	讲师	¥14,317.00		01

图 8-32　导出的“教师”工作簿

(6) 完成导出操作。返回“导出-Excel 电子表格”对话框，提示“教师”导出成功，并询问“是否要保存这些导出步骤”，本例不保存导出步骤，单击“关闭”按钮，完成导出操作。

习题 8

一、选择题

1. 如果要为数据库设置密码，应先将数据库(　　)。
   A. 以只读方式打开
   B. 以独占方式打开
   C. 以任何方式打开
   D. 以只读或独占方式打开
2. 下列关于导入和链接的叙述中，错误的是(　　)。
   A. 对象导入当前数据库中，修改数据源，不会影响导入的对象
   B. 对象导入当前数据库中，对其进行的任何操作都与数据源没有关系
   C. 对象链接到当前数据库中，在当前数据库中修改对象会影响数据源
   D. 对象链接到当前数据库中，对数据源的任何操作都不会影响链接的对象
3. 如果要将数据库中的一个数据表转换为一个 Excel 工作表，可以使用(　　)操作。
   A. 导入　　B. 链接
   C. 导出　　D. 备份
4. 使用数据库时通常要不断添加、修改、删除数据，这个过程会使数据库文件变得支离破碎，导致磁盘的利用率降低，数据库的访问性能变差，甚至会损坏数据库。解决这一问题的有效方法是(　　)。
   A. 尽量不要对数据库执行添加、删除、修改操作
   B. 执行“压缩和修复数据库”操作
   C. 执行“压缩数据库”操作
   D. 执行“修复数据库”操作
5. 在导入 Excel 工作表时，不能在向导步骤中进行设置的是(　　)。
   A. 不导入某个列　　B. 添加一个自动编号字段作为主键
   C. 设置导入表的表名　　D. 添加一个任意类型的字段

二、填空题

1. 数据的导入和导出在________选项卡下进行设置。
2. 在________对话框中可以设置关闭数据库时自动执行压缩和修复。
3. 在 Access 中，数据备份主要是指数据库文件及其________的备份。
4. 备份数据库时，默认的文件名是在原数据库文件名后加下画线“_”，再加________。
5. 在导出数据表时，如果在导出对话框中选择________，则只能导出表结构，不能导出表中数据。

实验 8

一、实验内容

1. 备份“教学管理系统”数据库，使用默认的文件名保存备份的数据库。

2. 为第 1 题中备份的数据库设置密码，并验证设置效果。

3. 备份“教学管理系统”数据库中的课程表，将“课程”表备份到当前数据库中，备份的表名为“课程_备份”。

4. 将“研究生管理”数据库中的“导师”表、“研究生”表和“导师-研究生”查询导入“教学管理系统”数据库中，并保存导入步骤。

5. 将名为“Access 成绩”的 Excel 文件中工作表“Access 成绩”中的“学号”“姓名”“班级名称”和“成绩”列导入“教学管理系统”数据库中，将学号作为主键，导入的新表名称为“Access 考试成绩”。

6. 将“教学管理系统”数据库中课程表的表结构和数据导出到“研究生管理”数据库中，将表命名为“研究生课程”。

7. 将“教学管理系统”数据库中的课程表导出为一个 HTML 格式的文件，导出的文件名为“课程信息. html”，导出时包含格式和布局。

二、实验要求

1. 完成实验内容第 1～7 题的实验任务，并按照题目的要求保存文件名和对象名。

2. 将实验 8 中的所有文件存放到一个文件夹中，假设某学生的学号为 10010001，姓名为王萌，则更改文件夹的名称为“实验 8-10010001 王萌”，并将此文件夹压缩后作为实验结果提交到指定的实验平台。

3. 将在实验 8 中遇到的问题以及解决方法、收获与体会等写入 Word 文档，保存文件名为“实验 8 分析-10010001 王萌”，并将此文件作为实验结果提交到指定的实验平台。

第9章 数据库应用系统开发实例

数据库应用系统是在数据库管理系统(DBMS)支持下建立的以数据库为基础和核心的计算机应用系统。本章以“教学管理系统”为例，描述一个完整的数据库应用系统的开发过程。

9.1　需求分析

在数据库管理系统的基础上开发数据库应用系统是一个复杂的过程，从分析用户需求开始到投入运行使用需要经过需求分析、数据库设计、数据库实现、系统功能实现、系统测试、运行和维护等几个阶段。其中，需求分析面向用户具体的应用需求，是建立数据库的第一步，也是最基础、最重要的步骤。这一阶段数据库的设计人员要与数据库的最终用户进行充分的交流，明确建立数据库的目的。通过了解用户的需求，确定数据库中需要存储哪些数据、用户需要完成哪些处理功能。建立“教学管理系统”数据库的目的是实现对教学信息的管理，应该包括以下功能。

(1) 基本信息的管理：实现对学院信息、教师信息、学生信息、课程信息的查找、添加、修改和删除。

(2) 学生选课管理：实现学生选择课程和删除已选课程。

(3) 教师授课管理：实现为教师安排课程和删除已安排课程。

(4) 成绩信息管理：实现对学生成绩的录入、查询和统计。成绩查询包括按学号查询、按课程编号查询和按班级查询。成绩统计包括学生成绩单汇总、课程成绩汇总和成绩汇总表。

“教学管理系统”的功能模块组成如图 9-1 所示。

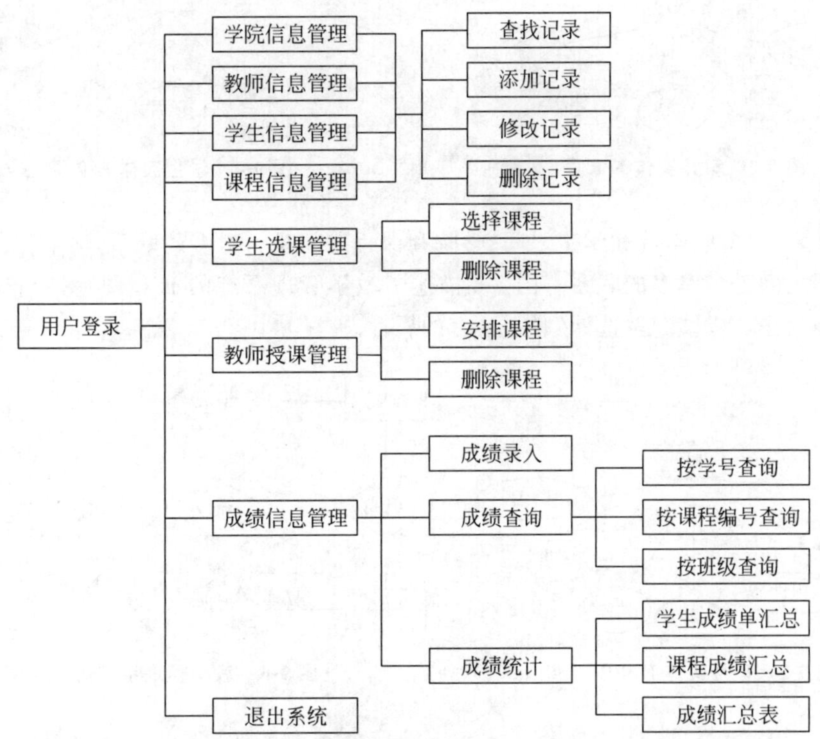

图 9-1　“教学管理系统”功能模块组成

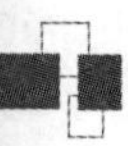

9.2 数据库设计

数据库设计是数据库应用系统开发过程中关键的一步，是规划数据库中的数据对象以及这些数据对象之间关系的过程，包括概念设计、逻辑设计和物理设计 3 个阶段。

9.2.1 概念设计

概念设计是通过对用户需求进行综合、归纳和抽象形成不依赖于任何数据库管理系统的概念模型，即确定实体、属性及实体之间的联系。

通过需求分析，可以从实际的教学活动中抽象出学院、教师、学生、课程 4 个实体及其属性，其 E-R 图如图 9-2～图 9-5 所示。

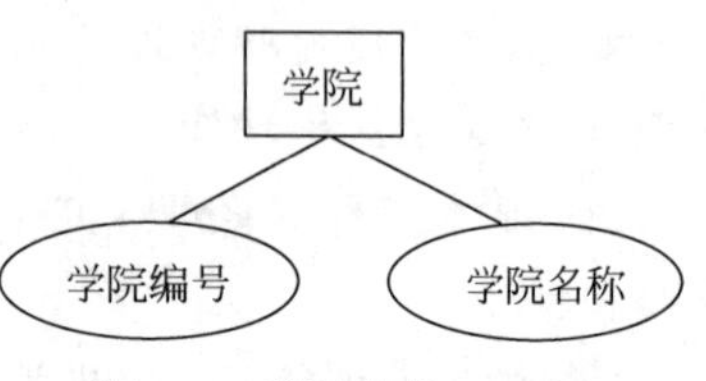

图 9-2 学院实体 E-R 图

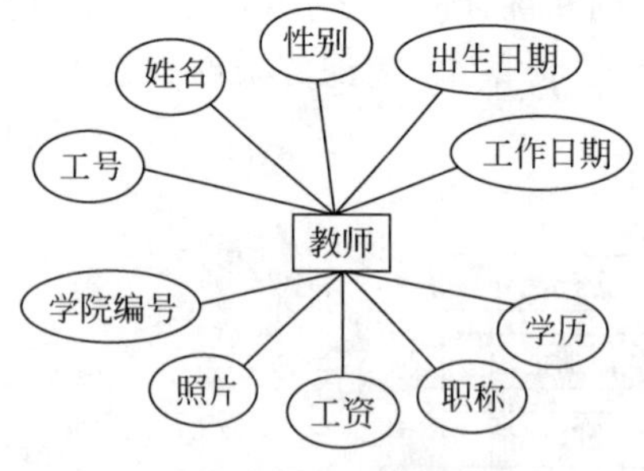

图 9-3 教师实体 E-R 图

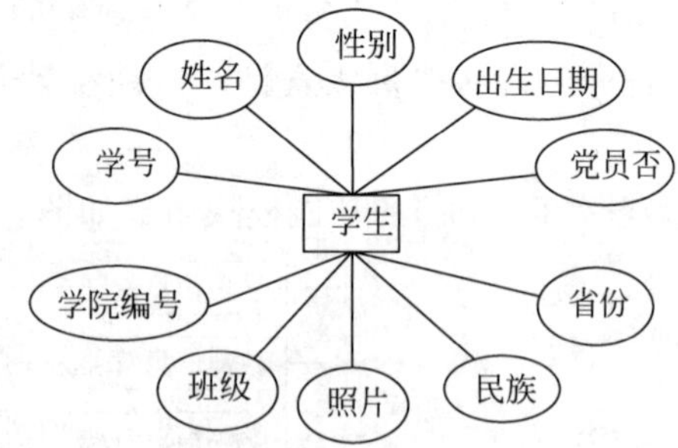

图 9-4 学生实体 E-R 图

学院和教师之间、学院和学生之间、学院和课程之间是一对多的联系，学生和课程之间、教师和课程之间是多对多的联系。图 9-6 描述了教学管理系统的 E-R 图，图中省略了各实体的属性。其中，“成绩”是“选课”联系具有的属性。

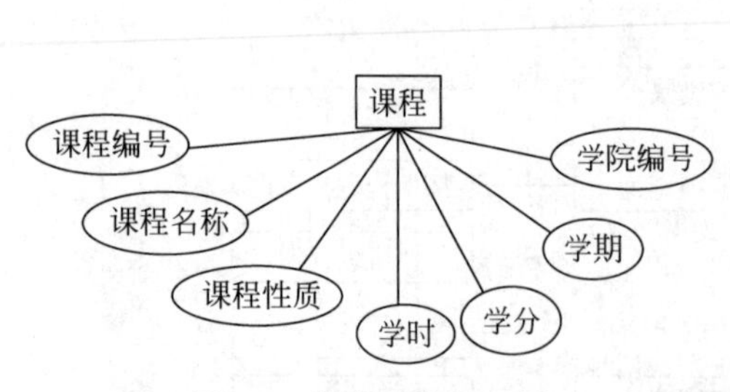

图 9-5 课程实体 E-R 图

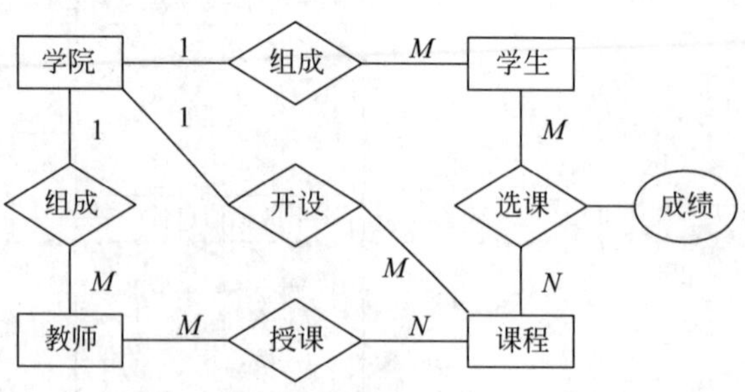

图 9-6 教学管理系统的 E-R 图

9.2.2 逻辑设计

逻辑设计是将概念模型转换为某个数据库系统支持的数据模型。关系模型是目前最流行的数据模型，所以通常将 E-R 图转换为关系模型，其中，E-R 图中的实体转换为关系，属性转换为关系的属性，实体之间的多对多联系也转换为关系。

教学管理系统的学院、教师、学生和课程实体转换为关系模式如下所示：

学院(学院编号,学院名称)
教师(工号,姓名,性别,出生日期,工作日期,学历,职称,工资,照片,学院编号)
学生(学号,姓名,性别,出生日期,党员否,省份,民族,照片,班级,学院编号)
课程(课程编号,课程名称,课程性质,学时,学分,学期,学院编号)

其中，学院和教师之间、学院和学生之间、学院和课程之间的一对多联系通过各实体间的公共属性"学院编号"体现。学生和课程之间、教师和课程之间的多对多联系可以转换为如下两个关系：

选课(学号,课程编号,成绩)
授课(工号,课程编号)

其中，"学号＋课程编号"是"选课"关系的主键，"学生"关系和"选课"关系之间通过"学号"联系，"课程"关系和"选课"关系之间通过"课程编号"联系，"选课"关系成为连接"学生"关系和"课程"关系的纽带。同样，"授课"关系成为连接"教师"关系和"课程"关系的纽带。通过这两个关系可以查询学生每门课程的成绩情况和教师讲授课程的情况等。

9.2.3 物理设计

物理设计是对数据库的存储结构和物理实现方法进行设计，以提高数据库的访问速度及有效利用存储空间。根据概念设计和逻辑设计的结果，得到数据库中需要建立的各个数据表的结构如表 9-1～表 9-6 所示。

表 9-1 "学院"表结构

字段名	类型	字段大小	说明
学院编号	短文本	2	主键
学院名称	短文本	10	

表 9-2 "教师"表结构

字段名	类型	字段大小	说明
工号	短文本	6	主键
姓名	短文本	8	
性别	短文本	1	
出生日期	日期/时间		
工作日期	日期/时间		
学历	短文本	2	

续表

字 段 名	类 型	字段大小	说 明
职称	短文本	3	
工资	货币		
照片	OLE 对象		
学院编号	短文本	2	

表 9-3 “学生”表结构

字 段 名	类 型	字段大小	说 明
学号	短文本	8	主键
姓名	短文本	8	
性别	短文本	1	
出生日期	日期/时间		
党员否	是/否		
省份	短文本	3	
民族	短文本	3	
班级	短文本	12	
照片	OLE 对象		
学院编号	短文本	2	

表 9-4 “课程”表结构

字 段 名	类 型	字段大小	说 明
课程编号	短文本	4	主键
课程名称	短文本	20	
课程性质	短文本	5	
学时	数字	字节	
学分	数字	字节	
学期	短文本	1	
学院编号	短文本	2	

表 9-5 “选课”表结构

字 段 名	类 型	字段大小	说 明
学号	短文本	8	组合主键
课程编号	短文本	4	组合主键
成绩	数字	字节	

表 9-6 “授课”表结构

字 段 名	类 型	字段大小	说 明
工号	短文本	6	组合主键
课程编号	短文本	4	组合主键

9.3 数据库实现

数据库实现是根据数据库设计的结果，在计算机上建立实际的数据库，建立数据表和表间关系并输入数据记录。

9.3.1 建立数据库

打开 Access 2021，参考 1.4.2 节例 1-8 的步骤建立名称为“教学管理系统”的数据库。

9.3.2 建立表

根据各个表的结构(见表 9-1～表 9-6)，参考 2.2 节建立表的方法，在教学管理系统数据库中建立各个数据表。

9.3.3 建立表间关系

参考 2.3 节建立各个数据表间的关系，并实施参照完整性，设置级联更新相关字段的内容和级联删除相关记录，以保证表间数据的一致性。

9.3.4 输入数据记录

表是数据库中所有对象的数据源，只有输入了实际的数据记录，数据库才能实现真正意义上的管理。输入数据是比较耗时耗力的工作，可以通过设置字段属性来设置输入规则和默认值以尽量减少录入错误并提高录入效率，具体内容可参考 2.2 节。当前的“教学管理系统”数据库需要输入原始数据记录的是学院、教师、学生、课程 4 张表，输入数据后的各表如图 9-7～图 9-10 所示。

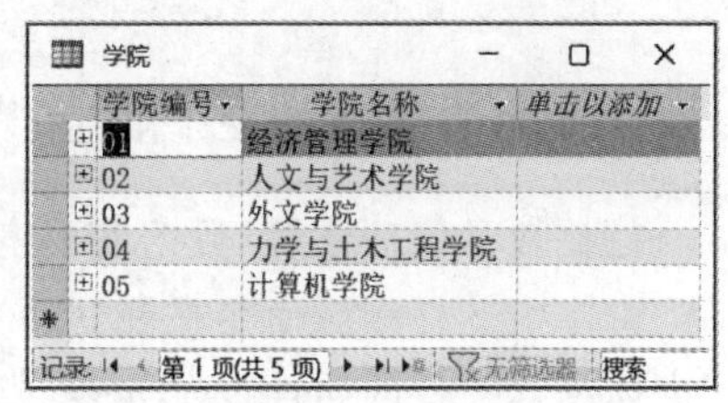

学院

学院编号	学院名称	单击以添加
01	经济管理学院	
02	人文与艺术学院	
03	外文学院	
04	力学与土木工程学院	
05	计算机学院	

记录: 第 1 项(共 5 项) 无筛选器 搜索

图 9-7 “学院”表

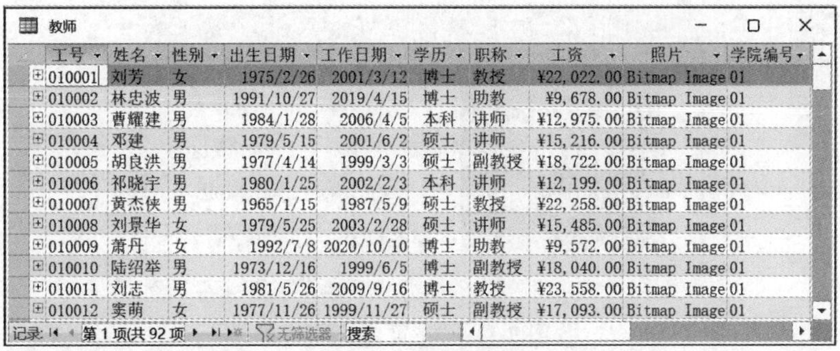

教师

工号	姓名	性别	出生日期	工作日期	学历	职称	工资	照片	学院编号
010001	刘芳	女	1975/2/26	2001/3/12	博士	教授	¥22,022.00	Bitmap Image	01
010002	林忠波	男	1991/10/27	2019/4/15	博士	助教	¥9,678.00	Bitmap Image	01
010003	曹耀建	男	1984/1/28	2006/4/5	本科	讲师	¥12,975.00	Bitmap Image	01
010004	邓建	男	1979/5/15	2001/6/2	硕士	讲师	¥15,216.00	Bitmap Image	01
010005	胡良洪	男	1977/4/14	1999/3/3	硕士	副教授	¥18,722.00	Bitmap Image	01
010006	祁晓宇	男	1980/1/25	2002/2/3	本科	讲师	¥12,199.00	Bitmap Image	01
010007	黄杰侠	男	1965/1/15	1987/5/9	硕士	教授	¥22,258.00	Bitmap Image	01
010008	刘景华	女	1979/5/25	2003/2/28	硕士	讲师	¥15,485.00	Bitmap Image	01
010009	萧丹	女	1992/7/8	2020/10/10	博士	助教	¥9,572.00	Bitmap Image	01
010010	陆绍举	男	1973/12/16	1999/6/5	博士	副教授	¥18,040.00	Bitmap Image	01
010011	刘志	男	1981/5/26	2009/9/16	博士	教授	¥23,558.00	Bitmap Image	01
010012	窦萌	女	1977/11/26	1999/11/27	硕士	副教授	¥17,093.00	Bitmap Image	01

记录: 第 1 项(共 92 项 无筛选器 搜索

图 9-8 “教师”表

学生

学号	姓名	性别	出生日期	党员否	省份	民族	班级	照片	学院编号
10010001	王萌	女	2001年9月21日	☐	河北	汉族	工商2021-1班	Bitmap Image	01
10010002	董兆芳	女	2001年8月16日	☐	江苏	汉族	工商2021-1班	Bitmap Image	01
10010003	郝利涛	男	2003年1月27日	☐	河北	汉族	工商2021-1班	Bitmap Image	01
10010004	胡元飞	男	2003年6月3日	☑	江苏	汉族	工商2021-1班	Bitmap Image	01
10010005	黄东启	男	2004年5月26日	☑	河南	汉族	工商2021-1班	Bitmap Image	01
10010006	李楠	男	2004年4月25日	☐	山西	汉族	工商2021-1班	Bitmap Image	01
10010007	刘宝生	男	2003年8月21日	☐	山西	汉族	工商2021-1班	Bitmap Image	01
10010008	刘军伟	男	2003年7月6日	☐	山东	汉族	工商2021-1班	Bitmap Image	01
10010009	马勇	男	2003年12月31日	☐	重庆	土家族	工商2021-1班	Bitmap Image	01
10010010	宋志慧	女	2000年1月28日	☑	山西	汉族	工商2021-1班	Bitmap Image	01
10010011	王超颖	女	2002年9月6日	☐	河北	满族	工商2021-1班	Bitmap Image	01
10010012	王桃	女	2003年3月24日	☐	山东	汉族	工商2021-1班	Bitmap Image	01

记录: 第 1 项(共 1319 无筛选器 搜索

图 9-9 “学生”表

课程

课程编号	课程名称	课程性质	学时	学分	学期	学院编号
0101	管理学	专业必修课	40	2	1	01
0102	人力资源管理	专业必修课	40	2	2	01
0103	微观经济学	专业必修课	40	2	2	01
0104	市场营销学	专业必修课	40	2	2	01
0105	宏观经济学	专业必修课	40	2	3	01
0106	会计学	专业必修课	40	2	2	01
0107	金融学	专业必修课	40	2	3	01
0108	电子商务基础	专业必修课	40	2	4	01
0109	企业战略管理	专业必修课	40	2	4	01
0111	企业会计与财务案例分析	选修课	32	2	2	01

记录: 第 1 项(共 44 项 无筛选器 搜索

图 9-10 “课程”表

9.4 系统功能实现

9.4.1 建立窗体

1. “主窗体”窗体的设计和建立

根据“教学管理系统”数据库要实现的各功能，建立一个“主窗体”窗体，用户可以从“主窗体”窗体中选择相应命令按钮进入要操作的界面。“主窗体”窗体如图 9-11 所示。“主窗体”窗体及各控件的属性设置如表 9-7 所示。

图 9-11 “主窗体”窗体

表 9-7　“主窗体”窗体及各控件的属性设置

设置对象	属性名称	属性值
窗体	标题	教学管理系统
	记录选择器	否
	导航按钮	否
	边框样式	对话框边框
	自动居中	是
标签	标题	教学管理系统
	字体名称	华文行楷
	字号	28
8个命令按钮	标题	学院信息、教师信息、学生信息、课程信息、学生选课、教师授课、成绩管理、退出系统
	字体名称	宋体
	字号	14
	字体粗细	加粗

操作步骤如下。

(1) 打开窗体设计视图。单击“创建”选项卡中“窗体”组的“窗体设计”按钮，打开窗体设计视图，按表 9-7 设置窗体各属性。

(2) 为窗体添加标题。单击“表单设计”选项卡中“页眉/页脚”组的“标题”按钮，在窗体的“主体”节上方和下方分别增加一个“窗体页眉”节和一个“窗体页脚”节，“窗体页眉”节默认添加一个标题为“教学管理系统”的标签，按表 9-7 设置标签的属性。调整“窗体页脚”节的下边界使其高度为 0，并适当调整“窗体页眉”节的高度。

(3) 添加图片。单击“表单设计”选项卡中“控件”组的“插入图像”按钮，在其下拉列表中选择“浏览”，打开“插入图片”对话框，插入预先准备好的图片，以美化窗体，在属性表中将图像的缩放模式设置为“拉伸”。

(4) 添加各个命令按钮。首先使“表单设计”选项卡中“控件”组的“使用控件向导”按钮呈未选中状态，然后向窗体中依次添加 8 个命令按钮，按表 9-7 所示设置各命令按钮属性，命令按钮的“单击”事件在 9.4.3 节进行设置。

(5) 保存窗体。单击快速访问工具栏中的“保存”按钮，在弹出的“另存为”对话框中将窗体名称设置为“主窗体”。

2. “学院信息管理”窗体的建立

学院信息只有学院编号和学院名称两项内容，可直接通过“窗体向导”按钮生成“学院信息管理”窗体，对学院信息进行查看、添加、修改和删除操作，如图 9-12 所示。

操作步骤如下。

(1) 通过“窗体向导”按钮建立窗体。单击“创建”选项卡中“窗体”组的“窗体向导”按钮，打开“窗体向导”对话框，按照向导提示步骤，选择“学院”表的所有字段作为数据源，窗体布局选择“表格”，窗体标题指定为“学院信息管理”。

(2) 添加“返回主窗体”命令按钮。单击“开始”选项卡中“视图”组的“视图”按钮下半部分，从打开的下拉列表中选择“设计视图”，切换至窗体设计视图。如图 9-13 所示，在“窗体页脚”节添加一个标题为“返回主窗体”的命令按钮，用于返回“主窗体”窗体，其“单击”事件在 9.4.3 节进行介绍。

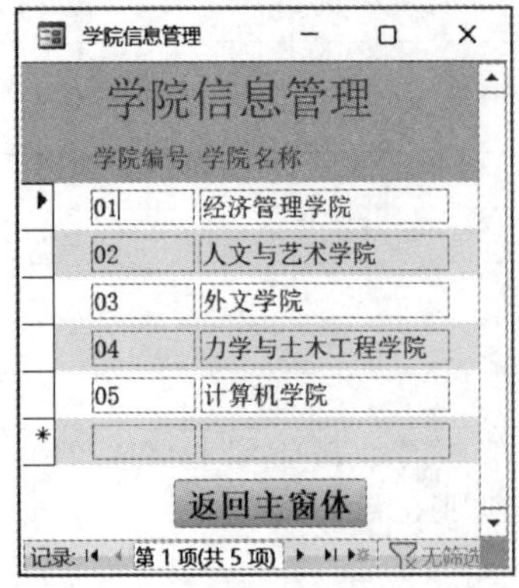

图 9-12 “学院信息管理”窗体

图 9-13 “学院信息管理”窗体设计视图

(3) 保存窗体。单击快速访问工具栏中的“保存”按钮，保存对窗体所做的修改。

3. “教师信息管理”窗体的建立

对教师信息的管理包括查找、添加、修改和删除教师记录。这里，首先通过“窗体向导”按钮生成“教师信息管理”窗体，然后再通过“控件向导”添加命令按钮实现相应操作，如图 9-14 所示。

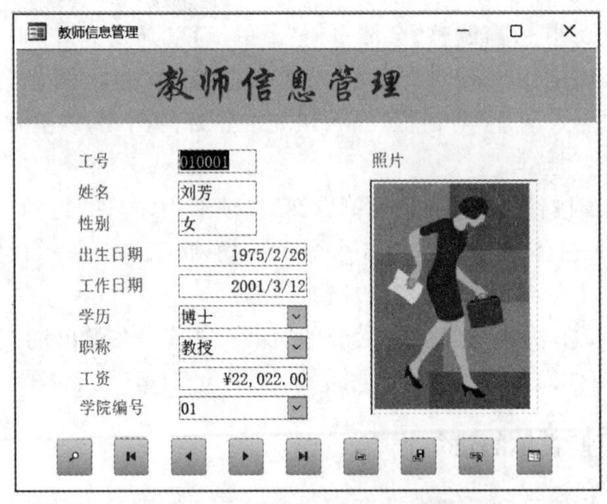

图 9-14 “教师信息管理”窗体

操作步骤如下。

(1) 通过“窗体向导”按钮建立窗体。选择“教师”表的所有字段作为数据源，其他步骤采用默认设置，窗体标题指定为“教师信息管理”。

(2) 调整窗体布局。打开窗体设计视图，将窗体的记录选择器、导航按钮属性均设置为“否”，设置“教师信息管理”标签控件的字体为“华文行楷”，字号为 28，适当调整各个控件的大小和位置使窗体布局合理。

(3) 添加命令按钮。首先使“表单设计”选项卡中“控件”组的“使用控件向导”按钮呈选中状态，然后选择“命令按钮”控件并添加到“窗体页脚”节，在弹出的“命令按钮向导”对话框中依次选择命令按钮的类别和操作，选择显示图片，指定按钮名称。各个命令按钮的具体设置如表9-8所示，其中最后一个按钮用于实现窗体操作，在“命令按钮向导”对话框的“请确定命令按钮打开的窗体：”列表中选择“主窗体”。

表 9-8　“教师信息管理”窗体中命令按钮的属性设置

按钮类别	操　　作	按钮图片	按钮名称
记录导航	查找记录	双筒望远镜(查找)	cmdFind
	转至第一项记录	移至第一项	cmdFirst
	转至前一项记录	移至上一项	cmdPrevious
	转至下一项记录	移至下一项	cmdNext
	转至最后一项记录	移至最后一项	cmdLast
记录操作	添加新记录	转至新对象	cmdAdd
	保存记录	保存记录	cmdSave
	删除记录	删除记录	cmdDelete
窗体操作	打开窗体(主窗体)	MS Access 窗体	cmdReturn

(4) 保存窗体。单击快速访问工具栏中的“保存”按钮，保存对窗体所做的修改。

4. “学生信息管理”窗体的建立

对学生信息的管理包括查找、添加、修改和删除学生记录，窗体如图9-15所示。建立“学生信息管理”窗体的步骤同“教师信息管理”窗体基本相同，不再赘述。

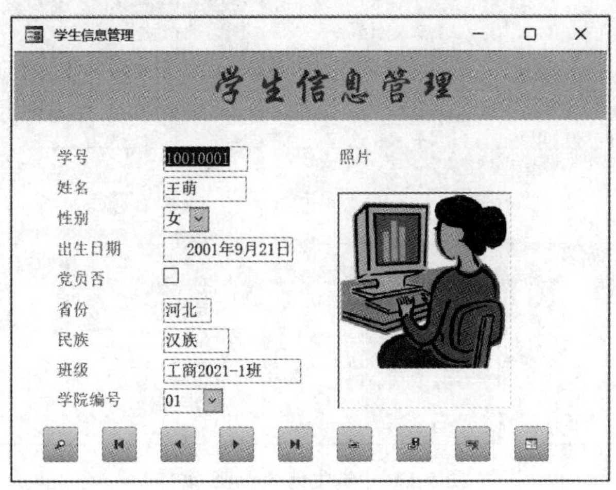

图 9-15　“学生信息管理”窗体

5. “课程信息管理”窗体的建立

对课程信息的管理包括查找、添加、修改和删除课程记录，窗体如图9-16所示。建立“课程信息管理”窗体的步骤同“教师信息管理”窗体基本相同，不再赘述。

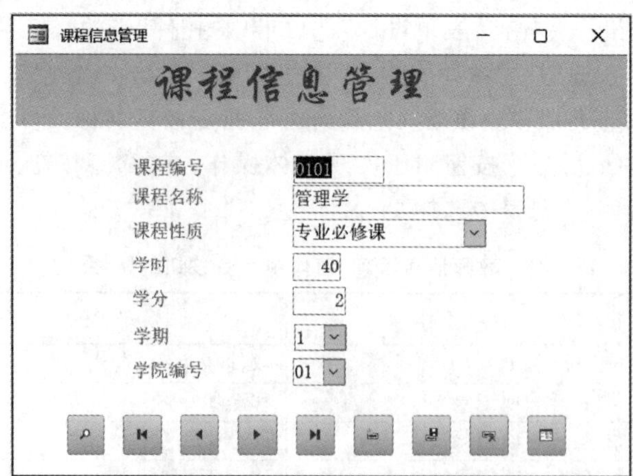

图 9-16 “课程信息管理”窗体

6. “学生选课管理”窗体的建立

“学生选课管理”窗体如图 9-17 所示，其主要功能是查询学生选课情况、选择要学习的课程或将已选课程删除。“学生选课管理”窗体及各控件的属性设置如表 9-9 所示。

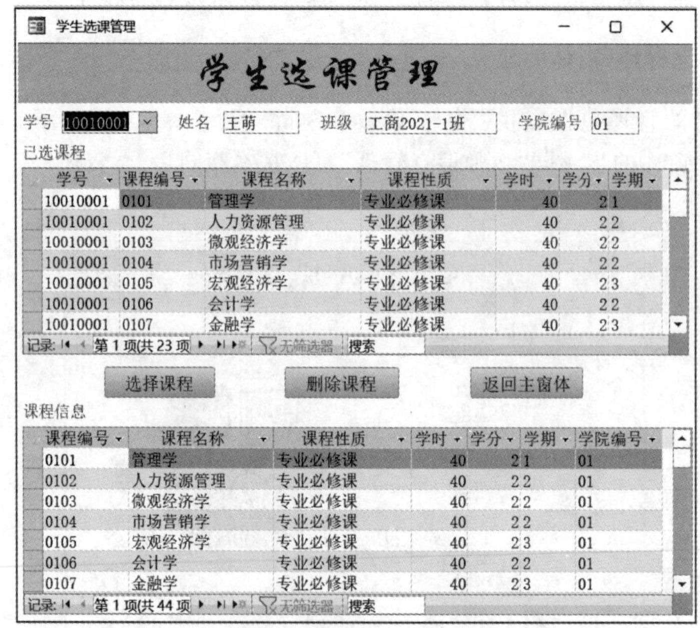

图 9-17 “学生选课管理”窗体

表 9-9 “学生选课管理”窗体及各控件的属性设置

设置对象	属性名称	属性值
窗体	标题	学生选课管理
	记录选择器	否
	导航按钮	否
	自动居中	是

续表

设置对象	属性名称	属性值
组合框	名称	cboStudentID
	行来源类型	表/查询
	行来源	SELECT [学生].[学号] FROM 学生 ORDER BY [学号];
3个文本框	标签的标题	分别为姓名、班级、学院编号
	名称	分别为 txtName、txtClass、txtCollegeID
"已选课程"子窗体	名称	已选课程
	源对象	查询：已选课程
3个命令按钮	标题	分别为选择课程、删除课程、返回主窗体
	名称	分别为 cmdSelect、cmdDelete 和 cmdReturn
"课程信息"子窗体	名称	课程信息
	源对象	表：课程

操作步骤如下。

(1) 打开窗体设计视图。单击"创建"选项卡中"窗体"组的"窗体设计"按钮，打开窗体设计视图，按表9-9设置窗体的属性。

(2) 保存窗体。单击快速访问工具栏中的"保存"按钮，弹出"另存为"对话框，窗体名称为"学生选课管理"，单击"确定"按钮保存窗体。

(3) 添加窗体标题。单击"表单设计"选项卡中"页眉/页脚"组的"标题"按钮，"窗体页眉"节默认添加一个标题为"学生选课管理"的标签，设置其字体为"华文行楷"，字号为28。

(4) 添加组合框显示学生的学号。首先使"表单设计"选项卡中"控件"组的"使用控件向导"按钮呈选中状态，然后选择"组合框"控件并添加到窗体中，弹出"组合框向导"对话框，依次选择组合框获取数据的方式为"使用组合框获取其他表或查询中的值"，数据源为"表：学生"，选定字段为"学号"，排序次序为"按学号的升序"，组合框对应标签的为"学号"。组合框添加到窗体后，设置其名称属性为 cboStudentID，如表9-9所示。

(5) 添加学生基本信息。首先使"表单设计"选项卡中"控件"组的"使用控件向导"按钮呈未选中状态，然后向窗体中添加3个文本框，按表9-9设置各文本框的属性。

(6) 为组合框 cboStudentID 的 AfterUpdate 事件过程编写代码。为了实现当选择组合框中某个学生的学号时，"姓名""班级""学院编号"文本框中显示该学生的相应信息，为组合框 cboStudentID 的 AfterUpdate 事件过程编写如下代码：

```
Private Sub cboStudentID_AfterUpdate()
'从"学生"表中查询"姓名"、"班级"、"学院编号",并将值赋予窗体中对应的文本框
    txtName = DLookup("姓名", "学生", "学号 = '" & cboStudentID & "'")
    txtClass = DLookup("班级", "学生", "学号 = '" & cboStudentID & "'")
    txtCollegeID = DLookup("学院编号", "学生", "学号 = '" & cboStudentID & "'")
End Sub
```

【说明】 DLookup 函数是 Access 为用户提供的内置函数，用于从指定记录集(一个域)获取特定字段值，其语法格式为：

```
DLookup(expr,domain,[criteria])
```

其中,各个参数的含义如下。

expr:要获取值的字段名称。

domain :要获取值的表或查询名称。

criteria:用于限制 DLookup 函数执行的数据范围。如果省略该参数,Dlookup 函数将返回域中的一个随机值。

(7) 建立关于已选课程的查询。为了在“学生选课管理”窗体中查看每个学生的选课情况,建立一个“已选课程”查询作为“已选课程”子窗体的数据源,从“课程”表和“选课”表查询得到学生的选课情况,其设计视图如图 9-18 所示,包括“学号”“课程编号”“课程名称”“课程性质”“学时”“学分”和“学期”字段,其中“学号”字段的条件设置为“[forms]![学生选课管理]![cboStudentID]”,查询结果随 cboStudentID 组合框中学号的变化而变化。

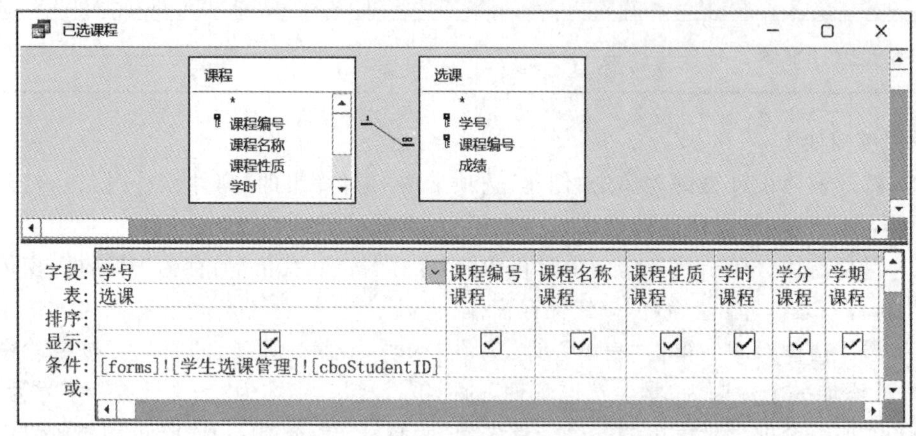

图 9-18 “已选课程”查询的设计视图

(8) 添加“已选课程”子窗体。首先使“表单设计”选项卡中“控件”组的“使用控件向导”按钮呈选中状态,然后选择“子窗体/子报表”控件并添加到窗体中,弹出“子窗体向导”对话框,选择数据源为“查询:已选课程”,并选择所有字段至“选定字段”列表框,指定子窗体名称为“已选课程”。

(9) 为组合框 cboStudentID 的 AfterUpdate 事件过程添加代码。为了实现“已选课程”子窗体中的数据随着 cboStudentID 组合框中学号的变化而变化,还需要在组合框 cboStudentID 的 AfterUpdate 事件过程中添加一行代码:已选课程. Requery,添加后的 AfterUpdate 事件过程代码如下。

```
Private Sub cboStudentID_AfterUpdate()
'从"学生"表中查询"姓名"、"班级"、"学院编号",并将值赋予窗体中对应的文本框
    txtName = DLookup("姓名", "学生", "学号 = '" & cboStudentID & "'")
    txtClass = DLookup("班级", "学生", "学号 = '" & cboStudentID & "'")
    txtCollegeID = DLookup("学院编号", "学生", "学号 = '" & cboStudentID & "'")
    已选课程.Requery
End Sub
```

【说明】 Requery 方法通过重新查询数据源更新窗体或控件中的数据,以反映自上一次查询以来记录源中添加、修改和删除的记录,使用此方法可以确保窗体或控件中显示最新

的数据。

（10）添加“课程信息”子窗体。从“表单设计”选项卡中“控件”组选择“子窗体/子报表”控件添加到窗体中，弹出“子窗体向导”对话框，选择“课程”表的所有字段作为子窗体的数据源，子窗体名称指定为“课程信息”。

（11）添加命令按钮。首先使“表单设计”选项卡中“控件”组的“使用控件向导”按钮呈未选中状态，然后在“学生选课管理”窗体中添加 3 个命令按钮，按表 9-9 设置其属性。“选择课程”和“删除课程”按钮需要编写事件代码实现课程的选择和删除。“返回主窗体”按钮同前面的“学院信息管理”窗体相同。

（12）为命令按钮 cmdSelect 的 Click 事件编写代码。实现选择“课程信息”子窗体中的某一门课程后，单击“选择课程”按钮，将该门课程添加到当前学生的“已选课程”子窗体中，同时在“选课”表中添加相应选课信息。如果“已选课程”子窗体中已经存在该课程，则弹出错误提示信息，以避免重复添加。这里使用 ADO 实现对表中数据的访问，需要事先添加对 ADO 对象库的引用，具体操作见 5.4.2 节。命令按钮 cmdSelect 的 Click 事件代码如下。

```
Private Sub cmdSelect_Click()
    Dim i As Integer                    '定义循环变量 i
    Dim rs As ADODB.Recordset           '声明 Recordset 对象变量 rs
    Dim Exist As Boolean                '定义布尔变量,用于判断课程是否已选
    Exist = False
    Set rs = New ADODB.Recordset '初始化 Recordset 对象
    '下面打开"选课"表
    rs.Open "选课", CurrentProject.Connection, adOpenKeyset, adLockOptimistic
    '下面首先判断是否在"学号"组合框内输入或选择"学号"
    If (cboStudentID = "" Or IsNull(cboStudentID) = True) Then
        '如果没有输入学号,弹出消息框提示首先输入学号
        MsgBox "请先输入选课学生的学号,该文本框不可为空!", vbOKOnly, "输入学号"
        cboStudentID.SetFocus '让"学号"组合框获得焦点
        Exit Sub '退出当前子过程
    Else
        If rs.RecordCount < 1 Then '判断"选课"表中的记录是否为空
            Exist = False
        Else
            rs.MoveFirst
            '在"选课"表循环判断该课程是否可以选择
            For i = 1 To rs.RecordCount
            '下面判断该学生是否已经选择了这门课程
            If rs("学号") = cboStudentID And rs("课程编号") = 课程信息!课程编号 Then
                Exist = True
                '弹出消息框提示该课程已选
                MsgBox "已经选择了课程编号为" & rs("课程编号") & "的这门课程,请核实!",
vbCritical, "该课程已选"
                Exit For
            End If
                rs.MoveNext
            Next i
        End If
    End If
```

```
        If Exist = False Then
            '下面把当前学生及其选择的课程信息添加到"选课"表中
            rs.AddNew
            rs("学号") = cboStudentID
            rs("课程编号") = 课程信息!课程编号
            rs.Update
            '添加完毕,下面弹出消息框提示选课成功
            MsgBox 课程信息!课程名称 & ": 选课成功!", vbInformation, "选课成功"
        End If
        已选课程.Requery                    '刷新"已选课程"子窗体
        Set rs = Nothing                    '释放记录集空间
    End Sub
```

(13) 为命令按钮 cmdDelete 的 Click 事件编写代码。实现从当前学生的“已选课程”子窗体中选择某一门课程后,单击“删除课程”命令按钮,将该门课程从“已选课程”子窗体中删除,同时从选课表中将相应选课信息删除。事件代码如下。

```
    Private Sub cmdDelete_Click()
        Dim i As Integer                            '定义循环变量 i
        Dim rs As ADODB.Recordset                   '声明 Recordset 对象变量 rs
        Set rs = New ADODB.Recordset                '初始化 Recordset 对象
        '下面打开"选课"表
        rs.Open "选课", CurrentProject.Connection, adOpenKeyset, adLockOptimistic
        If rs.RecordCount < 1 Then                  '判断"选课"表是否为空
            Exit Sub                                '如果为空,则退出当前子过程
        Else
            rs.MoveFirst
            '在"选课"表中循环判断待删除的课程
            For i = 1 To rs.RecordCount
                '下面判断"学号"和"课程编号"是否相同,如果相同则删除"已选课程"记录
                If rs("学号") = cboStudentID And rs("课程编号") = 已选课程!课程编号 Then
                    rs.Delete
                    rs.Update
                    '弹出消息框,提示删除成功
                    MsgBox 已选课程!课程名称 & ": 课程已经删除成功!", vbInformation, "删除成功"
                    Exit For
                Else
                    rs.MoveNext
                End If
            Next i
        End If
        已选课程.Requery                            '刷新"已选课程"子窗体
        Set rs = Nothing                            '释放记录集空间
    End Sub
```

(14) 保存设置。单击快速访问工具栏中的“保存”按钮,保存对窗体所做的修改,至此完成“学生选课管理”窗体的建立。

7. “教师授课管理”窗体的建立

“教师授课管理”窗体如图 9-19 所示,其主要功能是对教师授课情况进行查询、为教师

安排课程或将已安排的课程删除。建立“教师授课管理”窗体的步骤同“学生选课管理”窗体基本相同。“教师授课管理”窗体及各控件的属性设置如表 9-10 所示。

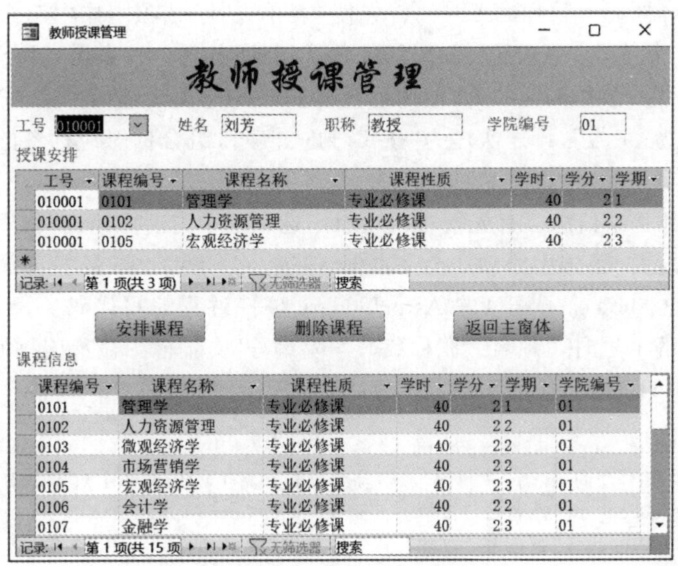

图 9-19　“教师授课管理”窗体

表 9-10　“教师授课管理”窗体及各控件的属性设置

设置对象	属性名称	属性值
窗体	标题	教师授课管理
	记录选择器	否
	导航按钮	否
	自动居中	是
组合框	名称	cboTeacherID
	行来源类型	表/查询
	行来源	SELECT 教师.工号 FROM 教师 ORDER BY [工号];
3 个文本框	标签的标题	分别为姓名、职称、学院编号
	名称	分别为 txtName、txtPost、txtCollegeID
“授课安排”子窗体	名称	授课安排
	源对象	查询：授课安排
3 个命令按钮	标题	分别为安排课程、删除课程、返回主窗体
	名称	分别为 cmdArrange、cmdDelete 和 cmdReturn
“课程信息”子窗体	名称	课程信息
	源对象	表：课程

操作步骤如下。

(1) 打开窗体设计视图。单击“创建”选项卡中“窗体”组的“窗体设计”按钮，打开窗体设计视图，按表 9-10 设置窗体各属性。

(2) 保存窗体。单击快速访问工具栏中的“保存”按钮，弹出“另存为”对话框，输入窗体名称为“教师授课管理”，单击“确定”按钮保存窗体。

(3) 添加窗体标题。单击“表单设计”选项卡中“页眉/页脚”组的“标题”按钮，“窗体页眉”节默认添加一个标题为“教师授课管理”的标签，设置其字体为“华文行楷”，字号为28。

(4) 添加组合框显示教师的工号。首先使“表单设计”选项卡中“控件”组的“使用控件向导”按钮呈选中状态，然后选择“组合框”控件并添加到窗体中，弹出“组合框向导”对话框，依次选择组合框获取数据的方式为“使用组合框获取其他表或查询中的值”，数据源为“表：教师”，选定字段为“工号”，排序次序为“按工号的升序”，组合框对应标签的标题为“工号”。将组合框添加到窗体后，设置其名称属性为cboTeacherID，如表9-10所示。

(5) 添加教师基本信息。首先使“表单设计”选项卡中“控件”组的“使用控件向导”按钮呈未选中状态，然后向窗体中添加3个文本框，按表9-10设置各文本框的属性。

(6) 为组合框cboTeacherID的AfterUpdate事件过程编写代码。为了实现当选择组合框中某个教师的工号时，“姓名”“职称”和“学院编号”文本框中显示该教师的相应信息，为组合框cboTeacherID的AfterUpdate事件过程编写如下代码：

```
Private Sub cboTeacherID_AfterUpdate()
    '从"教师"表中查询"姓名"、"职称"、"学院编号",并将值赋予窗体中对应的文本框
    txtName = DLookup("姓名", "教师", "工号 = '" & cboTeacherID & "'")
    txtPost = DLookup("职称", "教师", "工号 = '" & cboTeacherID & "'")
    txtCollegeID = DLookup("学院编号", "教师", "工号 = '" & cboTeacherID & "'")
End Sub
```

(7) 建立“授课安排”查询。为了在“教师授课管理”窗体中查看每个教师的授课情况，建立一个“授课安排”查询作为“授课安排”子窗体的数据源，从“课程”表和“授课”表查询得到教师的授课情况，其设计视图如图9-20所示，包括“工号”“课程编号”“课程名称”“课程性质”“学时”“学分”和“学期”字段，其中“工号”字段的条件设置为“[forms]! [教师授课管理]! [cboTeacherID] ”，这样查询结果随cboTeacherID组合框中工号的变化而变化。

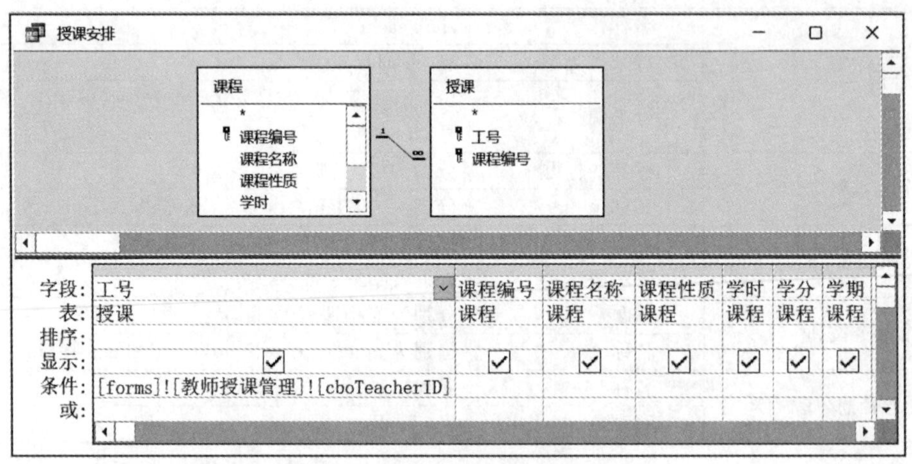

图9-20 “授课安排”查询的设计视图

(8) 添加“授课安排”子窗体。首先使“表单设计”选项卡中“控件”组的“使用控件向导”按钮呈选中状态，然后选择“子窗体/子报表”控件并添加到窗体中，弹出“子窗体向导”对话框，选择数据源为“查询：授课安排”并选择所有字段至“选定字段”列表框，最后指定子窗体

名称为"授课安排"。

(9) 为组合框 cboTeacherID 的 AfterUpdate 事件过程添加代码。为了实现"已选课程"子窗体中的数据随着 cboTeacherID 组合框中工号的变化而变化,还需要在组合框 cboTeacherID 的 AfterUpdate 事件过程中添加一行代码:授课安排.Requery。

(10) 添加"课程信息"子窗体。从"表单设计"选项卡中"控件"组选择"子窗体/子报表"控件添加到窗体中,弹出"子窗体向导"对话框,选择在"学生选课管理"窗体中建立的"课程信息"窗体作为"教师授课管理"窗体的子窗体,名称默认为"课程信息"。添加完毕,在"属性表"对话框的"数据"选项卡中,将"课程信息"子窗体的"链接主字段"属性设置为"txtCollegeID",将"链接子字段"属性设置为"学院编号",则"课程信息"子窗体中只显示教师所在学院开设的课程。

(11) 添加命令按钮。首先使"表单设计"选项卡中"控件"组的"使用控件向导"按钮呈未选中状态,然后在"教师授课管理"窗体中,添加 3 个命令按钮,按表 9-10 设置各命令按钮的属性。"安排课程"和"删除课程"按钮需要编写事件代码实现课程的安排和删除,"返回主窗体"按钮与前面的"学院信息管理"窗体相同。

(12) 为命令按钮 cmdArrange 的 Click 事件编写代码。实现选择"课程信息"子窗体中的某一门课程后,单击"安排课程"按钮,将该课程添加到当前教师的"授课安排"子窗体中,同时在"授课表"中添加相应的授课记录。如果"授课安排"子窗体中已经存在该课程,则弹出提示信息,以避免重复添加。事件代码如下。

```
Private Sub cmdArrange_Click()
    Dim i As Integer                    '定义循环变量 i
    Dim rs As ADODB.Recordset           '声明 Recordset 对象变量 rs
    Dim Exist As Boolean                '定义布尔变量,用于判断课程是否已安排
    Exist = False
    Set rs = New ADODB.Recordset        '初始化 Recordset 对象
    '下面打开"授课"表
    rs.Open "授课", CurrentProject.Connection, adOpenKeyset, adLockOptimistic
    '首先判断是否在"工号"组合框内输入或选择"工号"
    If (cboTeacherID = "" Or IsNull(cboTeacherID) = True) Then
        '如果没有输入工号,则弹出消息框提示首先输入工号
        MsgBox "请先输入授课教师的工号,该文本框不可为空!", vbOKOnly, "输入工号"
        cboTeacherID.SetFocus           '让"cboTeacherID"组合框获得焦点
        Exit Sub                        '退出当前子过程
    Else
        If rs.RecordCount < 1 Then      '判断"授课"表中的记录是否为空
            Exist = False
        Else
            rs.MoveFirst
            '在"授课"表中循环判断该课程是否可以安排
            For i = 1 To rs.RecordCount
                '判断该教师是否已经安排了这门课程
                If rs("工号") = cboTeacherID And rs("课程编号") = 课程信息!课程编号 Then
                    Exist = True
                    '弹出消息框,提示该课程已安排
                    MsgBox "已经安排了课程编号为" & rs("课程编号") & "的这门课程,请核
实!", vbCritical, "该课程已安排"
```

```
                    Exit For
                    End If
                    rs.MoveNext
                Next i
            End If
        End If
        If Exist = False Then
            '下面把当前授课教师及安排的课程信息添加到"授课"表中
            rs.AddNew
            rs("工号") = cboTeacherID
            rs("课程编号") = 课程信息!课程编号
            rs.Update
            '弹出消息框,提示排课成功
            MsgBox 课程信息!课程名称 & ": 排课成功!", vbInformation, "排课成功"
        End If
        授课安排.Requery                    '刷新"授课安排"子窗体
        Set rs = Nothing                    '释放记录集空间
    End Sub
```

(13) 为命令按钮 cmdDelete 的 Click 事件编写代码。实现从当前教师的"授课安排"子窗体中选择某一门课程后，单击"删除课程"按钮，将该课程从"授课安排"子窗体中删除。事件代码如下。

```
Private Sub cmdDelete_Click()
    Dim i As Integer                    '定义循环变量 i
    Dim rs As ADODB.Recordset           '声明 Recordset 对象变量 rs
    Set rs = New ADODB.Recordset        '初始化 Recordset 对象
    '下面打开"授课"表
    rs.Open "授课", CurrentProject.Connection, adOpenKeyset, adLockOptimistic
    If rs.RecordCount < 1 Then          '判断"授课"表是否为空
        Exit Sub                        '如果为空,则退出当前子过程
    Else
        rs.MoveFirst
        '在"授课"表中循环判断待删除的课程
        For i = 1 To rs.RecordCount
            '判断"工号"和"课程编号"是否相同,如果相同则删除"已排课程"记录
            If rs("工号") = cboTeacherID And rs("课程编号") = 授课安排!课程编号 Then
                rs.Delete
                rs.Update
                '弹出"删除成功"信息窗口
                MsgBox 授课安排!课程名称 & ": 课程已经删除成功!", vbInformation, "删除成功"
                Exit For
            Else
                rs.MoveNext
            End If
        Next i
    End If
    授课安排.Requery                    '刷新"授课安排"子窗体
    Set rs = Nothing                    '释放记录集空间
End Sub
```

（14）保存设置。单击快速访问工具栏中的“保存”按钮，保存对窗体所做的修改，至此完成“教师授课管理”窗体的建立。

8. “成绩信息管理”窗体的建立

成绩管理是教学管理系统中非常重要的部分，包括成绩录入、成绩查询和成绩统计功能，因此设计了“成绩信息管理”窗体，如图 9-21 所示，用户可以在窗体中选择命令按钮进入相应操作界面。“成绩信息管理”窗体的建立和“主窗体”窗体的建立基本相同，在此不再赘述。

9. “成绩录入管理”窗体的建立

“成绩录入管理”窗体用于输入每门课程的成绩，通过选择课程编号，在“成绩录入”子窗体显示这门课程的选课学生，可在“成绩”列输入学生的成绩，如图 9-22 所示。“成绩录入管理”窗体及各控件的属性设置如表 9-11 所示。

图 9-21　“成绩信息管理”窗体

图 9-22　“成绩录入管理”窗体

表 9-11　“成绩录入管理”窗体及各控件的属性设置

设置对象	属性名称	属性值
窗体	标题	成绩录入管理
	记录选择器	否
	导航按钮	否
	自动居中	是
组合框	名称	cboCourseID
	行来源类型	表/查询
	行来源	SELECT DISTINCT [选课].[课程编号] FROM 选课 ORDER BY [课程编号]；
子窗体	名称	成绩录入
	源对象	查询：成绩录入
命令按钮	标题	返回成绩信息管理窗体

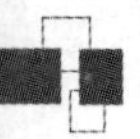

操作步骤如下。

(1) 打开窗体设计视图。单击“创建”选项卡中“窗体”组的“窗体设计”按钮,打开窗体设计视图,按表 9-11 设置窗体各属性。

(2) 保存窗体。单击快速访问工具栏中的“保存”按钮,弹出“另存为”对话框,窗体名称为“成绩录入管理”,单击“确定”按钮保存窗体。

(3) 添加窗体标题。单击“表单设计”选项卡中“页眉/页脚”组的“标题”按钮,则“窗体页眉”节默认添加一个标题为“成绩录入管理”的标签,设置其字体为“华文行楷”,字号为 28。

(4) 添加组合框显示课程编号。首先使“表单设计”选项卡中“控件”组的“使用控件向导”按钮呈选中状态,然后选择“组合框”控件添加到窗体中,弹出“组合框向导”对话框,依次选择组合框获取数据的方式为“使用组合框获取其他表或查询中的值”,数据源为“表:选课”,选定字段为“课程编号”,排序次序为“按课程编号的升序”,组合框对应标签的为“课程编号”。将组合框添加到窗体后,按表 9-11 所示,将其名称属性设置为 cboCourseID,并修改行来源属性,在 Select 语句中添加关键字 DISTINCT。

(5) 建立“成绩录入”查询。为了在“成绩录入管理”窗体中查看每门课程有哪些学生选课以便录入成绩,建立一个“成绩录入”查询,从“课程”“选课”“学生”表查询得到学生的选课情况,作为“成绩录入”子窗体的数据源,其设计视图如图 9-23 所示,包括“课程编号”“课程名称”“学号”“姓名”“班级”和“成绩”字段,其中“课程编号”字段的条件设置为“[forms]![成绩录入管理]![cboCourseID]”,使查询结果随 cboCourseID 组合框中课程编号的变化而变化,“成绩”字段的条件设置为 Is Null,使“成绩录入”子窗体中仅显示未录入成绩的选课信息。

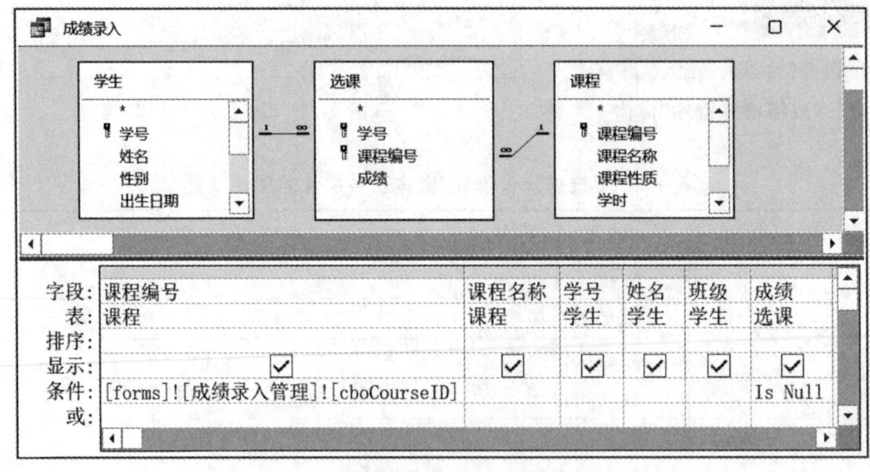

图 9-23 “成绩录入”查询的设计视图

(6) 添加“成绩录入”子窗体。首先使“表单设计”选项卡中“控件”组的“使用控件向导”按钮呈选中状态,然后选择“子窗体/子报表”控件并添加到窗体中,弹出“子窗体向导”对话框,选择数据源为“查询:成绩录入”,并选择所有字段至“选定字段”列表框,最后指定子窗体名称为“成绩录入”。

(7) 为组合框 cboCourseID 的 AfterUpdate 事件过程添加代码。为了实现“成绩录入”

子窗体中的数据随着 cboCourseID 组合框中课程编号的变化而变化，为组合框 cboCourseID 的 AfterUpdate 事件过程中编写如下代码：

```
Private Sub cboCourseID_AfterUpdate()
    成绩录入.Requery
End Sub
```

(8) 添加“返回成绩信息管理窗体”命令按钮。首先使“表单设计”选项卡中“控件”组的“使用控件向导”按钮呈未选中状态，然后在“成绩录入管理”窗体中添加一个命令按钮，按表 9-11 设置其属性，该按钮用于返回“成绩信息管理”窗体，其“单击”事件在 9.4.3 节进行设置。

(9) 保存设置并运行窗体。单击快速访问工具栏中的“保存”按钮，保存对窗体所做的修改。切换至窗体视图，选择某门课程，在“成绩”栏录入学生的考试成绩，如图 9-22 所示。

10. “成绩信息查询”窗体的建立

“成绩信息查询”窗体用于查询学生的成绩，可以分别按学号、课程编号和班级进行查询，如图 9-24～图 9-26 所示。“成绩信息查询”窗体及各控件属性如表 9-12 所示。

成绩信息查询

按学号查询 | 按课程编号查询 | 按班级查询 | 返回成绩信息管理窗体

学号 10010001

学号	姓名	班级	课程编号	课程名称	成绩
10010001	王萌	工商2021-1班	0101	管理学	79
10010001	王萌	工商2021-1班	0102	人力资源管理	75
10010001	王萌	工商2021-1班	0103	微观经济学	70
10010001	王萌	工商2021-1班	0104	市场营销学	85
10010001	王萌	工商2021-1班	0105	宏观经济学	57
10010001	王萌	工商2021-1班	0106	会计学	47
10010001	王萌	工商2021-1班	0107	金融学	87
10010001	王萌	工商2021-1班	0108	电子商务基础	60
10010001	王萌	工商2021-1班	0109	企业战略管理	99
10010001	王萌	工商2021-1班	0201	思想道德修养与法律基础	82

记录: 第 1 项(共 22 项 无筛选器 搜索

图 9-24 “成绩信息查询”窗体之按学号查询

成绩信息查询

按学号查询 | 按课程编号查询 | 按班级查询 | 返回成绩信息管理窗体

课程编号 0101

课程编号	课程名称	学号	姓名	班级	成绩
0101	管理学	10010001	王萌	工商2021-1班	79
0101	管理学	10010002	董兆芳	工商2021-1班	73
0101	管理学	10010003	郝利涛	工商2021-1班	91
0101	管理学	10010004	胡元飞	工商2021-1班	85
0101	管理学	10010005	黄东启	工商2021-1班	76
0101	管理学	10010006	李楠	工商2021-1班	85
0101	管理学	10010007	刘宝生	工商2021-1班	64
0101	管理学	10010008	刘军伟	工商2021-1班	49
0101	管理学	10010009	马勇	工商2021-1班	68

记录: 第 1 项(共 564 项 无筛选器 搜索

图 9-25 “成绩信息查询”窗体之按课程编号查询

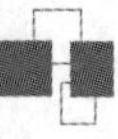

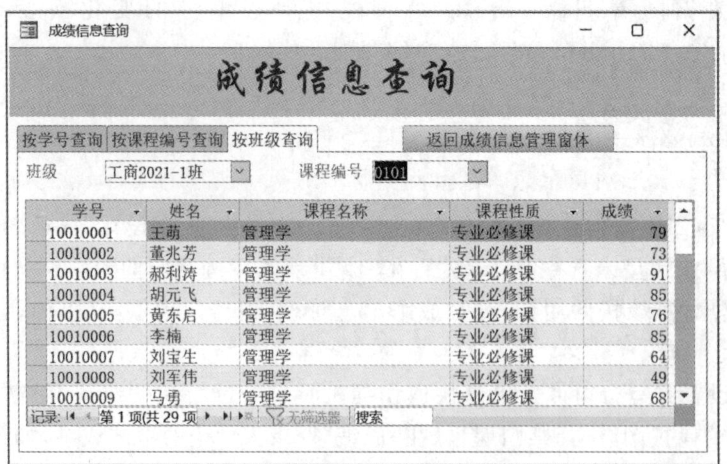

图 9-26 “成绩信息查询”窗体之按班级查询

表 9-12 “成绩信息查询”窗体及各控件的属性设置

设置对象	属性名称	属性值
窗体	标题	成绩信息查询
	记录选择器	否
	导航按钮	否
	自动居中	是
3 个选项卡	标题	分别为按学号查询、按课程编号查询、按班级查询
命令按钮	标题	返回成绩信息管理窗体

操作步骤如下。

(1) 打开窗体设计视图。单击“创建”选项卡中“窗体”组的“窗体设计”按钮,打开窗体设计视图,按表 9-12 设置窗体属性。

(2) 保存窗体。单击快速访问工具栏中的“保存”按钮,弹出“另存为”对话框,保存窗体名称为“成绩信息查询”,单击“确定”按钮保存窗体。

(3) 添加窗体标题。单击“表单设计”选项卡中“页眉/页脚”组的“标题”按钮,则“窗体页眉”节默认添加一个标题为“成绩信息查询”的标签,设置其字体为“华文行楷”,字号为 28。

(4) 添加选项卡控件。单击“表单设计”选项卡中“控件”组的“选项卡控件”按钮,将其添加到“主体”节,默认有两个页面,在选项卡控件上右击,在弹出的快捷菜单中选择“插入页”命令,增加一个页面。按表 9-12 设置各个页面的标题属性。

(5) 向“按学号查询”选项卡页面添加组合框显示学号。具体设置如表 9-13 所示。

(6) 建立“按学号查询成绩”查询。为了实现按学号查询成绩,建立一个名称为“按学号查询成绩”的查询,从“学生”“课程”和“选课”表中查询“学号”“姓名”“班级”“课程编号”“课程名称”和“成绩”字段,并将“学号”字段的条件设置为“[forms]! [成绩信息查询]! [cboStudentID]”,使查询结果随 cboStudentID 组合框中学号变化,“成绩”字段的条件设为 Is Not Null,即只显示有成绩的课程。

表 9-13 选项卡中各控件对象及其属性设置

选项卡页面	控件对象	属性名称	属性值
按学号查询	组合框	名称	cboStudentID
		行来源	SELECT 学生.学号 FROM 学生
	子窗体	名称	按学号查询成绩
		源对象	查询.按学号查询成绩
		是否锁定	是
按课程编号查询	组合框	名称	cboCourseID
		行来源	SELECT 课程.课程编号 FROM 课程
	子窗体	名称	按课程编号查询成绩
		源对象	查询.按课程编号查询成绩
		是否锁定	是
按班级查询	组合框	名称	cboClass
		行来源	SELECT DISTINCT 学生.班级 FROM 学生
	组合框	名称	cboClassCourseID
		行来源	按班级查询成绩之课程编号来源
	子窗体	名称	按班级查询成绩
		源对象	查询.按班级查询成绩
		是否锁定	是

(7) 向“按学号查询”选项卡页面添加“按学号查询成绩”子窗体。具体设置如表 9-13 所示。

(8) 为组合框 cboStudentID 的 AfterUpdate 事件过程添加代码。实现“按学号查询成绩”子窗体中的数据随组合框 cboStudentID 中内容变化,代码如下。

```
Private Sub cboStudentID_AfterUpdate()
    按学号查询成绩.Requery
End Sub
```

(9) 向“按课程编号”选项卡页面添加组合框和子窗体控件。操作过程同步骤(5)～步骤(8),具体设置如表 9-13 所示。

(10) 向“按班级查询”选项卡页面添加 cboClass 组合框。具体设置如表 9-13 所示。

(11) 建立“按班级查询成绩之课程编号来源”查询。图 9-26 中,有“班级”和“课程编号”两个组合框,为了实现“课程编号”组合框中的内容随“班级”组合框中的内容变化,建立一个“按班级查询成绩之课程编号来源”查询,从“选课”和“学生”表查询得到课程编号,并设置“班级”字段的条件为“[forms]! [成绩信息查询]! [cboClass]”,“成绩”字段的条件设置为 Is Not Null。

【说明】 为了避免“课程编号”的重复,切换至“按班级查询成绩之课程编号来源”查询的 SQL 视图,在 SELECT 后添加 DISTINCT,完整的 SQL 语句如下。

```
SELECT DISTINCT 选课.课程编号
FROM 学生 INNER JOIN 选课 ON 学生.学号 = 选课.学号
WHERE (((学生.班级) = forms!成绩信息查询!cboClass) And ((选课.成绩) Is Not Null));
```

(12) 向"按班级查询"选项卡页面添加 cboClassCourseID 组合框。具体设置如表 9-13 所示。

(13) 为"按班级查询成绩"页面中的组合框 cboClass 添加 AfterUpdate 事件代码，实现"课程编号"组合框随"班级"组合框内容的变化而变化。

```
Private Sub cboClass_AfterUpdate()
    '刷新"课程编号"组合框,使其随"班级"组合框的内容变化
    cboClassCourseID.Requery
End Sub
```

(14) 建立"按班级查询成绩"查询。按班级查询页面有两个查询条件：班级和课程编号，当选择或输入了"班级"和"课程编号"后，子窗体显示相应的成绩信息。要实现此功能，建立一个名称为"按班级查询成绩"的查询，其设计视图如图 9-27 所示。

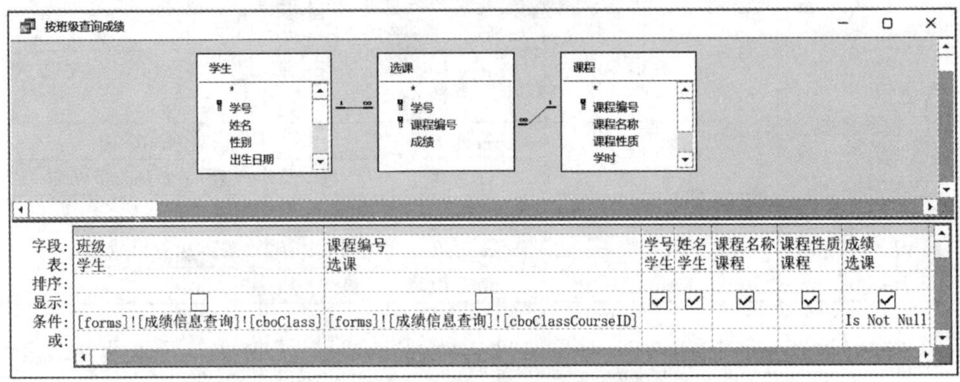

图 9-27 "按班级查询成绩"查询的设计视图

(15) 向"按班级查询"选项卡页面添加"按班级查询成绩"子窗体。具体设置如表 9-13 所示。

(16) 为"按班级查询成绩"页面中的组合框 cboClass 和 cboClassCourseID 添加 AfterUpdate 事件代码，实现子窗体内容随组合框内容的变化而变化。

```
Private Sub cboClass_AfterUpdate()
    '刷新"课程编号"组合框,使其随"班级"组合框的内容而变化
    cboClassCourseID.Requery
    '刷新"按班级查询成绩"子窗体
    按班级查询成绩.Requery
End Sub
Private Sub cboClassCourseID_AfterUpdate()
    '刷新"按班级查询成绩"子窗体
    按班级查询成绩.Requery
End Sub
```

(17) 保存设置。单击快速访问工具栏中的"保存"按钮，保存对窗体所做的修改。

11. "成绩统计输出"窗体的建立

"成绩统计输出"窗体用于打开各个统计报表，包括每个学生的考试成绩单、课程成绩汇

总报表和一个总的成绩汇总表，如图 9-28 所示。“成绩统计输出”窗体的建立和“主窗体”窗体的建立基本相同，在此不再赘述。

图 9-28 “成绩统计输出”窗体

9.4.2 建立报表

1. “学生考试成绩单”报表的建立

“学生考试成绩单”报表用于统计输出每个学生每门课程的成绩及平均成绩，打印预览视图如图 9-29 所示。

操作步骤如下。

(1) 打开“报表向导”对话框。单击“创建”选项卡中“报表”组的“报表向导”按钮，打开“报表向导”对话框。

(2) 为报表选择数据源和需要的字段。依次从“学生”“课程”和“选课”表中选择要输出的字段：学号、姓名、班级、课程编号、课程名称、课程性质、学时、学分和成绩。

(3) 确定数据的查看方式。因为输出的字段来自 3 张表，需要选择以哪一个表为依据查看表中的数据，本报表要输出每个学生的成绩情况，所以选择“通过学生”查看。

(4) 确定分组级别。本报表不添加分组字段。

(5) 确定明细信息的排序次序和汇总信息。本报表选择以“课程编号”的升序作为明细信息的排序次序，汇总信息选择对“成绩”计算其平均分。

(6) 确定报表的布局方式为“大纲”，方向默认为“纵向”。

(7) 指定报表标题为“学生考试成绩单”。

(8) 修改报表。通过向导方式生成的报表不尽如人意，打开报表设计视图对报表的外观进行适当修改。如图 9-30 所示，将“报表页眉”节中的标签标题修改为“考试成绩单”，并将其移至“页面页眉”节使每一页都能显示标题；将“学号页脚”节中的“平均分：”文本框的“格式”属性设置为“固定”，小数位数设置为 1 位；将“学号页眉”节的“强制分页”属性设置为“节前”，使每一页仅显示输出一个学生的成绩单。

(9) 保存报表。单击快速访问工具栏中的“保存”按钮，保存对报表所做的修改。

考试成绩单

学号	10010001
姓名	王萌
班级	工商2021-1班

课程编号	课程名称	课程性质	学时	学分	成绩
0101	管理学	专业必修课	40	2	79
0102	人力资源管理	专业必修课	40	2	75
0103	微观经济学	专业必修课	40	2	70
0104	市场营销学	专业必修课	40	2	85
0105	宏观经济学	专业必修课	40	2	57
0106	会计学	专业必修课	40	2	47
0107	金融学	专业必修课	40	2	87
0108	电子商务基础	专业必修课	40	2	60
0109	企业战略管理	专业必修课	40	2	99
0201	思想道德修养与法律基础	公共必修课	40	3	82
0202	马克思主义原理	公共必修课	40	3	87
0212	古诗欣赏	选修课	32	2	91
0301	思想道德修养与法律基础	公共必修课	48	4	80
0302	中国近现代史纲要	公共必修课	32	2	82
0303	英语语言学概论	公共必修课	48	3	79
0304	翻译理论与实践	公共必修课	48	3	73
0311	实用英语阅读	选修课	32	2	89
0313	视听说英语	选修课	32	2	68
0314	英语口译与听说	选修课	32	2	82
0401	高等数学A(1)	公共必修课	32	1	96
0402	高等数学A(2)	公共必修课	32	1	94
0501	大学生心理健康教育	选修课	16	1	61
0502	军事理论	公共必修课	40	2	

平均分： 78.3

2022年2月16日 共 1319 页，第 1 页

图 9-29 “学生考试成绩单”报表

2. “课程成绩汇总”报表的建立

“课程成绩汇总”报表用于统计输出每门课程所有学生的成绩及该门课程的平均成绩，打印预览视图如图 9-31 所示，“课程成绩汇总”报表的设计视图如图 9-32 所示，其建立过程和“学生考试成绩单”报表的建立过程基本相同，在此不再赘述。

3. “成绩汇总表”报表的建立

“成绩汇总表”报表用于统计输出所有学生的所有课程的成绩和平均分，如图 9-33 所示。

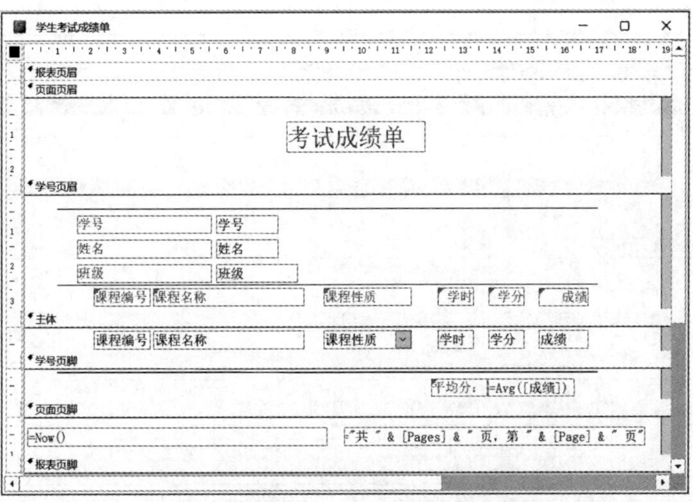

图 9-30　“学生考试成绩单”报表的设计视图

课程成绩汇总

课程编号	课程名称	课程性质
0214	民法学	选修课

学号	姓名	班级	成绩
10010393	蒋天钰	经济2021-3班	100
10050179	于宏强	人工智能2021-3班	95
10010403	符敏	经济2021-3班	95
10010148	谢明秀	工商2021-5班	93
10010105	陈莎	工商2021-4班	90
10050002	陈奕声	计算机2021-1班	89
10030010	莫斐	英语2021－1班	87
10010181	韦宇婷	工商2021-7班	87
10010167	吴冬生	工商2021-6班	87
10010069	王平	工商2021-3班	86
10050007	刘李明	计算机2021-1班	84
10010161	廖智	工商2021-6班	84
10050169	单峰	人工智能2021-3班	83
10050022	罗琳	计算机2021-1班	80
10010253	胡希	工商2021-9班	80
10010300	牟太容	工商2021-11班	79
10010456	李槑音	会计2021-1班	78
10050206	任积恩	人工智能2021-4班	77
10010099	尚小锋	工商2021-4班	77
10010286	乔艳军	工商2021-11班	77
10010074	左杰	工商2021-3班	74
10010266	段若琤	工商2021-10班	74
10010110	江美琴	工商2021-4班	73
10010523	温慧娟	会计2021-3班	72
10050070	喻建根	计算机2021-3班	72
10010022	袁俊	工商2021-1班	70
10010315	周辉	工商2021-12班	66
10030097	漆智娟	英语2021－3班	65
10010137	应品业	工商2021-5班	65
10010285	李小刚	工商2021-11班	63
10050049	雷红	计算机2021-2班	61
10010127	冯吉	工商2021-5班	60
10010482	戴玉平	会计2021-2班	59
10010145	蒲小娟	工商2021-5班	59
10010314	冉茂春	工商2021-12班	58
10010103	曾晶	工商2021-4班	56
10010327	李哲	工商2021-12班	54
10010463	伍红梅	会计2021-1班	52
10030114	王萍	德语2021－1班	39

共有 39个学生　　　　平均分： 74.4

2022年2月16日　　　　共 500 页，第 223 页

图 9-31　“课程成绩汇总”报表

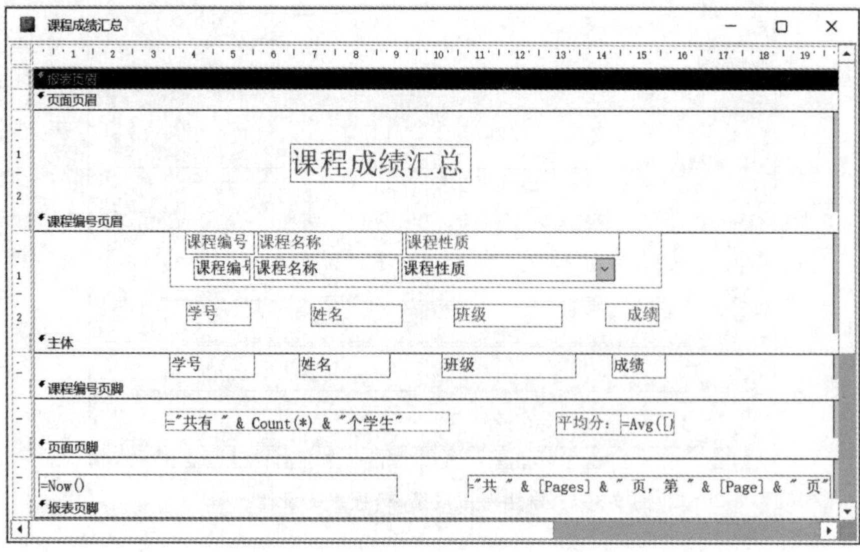

图 9-32 “课程成绩汇总”报表的设计视图

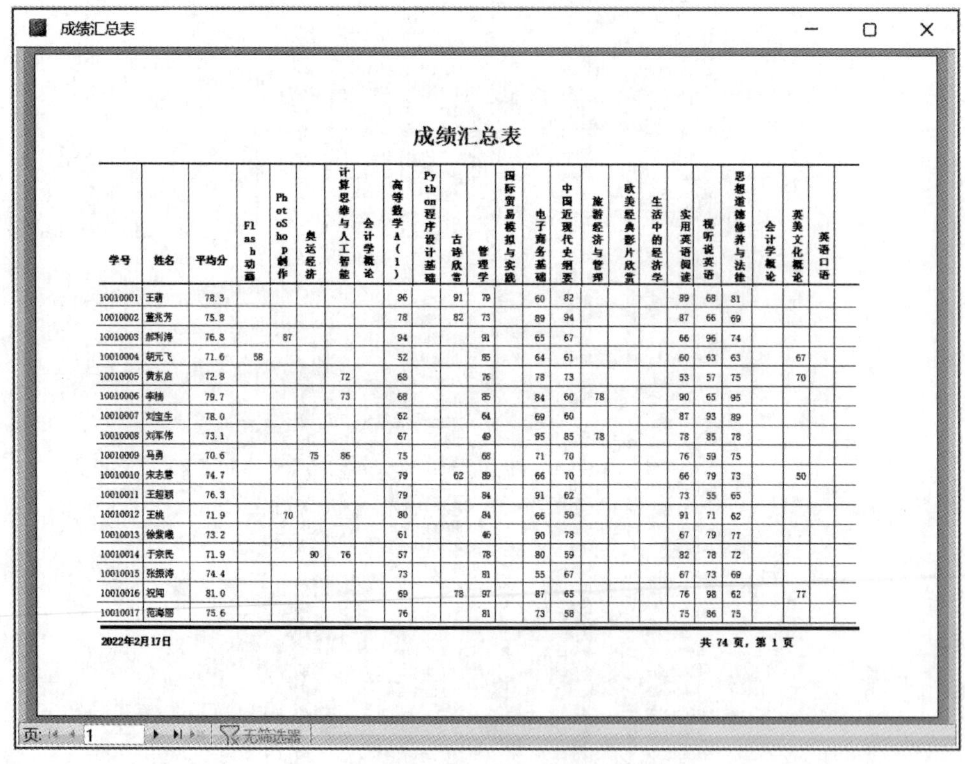

成绩汇总表

学号	姓名	平均分	Flash动画	PhotoShop制作	奥运经济	计算思维与人工智能	会计学概论	高等数学A(1)	Python程序设计基础	古诗欣赏	管理学	国际贸易模拟与实践	电子商务基础	中国近现代史纲要	旅游经济与管理	欧美经典影片欣赏	生活中的经济学	实用英语阅读	视听说英语	思想道德修养与法律	会计学概论	英美文化概论	英语口语
10010001	王萌	78.3						96		91	79		60	82				89	68	81			
10010002	董兆芳	75.8						78		82	73		89	94				87	66	69			
10010003	郝利涛	76.8		87				94			91		65	67				66	96	74			
10010004	胡元飞	71.6	58					52			85		64	61				60	63	63		67	
10010005	黄东启	72.8				72		68			76		78	73				53	57	75		70	
10010006	李楠	79.7				73		68			85		84	60	78			90	65	95			
10010007	刘宝生	78.0						62			64		69	60				87	93	89			
10010008	刘军伟	73.1						67			49		95	85	78			78	85	78			
10010009	马勇	70.6			75	86		75			68		71	70				76	59	75			
10010010	宋志慧	74.7						79		62	89		66	70				66	79	73		50	
10010011	王超颖	76.3						79			84		91	62				73	55	65			
10010012	王桃	71.9		70				80			84		66	50				91	71	62			
10010013	徐紫曦	73.2						61			46		90	78				67	79	77			
10010014	于宗民	71.9			90	76		57			78		80	59				82	78	72			
10010015	张振涛	74.4						73			81		55	67				67	73	69			
10010016	祝闻	81.0						69		78	97		87	65				76	98	62		77	
10010017	范海丽	75.6						76			81		73	58				75	86	75			

2022年2月17日　　共 74 页，第 1 页

图 9-33 “成绩汇总表”报表

操作步骤如下。

(1) 建立“成绩汇总查询”查询。从“学生”“课程”和“选课”表选择“学号”“姓名”“课程名称”和“成绩”字段，并设置“成绩”字段的条件为 Is Not Null。

(2) 建立“成绩汇总表”交叉表查询。基于“成绩汇总查询”查询建立一个名称为“成绩

汇总表”的交叉表查询,其查询设计视图如图 9-34 所示,将计算字段“平均分:成绩”的“格式”属性设置为“固定”,小数位数设置为 1 位。

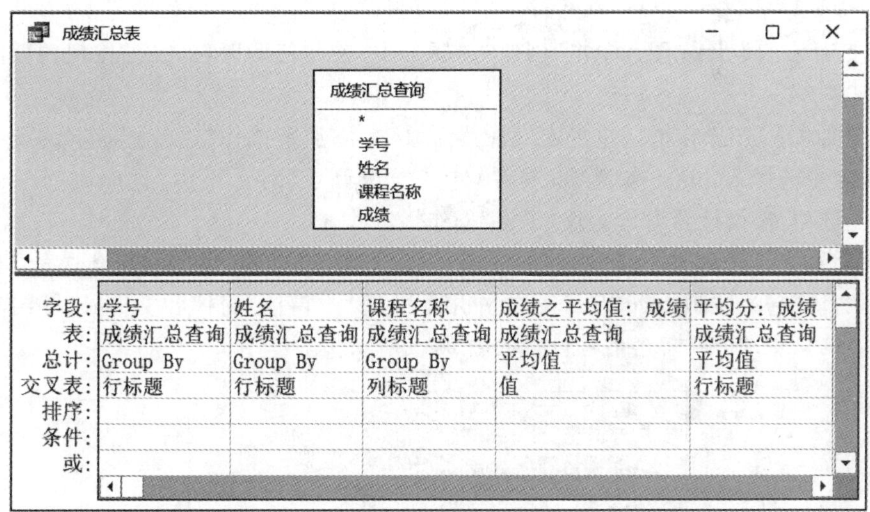

图 9-34 “成绩汇总表”交叉表查询设计视图

(3) 建立“成绩汇总表”报表。使用“报表设计”按钮打开报表设计视图,在“属性表”对话框中选择报表的“记录源”为“成绩汇总表”查询,从“字段列表”对话框中选择需要的字段,建立“成绩汇总表”报表,其设计视图如图 9-35 所示。

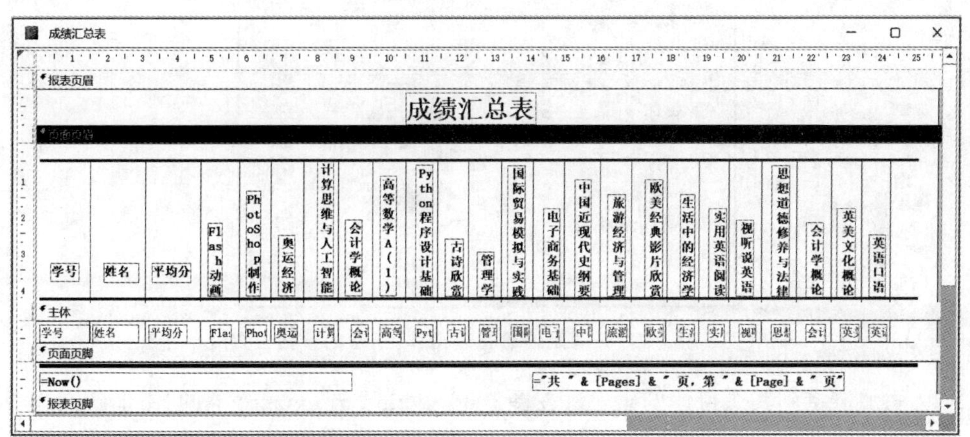

图 9-35 “成绩汇总表”报表的设计视图

9.4.3 建立宏

1. 建立“主窗体到各个窗体的链接”宏

建立一个名称为“主窗体到各个窗体的链接”宏,包含若干子宏。前 7 个子宏实现“主窗体”窗体到各个窗体的链接,即单击“主窗体”窗体中的命令按钮则关闭“主窗体”窗体然后打开相应的链接窗体,第 8 个子宏实现单击“主窗体”窗体中的“退出系统”按钮时退出

Access,第 9 个子宏实现单击各个窗体中的“返回主窗体”按钮则关闭当前窗体打开“主窗体”窗体。

操作步骤如下。

(1) 打开宏的设计视图。单击“创建”选项卡中“宏与代码”组的“宏”按钮,打开宏的设计视图。

(2) 添加“子宏”操作框。单击宏设计器窗口中“添加新操作”组合框右端的下拉按钮,从下拉列表中选择 Submacro 选项,或者双击“操作目录”对话框中“程序流程”目录下的 Submacro 选项,宏设计器窗口出现“子宏”操作框。

(3) 设置“打开学院信息管理窗体”子宏。将“子宏”文本框中的 Sub1 修改为“打开学院信息管理窗体”,并添加 CloseWindow 操作用于关闭“主窗体”窗体和 OpenForm 操作用于打开“学院信息管理”窗体,各参数设置如图 9-36 所示。

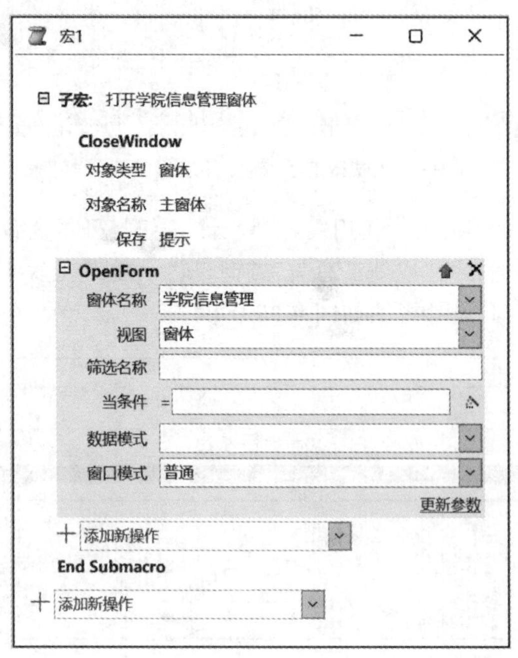

图 9-36 “打开学院信息管理窗体”子宏的参数设置

(4) 添加链接到其余窗体的子宏。在图 9-36 中 End Submacro 下的“添加新操作”组合框中选择 Submacro 选项,出现子宏 Sub2,参考步骤(3)依次添加“打开教师信息管理窗体”“打开学生信息管理窗体”“打开课程信息管理窗体”“打开学生选课管理窗体”“打开教师授课管理窗体”“打开成绩信息管理窗体”子宏。

(5) 添加“退出系统”子宏和“返回主窗体”子宏。具体设置如图 9-37 所示。

(6) 保存宏。单击快速访问工具栏中的“保存”按钮,弹出 “另存为”对话框。在该对话框中输入宏的名称“主窗体到各个窗体的链接”,然后单击“确定”按钮,保存宏。

(7) 在“主窗体”窗体中调用宏。打开“主窗体”窗体的设计视图,单击“学院信息管理”按钮,在“属性表”对话框的“事件”选项卡中,设置“单击”事件为“主窗体到各个窗体的链接.打开学院信息管理窗体”子宏,以同样的方式为其他按钮设置“单击”事件。

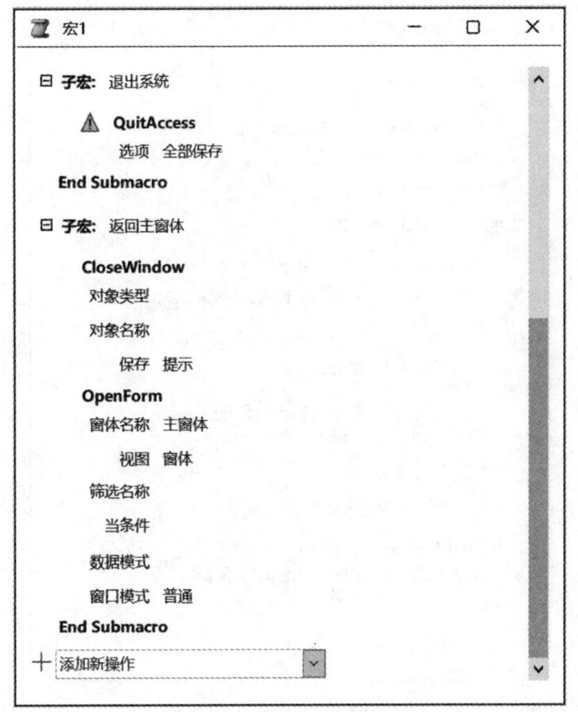

图 9-37 “退出系统”子宏和“返回主窗体”子宏的参数设置

(8) 在打开的链接窗体中调用宏。打开“学院信息管理”窗体的设计视图，单击“返回主窗体”按钮，在“属性表”对话框的“事件”选项卡中，设置“单击”事件为“主窗体到各个窗体的链接.返回主窗体”，以同样的方式为“学生选课管理”窗体、“教师授课管理”窗体和“成绩信息管理”窗体的“返回主窗体”按钮设置“单击”事件。

至此，主窗体到各个窗体的链接建立完毕。

2. 建立“成绩信息管理窗体到各个窗体的链接”宏

建立一个名称为“成绩信息管理窗体到各个窗体的链接”宏，其设计视图如图 9-38 所示，实现“成绩信息管理”窗体到各个窗体的链接，即单击“成绩信息管理”窗体中的命令按钮则关闭“成绩信息管理”窗体，然后打开命令按钮对应的窗体，单击各个链接窗体中的“返回成绩信息管理窗体”按钮，则关闭当前窗体打开“成绩信息管理”窗体。建立“成绩信息管理窗体到各个窗体的链接”宏的步骤与“主窗体到各个窗体的链接”宏基本相同，这里不再赘述。

3. 建立“成绩统计输出窗体到各个报表的链接”宏

建立一个名称为“成绩统计输出窗体到各个报表的链接”宏，其设计视图如图 9-39 所示，实现“成绩统计输出”窗体到各个报表的链接，即单击“成绩统计输出”窗体的命令按钮则打开相应的报表。建立“成绩统计输出窗体到各个报表的链接”宏的步骤与“主窗体到各个窗体的链接”宏基本相同，区别在于选择的宏操作是 OpenReport，另外，操作参数中的“视图”项默认为“报表”，这里应设置为“打印预览”。

图 9-38 “成绩信息管理窗体到各个窗体的链接”宏设计视图

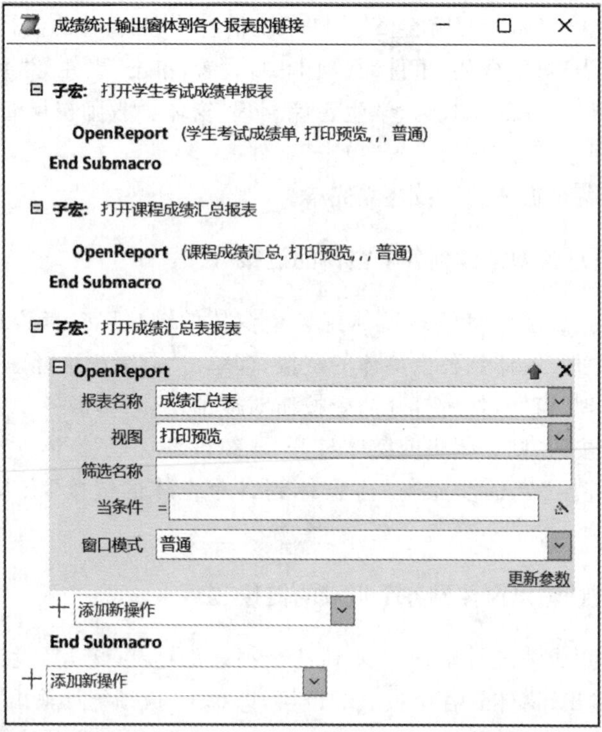

图 9-39 “成绩统计输出窗体到各个报表的链接”宏设计视图

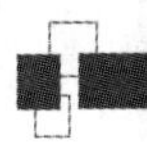

9.4.4 建立"用户登录"窗体

"用户登录"窗体用于实现系统登录功能,限制非法用户登录系统,以保证数据库系统的安全,如图 9-40 所示。

"用户登录"窗体的建立过程读者可以参考例 5-10 和例 5-19,这里直接将"例 5-19"窗体和"用户"表导入本章的"教学管理系统"数据库中并进行适当修改。

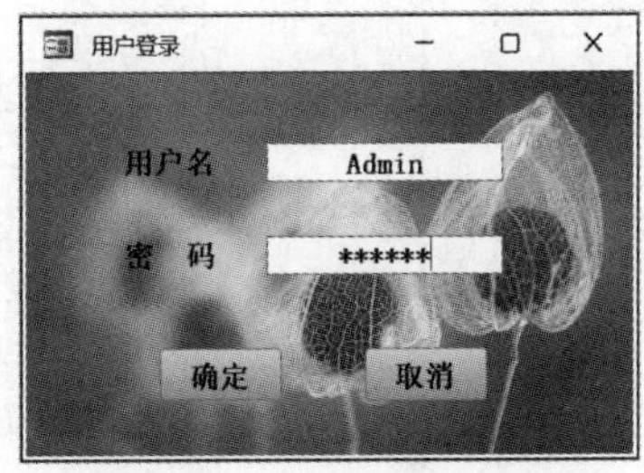

图 9-40 "用户登录"窗体

操作步骤如下。

(1) 导入"用户"表和"例 5-19"窗体。单击"外部数据"选项中"导入并链接"组的"新数据源"按钮,在弹出的下拉列表中选择"从数据库"→Access 命令,打开"获取外部数据-Access 数据库"对话框,指定数据源为第 5 章中建立的"教学管理系统.accdb"数据库,单击"获取外部数据-Access 数据库"对话框中的"确定"按钮,弹出"导入对象"对话框,依次选择"表"选项卡中的"用户"表和"窗体"选项卡中的"例 5-19"窗体,单击"确定"按钮,返回"获取外部数据-Access 数据库"对话框,提示"已成功导入所有对象",单击"关闭"按钮完成导入操作。

(2) 将"例 5-19"窗体重命名为"用户登录",并将窗体标题"例 5-19"也修改为"用户登录"。

(3) 修改"确定"按钮的"单击"事件代码。将以下程序语句

```
DoCmd.OpenForm "例 5 - 6"              '打开例 5 - 6 的窗体
```

修改为

```
DoCmd.OpenForm "主窗体"                '打开"主窗体"窗体
```

(4) 为"用户登录"窗体添加背景图片。在"用户登录"窗体的设计视图中,选中窗体对象,打开"属性表"对话框,单击"格式"选项卡中"图片"属性框右侧的"…"按钮,从打开的"插入图片"对话框中选择要插入的背景图片,将"图片缩放模式"属性设置为"拉伸",将窗体"自动居中"属性设置为"是"。

(5) 保存窗体。单击快速访问工具栏中的"保存"按钮,保存对窗体所做的修改。

9.4.5 设置自动启动窗体

教学管理系统的设计开发已经基本完成,为了方便用户使用,可以将"用户登录"窗体设置为自动启动窗体,让数据库系统运行时自动启动"用户登录"窗体。

操作步骤如下。

(1) 打开"Access 选项"对话框。选择"文件"→"选项"命令,打开"Access 选项"对话框。

(2) 设置"当前数据库"选项。选择"Access 选项"对话框的左侧窗格中的"当前数据库",在右侧的窗格中设置"显示窗体"为"用户登录"窗体,并将"显示状态栏"和"显示导航窗格"属性设置为未选中状态,如图 9-41 和图 9-42 所示。

(3) 完成设置。单击"确定"按钮,弹出消息框提示"必须关闭并重新打开当前数据库,

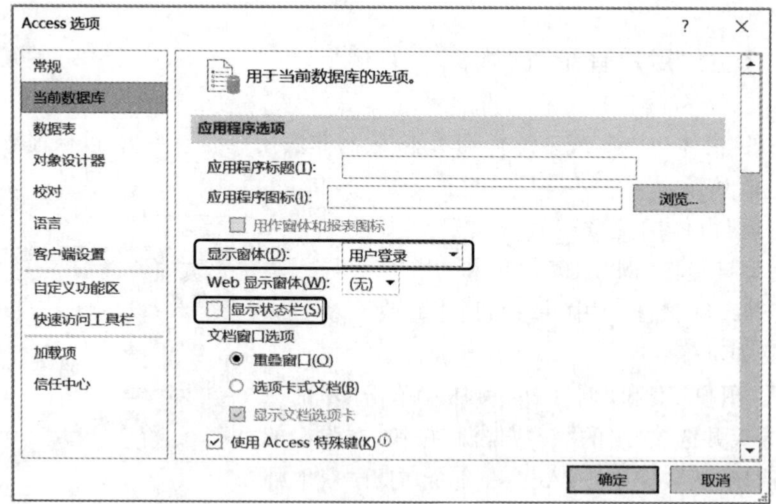

图 9-41 “显示窗体”和“显示状态栏”的设置

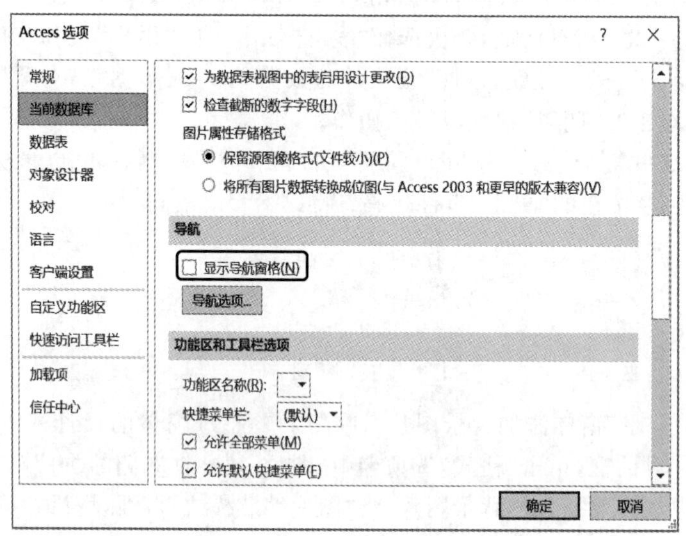

图 9-42 “显示导航窗格”的设置

指定选项才能生效”，单击“确定”按钮。

(4) 查看运行结果。重新打开“教学管理系统”数据库，直接在应用程序窗口中打开“用户登录”窗体。

【说明】 *若要重新打开“导航窗格”，直接按 F11 键即可。*

9.5 系统测试、运行和维护

经过前面的步骤，完成了数据库应用系统功能模块所需的各项功能，为了保证系统的正常运行还需要进行测试。根据系统的复杂程度，对于较大的系统可以分模块进行测试，对于较小的系统，可以按功能测试。本书中建立的“教学管理系统”数据库是教学用例，按实现功能进行测试，首先确保在正常的情况下，如果输入的都是正确的合法数据，每个功能都可以正常使用，再输入一些错误的非法数据进行测试，检测系统是否能够做出正确的响应。系统测试是系统开发过程中必不可少的重要环节，只有经过反复的测试和修改，才能保证开发出的系统在实际使用时不会出现问题。

测试完成，数据库应用系统就可以投入运行使用了，系统的维护工作随即开始。在系统的运行和维护阶段，数据库管理员需要收集和记录实际系统运行的数据，以评价系统的性能，对系统使用中出现的问题，则需要对其进行修改、维护和调整，这个过程将一直持续到系统不再使用为止。

习题 9

一、选择题

1. 在计算机上创建数据库、数据表并输入数据是(　　)阶段的任务。

　　A. 逻辑设计　　　　B. 物理设计

　　C. 数据库实现　　　　D. 系统功能实现

2. 将 E-R 图转换为关系模型是(　　)阶段的任务。

　　A. 需求分析　　　　B. 概念设计

　　C. 逻辑设计　　　　D. 物理设计

3. 在设置查询条件时，如果要使用窗体 Form1 中文本框 Text0 的值，则在查询条件中应该通过(　　)引用 Text0。

　　A. [Form1].[Text0]　　　　B. [Form1]![Text0]

　　C. [forms].[Form1].[Text0]　　　　D. [forms]![Form1]![Text0]

4. 如果希望数据库文件打开时直接运行某个窗体，应该将该窗体设置为(　　)。

　　A. 主窗体　　　　B. 自动启动窗体

　　C. 用户登录窗体　　　　D. 运行窗体

5. 如果要设置数据库打开后不显示状态栏，正确的操作位置是(　　)。

　　A. “Access 选项”对话框→“常规”

　　B. “Access 选项”对话框→“当前数据库”

　　C. “Access 选项”对话框→“对象设计器”

　　D. “Access 选项”对话框→“客户端设置”

二、填空题

1. 完整的数据库应用系统开发过程包含以下几个阶段：________、________、________、________和系统测试运行维护。

2. 数据库设计是数据库应用系统开发过程中的一个关键步骤，包括________、

________和________3个阶段。

3. ________是Access的一个内置函数，用于从指定记录集获取特定字段的值。

4. 在Access选项窗口中设置了不显示导航窗格，打开数据库后如果希望显示导航窗格，可以按下________功能键。

5. 在________阶段，数据库管理员需要收集和记录实际系统运行的数据，以评价系统的性能，对系统使用中出现的问题，则需要对其进行修改、维护和调整，这个过程将一直持续到系统不再使用为止。

实验 9

一、实验内容

设计开发一个图书借阅系统，至少实现以下功能。

(1) 基本信息管理：包括对图书信息、读者信息的添加、删除、修改、查询等。

(2) 借书和还书管理：借书和还书时记录相关信息。

(3) 借阅信息查询：查询图书的借阅和归还情况、读者的借书和还书情况。

要求：

(1) 设计分析图书借阅系统要用到的数据表，以及表之间的关系。

(2) 使用Access建立数据库、数据表、表之间的关系，并向表中输入至少5行数据。

(3) 建立若干窗体实现图书管理系统的功能，并建立一个主窗体实现各功能界面的切换。

(4) 创建“用户登录”窗体，并将其设置为自动启动窗体。

二、实验要求

1. 完成图书借阅系统的设计开发任务。

2. 假设某学生的学号为10010001，姓名为王萌，则将设计好的数据库文件名更改为“实验9-10010001王萌”，并将此数据库文件作为实验结果提交到指定的实验平台。

3. 将在实验9中遇到的问题以及解决方法、收获与体会等写入Word文档，保存文件名为“实验9分析-10010001王萌”，并将此文件作为实验结果提交到指定的实验平台。

图书资源支持

感谢您一直以来对清华版图书的支持和爱护。为了配合本书的使用，本书提供配套的资源，有需求的读者请扫描下方的“书圈”微信公众号二维码，在图书专区下载，也可以拨打电话或发送电子邮件咨询。

如果您在使用本书的过程中遇到了什么问题，或者有相关图书出版计划，也请您发邮件告诉我们，以便我们更好地为您服务。

我们的联系方式：

地　　址：北京市海淀区双清路学研大厦 A 座 714

邮　　编：100084

电　　话：010-83470236　010-83470237

客服邮箱：2301891038@qq.com

QQ：2301891038（请写明您的单位和姓名）

资源下载：关注公众号“书圈”下载配套资源。

资源下载、样书申请

书圈

图书案例

清华计算机学堂

观看课程直播